# 叶轮机械流体力学基础

张启华 著

科学出版社

北京

## 内 容 简 介

本书凝聚了作者多年来在叶轮机械研究中所积累的重要理论方法和设计技术。通过本书的学习将为读者运用流体力学知识分析解决叶轮机械流动问题及开展设计实践打下扎实的基础。本书主要内容包括经典流动问题的精确解、二维机翼绕流的势流理论及计算方法、湍流统计理论基础、湍流模拟理论基础、叶轮机械流动模型、叶轮机械设计模型、气泡及颗粒两相流模型，以及张量分析基础和曲线坐标系下流体基本方程的推导等。本书注重理论体系的完整、系统和实用性，通过理论与实例相结合，阐释模型背后的物理意义，强调研究思路与求解技术的贯通，既可作为教学用，也可供科研参考。

本书可用于叶轮机械、流体力学及相关理工科专业本科生和研究生的教材，也可供高等院校教师和科研院所技术人员在理论研究和工程实践中参考。

**图书在版编目(CIP)数据**

叶轮机械流体力学基础/张启华著. —北京: 科学出版社, 2016.12

ISBN 978-7-03-051017-4

Ⅰ. ①叶…　Ⅱ. ①张…　Ⅲ. ①叶轮机械流体动力学　Ⅳ. ①TK12

中国版本图书馆 CIP 数据核字 (2016) 第 287594 号

责任编辑: 惠 雪 曾佳佳 / 责任校对: 钟 洋
责任印制: 赵 博 / 封面设计: 许 瑞

科学出版社 出版
北京东黄城根北街 16 号
邮政编码: 100717
http://www.sciencep.com

北京凌奇印刷有限责任公司印刷
科学出版社发行　各地新华书店经销

*

2016 年 12 月第 一 版　开本: 720 × 1000　1/16
2023 年 1 月第六次印刷　印张: 18 1/4
字数: 368 000

**定价: 89.00 元**

(如有印装质量问题, 我社负责调换)

# 前　　言

叶轮机械涵盖了泵、风机 (通风机、压缩机)、(飞机、船舶) 螺旋桨以及 (水力、气力、风力、海洋) 透平等。随着社会工业化程度的日益提高，对叶轮机械性能的要求也更为苛刻。然而，叶轮内部流动涉及三维叶片结构及高速旋转，许多流动现象至今依然难以捉摸，从而制约进一步挖掘机器潜力的可能。随着试验和数值计算获得流场信息日渐丰富，利用好这些信息既是机遇，也是挑战，显然，掌握必要的流体力学基础知识是不可或缺的前提。同时，叶轮机械流动理论研究无论对认识复杂流动现象，还是设计具有重要的指导意义。

本书首先介绍经典流动问题的精确解 (第 1 章)，如绕球体 Stokes 流动以及边界层的解析解；其次，介绍二维机翼绕流的势流理论及计算方法 (第 2 章)；第三，介绍湍流统计理论基础和湍流模拟理论基础 (第 3 章、第 4 章)；上述内容为流体力学基础知识；第四，介绍叶轮机械流动模型和叶轮机械设计模型 (第 5 章、第 6 章)，通过基本流动模型分析叶轮机械中的曲率、旋转特性，解析其原理，并强调运用旋转坐标系考察流动问题的重要性，再通过螺线设计法、叶片载荷模型、均匀流线设计法、共形映射基础、径向平衡模型的介绍，阐释离心式、轴流式叶轮设计的基础；第五，介绍气泡及颗粒两相流模型 (第 7 章)；第六，介绍张量分析基础 (附录 A1)、包括向量张量分析、线性代数运算、张量分析、曲线坐标系及坐标变换等基础；还给出曲线坐标系下流体基本运动方程的推导 (附录 A2)。

著名航空学家冯・卡门曾经说过，好的设计源于经验，而好的经验则来源于错误的设计。显然，好的理论指导无疑会事半功倍。希望本书的出版能为读者带来思考、领悟和收获，作者就倍感欣慰。

本书取材源自作者多年来在流体机械科研实践中总结的理论和技术方法，力求做到思路清晰、简明扼要，同时又能将物理内涵呈现给读者。由于作者水平有限，难免存在疏漏之处，恳请读者批评指正。

作　者

2016 年 8 月

# 符　号　表

**希腊字符**

| | |
|---|---|
| $\Gamma$ | 环量，$m^2/s$ |
| $\delta$ | 边界层厚度，m |
| $\varepsilon$ | 湍动能耗散率，$m^2/s^3$ |
| $\eta$ | Kolmogorov 长度微尺度，m |
| $\mu$ | 动力黏度，$kg/(m \cdot s)$ |
| $\mu_t$ | 湍流动力黏度，$kg/(m \cdot s)$ |
| $\nu$ | 运动黏度，$m^2/s$ |
| $\rho$ | 密度，$kg/m^3$ |
| $\boldsymbol{\sigma}$ | 应力张量，Pa |
| $\tau$ | Kolmogorov 时间微尺度，s；或表示雷诺应力张量，Pa |
| $\mathcal{T}$ | 时间尺度，s |
| $\mathcal{U}$ | 速度尺度，m/s |
| $\phi$ | 势函数，$m^2/s$ |
| $\psi$ | 流函数，$m^2/s$ |
| $\Omega$ | 涡量，$s^{-1}$ |
| $\Omega_i$ | 涡量 $\Omega$ 的 $i$ 分量，$s^{-1}$ |

**运算符**

| | |
|---|---|
| $\det()$ | 表示矩阵的行列式 |
| $\langle\rangle$ | 表示系综平均，或脉动量的关联式 |
| $\|\|$ | 表示标量的绝对值，或向量的模，或矩阵行列式 |
| $\cdot$ | 标量积 |
| $\times$ | 向量积 |

**英文字符**

| | |
|---|---|
| $E$ | 单位质量流体的湍流脉动动能，$m^2/s^2$ |
| $E(k)$ | 波数谱，或能谱，$m^3/s^2$ |
| $f$ | 体积力，$N/m^3$ |
| $F$ | 物体表面受力，N |
| $\boldsymbol{g}$ | 重力加速度，$m/s^2$ |
| $h$ | 比焓，$J/kg = m^2/s^2$ |

| | |
|---|---|
| $k$ | 湍动能，$m^2/s^2$；或能谱中的波数，$m^{-1}$ |
| $\ell$ | 长度尺度，m |
| $L$ | 参考长度，m |
| $M$ | 脉动速度矩，$m^2/s^2$ |
| $p$ | 压力，Pa |
| $\boldsymbol{r}$ | 位置向量，或矢径，m |
| $\boldsymbol{S}$ | 应变率张量，$s^{-1}$ |
| $t$ | 时间，s |
| $\boldsymbol{u}$ | 速度向量，m/s |
| $U$ | 参考速度，m/s |
| $v$ | Kolmogorov 速度微尺度，m/s |
| **上标** | |
| $\wedge$ | 表示归一化，或单位化 |
| $-$ | 表示取统计平均 |
| $\sim$ | 表示空间滤波平均 |
| $'$ | 表示脉动量 |
| $*$ | 表示量纲一化 |
| $i$ | 表示逆分量 |
| **下标** | |
| $d$ | 表示二维截面阻力系数 |
| $D$ | 表示三维表面阻力系数 |
| $f$ | 表示摩擦系数 |
| $i$ | 表示协分量 |
| $l$ | 表示二维截面升力系数，或表示二维机翼的下表面 |
| $L$ | 表示三维表面升力系数 |
| min | 表示最小值 |
| $p$ | 表示压力面，或表示压力系数 |
| $s$ | 表示吸力面 |
| $u$ | 表示二维机翼的上表面 |
| 0 | 表示初始值，或无穷远自由流边界值，或热力学滞止值 |
| $\infty$ | 表示无穷远值 |
| $\parallel$ | 表示平行方向 |
| $\perp$ | 表示垂直方向 |

# 目　　录

# 第 1 章　经典流动问题的精确解

自然界与工业中的绝大多数流动可用 Navier-Stokes 方程表述，然而其精确解却只存在于少数简化情形下。本章首先通过对不可压缩 Navier-Stokes 方程的量纲一化，分别给出黏性占主导和惯性占主导的两种简化模型，即 Stokes 方程和 Euler 方程。其次，介绍绕球体 Stokes 流动、Blasius 层流边界层、平面滞止点流动、旋转圆盘上方流动、平板边界层尾流、平面射流、Ekman 层流动的解析解。中间延伸探讨了湍流边界层速度剖面的求解，以及 Kármán 动量积分方程。这些流动问题各具特色，在求解的过程中既需注意技巧的运用，同时，更要注意观察和抓住流动现象背后的物理内涵。

## 1.1　量纲为一的基本方程

### 1.1.1　黏性占主导

我们先给出不可压缩流动 Navier-Stokes 方程如下：

$$\frac{\partial \boldsymbol{u}}{\partial t}+\boldsymbol{u}\cdot\nabla\boldsymbol{u}=-\frac{1}{\rho}\nabla p+\nu\nabla^2\boldsymbol{u} \tag{1.1}$$

用量纲为一的量$x^*=\dfrac{x}{L}$、$\boldsymbol{u}^*=\dfrac{\boldsymbol{u}}{U}$、$t^*=\dfrac{t}{L/U}$、$p^*=\dfrac{pL}{\mu U}$ 分别表示长度、速度、时间和压力尺度，代入不可压缩 Navier-Stokes 方程 (1.1)，有

$$\left(\frac{U^2}{L}\right)\frac{\partial \boldsymbol{u}^*}{\partial t^*}+\left(\frac{U^2}{L}\right)\boldsymbol{u}^*\cdot\nabla\boldsymbol{u}^*=-\left(\frac{\mu U}{L^2}\right)\frac{1}{\rho}\nabla p^*+\left(\frac{U}{L^2}\right)\nu\nabla^2\boldsymbol{u}^* \tag{1.2}$$

将式 (1.2) 两端同除以 $\dfrac{\mu U}{\rho L^2}$，注意微分算子 $\nabla=\dfrac{1}{L}$，$\nabla^2=\dfrac{1}{L^2}$，及雷诺数 $Re=\dfrac{UL}{\mu/\rho}$，则式 (1.2) 变为

$$Re\left(\frac{\partial \boldsymbol{u}^*}{\partial t^*}+\boldsymbol{u}^*\cdot\nabla\boldsymbol{u}^*\right)=-\nabla p^*+\nabla^2\boldsymbol{u}^* \tag{1.3}$$

对于黏性占主导，即雷诺数 $Re$ 非常小的情形，比如 $Re\ll 1$ 时，式 (1.3) 左边可以忽略不计。这样，式 (1.3) 则变为

$$0=-\nabla p^*+\nabla^2\boldsymbol{u}^* \tag{1.4}$$

恢复为具有量纲的形式，即忽略式 (1.1) 左边项，有

$$\mu\nabla^2\boldsymbol{u} - \nabla p = 0 \tag{1.5}$$

这就是不可压缩流动的 Stokes 方程。

### 1.1.2　惯性占主导

我们用量纲为一的量 $x^* = \dfrac{x}{L}$、$\boldsymbol{u}^* = \dfrac{\boldsymbol{u}}{U}$、$t^* = \dfrac{t}{L/U}$、$p^* = \dfrac{p}{\rho U^2}$ 分别表示长度、速度、时间和压力尺度，代入不可压缩 Navier-Stokes 方程 (1.7)，有

$$\left(\frac{U^2}{L}\right)\frac{\partial \boldsymbol{u}^*}{\partial t^*} + \left(\frac{U^2}{L}\right)\boldsymbol{u}^*\cdot\nabla\boldsymbol{u}^* = -\left(\frac{\rho U^2}{L}\right)\frac{1}{\rho}\nabla p^* + \left(\frac{U}{L^2}\right)\nu\nabla^2\boldsymbol{u}^* \tag{1.6}$$

将上式两端同除以 $\left(\dfrac{U^2}{L}\right)$，有

$$\frac{\partial \boldsymbol{u}^*}{\partial t^*} + \boldsymbol{u}^*\cdot\nabla\boldsymbol{u}^* = -\nabla p^* + \left(\frac{1}{Re}\right)\nabla^2\boldsymbol{u}^* \tag{1.7}$$

对于惯性占主导的流动，比如，$Re\to\infty$ 时，将式 (1.7) 右端第二项略去，有

$$\frac{\partial \boldsymbol{u}^*}{\partial t^*} + \boldsymbol{u}^*\cdot\nabla\boldsymbol{u}^* = -\nabla p^* \tag{1.8}$$

恢复为有量纲方程，为

$$\frac{\partial \boldsymbol{u}}{\partial t} + \boldsymbol{u}\cdot\nabla\boldsymbol{u} = -\frac{1}{\rho}\nabla p \tag{1.9}$$

这就是 Euler 方程，即忽略黏性项的 Navier-Stokes 方程。

## 1.2　绕球体 Stokes 流动

我们来分析黏性绕球体 Stokes 流动，此时，雷诺数 $Re \ll 1$，即满足式 (1.5)。这里，为便于分析，我们采用球坐标系，将坐标系固系于球体，坐标原点位于球心。这样，从该参考系观察，球体始终都是处于静止状态。设均匀来流方向沿着 $\theta=0$ 所在 $r$ 坐标轴正向，注意到，此时流动沿 $\phi$ 方向是轴对称的，有 $u_\phi = 0, \dfrac{\partial}{\partial\phi} = 0$，即流动简化为 $r$-$\theta$ 平面内的二维流动，这样，Stokes 方程式 (1.5) 变为

$$\begin{aligned}
&\mu\left(\nabla^2 u_r - \frac{2u_r}{r^2} - \frac{2}{r^2}\frac{\partial u_\theta}{\partial\theta} - \frac{2u_\theta\cot\theta}{r^2}\right) - \frac{\partial p}{\partial r} = 0\\
&\mu\left(\nabla^2 u_\theta + \frac{2}{r^2}\frac{\partial u_r}{\partial\theta} - \frac{u_\theta}{r^2\sin\theta\sin\theta}\right) - \frac{1}{r}\frac{\partial p}{\partial\theta} = 0
\end{aligned} \tag{1.10}$$

其中，Laplace 算子 $\nabla^2$ 项展开为

$$\nabla^2 = \frac{1}{r^2}\frac{\partial}{\partial r}\left(r^2\frac{\partial}{\partial r}\right) + \frac{1}{r^2\sin\theta}\frac{\partial}{\partial\theta}\left(\sin\theta\frac{\partial}{\partial\theta}\right) \tag{1.11}$$

这样，代入式 (1.10) 得到完整的方程为

$$\begin{aligned}
&\mu\left(\frac{\partial^2 u_r}{\partial r^2} + \frac{2}{r}\frac{\partial u_r}{\partial r} + \frac{1}{r^2}\frac{\partial^2 u_r}{\partial\theta^2} + \frac{\cot\theta}{r^2}\frac{\partial u_r}{\partial\theta} - \frac{2u_r}{r^2} - \frac{2}{r^2}\frac{\partial u_\theta}{\partial\theta} - \frac{2u_\theta\cot\theta}{r^2}\right)\\
&-\frac{\partial p}{\partial r} = 0\\
&\mu\left(\frac{\partial^2 u_\theta}{\partial r^2} + \frac{2}{r}\frac{\partial u_\theta}{\partial r} + \frac{1}{r^2}\frac{\partial^2 u_\theta}{\partial\theta^2} + \frac{\cot\theta}{r^2}\frac{\partial u_\theta}{\partial\theta} + \frac{2}{r^2}\frac{\partial u_r}{\partial\theta} - \frac{u_\theta}{r^2\sin^2\theta}\right)\\
&-\frac{1}{r}\frac{\partial p}{\partial\theta} = 0
\end{aligned} \tag{1.12}$$

这样，由 $\phi$ 方向对称性可知，球坐标系下的连续性方程为

$$\frac{1}{r^2}\frac{\partial}{\partial r}\left(r^2 u_r\right) + \frac{1}{r\sin\theta}\frac{\partial}{\partial\theta}\left(\sin\theta u_\theta\right) = 0 \tag{1.13}$$

该问题的边界条件为

$$\begin{aligned}
&u_r\left(r=R\right) = u_\theta\left(r=R\right) = 0\\
&u_r\left(r\to\infty\right) = u_0\cos\theta, \quad u_\theta\left(r\to\infty\right) = -u_0\sin\theta
\end{aligned} \tag{1.14}$$

式中，$R$ 为球体半径；$u_0$ 为无穷远自由流动速度。

这里，假设方程的解有如下形式：

$$\begin{aligned}
u_r &= u_0\cos\theta\left(1 + \frac{b}{r} + \frac{c}{r^2} + \frac{d}{r^3}\right)\\
u_\theta &= -u_0\sin\theta\left(1 + \frac{e}{r} + \frac{f}{r^2} + \frac{g}{r^3}\right)
\end{aligned} \tag{1.15}$$

将各个导数项写出

$$\begin{aligned}
&\frac{\partial u_r}{\partial r} = u_0\cos\theta\left(-\frac{b}{r^2} - \frac{2c}{r^3} - \frac{3d}{r^4}\right), \quad \frac{\partial^2 u_r}{\partial r^2} = u_0\cos\theta\left(\frac{2b}{r^3} + \frac{6c}{r^4} + \frac{12d}{r^5}\right)\\
&\frac{\partial u_r}{\partial\theta} = -u_0\sin\theta\left(1 + \frac{b}{r} + \frac{c}{r^2} + \frac{d}{r^3}\right), \quad \frac{\partial^2 u_r}{\partial\theta^2} = -u_0\cos\theta\left(1 + \frac{b}{r} + \frac{c}{r^2} + \frac{d}{r^3}\right)\\
&\frac{\partial u_\theta}{\partial r} = u_0\sin\theta\left(\frac{e}{r^2} + \frac{2f}{r^3} + \frac{3g}{r^4}\right), \quad \frac{\partial^2 u_\theta}{\partial r^2} = u_0\sin\theta\left(-\frac{2e}{r^3} - \frac{6f}{r^4} - \frac{12g}{r^5}\right)\\
&\frac{\partial u_\theta}{\partial\theta} = -u_0\cos\theta\left(1 + \frac{e}{r} + \frac{f}{r^2} + \frac{g}{r^3}\right), \quad \frac{\partial^2 u_\theta}{\partial\theta^2} = u_0\sin\theta\left(1 + \frac{e}{r} + \frac{f}{r^2} + \frac{g}{r^3}\right)
\end{aligned} \tag{1.16}$$

代入连续性方程，有

$$
\begin{aligned}
&u_0\cos\theta\left(-\frac{b}{r^2}-\frac{2c}{r^3}-\frac{3d}{r^4}\right)+\frac{2}{r}u_0\cos\theta\left(1+\frac{b}{r}+\frac{c}{r^2}+\frac{d}{r^3}\right)\\
&-\frac{1}{r}u_0\cos\theta\left(1+\frac{e}{r}+\frac{f}{r^2}+\frac{g}{r^3}\right)-\frac{\cot\theta}{r}u_0\sin\theta\left(1+\frac{e}{r}+\frac{f}{r^2}+\frac{g}{r^3}\right)=0
\end{aligned}
\tag{1.17}
$$

上式对任意 $r$ 都成立，因此，$r$ 的各次幂的系数都应为零，有

$$
\begin{aligned}
&\frac{1}{r} && 2-1-1=0\\
&\frac{1}{r^2} && -b+2b-e-e=0\ \Rightarrow b=2e\\
&\frac{1}{r^3} && -2c+2c-2f=0\ \Rightarrow f=0\\
&\frac{1}{r^4} && -3d+2d-g-g=0\Rightarrow d=-2g
\end{aligned}
\tag{1.18}
$$

将式 (1.15) 和式 (1.16) 代入式 (1.12) 中 $u_r$ 的运动方程，有

$$
\begin{aligned}
&\mu\left[u_0\cos\theta\left(\frac{2b}{r^3}+\frac{6c}{r^4}+\frac{12d}{r^5}\right)+\frac{2}{r}u_0\cos\theta\left(-\frac{b}{r^2}-\frac{2c}{r^3}-\frac{3d}{r^4}\right)\right.\\
&-\frac{1}{r^2}u_0\cos\theta\left(1+\frac{b}{r}+\frac{c}{r^2}+\frac{d}{r^3}\right)-\frac{\cot\theta}{r^2}u_0\sin\theta\left(1+\frac{b}{r}+\frac{c}{r^2}+\frac{d}{r^3}\right)\\
&-\frac{2}{r^2}u_0\cos\theta\left(1+\frac{b}{r}+\frac{c}{r^2}+\frac{d}{r^3}\right)+\frac{2}{r^2}u_0\cos\theta\left(1+\frac{e}{r}+\frac{f}{r^2}+\frac{g}{r^3}\right)\\
&\left.+\frac{2\cot\theta}{r^2}u_0\sin\theta\left(1+\frac{e}{r}+\frac{f}{r^2}+\frac{g}{r^3}\right)\right]-\frac{\partial p}{\partial r}=0
\end{aligned}
\tag{1.19}
$$

对于式 (1.19), 将 $r$ 的各次幂的系数关系代入式 (1.18)，变为

$$
\begin{aligned}
&\mu u_0\cos\theta\left(\frac{2b-2b-b-b-2b+2e+2e}{r^3}\right.\\
&+\frac{6c-4c-c-c-2c+2f+2f}{r^4}\\
&\left.+\frac{12d-6d-d-d-2d+2g+2g}{r^5}\right)-\frac{\partial p}{\partial r}=0
\end{aligned}
\tag{1.20}
$$

整理后变为

$$
\mu u_0\cos\theta\left(\frac{-4b+4e}{r^3}+\frac{-2c}{r^4}+\frac{2d+4g}{r^5}\right)-\frac{\partial p}{\partial r}=0
\tag{1.21}
$$

将式 (1.15) 和式 (1.16) 代入式 (1.12) 中 $u_\theta$ 的运动方程，有

$$
\mu\left[u_0\sin\theta\left(-\frac{2e}{r^3}-\frac{6f}{r^4}-\frac{12g}{r^5}\right)+\frac{2}{r}u_0\sin\theta\left(\frac{e}{r^2}+\frac{2f}{r^3}+\frac{3g}{r^4}\right)\right.
$$

$$+\frac{1}{r^2}u_0\sin\theta\left(1+\frac{e}{r}+\frac{f}{r^2}+\frac{g}{r^3}\right)-\frac{\cot\theta}{r^2}u_0\cos\theta\left(1+\frac{e}{r}+\frac{f}{r^2}+\frac{g}{r^3}\right)$$
$$-\frac{2}{r^2}u_0\sin\theta\left(1+\frac{b}{r}+\frac{c}{r^2}+\frac{d}{r^3}\right)+\frac{1}{r^2\sin^2\theta}u_0\sin\theta\left(1+\frac{e}{r}+\frac{f}{r^2}+\frac{g}{r^3}\right)$$
$$-\frac{1}{r}\frac{\partial p}{\partial\theta}=0 \tag{1.22}$$

整理变为

$$\mu u_0\sin\theta\left(\frac{-2e+2e+e-\dfrac{\cos^2\theta}{\sin^2\theta}e-2b+\dfrac{1}{\sin^2\theta}e}{r^3}\right.$$
$$+\frac{-6f+4f+f-\dfrac{\cos^2\theta}{\sin^2\theta}f-2c+\dfrac{1}{\sin^2\theta}f}{r^4}$$
$$\left.+\frac{-12g+6g+g-\dfrac{\cos^2\theta}{\sin^2\theta}g-2d+\dfrac{1}{\sin^2\theta}g}{r^5}\right)-\frac{1}{r}\frac{\partial p}{\partial\theta}=0 \tag{1.23}$$

进一步整理后变为

$$\mu u_0\sin\theta\left(\frac{2e-2b}{r^3}+\frac{-2c}{r^4}+\frac{-4g-2d}{r^5}\right)-\frac{1}{r}\frac{\partial p}{\partial\theta}=0 \tag{1.24}$$

对式 (1.21) 积分，其压力可写为

$$\mu u_0\cos\theta\left(\frac{2b-2e}{r^2}+\frac{2c}{3r^3}-\frac{d+2g}{2r^4}\right)+f(\theta)=p-p_0 \tag{1.25}$$

对式 (1.24) 积分，其压力可写为

$$\mu u_0\cos\theta\left(\frac{2b-2e}{r^2}+\frac{2c}{r^3}+\frac{4g+2d}{r^4}\right)+f(r)=p-p_0 \tag{1.26}$$

式 (1.25) 和式 (1.26) 中各项系数应相同，有

$$\begin{aligned}&2c=\frac{2c}{3}\\&-\frac{(d+2g)}{2}=4g+2d\\&f(\theta)=f(r)\end{aligned} \tag{1.27}$$

可得，$c=0$ 和 $d=-2g$。注意，当压力取无穷远自由流处 $(r\to\infty)$ 的压力，即 $p=p_0$ 时，由式 (1.25) 和式 (1.26) 可知，常数 $f(\theta)=f(r)=0$。

再应用如下边界条件，即

$$
\begin{aligned}
u_r(r=R)=0 \Rightarrow 0=\left(1+\frac{b}{R}+\frac{c}{R^2}+\frac{d}{R^3}\right)\\
u_\theta(r=R)=0 \Rightarrow 0=\left(1+\frac{e}{R}+\frac{f}{R^2}+\frac{g}{R^3}\right)
\end{aligned} \tag{1.28}
$$

将前面已得出的参数 $c=0$、$f=0$、$d=-2g$ 和 $b=2e$，代入上式有

$$
\begin{aligned}
0=\left(1+\frac{2e}{R}+\frac{-2g}{R^3}\right)\\
0=\left(1+\frac{e}{R}+\frac{g}{R^3}\right)
\end{aligned} \tag{1.29}
$$

解出 $e=-\dfrac{3}{4}R$、$g=-\dfrac{1}{4}R^3$、$d=\dfrac{1}{2}R^3$、$b=-\dfrac{3}{2}R$，并代入式 (1.15) 有

$$
\begin{aligned}
u_r=u_0\cos\theta\left(1-\frac{3R}{2r}+\frac{R^3}{2r^3}\right)\\
u_\theta=-u_0\sin\theta\left(1-\frac{3R}{4r}-\frac{R^3}{4r^3}\right)
\end{aligned} \tag{1.30}
$$

同样地，将上述参数解代入式 (1.25) 有

$$
\mu u_0\cos\theta\left(-\frac{3R}{2r^2}\right)=p-p_0 \tag{1.31}
$$

我们再计算出单位面积上所受的力，沿 $\theta=0$ 方向的分量如下：

$$
\begin{aligned}
\sigma&=-\mu\left(\frac{\partial u_\theta}{\partial r}\right)_{r=R}\sin\theta-(p-p_0)\cos\theta\\
&=\mu u_0\sin^2\theta\left(\frac{3R}{4r^2}+\frac{3R^3}{4r^4}\right)\bigg|_{r=R}-\mu u_0\cos^2\theta\left(-\frac{3R}{2r^2}\right)\bigg|_{r=R}\\
&=\mu u_0\sin^2\theta\frac{3}{2R}+\mu u_0\cos^2\theta\frac{3}{2R}=\frac{3}{2}\frac{\mu u_0}{R}
\end{aligned} \tag{1.32}
$$

这样，总的作用力 $D$ 等于应力乘以球面积，为

$$
D=\sigma\times 4\pi R^2=\frac{3}{2}\frac{\mu u_0}{R}\times 4\pi R^2=6\pi R\mu u_0 \tag{1.33}
$$

如果用球的直径作为特征长度 $L=2R$，$u_0$ 为特征速度，可以写出球体的阻力系数如下：

$$
C_D=\frac{D}{\frac{1}{2}\rho u_0^2L^2}=\frac{6\pi R\mu u_0}{2\rho u_0^2R^2}=\frac{6\pi}{2Ru_0\rho/\mu}=\frac{6\pi}{Re} \tag{1.34}
$$

注意，式中雷诺数是以 $L=2R$ 为长度尺度的。对于 $Re\ll 1$，上述结果已被试验所证明。

## 1.3 Hele-Shaw 流动

Hele-Shaw(1898) 发明了一种流动显示装置，该装置是采用两块相距非常小距离的平行玻璃板，在两块玻璃板之间嵌入任意截面形状的物体，当含有染色剂的黏性流体缓慢流过两层玻璃板间的狭小间隙时，人们就能够清楚地看到真实的绕流流线。Hele-Shaw 发现平板内的流动与势流流动 (无黏无旋流体) 几乎是一样的。而 Hele-Shaw 流动也常见于我们周围，比如，在注塑模充填过程、流经多孔介质情形以及微流体等。

如果以平板间隙 $2h$ 作为特征尺度，Hele-Shaw 流动的雷诺数是很小的，即 $Re \ll 1$，也同样适用 Stokes 方程式 (1.5)。考虑到便利性，我们把坐标 $x-y$ 平面取在两层玻璃间隙的中间平面上，可以写出一个满足式 (1.5) 的解，具体如下：

$$\begin{aligned} &u = u_0(x,y)\left(1-\frac{z^2}{h^2}\right), \quad v = v_0(x,y)\left(1-\frac{z^2}{h^2}\right), \quad w=0 \\ &p = -\frac{2\mu}{h^2}\int_{x_0}^{x} u_0(x,y)\,\mathrm{d}x = -\frac{2\mu}{h^2}\int_{y_0}^{y} v_0(x,y)\,\mathrm{d}y \end{aligned} \tag{1.35}$$

式中，$u_0(x,y)$ 和 $v_0(x,y)$ 为二维势流流动的速度分布函数；$w$ 为 $z$ 方向的速度分量；对应的压力分布为 $p_0(x,y)$。

这样，满足势流方程组如下：

$$u_0\frac{\partial u_0}{\partial x} + v_0\frac{\partial u_0}{\partial y} = -\frac{1}{\rho}\frac{\partial p_0}{\partial x} \tag{1.36a}$$

$$u_0\frac{\partial v_0}{\partial x} + v_0\frac{\partial v_0}{\partial y} = -\frac{1}{\rho}\frac{\partial p_0}{\partial y} \tag{1.36b}$$

$$\frac{\partial u_0}{\partial x} + \frac{\partial v_0}{\partial y} = 0 \tag{1.36c}$$

由式 (1.36c) 可看出基本解式 (1.35) 满足连续性方程，由于 $w=0$，自动满足 $z$ 方向的动量方程。再由无旋条件可知

$$\frac{\partial u_0}{\partial y} - \frac{\partial v_0}{\partial x} = 0 \tag{1.37}$$

结合式 (1.36c) 有 $\frac{\partial^2 u_0}{\partial x^2} + \frac{\partial^2 u_0}{\partial y^2} = 0$，及 $\frac{\partial^2 v_0}{\partial x^2} + \frac{\partial^2 v_0}{\partial y^2} = 0$。这样，代入式 (1.5) 即满足等式成立。由此可以看出，式 (1.35) 确实是满足 Stokes 方程的解。而在 $z=\text{Const}$ 的平面上，Stokes 流动的流线与势流流线是完全重合的。在 $z=\pm h$ 处，根据式 (1.35)，自动满足无滑移条件。但在绕流物体的表面，式 (1.35) 不能满足

无滑移条件。这个问题，可以通过 1.2 节求解绕球体 Stokes 流动类似的方法，对具体的情形，比如，对圆柱截面，再进一步改良获得解析解。需要注意的是，式 (1.35) 也仅能应用于 $Re \ll 1$ 的情形，当 $Re > 1$ 后，实际流动将逐渐偏离式 (1.35) 越来越远，流线与势流流线不再重合，比如，在一些实际的流线演示中就很容易看到这个特征。

## 1.4　Blasius 层流边界层相似解

考虑水平平板层流流动，Prandtl 的学生 Blasius(1908) 给出了一个解析解。假设平板无限大，问题可以简化为平面不可压缩流动，并假设压力梯度为零。这样，基本方程简化为

$$\frac{\partial u}{\partial x}+\frac{\partial v}{\partial y}=0 \tag{1.38a}$$

$$u\frac{\partial u}{\partial x}+v\frac{\partial u}{\partial y}=\nu\frac{\partial^2 u}{\partial y^2} \tag{1.38b}$$

对应如下边界条件：

$$\begin{aligned}&y=0,\quad u=0,\quad v=0\\&y\to\infty,\quad u=u_0,\quad \frac{\partial u}{\partial y}=0\end{aligned} \tag{1.39}$$

式中，$u_0$ 为无穷远自由流速度。

Blasius 假设沿着 $x$ 坐标轴方向速度剖面具有相似性，即如果用 $u/u_0$ 作为纵坐标，用 $y/\delta$ 作为横坐标，不同 $x$ 坐标处的速度剖面相似，其中 $\delta$ 为边界层厚度。这样，将上述假设转为具体表达式，有

$$u/u_0=g(\eta),\quad \eta\propto y/\delta \tag{1.40}$$

Blasius 认为 $\delta\propto\sqrt{\nu x/u_0}$，因此，引入如下变量：

$$\eta=y\sqrt{\frac{u_0}{\nu x}} \tag{1.41}$$

再引入流函数 $\psi$，有

$$u=\frac{\partial\psi}{\partial y},\quad v=-\frac{\partial\psi}{\partial x} \tag{1.42}$$

流函数自动满足连续方程。再引入一个函数

$$f(\eta)=\frac{\psi}{\sqrt{\nu x u_0}} \tag{1.43}$$

下面可以看到，实际上，引入相似变量 $\eta$ 及函数 $f(\eta)$，最终代入式 (1.38b) 后，方程式 (1.38b) 变成了一个关于 $\eta$ 的单变量常微分方程。这里，先把各个导数项求

出来。由式 (1.42) 计算出速度，有

$$u=\frac{\partial\psi}{\partial y}=\frac{\partial\psi}{\partial\eta}\frac{\partial\eta}{\partial y}=\sqrt{\nu xu_0}\frac{\mathrm{d}f}{\mathrm{d}\eta}\sqrt{\frac{u_0}{\nu x}}=u_0\frac{\mathrm{d}f}{\mathrm{d}\eta} \tag{1.44a}$$

$$\begin{aligned}v&=-\frac{\partial\psi}{\partial x}=-\left(\sqrt{\nu xu_0}\frac{\partial f}{\partial x}+\frac{1}{2}\sqrt{\frac{\nu u_0}{x}}f\right)\\&=-\left[\sqrt{\nu xu_0}\frac{\mathrm{d}f}{\mathrm{d}\eta}\left(-\frac{1}{2}\frac{\eta}{x}\right)+\frac{1}{2}\sqrt{\frac{\nu u_0}{x}}f\right]=\frac{1}{2}\sqrt{\frac{\nu u_0}{x}}\left(\eta\frac{\mathrm{d}f}{\mathrm{d}\eta}-f\right)\end{aligned} \tag{1.44b}$$

对式 (1.44a) 求导一、二阶导数如下：

$$\begin{aligned}&\frac{\partial u}{\partial x}=u_0\left(-\frac{1}{2}\frac{\eta}{x}\right)\frac{\mathrm{d}^2f}{\mathrm{d}\eta^2}=-\frac{u_0\eta}{2x}\frac{\mathrm{d}^2f}{\mathrm{d}\eta^2}\\&\frac{\partial u}{\partial y}=u_0\sqrt{\frac{u_0}{\nu x}}\frac{\mathrm{d}^2f}{\mathrm{d}\eta^2}\\&\frac{\partial^2u}{\partial y^2}=\frac{u_0^2}{\nu x}\frac{\mathrm{d}^3f}{\mathrm{d}\eta^3}\end{aligned} \tag{1.45}$$

将式 (1.44b) 和式 (1.45) 代入式 (1.38b) 有

$$-\frac{f}{2}\frac{\mathrm{d}^2f}{\mathrm{d}\eta^2}=\frac{\mathrm{d}^3f}{\mathrm{d}\eta^3} \tag{1.46}$$

可见，通过相似变换，最终的动量方程变为函数 $f$ 对相似变量 $\eta$ 的三阶常微分方程。结合式 (1.44a)，$u=u_0\dfrac{\mathrm{d}f}{\mathrm{d}\eta}$，边界条件式 (1.39) 变为

$$\begin{aligned}&\eta=0,\quad f=0,\quad \frac{\mathrm{d}f}{\mathrm{d}\eta}=0\\&\eta\to\infty,\quad \frac{\mathrm{d}f}{\mathrm{d}\eta}=1\end{aligned} \tag{1.47}$$

关于这个常微分方程，Blasius 用指数级数来求解，实际上是没有解析形式解的。尽管如此，采用现在的数值解法，是完全能够达到非常精确的结果的。

比如，我们用预测-校正算法，预测步依次计算 $\bar{f}_{i+1}=f_i+\Delta\eta f_i'$，$\bar{f}_{i+1}'=f_i'+\Delta\eta f_i''$，$\bar{f}_{i+1}''=f_i''+\Delta\eta f_i'''$ 和 $\bar{f}_{i+1}'''=-f_{i+1}f_{i+1}''/2$，校正步依次计算 $f_{i+1}=f_i+\Delta\eta\left(f_i'+\bar{f}_{i+1}'\right)/2$，$f_{i+1}'=f_i'+\Delta\eta\left(f_i''+\bar{f}_{i+1}''\right)/2$，$f_{i+1}''=f_i''+\Delta\eta\left(f_i'''+\bar{f}_{i+1}'''\right)/2$ 和 $f_{i+1}'''=-f_{i+1}f_{i+1}''/2$，表 1.1 中给出了部分数值计算结果。

**表 1.1　部分数值解**

| $\eta$ | $f_{i+1}$ | $f'_{i+1}$ | $f''_{i+1}$ | $f'''_{i+1}$ |
|---|---|---|---|---|
| 0.0 | 0.00000 | 0.00000 | 0.33180 | 0.00000 |
| 0.5 | 0.04147 | 0.16578 | 0.33070 | −0.00686 |
| 1.0 | 0.16548 | 0.32961 | 0.32285 | −0.02671 |
| 1.5 | 0.36999 | 0.48660 | 0.30248 | −0.05596 |
| 2.0 | 0.64984 | 0.62959 | 0.26671 | −0.08666 |
| 2.5 | 0.99613 | 0.75112 | 0.21742 | −0.10829 |
| 3.0 | 1.39665 | 0.84593 | 0.16142 | −0.11272 |
| 3.5 | 1.83758 | 0.91294 | 0.10787 | −0.09911 |
| 4.0 | 2.30565 | 0.95543 | 0.06436 | −0.07420 |
| 4.5 | 2.79005 | 0.97944 | 0.03411 | −0.04759 |
| 5.0 | 3.28319 | 0.99149 | 0.01602 | −0.02630 |
| 5.5 | 3.78049 | 0.99685 | 0.00666 | −0.01259 |
| 6.0 | 4.27953 | 0.99896 | 0.00245 | −0.00525 |
| 6.5 | 4.77924 | 0.99970 | 0.00080 | −0.00191 |
| 7.0 | 5.27916 | 0.99993 | 0.00023 | −0.00061 |
| 7.5 | 5.77914 | 0.99999 | 0.00006 | −0.00017 |
| 8.0 | 6.27914 | 1.00000 | 0.00001 | −0.00004 |

从表 1.1 中可见，如果定义 $u/u_0 = 0.99$ 处的纵坐标为边界层厚度，此时近似有 $\eta = 5.0$，即边界层具体厚度为

$$\delta \approx \frac{5.0}{\sqrt{u_0/\nu x}} = \frac{5.0x}{\sqrt{Re_x}} \tag{1.48}$$

式中，局部雷诺数 $Re_x = \dfrac{u_0 x}{\nu}$。

还可以计算壁面剪应力如下：

$$\tau_w = \mu \left.\frac{\partial u}{\partial y}\right|_{y=0} = 0.332\mu u_0\sqrt{\frac{u_0}{\nu x}} = \frac{0.332\rho u_0^2}{\sqrt{Re_x}} \tag{1.49}$$

我们注意到，当 $x = 0$，在平板前缘，剪应力趋于无穷大，这是不符合实际的。当然，这可能是因为采用边界层层流假设而导致的，说明在前缘位置，上述假设并不适用。这里还可以计算出量纲为一的壁面摩擦系数

$$C_f = \frac{\tau_w}{\dfrac{1}{2}\rho u_0^2} = \frac{0.664}{\sqrt{Re_x}} \tag{1.50}$$

可见，边界层厚度随 $x$ 增加而增加，而摩擦系数是减小的。这里，$\dfrac{1}{2}\rho u_0^2$ 也称为动压，其单位与压力和剪应力单位相同，均为 Pa。

# 1.5　其他几种层流解析解

## 1.5.1　平面 Couette 流

Couette(1890) 最先通过试验研究过相对运动的两层平行平板间流动的问题，为便于分析，我们取 $x-z$ 坐标平面与平板一致，由于平板无限大，有

$$\frac{\partial}{\partial x}=\frac{\partial}{\partial z}=0 \tag{1.51}$$

同时，假设 $z$ 方向没有流动，有

$$w=0 \tag{1.52}$$

这样，连续方程简化为

$$\frac{\partial v}{\partial y}=0 \tag{1.53}$$

对式 (1.53) 积分，有 $v=\mathrm{Const}$，根据壁面无滑移条件，有 $v=0$，这样，说明在 $y$ 方向速度处处为零。

$x$ 方向动量方程为

$$u\underbrace{\frac{\partial u}{\partial x}}_{=0}+\underbrace{v}_{=0}\frac{\partial u}{\partial y}+w\underbrace{\frac{\partial u}{\partial z}}_{=0}=-\frac{1}{\rho}\frac{\partial p}{\partial x}+\nu\left(\underbrace{\frac{\partial^2 u}{\partial x^2}}_{=0}+\frac{\partial^2 u}{\partial y^2}+\underbrace{\frac{\partial^2 u}{\partial z^2}}_{=0}\right) \tag{1.54}$$

经简化后变为

$$\frac{1}{\rho}\frac{\partial p}{\partial x}=\nu\frac{\partial^2 u}{\partial y^2} \tag{1.55}$$

而由 $v=0$ 和 $w=0$，可得 $y$ 和 $z$ 方向的动量方程变为

$$\begin{aligned}\frac{\partial p}{\partial y}&=0\\ \frac{\partial p}{\partial z}&=0\end{aligned} \tag{1.56}$$

这说明，压力与 $y$ 和 $z$ 坐标无关，只是 $x$ 坐标的函数。这样即可对式 (1.55) 积分，有

$$\frac{\mathrm{d}u}{\mathrm{d}y}=\frac{1}{\mu}\int\frac{\mathrm{d}p}{\mathrm{d}x}\mathrm{d}y+C_1=\frac{1}{\mu}\frac{\mathrm{d}p}{\mathrm{d}x}y+C_1 \tag{1.57}$$

再对式 (1.57) 积分，有

$$u=\frac{1}{2\mu}\frac{\mathrm{d}p}{\mathrm{d}x}y^2+C_1y+C_2 \tag{1.58}$$

根据边界条件，有

$$\begin{aligned} &y=0, \quad u=0 \\ &y=h, \quad u=U \end{aligned} \tag{1.59}$$

可得 $C_2=0$，$C_1=\dfrac{U}{h}-\dfrac{1}{2\mu}\dfrac{\mathrm{d}p}{\mathrm{d}x}h$，并代入式 (1.58) 有

$$u=\frac{1}{2\mu}\frac{\mathrm{d}p}{\mathrm{d}x}y(y-h)+\frac{Uy}{h} \tag{1.60}$$

若 $\dfrac{\mathrm{d}p}{\mathrm{d}x}=0$ 时，$u=\dfrac{Uy}{h}$ 为一线性分布速度剖面；若 $\dfrac{\mathrm{d}p}{\mathrm{d}x}>0$ 和 $\dfrac{\mathrm{d}p}{\mathrm{d}x}<0$ 时，则分别为一抛物线剖面。

### 1.5.2 Hagen-Poiseuille 流

Hagen-Poiseuille 流就是直管道的充分发展层流流动，分别由 Hagen (1839) 和 Poiseuille (1838) 独立得出，可参考文献 Sutera (1993)。采用圆柱坐标系，$z$ 方向沿管道中心线，由轴对称性有 $\dfrac{\partial}{\partial\theta}=0$，充分发展 $\dfrac{\partial u_z}{\partial z}=0$，且 $u_r=u_\theta=0$，这样，连续性方程自动满足，动量方程简化为

$$\frac{\partial p}{\partial r}=0 \tag{1.61a}$$

$$\frac{\partial p}{\partial \theta}=0 \tag{1.61b}$$

$$-\frac{\partial p}{\partial z}+\mu\left[\frac{1}{r}\frac{\partial}{\partial r}\left(r\frac{\partial u_z}{\partial r}\right)\right]=0 \tag{1.61c}$$

可见，压力只与 $z$ 坐标有关，因此，对式 (1.61c) 积分第三式，有

$$\frac{\partial u_z}{\partial r}=\frac{1}{2\mu}\frac{\partial p}{\partial z}r+\frac{C_1}{r} \tag{1.62}$$

再对式 (1.62) 积分，有

$$u_z=\frac{1}{4\mu}\frac{\partial p}{\partial z}r^2+C_1\ln r+C_2 \tag{1.63}$$

当 $r=0$ 时，$u_z$ 应为有限值，有 $C_1=0$。当 $r=R$ 时，$u_z=0$，有 $C_2=-\dfrac{1}{4\mu}\dfrac{\partial p}{\partial z}R^2$。将其参数代入式 (1.63)，有

$$u_z=\frac{1}{4\mu}\frac{\partial p}{\partial z}\left(r^2-R^2\right) \tag{1.64}$$

式 (1.63) 即为 Hagen-Poiseuille 流动的速度剖面，也常称 Hagen-Poiseuille 流为压力驱动流。

### 1.5.3 平面滞止点流动

当流动法向冲击无限大平板时，到达平板中心处的流体处于滞止状态，而两侧的流体各自向一侧偏转，即所谓的滞止点流动问题。我们先从势流角度进行分析，这个问题的势流描述如下：

$$
\begin{aligned}
&u\frac{\partial u}{\partial x}+v\frac{\partial u}{\partial y}=-\frac{1}{\rho}\frac{\partial p}{\partial x}\\
&u\frac{\partial v}{\partial x}+v\frac{\partial v}{\partial y}=-\frac{1}{\rho}\frac{\partial p}{\partial y}\\
&\frac{\partial u}{\partial x}+\frac{\partial v}{\partial y}=0
\end{aligned}
\tag{1.65}
$$

引入流函数 $\psi=axy$，有

$$
u=\frac{\partial \psi}{\partial y}=ax,\quad v=-\frac{\partial \psi}{\partial x}=-ay \tag{1.66}
$$

式中，$a$ 为一常数。

势流满足 Bernoulli 方程，有

$$
p_0-p=\frac{1}{2}\rho V^2=\frac{1}{2}\rho a^2\left(x^2+y^2\right) \tag{1.67}
$$

式中，$p_0$ 为滞止点压力。

当把式 (1.66) 和式 (1.67) 代入式 (1.65) 时，可看出速度和压力是满足势流基本方程的。只不过，在壁面上，速度 $u=ax\neq 0$，不满足无滑移条件 (图 1.1)。

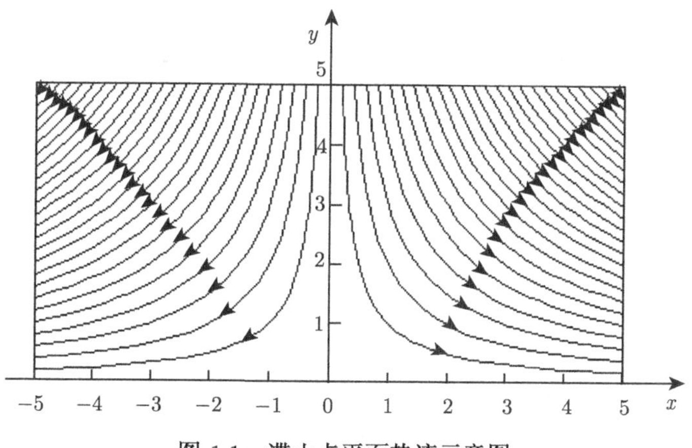


图 1.1 滞止点平面势流示意图

下面考虑黏性，且壁面处流动满足无滑移条件。这样，上述势流解不再适用。Prandtl 的学生 Hiemenz(1911) 对这个问题进行研究并获得解析解。实际上，求解这个问题的方法类似于 Blasius 相似解的方法，其目的是将偏微分方程转变为单变量的常微分方程，从而获得解析解。注意到这个问题中，这个流场的特点是法向速度与 $x$ 坐标是无关的，即

$$v=-f(y) \tag{1.68}$$

式中，$f(y)$ 为待定函数。将其代入连续方程，有

$$u=f'(y)x+\text{Const} \tag{1.69}$$

由滞止点处 $x=0,u=v=0$，式 (1.69) 变为

$$u=f'(y)x \tag{1.70}$$

由势流压力分布式 (1.67)，假设黏性流动中的压力分布有如下形式：

$$p_0-p=\frac{1}{2}\rho a^2\left[x^2+F(y)\right] \tag{1.71}$$

式中，$F(y)$ 是待定函数。将其代入平面流动 Navier-Stokes 方程，则有

$$\begin{aligned}
&\underbrace{u\frac{\partial u}{\partial x}}_{=f'^2(y)x}+\underbrace{v\frac{\partial u}{\partial y}}_{=-f(y)f''(y)x}=\underbrace{-\frac{1}{\rho}\frac{\partial p}{\partial x}}_{=a^2x}+\nu\left(\underbrace{\frac{\partial^2 u}{\partial x^2}}_{=0}+\underbrace{\frac{\partial^2 u}{\partial y^2}}_{=f'''(y)x}\right)\\
&\underbrace{u\frac{\partial v}{\partial x}}_{=0}+\underbrace{v\frac{\partial v}{\partial y}}_{f(y)f'(y)}=\underbrace{-\frac{1}{\rho}\frac{\partial p}{\partial y}}_{=\frac{1}{2}a^2F'(y)}+\nu\left(\underbrace{\frac{\partial^2 v}{\partial x^2}}_{=0}+\underbrace{\frac{\partial^2 v}{\partial y^2}}_{=-f''(y)}\right)
\end{aligned} \tag{1.72}$$

整理后变为

$$f'^2(y)-f(y)f''(y)=a^2+\nu f'''(y) \tag{1.73a}$$

$$f(y)f'(y)=\frac{1}{2}a^2F'(y)-\nu f''(y) \tag{1.73b}$$

对应边界条件为

$$\begin{aligned}
&y=0,u=v=0\Rightarrow f(0)=f'(0)=0\\
&y\to\infty,u\to ax\Rightarrow f'(\infty)=a
\end{aligned} \tag{1.74}$$

式中，$ax$ 为势流解无穷远自由流速度，即势流的解，记 $U_e=ax$。

下面引入如下变换关系式：

$$\eta=\alpha y,\quad f(y)=\beta\phi(\eta) \tag{1.75}$$

式中，$\alpha$ 和 $\beta$ 为待定常数；$\phi(\eta)$ 为待定函数。

转变后，各阶导数变为

$$\begin{aligned}
f'(y) &= \beta\frac{\mathrm{d}\phi(y)}{\mathrm{d}\eta}\frac{\mathrm{d}\eta}{\mathrm{d}y} = \alpha\beta\phi'(\eta) \\
f''(y) &= \alpha^2\beta\phi''(\eta) \\
f'''(y) &= \alpha^3\beta\phi''(\eta)
\end{aligned} \tag{1.76}$$

将式 (1.76) 代入式 (1.73b)，有

$$\alpha^2\beta^2\phi'^2(\eta) - \alpha^2\beta^2\phi(\eta)\phi''(\eta) = a^2 + \nu\alpha^3\beta\phi'''(\eta) \tag{1.77}$$

假设 $\alpha^2\beta^2 = a^2 = \nu\alpha^3\beta$，即 $\alpha = \sqrt{\dfrac{a}{\nu}}, \beta = \sqrt{a\nu}$。这样就可将式中的常系数化简掉，式 (1.77) 变为

$$\phi'''(\eta) + \phi(\eta)\phi''(\eta) - \phi'^2(\eta) + 1 = 0 \tag{1.78}$$

式 (1.78) 即为 Hiemenz 滞止点流动方程，这是一个常微分方程。可以用数值计算准确求解。

由式 (1.74) 和式 (1.76)，有对应的边界条件为

$$\phi(0) = \phi'(0) = 0, \quad \phi'(\infty) = 1 \tag{1.79}$$

由式 (1.70) 可知，将速度除以无穷远自由流速度 $U_e$，可得

$$\frac{u}{U_e} = \frac{u}{ax} = \frac{f'(y)}{a} = \phi'(\eta) \tag{1.80}$$

图 1.2 中给出了式 (1.80) 的曲线图。若取 99%平均速度处作为边界层，则由曲线大致可得对应的 $\eta = 2.4$，此时的边界层厚度为

$$\delta = 2.4\sqrt{\nu/a} \tag{1.81}$$

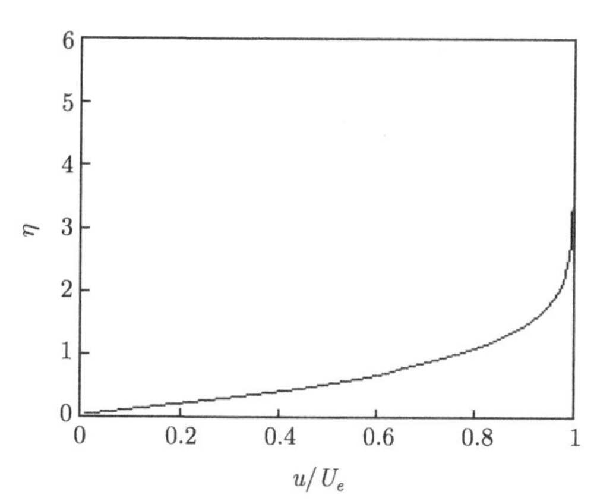


图 1.2 Hiemenz 流动边界层示意图

由式 (1.80) 可以看出，量纲为一的速度 $\dfrac{u}{U_e}$ 与 $x$ 坐标是无关的，且边界层厚度也不随 $x$ 坐标变化，即沿着平板壁面方向不产生变化。

### 1.5.4　旋转圆盘上方流动

考虑一无限大旋转圆盘上方的流动问题，Kármán(1921) 曾进行过研究，他也采用相似变换的方法，并最终获得解析解，这是在三维条件下为数不多的获得解析解的情形。我们将坐标系原点放在圆盘中心，$z=0$ 平面与圆盘重合。采用圆柱坐标系，由轴对称性有 $\dfrac{\partial}{\partial\theta}=0$，写出基本方程如下：

$$
\begin{aligned}
&\frac{1}{r}\frac{\partial}{\partial r}(ru)+\frac{\partial w}{\partial z}=0\\
&u\frac{\partial u}{\partial r}-\frac{v^2}{r}+w\frac{\partial u}{\partial z}=-\frac{1}{\rho}\frac{\partial p}{\partial r}+\nu\left(\frac{\partial^2 u}{\partial r^2}+\frac{1}{r}\frac{\partial u}{\partial r}-\frac{u}{r^2}+\frac{\partial^2 u}{\partial z^2}\right)\\
&u\frac{\partial v}{\partial r}+\frac{uv}{r}+w\frac{\partial v}{\partial z}=\nu\left(\frac{\partial^2 v}{\partial r^2}+\frac{1}{r}\frac{\partial v}{\partial r}-\frac{v}{r^2}+\frac{\partial^2 v}{\partial z^2}\right)\\
&u\frac{\partial w}{\partial r}+w\frac{\partial w}{\partial z}=-\frac{1}{\rho}\frac{\partial p}{\partial z}+\nu\left(\frac{\partial^2 w}{\partial r^2}+\frac{1}{r}\frac{\partial w}{\partial r}+\frac{\partial^2 w}{\partial z^2}\right)
\end{aligned}
\tag{1.82}
$$

在圆盘上的边界条件为

$$
z=0,\quad u(r,0)=0,\quad v(r,0)=\varOmega r,\quad w(r,0)=0 \tag{1.83}
$$

式中，$\varOmega$ 为圆盘旋转角速度，即在壁面处满足无滑移条件。

而在无穷远处黏性作用可以忽略，有

$$
z\to\infty,\quad u(r,z)\to 0,\quad v(r,z)\to 0 \tag{1.84}
$$

由于圆盘的泵吸作用，无穷远流体将沿轴向朝圆盘运动，有

$$
z\to\infty,\quad w(r,z)\to \text{Const} \tag{1.85}
$$

即保持一个均匀轴向来流速度。为将上述方程简化为常微分方程，Kármán(1921) 引入如下相似变量：

$$
\begin{aligned}
&\eta=z\sqrt{\frac{\varOmega}{\nu}}\\
&u=\varOmega rF(\eta),\quad v=\varOmega rG(\eta),\quad w=\sqrt{\varOmega\nu}H(\eta)\\
&p=\rho\varOmega\nu P(\eta)
\end{aligned}
\tag{1.86}
$$

式中，$F(\eta)$、$G(\eta)$、$H(\eta)$ 和 $P(\eta)$ 为待定函数。将式 (1.86) 代入式 (1.82) 有

$$2F(\eta) + H'(\eta) = 0 \tag{1.87a}$$

$$F^2(\eta) - G^2(\eta) + H(\eta)F'(\eta) = F''(\eta) \tag{1.87b}$$

$$2F(\eta)G(\eta) + H(\eta)G'(\eta) = G''(\eta) \tag{1.87c}$$

$$H(\eta)H'(\eta) = -P'(\eta) + H''(\eta) \tag{1.87d}$$

即变为一组常微分方程组，对应的边界条件为

$$\begin{array}{l} \eta = 0, \quad F(0) = 0, \quad G(0) = 1, \quad H(0) = 0, \quad P(0) = 0 \\ \eta \to \infty, \quad F(\infty) = 0, \quad G(\infty) = 0 \end{array} \tag{1.88}$$

我们注意到，式 (1.87) 中，压力只出现在式 (1.87d) 中；同时又注意到，若通过变量代换 $F(\eta)=f'(\eta), G(\eta)=g(\eta), H(\eta)=-2\int F(\eta)=-2f(\eta)$，式 (1.87) 中前三式变成两式 $\begin{cases} f'^2-g^2-2ff''=f''' \\ 2f'g-2fg'=g'' \end{cases}$，对应的边界条件转换成 $\begin{cases} f(0)=f'(0)=0, g(0)=1 \\ f'(\infty)=0, g(\infty)=0 \end{cases}$，这样，通过数值计算可以求解，如图 1.3 所示。

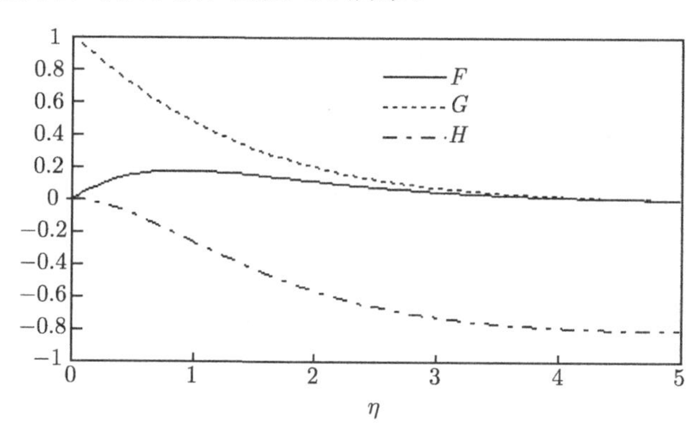


图 1.3 旋转圆盘上方流动速度解

# 1.6 湍流边界层速度剖面

## 1.6.1 黏性底层速度剖面

考虑平面边界层的假设 $\overline{U} \gg \overline{V}, \dfrac{\partial}{\partial y} \gg \dfrac{\partial}{\partial x}$，有

$$\frac{\partial(\rho\overline{UU})}{\partial x} + \frac{\partial(\rho\overline{UV})}{\partial y} = -\frac{\partial\overline{P}}{\partial x} + \frac{\partial}{\partial y}\left(\mu\frac{\partial\overline{U}}{\partial y} - \rho\overline{u'v'}\right) \tag{1.89}$$

式中

$$\tau_{\text{tot}} = \mu \frac{\partial \overline{U}}{\partial y} - \rho \overline{u'v'} \tag{1.90}$$

即总的应力中包含了黏性应力和湍动应力两部分。在壁面上，脉动量不存在，有 $u' = v' = 0$，此时的应力记为

$$\tau_w = \mu \frac{\partial \overline{U}}{\partial y} \tag{1.91}$$

即壁面剪应力。

对式 (1.91) 积分，并运用无滑移壁面条件得速度

$$\overline{U} = \frac{\tau_w}{\mu} y \tag{1.92}$$

在靠近壁面的薄层内，基本不受湍动影响，湍动应力可以忽略不计，而在这一薄层内，有 $\tau_{\text{tot}} \approx \tau_w$，即总应力近似为常数，因此，该薄层内速度分布近似满足上式。由于黏性占主导，该薄层称为黏性底层。

Kármán 引入量纲为一的壁面摩擦速度如下：

$$u_\tau = \sqrt{\frac{\tau_w}{\rho}} \tag{1.93}$$

及量纲为一的壁面距离

$$y^+ = \frac{u_\tau y}{\nu} \tag{1.94}$$

这里的 $y^+$ 相当于局部雷诺数。

定义量纲为一的速度 $u^+ = \dfrac{\overline{U}}{u_\tau}$，代入式 (1.92)，得

$$u^+ = y^+ \tag{1.95}$$

这是一个线性关系式，因此，也把这一薄层称为线性底层。需注意，一般认为 $y^+ < 5$，属于线性底层。

### 1.6.2　对数律层速度剖面

随着距离更远，湍动特性逐渐占主导，而黏性应力可以忽略，此时总的应力仍然近似保持常数，近似等于壁面应力，即 $\tau_{\text{tot}} \approx \tau_w$。根据 Kármán(1930) 的理论，边界层中的湍流剪应力应表示为

$$\tau_{\text{turb}} = \varepsilon \frac{\mathrm{d}\overline{U}}{\mathrm{d}y} \tag{1.96}$$

式中，$\varepsilon = \rho\kappa^2 y^2 \left|\dfrac{\mathrm{d}\overline{U}}{\mathrm{d}y}\right|$，为混合长度涡黏性系数，$\kappa \approx 0.41$ 为 Kármán 常数。假设 $\tau_{\mathrm{turb}} \approx \tau_w$，有 $\rho u_\tau^2 = \rho\kappa^2 y^2 \left(\dfrac{\mathrm{d}\overline{U}}{\mathrm{d}y}\right)^2$，可得

$$\frac{\mathrm{d}\overline{U}}{\mathrm{d}y} = \frac{u_\tau}{\kappa y} \tag{1.97}$$

积分上式，可得速度分布为

$$\overline{U} = \frac{u_\tau}{\kappa}\ln y + \mathrm{Const} \tag{1.98}$$

引入上一节中的量纲为一的量 $u^+ = \dfrac{\overline{U}}{u_\tau}$、$y^+ = \dfrac{u_\tau y}{\nu}$，上式变为

$$u^+ = \frac{1}{\kappa}\ln\frac{y^+\nu}{u_\tau} + \mathrm{Const} = \frac{1}{\kappa}\ln y^+ + B \tag{1.99}$$

式中，$B$ 为一常数，当 $\kappa = 0.41$ 时，$B = 5.0$。此即为对数律层速度分布式。通常，当 $30 < y^+ < 200$ 为对数律层范围，而位于 $5 < y^+ < 30$ 区间的称为缓冲区，既不是线性分布也不是对数律分布。

## 1.7 边界层位移厚度和动量厚度

除了 Blasius 精确解之外，还有另一种研究边界层的理论方法，那就是 Kármán 动量积分方程，该方程还能够适用于层流和湍流。首先延伸介绍边界层位移厚度和动量厚度。考虑到边界层内速度剖面的改变，与均匀流速 $u_0$ 流动时的流量相比较，流经边界层的流量产生了亏损，即

$$\int_0^\delta (u_0 - u)\,\mathrm{d}y = u_0\delta^* \tag{1.100}$$

式中，$\delta^* = \displaystyle\int_0^\delta \left(1 - \frac{u}{u_0}\right)\mathrm{d}y$，称为边界层位移厚度。为什么称之为位移厚度？可以这样理解，即由于边界层的存在，导致均匀流流量的下降，参考示意图 1.4。图 1.4(a) 中速度剖面曲线下的阴影面积即为亏损的流量，这样，如果用均匀流速计算流量，相当于打了折扣，即图 1.4(b) 中 $\delta^*$ 厚度所示阴影部分。从物理意义的角度来看，相当于固体壁面外移了一个 $\delta^*$ 距离，故此，称之为位移厚度。下面用一个例子来具体计算位移厚度。

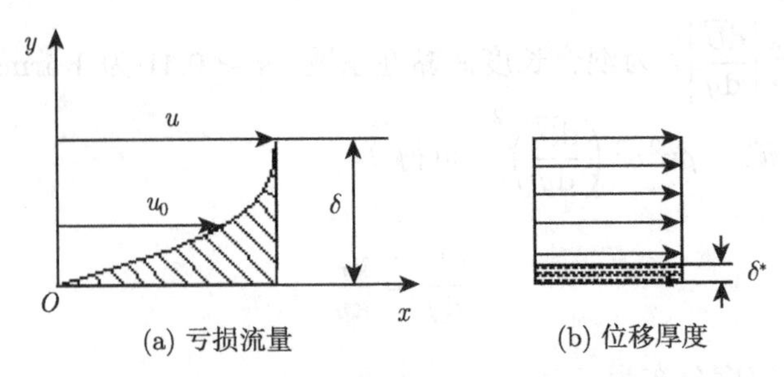


(a) 亏损流量　　(b) 位移厚度

图 1.4　边界层位移厚度示意图

假设，已知有如下的层流速度剖面：

$$\frac{u}{u_0}=2\left(\frac{y}{\delta}\right)-\left(\frac{y}{\delta}\right)^2 \tag{1.101}$$

试计算 $\delta^*=f(\delta)$。先分析下该速度剖面，在 $y=0$ 处，有 $u=0$，即满足壁面无滑移条件；在 $y=\delta$ 处，有 $u=u_0$，并不严格符合边界层的定义，即在 $y=\delta$ 处，有 $u=0.99u_0$。下面计算位移厚度：

$$\delta^*=\int_0^\delta\left\{1-\left[2\left(\frac{y}{\delta}\right)-\left(\frac{y}{\delta}\right)^2\right]\right\}\mathrm{d}y=\frac{\delta}{3} \tag{1.102}$$

这样，我们就计算出这个假设的速度剖面的位移厚度。需注意，这里取的是一个假设的速度剖面，为方便计算，从理论的角度，上述结果并不是严格的。

下面再介绍动量厚度，其原理是类似的。注意到，与均匀流动相比，流经边界层的流体动量也产生亏损，即

$$\int_0^\delta \rho u\,(u_0-u)\,\mathrm{d}y=\rho u_0^2\theta \tag{1.103}$$

式中，$\theta=\displaystyle\int_0^\delta \frac{u}{u_0}\left(1-\frac{u}{u_0}\right)\mathrm{d}y$，称之为动量厚度。

在早期的工程应用中，位移厚度和动量厚度还是有着重要作用的，当我们确定位移厚度之后，就可以利用位移厚度构造一个虚拟的固体壁面，再重新计算势流解，从而获得比初始均匀流边界更为准确的自由流条件，利用该新的自由流边界重新计算边界层的解，经过反复迭代修正，当边界层位移厚度不再随迭代而变化即可终止。

动量厚度不如边界层位移厚度直观，当然，也可以用类似图 1.4 的形式表示，只需将速度剖面 $u(y)$ 曲线换为 $u^2(y)$ 曲线。

在早期的工程计算中，动量厚度也是有着重要作用的。取流经平板的流体作为控制体，根据动量定理，该流体控制体所受的合力等于出流断面处的动量减去来流断面的动量，有如下计算式：

$$D(x) = \rho b \int_0^{\delta(x)} u(u_0 - u)\,\mathrm{d}y \tag{1.104}$$

式中，$b$ 表示垂直纸面方向的平板宽度。也可以写为动量厚度的形式

$$D(x) = \rho b u_0^2 \theta, \quad \theta = \int_0^{\delta(x)} \frac{u}{u_0}\left(1 - \frac{u}{u_0}\right)\mathrm{d}y \tag{1.105}$$

容易看出，直接用 $\rho b u_0^2 \theta$ 进行计算，即可获得总的表面阻力

$$\begin{aligned} D(x) =& \rho b u_0^2 \theta = b \int_0^x \tau_w(x)\,\mathrm{d}x \\ \Rightarrow& \frac{\mathrm{d}D(x)}{\mathrm{d}x} = \rho b u_0^2 \frac{\mathrm{d}\theta}{\mathrm{d}x} = b\tau_w(x) \end{aligned} \tag{1.106}$$

容易得出剪应力

$$\tau_w(x) = \rho u_0^2 \frac{\mathrm{d}\theta}{\mathrm{d}x} = \rho u_0^2 \frac{\mathrm{d}}{\mathrm{d}x} \int_0^{\delta(x)} \frac{u}{u_0}\left(1 - \frac{u}{u_0}\right)\mathrm{d}y \tag{1.107}$$

该式由 Kármán(1921) 给出，称为平板边界层流动的动量积分关系式。值得注意的是，该方程式对层流和湍流均是适用的。后面还将具体来讨论该方程。

下面仍以前面假设的速度剖面为例，具体计算动量厚度。将速度剖面方程式 (1.101) 代入动量厚度公式 (1.103)，计算如下：

$$\begin{aligned} \theta &= \int_0^\delta \left[2\left(\frac{y}{\delta}\right) - \left(\frac{y}{\delta}\right)^2\right]\left\{1 - \left[2\left(\frac{y}{\delta}\right) - \left(\frac{y}{\delta}\right)^2\right]\right\}\mathrm{d}y \\ &= \int_0^\delta \left[2\left(\frac{y}{\delta}\right) - 5\left(\frac{y}{\delta}\right)^2 + 4\left(\frac{y}{\delta}\right)^3 - \left(\frac{y}{\delta}\right)^4\right]\mathrm{d}y \\ &= \left(\delta - \frac{5}{3}\delta + \delta - \frac{1}{5}\delta\right) = \frac{2}{15}\delta \end{aligned} \tag{1.108}$$

即可计算摩擦阻力。我们主要考察剪应力的计算，根据牛顿流体剪应力公式和假设的速度剖面，可计算出

$$\tau_w = \mu \left.\frac{\mathrm{d}u}{\mathrm{d}y}\right|_{y=0} = \frac{2\mu u_0}{\delta} \tag{1.109}$$

将式 (1.108) 和式 (1.109) 代入动量积分关系式 (1.107)，有

$$\frac{\mathrm{d}\delta^2}{2} = \frac{15\nu}{u_0}\mathrm{d}x \tag{1.110}$$

在 $[0, x]$ 上对式 (1.110) 进行积分，并假设在 $x = 0$ 处有 $\delta = 0$，则

$$\frac{\delta}{x} = \sqrt{\frac{30\nu}{u_0 x}} \approx \frac{5.5}{\sqrt{Re_x}} \tag{1.111}$$

当然，这里是由假设速度剖面计算出来，对比式 (1.48)，存在 10%的误差。这与我们给定速度剖面有关，即边界层的速度取为 $u_0$ 而非 $0.99u_0$，相当于增厚边界层。由式 (1.109) 也可以计算出给定假设速度剖面时的阻力系数

$$C_f = \frac{\tau_w}{\frac{1}{2}\rho u_0^2} = \frac{4}{\sqrt{\frac{30\nu}{u_0 x}}} \approx \frac{0.73}{\sqrt{Re_x}} \tag{1.112}$$

对比式 (1.50)，假设速度剖面的阻力系数与精确解也存在近 10%的误差。

$$\begin{aligned}\delta^* &= \int_0^\delta \left(1 - \frac{u}{u_0}\right) \mathrm{d}y = \int_0^5 \left(1 - \frac{\mathrm{d}f}{\mathrm{d}\eta}\right) \mathrm{d}\eta \\ &= \frac{x}{\sqrt{Re_x}} \left[5 - f(5)\right] = (5 - 3.2832) \frac{x}{\sqrt{Re_x}} \\ &\Rightarrow \frac{\delta^*}{x} = \frac{1.7168}{\sqrt{Re_x}}\end{aligned} \tag{1.113}$$

需注意，式 (1.113) 中取 $\eta = 5$，即以近似 $0.99u_0$ 处作为积分上限。实际上，真实的动量损失应积分到自由流速度 $u_0$ 处的位置才更准确，理论上应是 $\eta \to \infty$ 的位置。这里，如果取 $\eta = 8$ 处作为积分上限，则 $\frac{\delta^*}{x} = \frac{1.7208}{\sqrt{Re_x}}$。再假设速度剖面所得位移厚度式 (1.102)，联系式 (1.111)，有 $\frac{\delta^*}{x} = \frac{1}{3} \times \frac{5.5}{\sqrt{Re_x}} = \frac{1.833}{\sqrt{Re_x}}$，误差约 6%。

对于湍流情形，也可由类似方法给定一个近似速度剖面，从而计算位移厚度及动量厚度，也可由式 (1.107) 计算壁面剪应力。

## 1.8　Kármán 动量积分方程

以边界层边缘为上边界，以平板壁面为下边界，取如图 1.5 所示水平宽度为 $\mathrm{d}x$ 的微元控制体，先计算穿过各边界的质量，穿过 $AB$ 边界的为流入控制体的质量，如下：

$$\dot{m}_{\text{in}} = \int_0^\delta \rho u \mathrm{d}y \tag{1.114}$$

表示单位时间内流入控制体的质量。穿过 $CD$ 边界的为流出控制体的质量，即

$$\dot{m}_{\text{out}} = \dot{m}_{\text{in}} + \frac{\partial \dot{m}_{\text{in}}}{\partial x} \mathrm{d}x = \int_0^\delta \rho u \mathrm{d}y + \frac{\partial}{\partial x} \left(\int_0^\delta \rho u \mathrm{d}y\right) \mathrm{d}x \tag{1.115}$$

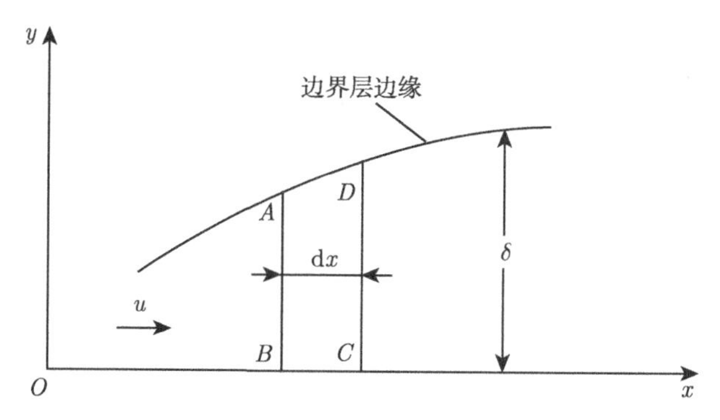


图 1.5 边界层控制体积示意图

表示单位时间内流出控制体的质量。根据质量守恒，有

$$\dot{m}_{\text{top}} = \dot{m}_{\text{out}} - \dot{m}_{\text{in}} = \frac{\partial}{\partial x}\left(\int_0^\delta \rho u \mathrm{d}y\right)\mathrm{d}x \tag{1.116}$$

即单位时间内穿过上边界 $AD$ 的质量。

我们再计算各边界的动量，穿过 $AB$ 边界的动量为

$$\dot{M}_{\text{in}} = \int_0^\delta \rho u^2 \mathrm{d}y \tag{1.117}$$

穿过 $CD$ 边界的动量为

$$\dot{M}_{\text{out}} = \dot{M}_{\text{in}} + \frac{\partial \dot{M}_{\text{in}}}{\partial x}\mathrm{d}x = \int_0^\delta \rho u^2 \mathrm{d}y + \frac{\partial}{\partial x}\left(\int_0^\delta \rho u^2 \mathrm{d}y\right)\mathrm{d}x \tag{1.118}$$

沿水平方向，穿过上边界 $AD$ 的动量为

$$\dot{M}_{\text{top}} = \dot{m}_{\text{top}} u_0 = \left[\frac{\partial}{\partial x}\left(\int_0^\delta \rho u \mathrm{d}y\right)\mathrm{d}x\right] u_0 \tag{1.119}$$

下面再计算各个边界上的受力，设各边界均匀受力，在 $AB$ 边界上，控制体受均匀分布的压力 $p$ 作用，则总的作用力为 $p\delta$。如图 1.6 所示。

类似地，$CD$ 边界受均匀分布的压力为$p + \dfrac{\partial p}{\partial x}\mathrm{d}x$，所受总的作用力为 $-\left(p+\dfrac{\partial p}{\partial x}\mathrm{d}x\right)\times(\delta + \Delta\delta)$，负号表示方向沿 $x$ 轴负方向；上边界 $AD$ 受均匀分布的压力为 $p+\dfrac{\partial p}{\partial x}\dfrac{\mathrm{d}x}{2}$，沿水平方向总的作用力为$\left(p+\dfrac{\partial p}{\partial x}\dfrac{\mathrm{d}x}{2}\right)\times|AD|\times\dfrac{\mathrm{d}\delta}{|AD|}=\left(p+\dfrac{\partial p}{\partial x}\dfrac{\mathrm{d}x}{2}\right)\Delta\delta$；壁面 $BC$ 受均匀剪应力 $\tau_w$ 作用，总的作用力为 $-\tau_w\mathrm{d}x$，同理，负号表示沿 $x$ 轴负

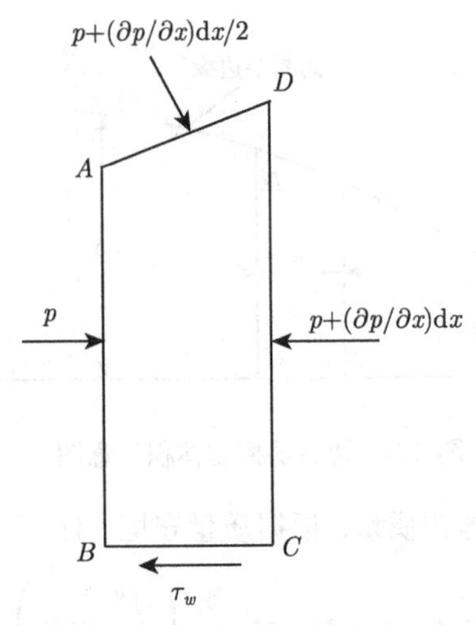


图 1.6　控制体受力示意图

方向，这样，总的作用力

$$\begin{aligned}\sum F_x &= p\delta - \left(p + \frac{\partial p}{\partial x}\mathrm{d}x\right)(\delta + \Delta\delta) + \left(p + \frac{\partial p}{\partial x}\frac{\mathrm{d}x}{2}\right)\Delta\delta - \tau_w \mathrm{d}x \\ &= -\frac{\partial p}{\partial x}\mathrm{d}x\delta - \left(\frac{\partial p}{\partial x}\frac{\mathrm{d}x}{2}\Delta\delta\right) - \tau_w \mathrm{d}x \end{aligned} \tag{1.120}$$

略去高阶小项，有

$$\sum F_x = \left(-\frac{\partial p}{\partial x}\delta - \tau_w\right)\mathrm{d}x \tag{1.121}$$

根据动量定理，有

$$\begin{aligned}\left(-\frac{\partial p}{\partial x}\delta - \tau_w\right)\mathrm{d}x =& \dot{M}_{\text{out}} - \dot{M}_{\text{in}} - \dot{M}_{\text{top}} \\ =& \frac{\partial}{\partial x}\left(\int_0^\delta \rho u^2 \mathrm{d}y\right)\mathrm{d}x - \left[\frac{\partial}{\partial x}\left(\int_0^\delta \rho u \mathrm{d}y\right)\mathrm{d}x\right]u_0 \end{aligned} \tag{1.122}$$

将式 (1.122) 两侧同除以 $\mathrm{d}x$，有

$$\left(\frac{\partial p}{\partial x}\delta + \tau_w\right) = -\frac{\partial}{\partial x}\left(\int_0^\delta \rho u^2 \mathrm{d}y\right) + \left[\frac{\partial}{\partial x}\left(\int_0^\delta \rho u \mathrm{d}y\right)\right]u_0 \tag{1.123}$$

将式 (1.123) 中各偏导数项 $\dfrac{\partial}{\partial x}$ 换为 $\dfrac{\mathrm{d}}{\mathrm{d}x}$，则简化为

$$\left(\frac{\mathrm{d}p}{\mathrm{d}x}\delta + \tau_w\right) = -\frac{\mathrm{d}}{\mathrm{d}x}\left(\int_0^\delta \rho u^2 \mathrm{d}y\right) + \left[\frac{\mathrm{d}}{\mathrm{d}x}\left(\int_0^\delta \rho u \mathrm{d}y\right)\right]u_0$$

$$=\frac{\mathrm{d}}{\mathrm{d}x}\left[\int_0^\delta \rho\left(uu_0-u^2\right)\mathrm{d}y\right] \tag{1.124}$$

式 (1.124) 即为一般的 Kármán 动量积分方程。

还可以利用 Bernoulli 方程，即 $\left(p+\rho u^2/2\right)=\mathrm{Const}$，其中略去势能项，对 Bernoulli 方程求导，有

$$\frac{\mathrm{d}p}{\mathrm{d}x}+\rho u\frac{\mathrm{d}u}{\mathrm{d}x}=0 \tag{1.125}$$

将其代入式 (1.124)，Kármán 方程可简化为

$$\tau_w=\rho u_0^2\frac{\mathrm{d}\theta}{\mathrm{d}x}+\rho u\frac{\mathrm{d}u}{\mathrm{d}x}\delta \tag{1.126}$$

式中，$\theta$ 为前面介绍的动量厚度。

若进一步假设 $\dfrac{\mathrm{d}p}{\mathrm{d}x}=0$，即有 $\dfrac{\mathrm{d}u}{\mathrm{d}x}=0$，式 (1.126) 又进一步简化为

$$\tau_w=\rho u_0^2\frac{\mathrm{d}\theta}{\mathrm{d}x} \tag{1.127}$$

即为式 (1.107)，可见，前面所介绍的 Kármán 方程实际上是一种简化后的特殊情形。

## 1.9 平板边界层尾流

介绍完动量积分方程后，我们再来研究平板边界层后的尾流。这个流动问题可以看作是平板边界层的延续。我们继续计算在平板后缘之后较远距离处的尾流的速度剖面。首先，定义尾流中的速度差为

$$u_1(x,y)=u_0-u(x,y) \tag{1.128}$$

式中，$u_0$ 为均匀流速度；$u(x,y)$ 为尾流的流动速度。

这里，需要继续用到平板边界层的方程，因此我们补充分析下背景。在 Blasius 求解层流边界层过程中，假设边界层中的压力梯度为零。我们注意到，在平板边界层和尾流两者的外部条件并无差别，即在边界层和尾流范围之外的流动，两者是相似的，比如，都是均匀的且实质上均近似于无黏流动，因此，在平板后缘之后的尾流中仍然可以假设压力是均匀分布的。这样，将式 (1.128) 代入式 (1.38b)，有

$$\left(u_0-u_1\right)\frac{\partial\left(u_0-u_1\right)}{\partial x}+v\frac{\partial\left(u_0-u_1\right)}{\partial y}=\nu\frac{\partial^2\left(u_0-u_1\right)}{\partial y^2} \tag{1.129}$$

假设在尾流中，有

$$\begin{aligned}\frac{\partial}{\partial x}&\sim\frac{1}{x}\\ \frac{\partial}{\partial y}&\sim\frac{1}{\delta}\end{aligned} \tag{1.130}$$

式中，$\delta$ 为尾流宽度，且 $\delta \ll x$，根据连续性方程，有 $v \sim \dfrac{\delta}{x}u$，因此，可以略去式 (1.129) 中左端第二项，有

$$(u_0 - u_1)\frac{\partial(-u_1)}{\partial x} = \nu\frac{\partial^2(-u_1)}{\partial y^2} \tag{1.131}$$

我们还需要做如下假设，即尾流中的速度差 $u_1$ 要远小于均匀流速度 $u_0$，这样，上式左端的 $(u_0 - u_1)$ 项可以近似用 $u_0$ 表示，即相当于忽略 $u_1$ 的二次项 $u_1\dfrac{\partial(-u_1)}{\partial x}$。这样，方程式 (1.131) 可简化为

$$u_0\frac{\partial(u_1)}{\partial x} = \nu\frac{\partial^2(u_1)}{\partial y^2} \tag{1.132}$$

对应的边界条件为

$$y = \pm\infty,\quad u_1 = 0;\quad y = 0,\quad \frac{\partial u_1}{\partial y} = 0 \tag{1.133}$$

类似 Blasius 求解平板边界层的方法，采用相似变量 $\eta = y\sqrt{\dfrac{u_0}{\nu x}}$，即式 (1.41)，并假设 $u_1$ 有如下形式：

$$u_1 = u_0 C\left(\frac{x}{l}\right)^{-\frac{1}{2}} g(\eta) \tag{1.134}$$

式中，$l$ 为平板的长度，如图 1.7 所示；$C$ 为待定常数；$g(\eta)$ 为待定函数。

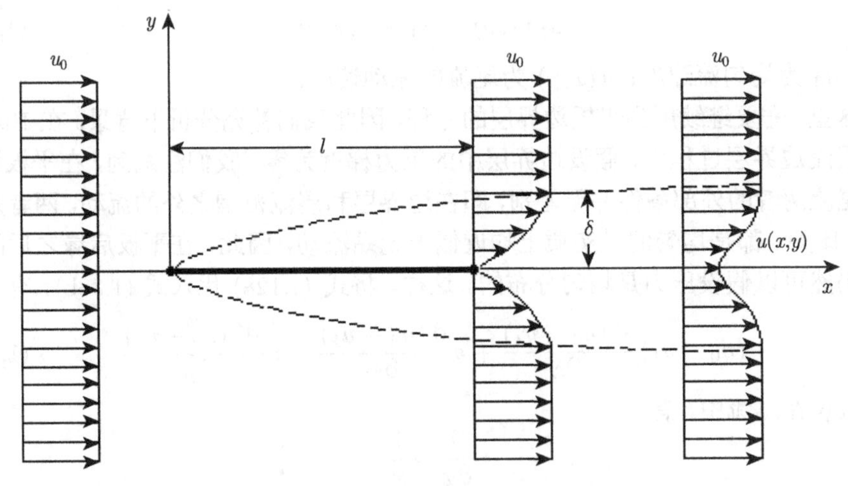


图 1.7　平板边界层尾流示意图

先求出 $u_1$ 的各偏导数项，如下：

$$\begin{aligned}
\frac{\partial u_1}{\partial x} &= \frac{\partial u_1}{\partial \eta}\frac{\partial \eta}{\partial x} = \left(-\frac{1}{2}\right) g'(\eta)\frac{\eta}{x}u_0 C\left(\frac{x}{l}\right)^{-\frac{1}{2}} - \frac{1}{2}u_0 C\left(\frac{x}{l}\right)^{-\frac{1}{2}} g(\eta)\frac{1}{x} \\
&= \left[-\frac{1}{2}u_0 C\left(\frac{x}{l}\right)^{-\frac{1}{2}}\frac{1}{x}\right]\left[g'(\eta)\eta + g(\eta)\right] \\
\frac{\partial u_1}{\partial y} &= \frac{\partial u_1}{\partial \eta}\frac{\partial \eta}{\partial y} = g'(\eta)\sqrt{\frac{u_0}{\nu x}}u_0 C\left(\frac{x}{l}\right)^{-\frac{1}{2}} \\
\frac{\partial^2 u_1}{\partial y^2} &= \frac{\partial}{\partial \eta}\left(\frac{\partial u_1}{\partial y}\right)\frac{\partial \eta}{\partial y} = g''(\eta)\frac{u_0^2}{\nu x}C\left(\frac{x}{l}\right)^{-\frac{1}{2}}
\end{aligned} \tag{1.135}$$

将式 (1.134) 和式 (1.135) 代入式 (1.132)，有

$$-\frac{1}{2}\left[g'(\eta)\eta + g(\eta)\right] = g''(\eta) \tag{1.136}$$

对应的边界条件为

$$\eta = \pm\infty, \quad g = 0; \quad \eta = 0, \quad g' = 0 \tag{1.137}$$

对式 (1.136) 进行积分，有

$$-\frac{1}{2}\eta g(\eta) = g'(\eta) \tag{1.138}$$

注意，其中的积分常数为零。对式 (1.138) 进行积分，有

$$\mathrm{e}^{\left(-\frac{\eta^2}{4}\right)} = g(\eta) \tag{1.139}$$

这里，因为考虑到式 (1.134) 中已有常数 $C$，所以暂时略去积分常数。下面将利用动量积分方程来确定该常数。

需要注意，尾流中的速度差为 $u_1(x,y) = u_0 - u(x,y)$，而尾流速度为 $u(x,y) = u_0 - u_1(x,y)$，将其代入式 (1.104)，则上半平板的总动量损失或阻力为

$$D = \rho b\int_0^{+\infty} u_1(u_0 - u_1)\,\mathrm{d}y \tag{1.140}$$

类似地，考虑到 $u_1$ 远小于自由流速度 $u_0$，这里我们也忽略掉 $u_1$ 的二次项，这样，式 (1.140) 可简化为

$$D = \rho b u_0\int_0^{+\infty} u_1\mathrm{d}y \tag{1.141}$$

将积分上限延伸至无穷远自由流处，并且考虑到上下平面对称，这样总的动量损失或阻力为

$$2D = \rho b u_0\int_{-\infty}^{+\infty} u_1\mathrm{d}y \tag{1.142}$$

将式 (1.134) 代入式 (1.142)，注意 $\sqrt{\dfrac{\nu x}{u_0}}\mathrm{d}\eta=\mathrm{d}y$，有

$$2D=\rho b u_0^2 C\sqrt{\frac{\nu l}{u_0}}\int_{-\infty}^{+\infty} g(\eta)\,\mathrm{d}\eta \tag{1.143}$$

再将式 (1.139) 代入式 (1.143)，有

$$\begin{aligned}2D=&\rho b u_0^2 C\sqrt{\frac{\nu l}{u_0}}\int_{-\infty}^{+\infty} \mathrm{e}^{\left(-\frac{\eta^2}{4}\right)}\mathrm{d}\eta\\=&2\sqrt{\pi}\rho b u_0^2 C\sqrt{\frac{\nu l}{u_0}}\end{aligned} \tag{1.144}$$

式中，$\displaystyle\int_{-\infty}^{+\infty} \mathrm{e}^{\left(-\frac{\eta^2}{4}\right)}\mathrm{d}\eta=2\sqrt{\pi}$。

下面，我们再由式 (1.49) 和壁面剪应力公式计算平板总的阻力：

$$\begin{aligned}2D=&2b\int_0^l \tau_w \mathrm{d}x=b\int_0^l \frac{0.332\rho u_0^2}{\sqrt{\dfrac{u_0 x}{\nu}}}\mathrm{d}x\\=&4\times 0.332\rho b u_0^{3/2}\sqrt{\nu l}\end{aligned} \tag{1.145}$$

对照式 (1.145) 和式 (1.144)，有 $2\sqrt{\pi}C=4\times 0.332$，即 $C=\dfrac{0.664}{\sqrt{\pi}}$。将其代入式 (1.134) 和式 (1.139)，得尾流速度差为

$$\frac{u_1}{u_0}=\frac{0.664}{\sqrt{\pi}}\left(\frac{x}{l}\right)^{-\frac{1}{2}}\mathrm{e}^{\left(-\frac{1}{4}\frac{y^2 u_0}{\nu x}\right)} \tag{1.146}$$

值得注意的是，式 (1.146) 的分布与高斯误差函数的分布一样。这里所得的是层流平板后的尾流速度分布，且应距离平板后缘足够远。然而，在实际中大多数情形下，物体后的尾流大多数是湍流的。

## 1.10　平 面 射 流

下面介绍平面射流。取小孔中心处作为坐标原点，建立坐标系，如图 1.8 所示。射流由小孔沿 $x$ 轴正方向进入静止的流动空间，形成以 $x$ 轴方向为主导的流动，而沿 $y$ 轴方向的流动速度趋于零，由此，边界层近似在这里也同样适用。

这样，我们仍可采用 Blasius 求解平板边界层的方程组。首先，将式 (1.38b) 在 $y\in(-\infty,+\infty)$ 上进行积分，有

$$\int_{-\infty}^{+\infty}\left(u\frac{\partial u}{\partial x}+v\frac{\partial u}{\partial y}\right)\mathrm{d}y=\int_{-\infty}^{+\infty}\left(\nu\frac{\partial^2 u}{\partial y^2}\right)\mathrm{d}y \tag{1.147}$$

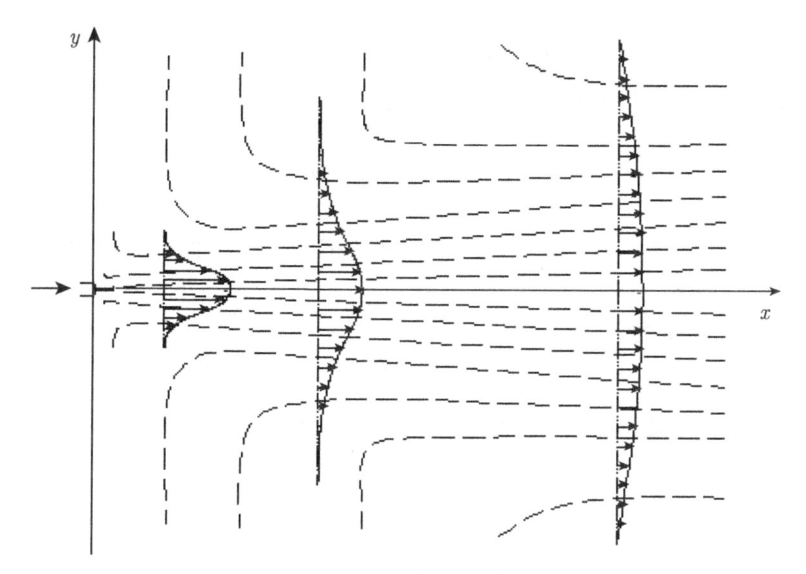


图 1.8 平面射流示意图

将上式左端括号中第二项变形为

$$v\frac{\partial u}{\partial y}=\frac{\partial (uv)}{\partial y}-u\frac{\partial v}{\partial y} \tag{1.148}$$

再将式 (1.38) 第一式连续方程两端同乘以速度 $u$，代入上式，有

$$v\frac{\partial u}{\partial y}=\frac{\partial (uv)}{\partial y}+u\frac{\partial u}{\partial x} \tag{1.149}$$

将式 (1.149) 代入式 (1.147)，有

$$\int_{-\infty}^{+\infty}\left[\frac{\partial (u^2)}{\partial x}+\frac{\partial (uv)}{\partial y}\right]\mathrm{d}y=\int_{-\infty}^{+\infty}\left(\nu\frac{\partial^2 u}{\partial y^2}\right)\mathrm{d}y \tag{1.150}$$

注意到，在无穷远处流场是静止的，有如下边界条件：

$$y=\pm\infty,\quad u=0,\quad \frac{\partial u}{\partial y}=0 \tag{1.151}$$

这样，积分后只剩下式 (1.150) 左端第一项，将 $\dfrac{\partial}{\partial x}$ 提取到积分号外面，有

$$\frac{\partial}{\partial x}\int_{-\infty}^{+\infty}u^2\mathrm{d}y=0 \tag{1.152}$$

上式说明 $\int_{-\infty}^{+\infty} u^2 \mathrm{d}y$ 沿 $x$ 方向保持为常数，将其乘以密度 $\rho$，得 $\rho\int_{-\infty}^{+\infty} u^2 \mathrm{d}y$ 表示动量，也就是说沿 $x$ 方向动量不变，我们将其记为 $M$，如下：

$$\rho\int_{-\infty}^{+\infty} u^2 \mathrm{d}y = M \tag{1.153}$$

注意到，动量来自于射流口处，下面通过射流口处参数的分析来理解射流与动量间的内在关联。类似前面边界层，用 $\delta(x)$ 表示射流宽度，这样在小孔处即为 $\delta(0)$。小孔处的动量为

$$M = \rho u^2(0)\,\delta(0) \tag{1.154}$$

由于假设小孔是无限小的，即假设 $\delta(0) \to 0$，而 $M$ 为常数，这样由式 (1.154)，可推断出

$$u(0) \sim \delta^{-1/2}(0) \tag{1.155}$$

这样，通过小孔的质量流量为

$$\rho u(0)\,\delta(0) \sim \delta^{1/2}(0) \to 0 \tag{1.156}$$

即通过小孔的流量是微小的，并不是主导因素，换句话说，射流本质上是动量源，而不是流量源。因此，研究动量，也就抓住了射流的本质。

下面，我们引入流函数，即式 (1.142)，代入式 (1.38b) 第二式，有

$$\frac{\partial\psi}{\partial y}\frac{\partial^2\psi}{\partial y\partial x} - \frac{\partial\psi}{\partial x}\frac{\partial^2\psi}{\partial y^2} = \nu\frac{\partial^3\psi}{\partial y^3} \tag{1.157}$$

对应的流函数的边界条件为

$$y = \pm\infty,\quad \frac{\partial\psi}{\partial y} = 0 \tag{1.158}$$

下面引入如下变换：

$$x = \lambda^a x',\quad y = \lambda^b y',\quad \psi = \lambda^c \psi' \tag{1.159}$$

式中，$a$、$b$、$c$ 为待定常数；$x'$、$y'$ 和 $\psi'$ 为代换变量。

将式 (1.159) 代入式 (1.157)，有

$$\lambda^{c-b-a}\frac{\partial\psi'}{\partial y'}\frac{\partial^2\psi'}{\partial y'\partial x'} - \lambda^{c-b-a}\frac{\partial\psi'}{\partial x'}\frac{\partial^2\psi'}{\partial y'^2} = \nu\lambda^{-2b}\frac{\partial^3\psi'}{\partial y'^3} \tag{1.160}$$

为保证方程形式不发生变化，必须满足

$$c - b - a = -2b \tag{1.161}$$

再将流函数代入式 (1.153)，得

$$\rho\int_{-\infty}^{+\infty}\left(\frac{\partial\psi}{\partial y}\right)^2\mathrm{d}y=M \tag{1.162}$$

将式 (1.159) 代入式 (1.162)，得

$$\lambda^{2c-b}\rho\int_{-\infty}^{+\infty}\left(\frac{\partial\psi'}{\partial y'}\right)^2\mathrm{d}y'=M \tag{1.163}$$

类似地，有

$$2c-b=0 \tag{1.164}$$

这样，由式 (1.161) 和式 (1.163)，可得 $b=\dfrac{2a}{3}$，$c=\dfrac{a}{3}$。据此，流函数应当写成如下形式：

$$\psi=Bx^{1/3}f(\eta),\quad \eta=\frac{Cy}{x^{2/3}} \tag{1.165}$$

式中，$B$ 和 $C$ 为待定系数。

将式 (1.165) 代入式 (1.157)，先计算出各阶导数，有

$$\begin{aligned}
&\frac{\partial\psi}{\partial y}=f'\frac{BC}{x^{1/3}}\\
&\frac{\partial^2\psi}{\partial y\partial x}=-\frac{1}{3}f'\frac{BC}{x^{4/3}}-\frac{2}{3}\frac{BC^2y}{x^2}f''\\
&\frac{\partial^2\psi}{\partial y^2}=\frac{BC^2}{x}f''\\
&\frac{\partial^3\psi}{\partial y^3}=\frac{BC^3}{x^{5/3}}f'''\\
&\frac{\partial\psi}{\partial x}=\frac{1}{3}Bfx^{-2/3}-\frac{2}{3}BCf'\frac{y}{x^{4/3}}
\end{aligned} \tag{1.166}$$

将上式各项代入式 (1.157)，整理得

$$-f'^2-ff''=3\nu\frac{C}{B}f''' \tag{1.167}$$

为使式 (1.167) 形式上简洁，可以取 $B$ 和 $C$ 满足如下关系式：

$$B=\left(\frac{M\nu}{\rho}\right)^{1/3},\quad C=\left(\frac{M}{\rho\nu^2}\right)^{1/3} \tag{1.168}$$

代入式 (1.165)，有

$$\psi=\left(\frac{M\nu x}{\rho}\right)^{1/3}f(\eta),\quad \eta=\left(\frac{M}{\rho\nu^2x^2}\right)^{1/3}y \tag{1.169}$$

代入式 (1.167)，变为

$$f'^2 + ff'' + 3f''' = 0 \tag{1.170}$$

其对应的边界条件为

$$\eta = \pm\infty, \quad f' = 0 \tag{1.171a}$$

$$\eta = 0, \quad f = f''' = 0 \tag{1.171b}$$

式 (1.171b) 表示对称边界条件。对式 (1.170) 进行积分，有

$$ff' + 3f'' = 0 \tag{1.172}$$

注意，积分常数为零。对式 (1.172) 进行积分，有

$$\frac{f^2}{2} + 3f' = \lambda^2 \tag{1.173}$$

式中，$\lambda$ 为待定常数。

采用如下变量代换形式，令

$$f = \sqrt{2}F, \quad \eta = 3\sqrt{2}\xi \tag{1.174}$$

将式 (1.174) 代入式 (1.173)，得

$$F^2 + \frac{\mathrm{d}F}{\mathrm{d}\xi} = \lambda^2 \tag{1.175}$$

对式 (1.175) 变形为

$$\frac{\mathrm{d}F/\lambda}{1 - F^2/\lambda^2} = \lambda \mathrm{d}\xi \tag{1.176}$$

对式 (1.176) 进行积分，得

$$\mathrm{arctanh}\frac{F}{\lambda} = \lambda\xi \tag{1.177}$$

注意，由边界条件式 (1.171)，有 $F(0) = 0$，因此，式 (1.177) 中积分常数为零。这样将式 (1.177) 代入式 (1.174)，得

$$f = \sqrt{2}F = \sqrt{2}\lambda \tanh\left(\frac{\lambda\eta}{3\sqrt{2}}\right) \tag{1.178}$$

为了求出常数 $\lambda$，还需要用到式 (1.162)。将式 (1.166a) 代入式 (1.162)，结合式 (1.165)，有

$$\begin{aligned} &M\int_{-\infty}^{+\infty} f'^2 \mathrm{d}\eta = M \\ &\Rightarrow \int_{-\infty}^{+\infty} f'^2 \mathrm{d}\eta = 1 \end{aligned} \tag{1.179}$$

将式 (1.178) 代入式 (1.179)，得

$$1=\int_{-\infty}^{+\infty}f'^2\mathrm{d}\eta=\frac{2\lambda^4}{3\sqrt{2}\lambda}\int_{-\infty}^{+\infty}\operatorname{sech}^4(\lambda\xi)\,\mathrm{d}(\lambda\xi)=\frac{4\sqrt{2}\lambda^3}{9} \tag{1.180}$$

式中，积分 $\int_{-\infty}^{+\infty}\operatorname{sech}^4(\lambda\xi)\,\mathrm{d}(\lambda\xi)=\frac{\tanh(\lambda\xi)}{3}[\operatorname{sech}(2\lambda\xi)+2]$。

这样，可以计算出 $\frac{9}{4\sqrt{2}}=\lambda^3$，代入式 (1.178)，得

$$f=\left(\frac{9}{2}\right)^{1/3}\tanh\left[\left(\frac{1}{48}\right)^{1/3}\eta\right] \tag{1.181}$$

将式 (1.181) 代入式 (1.169)，有流函数为

$$\psi=\left(\frac{9M\nu x}{2\rho}\right)^{1/3}\tanh\left[\left(\frac{M}{48\rho\nu^2x^2}\right)^{1/3}y\right] \tag{1.182}$$

记 $\zeta=\left(\frac{M}{48\rho\nu^2x^2}\right)^{1/3}y$，这样式 (1.182) 写为

$$\psi=\left(\frac{9M\nu x}{2\rho}\right)^{1/3}\tanh\zeta \tag{1.183}$$

再将流函数式 (1.182) 代入式 (1.42)，可得速度为

$$\begin{aligned}u&=\frac{\partial\psi}{\partial y}=\left(\frac{3M^2}{32\rho^2\nu x}\right)^{1/3}\operatorname{sech}^2\zeta\\ v&=-\frac{\partial\psi}{\partial x}=\left(\frac{M\nu}{6\rho x^2}\right)^{1/3}\left(2\zeta\operatorname{sech}^2\zeta-\tanh\zeta\right)\end{aligned} \tag{1.184}$$

注意，$(\tanh\zeta)'=\operatorname{sech}^2\zeta$。$\tanh\zeta=\frac{\mathrm{e}^{\zeta}-\mathrm{e}^{-\zeta}}{\mathrm{e}^{\zeta}+\mathrm{e}^{-\zeta}}$，$\operatorname{sech}\zeta=\frac{2}{\mathrm{e}^{\zeta}+\mathrm{e}^{-\zeta}}$。

可见，在中心线上，即 $\zeta=0$ 处，有$u(\zeta=0)=\left(\frac{3M^2}{32\rho^2\nu x}\right)^{1/3}$，随 $x$ 坐标增大而减小。在无穷远边界，即 $\zeta=\pm\infty$ 处，有 $v(\zeta=\pm\infty)=\mp\left(\frac{M\nu}{6\rho x^2}\right)^{1/3}$，即沿 $y$ 坐标有一个向射流中心线方向的抽吸速度。

## 1.11 Rossby 和 Ekman 数及旋转流动方程

我们先写出旋转坐标系下的不可压缩流动 Navier-Stokes 方程如下：

$$\frac{D\boldsymbol{W}}{Dt}+2\boldsymbol{\omega}\times\boldsymbol{W}+\boldsymbol{\omega}\times(\boldsymbol{\omega}\times\boldsymbol{r})=-\frac{\nabla p}{\rho}+\boldsymbol{g}+\nu\nabla^2\boldsymbol{W} \tag{1.185}$$

假设重力场为保守场，可以将其写为

$$\boldsymbol{g} = \nabla \psi \tag{1.186}$$

式中，$\psi = \{0, 0, -gz\}$。进一步，式 (1.185) 中左端第三项还可以改写为

$$\begin{aligned} \boldsymbol{\omega} \times (\boldsymbol{\omega} \times \boldsymbol{r}) &= \boldsymbol{\omega} (\boldsymbol{\omega} \cdot \boldsymbol{r}) - \boldsymbol{r} (\boldsymbol{\omega} \cdot \boldsymbol{\omega}) = \boldsymbol{\omega} \omega |\boldsymbol{r}| \cos\theta - \omega^2 \boldsymbol{r} \\ &= \omega^2 |\boldsymbol{r}| (\cos\theta \boldsymbol{e}_{\boldsymbol{\omega}} - \boldsymbol{e}_{\boldsymbol{r}}) = \omega^2 |\boldsymbol{r}| \sin\theta \boldsymbol{e}_{\boldsymbol{a}} = \omega^2 a \boldsymbol{e}_{\boldsymbol{a}} \end{aligned} \tag{1.187}$$

式中，$\boldsymbol{e}_{\boldsymbol{\omega}}$、$\boldsymbol{e}_{\boldsymbol{r}}$ 和 $\boldsymbol{e}_{\boldsymbol{a}}$ 分别指 $\boldsymbol{\omega}$ 方向、$\boldsymbol{r}$ 方向及 $\boldsymbol{a}$ 方向的单位向量，如图 1.9 所示。

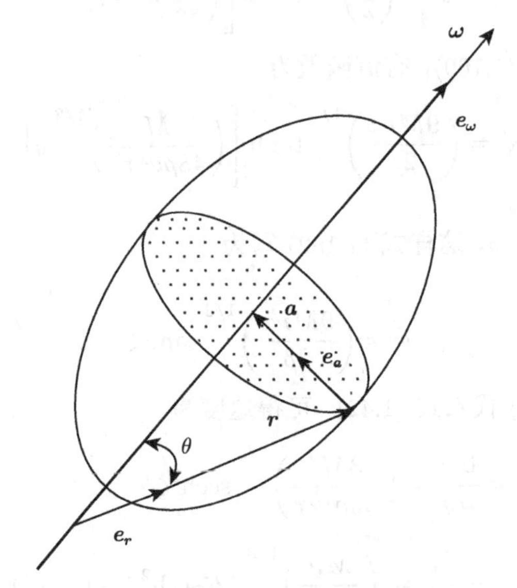


图 1.9　刚体旋转加速度示意图

我们注意到，这里 $\boldsymbol{e}_{\boldsymbol{a}}$ 所指方向为由外沿指向旋转中心线方向，故称之为向心加速度。对于式 (1.187)，我们也可以用一个梯度表示，即

$$\boldsymbol{\omega} \times (\boldsymbol{\omega} \times \boldsymbol{r}) = -\frac{1}{2} \nabla \left(\omega^2 a^2\right) \tag{1.188}$$

注意，这里 $a$ 表示某一点到旋转轴的距离，而非到原点的距离，如图 1.9 所示。相当于 $x$-$y$ 平面中的极坐标记法，一般是以从圆心出发向外的方向为正，所以式 (1.188) 中的向心加速度应取负号。将其展开，即 $-\omega^2 a^2 \to -\left\{\omega^2 x^2, \omega^2 y^2, 0\right\}$，将式 (1.188) 右端梯度项展开，可以得出三个坐标轴方向的分量分别为 $-\left\{\omega^2 x, \omega^2 y, 0\right\}$，这与式 (1.187) 最右端是一致的。

然后，把重力、向心力都移入压力梯度项，统一记为

$$p_{\text{red}} = p - \frac{1}{2} \rho \omega^2 a^2 - \rho \psi \tag{1.189}$$

这样，式 (1.185) 变为

$$\frac{\partial \boldsymbol{W}}{\partial t} + \boldsymbol{W} \cdot \nabla \boldsymbol{W} + 2\boldsymbol{\omega} \times \boldsymbol{W} = -\frac{\nabla p_{\text{red}}}{\rho} + \nu \nabla^2 \boldsymbol{W} \tag{1.190}$$

用量纲为一的量$x^* = \dfrac{x}{L}$，$\boldsymbol{W}^* = \dfrac{\boldsymbol{W}}{W_{\text{ref}}}$，$t^* = \omega t$，$p^* = \dfrac{p}{\rho\omega L W_{\text{ref}}}$ 分别表示长度、速度、时间和压力尺度。注意微分算子 $\nabla = \dfrac{1}{L}$，$\nabla^2 = \dfrac{1}{L^2}$，将其代入式 (1.190)，有

$$\begin{aligned}&(\omega W_{\text{ref}}) \frac{\partial \boldsymbol{W}^*}{\partial t^*} + \left(\frac{W_{\text{ref}}^2}{L}\right) \boldsymbol{W}^* \cdot \nabla \boldsymbol{W}^* + 2(\omega W_{\text{ref}}) \boldsymbol{k} \times \boldsymbol{W}^* \\ &= -(\omega W_{\text{ref}}) \nabla p_{\text{red}}^* + \nu \frac{W_{\text{ref}}}{L^2} \nabla^2 \boldsymbol{W}^*\end{aligned} \tag{1.191}$$

将上式两端同除以 $(\omega W_{\text{ref}})$，有

$$\frac{\partial \boldsymbol{W}^*}{\partial t^*} + \left(\frac{W_{\text{ref}}}{\omega L}\right) \boldsymbol{W}^* \cdot \nabla \boldsymbol{W}^* + 2\boldsymbol{k} \times \boldsymbol{W}^* = -\nabla p_{\text{red}}^* + \frac{\nu}{\omega L^2} \nabla^2 \boldsymbol{W}^* \tag{1.192}$$

式中，$\boldsymbol{k}$ 表示 $\boldsymbol{\omega}$ 方向单位向量。记 $Ro = \dfrac{W_{\text{ref}}}{\omega L}$，称为 Rossby 数，$Ek = \dfrac{\nu}{\omega L^2}$，称为 Ekman 数。$Ro$ 数表示相对运动加速度与 Coriolis 加速度的比，或者，相对参考系惯性力与 Coriolis 力的比。对于 $Ro \ll 1$ 的情形，说明旋转流动占据主导地位；$Ek$ 表示黏性力与 Coriolis 力的比，而雷诺数$Re = \dfrac{Ro}{Ek} = \dfrac{\dfrac{W_{\text{ref}}}{\omega L}}{\dfrac{\nu}{\omega L^2}} = \dfrac{W_{\text{ref}} L}{\nu}$。所以，只需三个参数中的两个即可表征流动的特征。

## 1.12 Ekman 层及方程解析解

挪威探险家 Nansen 发现冰块漂移并非是沿着风向往下漂移，而是与风向成一个角度。他由此意识到这必定与地球的旋转有关，并让他的学生 Ekman 来研究这个问题，并作为他的博士论文课题。Ekman 于 1902 年得出了以其名字命名的通用解。

假设密度为常数且海洋最底部的固体地球表面为大平面，作为 $x$-$y$ 平面，沿 $z$ 轴反方向为水深方向；在 $z \to \infty$ 的无限远处，自由流以均速 $U$ 沿 $x$ 轴正方向运动。然后，考虑定常稳态黏性流动，假设 Rossby 数很小，可以忽略惯性作用，即主要考虑黏性和 Coriolis 力的作用。根据上述假设，式 (1.190) 简化为

$$2\boldsymbol{\omega} \times \boldsymbol{W} = -\frac{\nabla p}{\rho} + \nu \nabla^2 \boldsymbol{W} \tag{1.193}$$

寻求这个流动模型的解，首先，考虑黏性影响区域之外的势流解，设旋转轴沿 $z$ 轴正方向，将 Coriolis 项展开为

$$2\boldsymbol{\omega} \times \boldsymbol{W} = 2\begin{vmatrix} i & j & k \\ 0 & 0 & \omega \\ W_x & W_y & W_z \end{vmatrix} = 2\{-W_y\omega, W_x\omega, 0\} \tag{1.194}$$

记 $f = 2\omega$，上式变为

$$2\boldsymbol{\omega} \times \boldsymbol{W} = \{-W_y f, W_x f, 0\} \tag{1.195}$$

其次，不考虑黏性作用，忽略黏性项，式 (1.193) 展开为

$$-W_y f = -\frac{1}{\rho}\frac{\partial p}{\partial x} \tag{1.196a}$$

$$W_x f = -\frac{1}{\rho}\frac{\partial p}{\partial y} \tag{1.196b}$$

$$0 = -\frac{1}{\rho}\frac{\partial p}{\partial z} \tag{1.196c}$$

将式 (1.196a) 对 $y$ 求偏导数，将式 (1.196b) 对 $x$ 求偏导数，两式相减，并结合连续性条件，有

$$\frac{\partial W_x}{\partial x} + \frac{\partial W_y}{\partial y} = 0 \Rightarrow \frac{\partial W_z}{\partial z} = 0 \tag{1.197}$$

对式 (1.197) 积分得，$W_z = \text{Const}$。注意到在底层固壁面处需符合无滑移条件 $W_z|_{z=0} = 0$，这样，在流动任何区域均有 $W_z$ 处处为零。

接下来，考虑有黏性作用的情形。将式 (1.193) 保留黏性项并展开成分量形式，注意 $W_z = 0$，有

$$-W_y f = -\frac{1}{\rho}\frac{\partial p}{\partial x} + \nu\frac{\partial^2 W_x}{\partial z^2} \tag{1.198a}$$

$$W_x f = -\frac{1}{\rho}\frac{\partial p}{\partial y} + \nu\frac{\partial^2 W_y}{\partial z^2} \tag{1.198b}$$

$$0 = -\frac{1}{\rho}\frac{\partial p}{\partial z} \tag{1.198c}$$

先给出一个解，有如下形式：

$$W_x = U, \quad W_y = 0, \quad p = -\rho f U y \tag{1.199}$$

不难看出式 (1.199) 是满足方程式 (1.198) 的，但这个解不能满足壁面无滑移条件 $W_x|_{z=0} = 0$。所以，需要重新考虑能够满足边界条件的解。

再来看压力梯度项，对式 (1.198c) 分别对 $x$ 和 $y$ 求偏导数，有

$$\frac{\partial}{\partial z}\left(\frac{\partial p}{\partial x}\right)=\frac{\partial}{\partial z}\left(\frac{\partial p}{\partial y}\right)=0 \tag{1.200}$$

这说明压力梯度与 $z$ 坐标无关。显然，式 (1.199) 满足式 (1.200) 的要求。然后，对 (1.199) 求导，得到

$$\frac{\partial p}{\partial x}=0 \tag{1.201a}$$

$$\frac{\partial p}{\partial y}=-\rho f U \tag{1.201b}$$

当 $z\to\infty$，在无限大水平面自由流动上，结合边界条件 $W_x=U$ 和 $W_y=0$，显然，式 (1.201) 满足方程式 (1.198)。而该压力梯度也满足式 (1.200)，这样，将式 (1.201) 代入式 (1.198)，有

$$-W_y f=\nu\frac{\partial^2 W_x}{\partial z^2} \tag{1.202a}$$

$$W_x f=Uf+\nu\frac{\partial^2 W_y}{\partial z^2} \tag{1.202b}$$

这样，问题变成求解能够满足边界条件的速度场关系式 (1.202)，即可获得原始方程的解。注意到，这是一个常微分方程，将式 (1.202b) 两端同时对 $z$ 求偏导数两次，并代入式 (1.202a)，有

$$-W_y\frac{f^2}{\nu^2}=\frac{\partial^4 W_y}{\partial z^4} \tag{1.203}$$

可以看出，实际上采用式 (1.199) 的压力分布，其目的在于使 $\dfrac{\partial p}{\partial x}=0$，这样，当将式 (1.198b) 两端同时对 $z$ 求偏导数两次，并代入式 (1.198a)，便可得式 (1.203)。这里，记 $\sqrt{\dfrac{2\nu}{f}}=\delta$，称为 Ekman 边界层厚度，与运动黏度和旋转有关。这样式 (1.203) 变为

$$-\frac{4}{\delta^4}W_y=\frac{\partial^4 W_y}{\partial z^4} \tag{1.204}$$

可以写出以下通解：

$$\begin{aligned}W_y=&C_1\mathrm{e}^{-z/\delta}\sin(z/\delta)+C_2\mathrm{e}^{-z/\delta}\cos(z/\delta)\\&+C_3\mathrm{e}^{z/\delta}\sin(z/\delta)+C_4\mathrm{e}^{z/\delta}\cos(z/\delta)\end{aligned} \tag{1.205}$$

代入式 (1.202b)，有

$$W_x=U-C_1\mathrm{e}^{-z/\delta}\cos(z/\delta)+C_2\mathrm{e}^{-z/\delta}\sin(z/\delta)$$

$$+C_3\mathrm{e}^{z/\delta}\cos(z/\delta)-C_4\mathrm{e}^{z/\delta}\sin(z/\delta) \tag{1.206}$$

联系无穷远边界条件

$$z\to\infty,\quad W_x=U,\quad W_y=0 \tag{1.207}$$

有 $C_3=C_4=0$。

再联系无滑移边界条件

$$z\to 0,\quad W_x=0,\quad W_y=0 \tag{1.208}$$

有 $C_1=U, C_2=0$。将其参数代入式 (1.205) 和式 (1.206)，有方程的解为

$$\begin{aligned}W_x&=U\left[1-\mathrm{e}^{-z/\delta}\cos(z/\delta)\right]\\W_y&=U\mathrm{e}^{-z/\delta}\sin(z/\delta)\end{aligned} \tag{1.209}$$

可见，当 $z\gg\delta$，$W_x\to U$，而 $W_y\to 0$。这就是在 $O(\delta)$ 区域内的解析解，而在区域之外，可以把式 (1.199) 作为无黏近似解，因为，黏性摩擦的作用仅限于靠近固壁面的 $O(\delta)$ 区域，即 Ekman 边界层范围。

最后，检查下势流解 $W_z=0$。由式 (1.209) 可以看出，$x$ 和 $y$ 方向的速度与 $z$ 坐标无关；由连续性方程，有 $\dfrac{\partial W_z}{\partial z}=0$，即式 (1.197)，可以容易看出，该解是正确的。

图 1.10 给出了 Ekman 解的速度分量，若用二维矢量图表征，可以看到速度的方向随着深度变化而改变，深度越浅，越靠近自由液面，速度越接近平行于自由流方向，垂直于压力梯度方向；而当深度越大，越接近底部，逐渐转向压力梯度方向，而在紧靠固壁面处，速度与自由流方向成 45° 角。这个变化曲线称为 Ekman 螺旋。

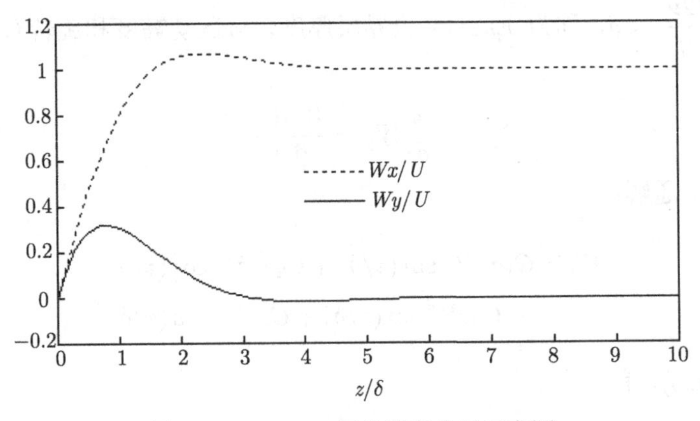


图 1.10　Ekman 解的速度分量示意图

# 第 2 章　二维机翼绕流的势流理论及计算方法

无黏无旋稳态不可压缩流动，即势流理论，易于理解且不失实用性，并在早期二维机翼气动力计算中发挥重要作用。本章首先给出二维机翼绕流的气动力计算问题；其次，应用势流理论给出机翼绕流阻力的计算方法，即只需知道机翼上、下游两断面处的速度场分布，就可很快计算出机翼的绕流阻力；第三部分，介绍一系列的基本势流，如均匀流、源、汇、偶极子、涡流，再由基本势流叠加产生绕圆柱截面的无升力或有升力势流场；然后，介绍一种适用于工程计算的源面板法，可用于无升力绕任意形状物体势流场的构造，再结合圆柱截面绕流情形介绍具体计算过程；最后，分析势流流动离开翼梢时应当满足的 Kutta 条件，并简要探讨有升力绕任意形状物体势流场的构造方法。

## 2.1　二维机翼气动力计算

设来流速度为均匀流速 $V_\infty$，将远离二维机翼表面的流场称为自由流，这里的 $V_\infty$ 也为自由流速度。机翼表面受到气流压力和剪应力的作用，如图 2.1 所示。在进行具体计算之前，先约定基本的计算规则。这里将坐标原点置于机翼前缘点，记为 LE。$x$ 轴穿过机翼后缘点，记为 TE，即 $x$ 轴穿过机翼的弦线。为便于理解，将机翼表面分为上表面和下表面两部分，分别用下标 u 和 l 标记。另外，剪应力方向在任意点与该点处的曲面相切，上下表面分别用 $\tau_\mathrm{u}$ 和 $\tau_\mathrm{l}$ 来表示。上下表面的压力分别为 $p_\mathrm{u}$ 和 $p_\mathrm{l}$，且任意点压力均垂直于该点处的曲面。上下曲面分别为 $s_\mathrm{u}$ 和 $s_\mathrm{l}$，箭头方向指从前缘到后缘，如图 2.1 所示。

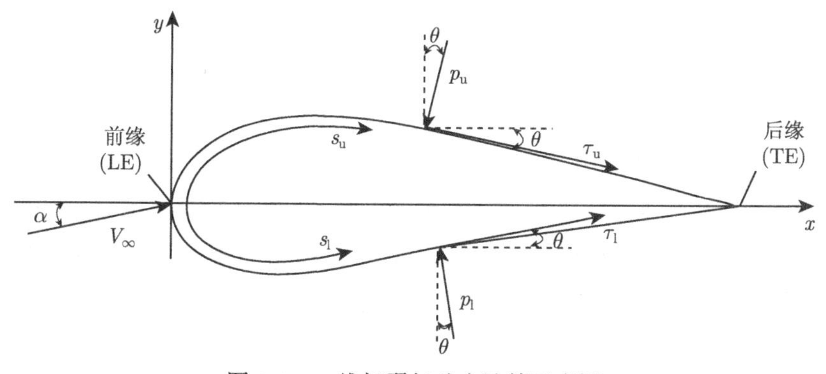


图 2.1　二维机翼气动力计算示意图

参考图 2.1，取上表面微元长度 $\mathrm{d}s_{\mathrm{u}}$。这里，我们约定 $\theta$ 角为向量 $\tau_{\mathrm{u}}$ 与 $x$ 轴正方向的夹角，这样 $\tau_{\mathrm{u}}$ 沿 $x$ 轴的分量为 $\tau_{\mathrm{u}}\cos\theta$，而沿 $y$ 轴的分量为 $\tau_{\mathrm{u}}\sin\theta$。注意到，向量 $\tau_{\mathrm{u}}$ 方向沿顺时针旋转 90° 后恰好为 $p_{\mathrm{u}}$ 向量方向，容易推算出 $p_{\mathrm{u}}$ 沿 $x$ 轴的分量为 $p_{\mathrm{u}}\cos\left(\theta-\dfrac{\pi}{2}\right)=p_{\mathrm{u}}\sin\theta$，而沿 $y$ 轴的分量为$p_{\mathrm{u}}\sin\left(\theta-\dfrac{\pi}{2}\right)=-p_{\mathrm{u}}\cos\theta$。由图 2.1 中上表面的分析点，可知 $\theta$ 角位于局部坐标系的第四象限，这样，我们可以写出上表面微元长度 $\mathrm{d}s_{\mathrm{u}}$ 上的气动力沿垂直、水平方向的分量为

$$\begin{aligned}\mathrm{d}F_y&=-p_{\mathrm{u}}\mathrm{d}s_{\mathrm{u}}\cos\theta-\tau_{\mathrm{u}}\mathrm{d}s_{\mathrm{u}}\sin\theta\\\mathrm{d}F_x&=-p_{\mathrm{u}}\mathrm{d}s_{\mathrm{u}}\sin\theta+\tau_{\mathrm{u}}\mathrm{d}s_{\mathrm{u}}\cos\theta\end{aligned}\tag{2.1}$$

类似，取下表面微元长度 $\mathrm{d}s_{\mathrm{l}}$，采用相同的 $\theta$ 角约定方式，需要注意的是，这里的向量 $\tau_{\mathrm{l}}$ 方向沿逆时针旋转 90° 后恰好为 $p_{\mathrm{l}}$ 向量方向。由图 2.1 中下表面的分析点，可知 $\theta$ 角位于局部坐标系的第四象限，这样，对下表面微元长度 $\mathrm{d}s_{\mathrm{l}}$，也可以写出气动力沿垂直、水平方向分量为

$$\begin{aligned}\mathrm{d}F_y&=p_{\mathrm{l}}\mathrm{d}s_{\mathrm{l}}\cos\theta-\tau_{\mathrm{l}}\mathrm{d}s_{\mathrm{l}}\sin\theta\\\mathrm{d}F_x&=p_{\mathrm{l}}\mathrm{d}s_{\mathrm{l}}\sin\theta+\tau_{\mathrm{l}}\mathrm{d}s_{\mathrm{l}}\cos\theta\end{aligned}\tag{2.2}$$

将上下表面的受力相加，并对整个表面积分，可写出总的垂直、水平方向受力分量为

$$\begin{aligned}F_y&=\int_{\mathrm{LE}}^{\mathrm{TE}}(-p_{\mathrm{u}}\cos\theta-\tau_{\mathrm{u}}\sin\theta)\,\mathrm{d}s_{\mathrm{u}}+\int_{\mathrm{LE}}^{\mathrm{TE}}(p_{\mathrm{l}}\cos\theta-\tau_{\mathrm{l}}\sin\theta)\,\mathrm{d}s_{\mathrm{l}}\\F_x&=\int_{\mathrm{LE}}^{\mathrm{TE}}(-p_{\mathrm{u}}\sin\theta+\tau_{\mathrm{u}}\cos\theta)\,\mathrm{d}s_{\mathrm{u}}+\int_{\mathrm{LE}}^{\mathrm{TE}}(p_{\mathrm{l}}\sin\theta+\tau_{\mathrm{l}}\cos\theta)\,\mathrm{d}s_{\mathrm{l}}\end{aligned}\tag{2.3}$$

根据微元段 $\mathrm{d}s$ 与坐标分量的关系，$\mathrm{d}s\cos\theta=\mathrm{d}x$，$\mathrm{d}s\sin\theta=\mathrm{d}y$，同时，由图 2.1 中上下分析点，$\theta$ 角位于局部坐标系的第四象限，故有 $-\mathrm{d}s\sin\theta=\mathrm{d}y$。这样，可将式 (2.3) 写为

$$\begin{aligned}F_y&=\int_{\mathrm{LE}}^{\mathrm{TE}}(p_{\mathrm{l}}-p_{\mathrm{u}})\,\mathrm{d}x+\int_{\mathrm{LE}}^{\mathrm{TE}}(\tau_{\mathrm{u}}+\tau_{\mathrm{l}})\,\mathrm{d}y\\F_x&=\int_{\mathrm{LE}}^{\mathrm{TE}}(p_{\mathrm{u}}-p_{\mathrm{l}})\,\mathrm{d}y+\int_{\mathrm{LE}}^{\mathrm{TE}}(\tau_{\mathrm{u}}+\tau_{\mathrm{l}})\,\mathrm{d}x\end{aligned}\tag{2.4}$$

为了不局限于具体的力大小，通常是通过量纲一化来表征物理量。采用自由流速度 $V_\infty$ 和密度 $\rho_\infty$，先给出动压力，流体中的动压力通常由伯努里方程中的动能项得出：

$$q_\infty=\frac{1}{2}\rho_\infty V_\infty^2\tag{2.5}$$

这样可以写出压力系数，即

$$C_p = \frac{p - p_\infty}{q_\infty} \tag{2.6}$$

式中，$p_\infty$ 为自由流压力。

类似地，摩擦力系数为

$$c_f = \frac{\tau}{q_\infty} \tag{2.7}$$

结合机翼升阻力，通常在三维场合有如下的系数：

$$C_D = \frac{D}{q_\infty S}, \quad C_L = \frac{L}{q_\infty S} \tag{2.8}$$

式中，$S$ 为参考面积，在不同场合具有不同的形式。比如，对有限翼展机翼，$S$ 为翼面面积；如果是一个球体，$S$ 则为截面积。

在二维场合，采用 $S = c \times 1$ 来表示，很直观。其中，$c$ 为参考面积，1 表示单位厚度。对于二维机翼气动力计算，$c$ 取二维机翼的弦长。通常为便于区别，把二维升阻力系数用小写英文字母表示，比如，$c_d = \dfrac{D}{q_\infty c}$ 和 $c_l = \dfrac{L}{q_\infty c}$。这样把式 (2.4) 写成量纲为一的形式，如下：

$$\begin{aligned} c_y &= \frac{1}{c}\left[\int_{\mathrm{LE}}^{\mathrm{TE}} (C_{p,\mathrm{l}} - C_{p,\mathrm{u}})\,\mathrm{d}x + \int_{\mathrm{LE}}^{\mathrm{TE}} (C_{f,\mathrm{u}} + C_{f,\mathrm{l}})\,\mathrm{d}y\right] \\ c_x &= \frac{1}{c}\left[\int_{\mathrm{LE}}^{\mathrm{TE}} (C_{p,\mathrm{u}} - C_{p,\mathrm{l}})\,\mathrm{d}y + \int_{\mathrm{LE}}^{\mathrm{TE}} (C_{f,\mathrm{u}} + C_{f,\mathrm{l}})\,\mathrm{d}x\right] \end{aligned} \tag{2.9}$$

式中，$C_p$ 为压力系数；$C_f$ 为摩擦力系数。需要注意，对不同对象，$c$ 或 $S$ 的具体形式会有所不同。比如，在不同截面形状物体的绕流气动阻力计算中，会用迎风面积表征参考量 $S$；对竖直放置的平板绕流情形，用平板高度表示；对于圆柱截面绕流，用圆柱直径表示；对于机翼绕流，用翼厚表示等。对于上述二维机翼的计算公式，后面涉及具体计算时还会用到。

## 2.2 二维机翼绕流阻力计算

早期，美国 NACA 通过风洞测量了一系列的二维机翼升阻力，是将机翼跨设在风洞内，机翼两端固定在风洞壁面上。这样就避免了有限翼展机翼的翼端效应，符合二维机翼绕流特征，但并没有采用传统的力平衡方式测量受力。相反，只需测量机翼上方、下方风洞壁面压力分布就可得出升力。而阻力的计算只需用到机翼下游的风洞过流截面速度剖面。这种方法的确出人意料，那么，为什么这样就能计算力呢，这就是本节将要介绍的，通过势流动量积分方程来计算二维机翼绕流的阻力方法。参考图 2.2，取控制体 $abcdefghia$，左边界垂直来流速度方向，假设来流为

均匀速度 $u_1$，绕过机翼后变为 $u_2(y)$，即虽然速度不均匀，但仍然保持水平流速。另外，假设上下边界为流线，且远离机翼体，那里压力为均匀自由流压力 $p_\infty$。

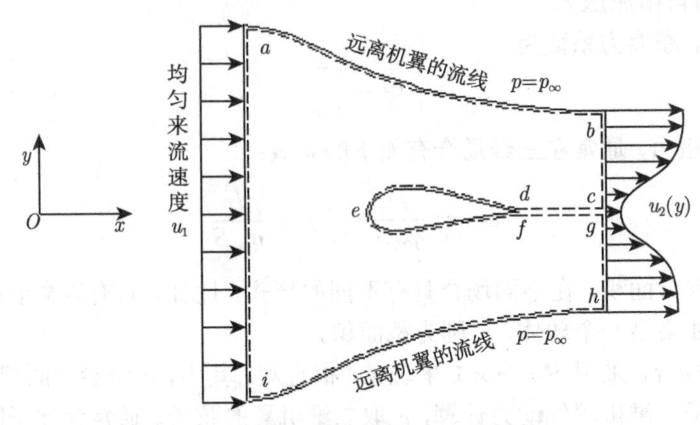


图 2.2　二维机翼绕流阻力计算示意图

假设流体作用于二维机翼的力为 $\boldsymbol{R}$，这部分力在图 2.2 上为 $def$ 段。根据力与反作用力原理，流体受到二维机翼的作用力为 $-\boldsymbol{R}$。注意到，$cd$ 和 $fg$ 段，压力、剪应力相互抵消，这里忽略体积力，同时，$ai$ 和 $bh$ 段剪应力忽略，这样总的作用力即为 $ab$、$hi$ 段上的压力 $def$ 段上的 $-\boldsymbol{R}$ 两部分。

假设稳态流动，可以写出动量方程

$$\oint\!\!\!\oint_S (\rho \boldsymbol{V} \cdot \mathrm{d}\boldsymbol{S})\, \boldsymbol{V} = -\iint_{abhi} p\mathrm{d}\boldsymbol{S} - \boldsymbol{R} \tag{2.10}$$

这样，$\boldsymbol{R} = \oint\!\!\!\oint_S (\rho \boldsymbol{V} \cdot \mathrm{d}\boldsymbol{S})\, \boldsymbol{V} - \iint_{abhi} p\mathrm{d}\boldsymbol{S}$。注意到速度只沿 $x$ 轴方向，故有

$$D = -\iint_{abhi} (p\mathrm{d}\boldsymbol{S})_x - \oint\!\!\!\oint_S (\rho \boldsymbol{V} \cdot \mathrm{d}\boldsymbol{S})\, u \tag{2.11}$$

即二维机翼的气动阻力。下面来计算上式右端的两项。首先看右端第一项，注意到，我们所选择的控制体距离二维机翼足够远，在边界上压力保持为自由流压力 $p_\infty$。显然，均匀压力 $p_\infty$ 在边界上的作用沿 $x$ 轴方向左右相抵消，即

$$\iint_{abhi} (p\mathrm{d}S)_x = 0 \tag{2.12}$$

这样，沿边界 $abhi$ 的压力积分净值为零。继续计算式 (2.11) 右端第二项，$ab$、$hi$ 和 $def$ 段本身即流线，而速度 $\boldsymbol{V}$ 平行于流线，$\mathrm{d}\boldsymbol{S}$ 沿面法向方向，故 $\boldsymbol{V} \cdot \mathrm{d}\boldsymbol{S} = 0$。而 $cd$ 和 $fg$ 段的两侧面法向方向相反，而速度相同，故流进、流出的质量流量相互抵消。这样，只剩下 $ai$ 段和 $bh$ 段需要计算。下面具体计算这两项。

注意到，$ai$ 段和 $bh$ 段沿 $y$ 轴方向，对于二维机翼，$\mathrm{d}S=\mathrm{d}y\times 1$，积分计算如下：

$$\oiint_S (\rho \boldsymbol{V}\cdot \mathrm{d}\boldsymbol{S})\,u=-\int_i^a \rho_1 u_1^2 \mathrm{d}y+\int_h^b \rho_2 u_2^2 \mathrm{d}y \tag{2.13}$$

$ai$ 段的面外法向量 $\mathrm{d}\boldsymbol{S}$ 与速度 $\boldsymbol{V}$ 相反，所以，式 (2.13) 右端第一项带负号。再利用连续性条件，有

$$-\int_i^a \rho_1 u_1 \mathrm{d}y+\int_h^b \rho_2 u_2 \mathrm{d}y=0 \tag{2.14}$$

将上式两端同乘以 $u_1$，且注意到 $u_1$ 为常数，有

$$-\int_i^a \rho_1 u_1^2 \mathrm{d}y+\int_h^b \rho_2 u_1 u_2 \mathrm{d}y=0 \tag{2.15}$$

将式 (2.15) 代入式 (2.13)，有

$$\begin{aligned}\oiint_S (\rho \boldsymbol{V}\cdot \mathrm{d}\boldsymbol{S})\,u&=-\int_h^b \rho_2 u_1 u_2 \mathrm{d}y+\int_h^b \rho_2 u_2^2 \mathrm{d}y\\&=\int_h^b \rho_2 u_2 (u_2-u_1)\,\mathrm{d}y\end{aligned} \tag{2.16}$$

将式 (2.16) 代入式 (2.11) 可得二维机翼绕流阻力为

$$D=\int_h^b \rho_2 u_2 (u_1-u_2)\,\mathrm{d}y \tag{2.17}$$

从式 (2.17) 可以看出，$\rho_2 u_2$ 表示质量流量，再乘以速度差 $(u_1-u_2)$ 即为动量减小量。假设流体不可压缩，则式 (2.17) 简化为

$$D=\rho\int_h^b u_2 (u_1-u_2)\,\mathrm{d}y \tag{2.18}$$

可见，阻力只与自由流速度 $u_1$ 和机翼下游断面的参数 $u_2$ 有关。只需选取一个下游截面，测量速度分布并积分即可得出二维机翼的阻力。这也印证了本节开始所介绍的 NACA 测量机翼升阻力的方法。下面，我们将介绍几种基本的势流，并通过叠加方法构造等效流场，计算二维截面的绕流升力。

## 2.3 基本势流场的构造

### 2.3.1 均匀流

设均匀流速度 $V_\infty$，沿 $x$ 轴方向，如图 2.3 所示。显然，均匀流是满足不可压缩流动的，即满足连续条件 $\nabla\cdot\boldsymbol{V}=0$，也满足动量方程。同时，均匀流也是无旋

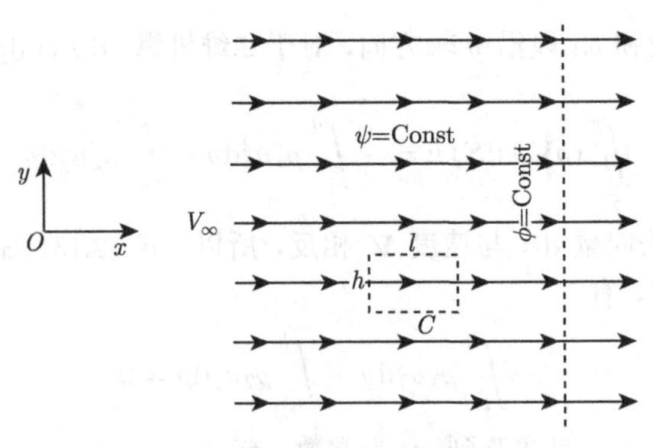


图 2.3　均匀流示意图

的，即 $\nabla \times \boldsymbol{V} = 0$。定义速度势 $\nabla \phi = \boldsymbol{V}$，有如下关系式：

$$\begin{aligned}\frac{\partial \phi}{\partial x} &= u = V_\infty \\ \frac{\partial \phi}{\partial y} &= v = 0\end{aligned} \tag{2.19}$$

对式 (2.19) 进行积分，可得

$$\phi = V_\infty x + f(y) \tag{2.20a}$$

$$\phi = \text{Const} + g(x) \tag{2.20b}$$

对比式 (2.20) 两个关系式，显然，$g(x) = V_\infty x$，$f(y) = \text{Const}$，有

$$\phi = V_\infty x + \text{Const} \tag{2.21}$$

由于式 (2.21) 中的 Const 可以取零，也可以取其他值，只是相差一个任意常数。这里，我们通常并不会用到精确的 $\phi$ 值，而是需要速度分布，即 $\nabla \phi = \boldsymbol{V}$，Const 的取值并不影响梯度值，因此，略去 Const，得到速度势为

$$\phi = V_\infty x \tag{2.22}$$

类似，可以写出流函数的关系式

$$\begin{aligned}\frac{\partial \psi}{\partial y} &= u = V_\infty \\ \frac{\partial \psi}{\partial x} &= -v = 0\end{aligned} \tag{2.23}$$

积分上式，可得流函数为

$$\psi = V_\infty y \tag{2.24}$$

由定义可知，$\psi = \text{Const}$ 代表了一族流线，注意到 $V_\infty$ 也是常数，故 $y = \text{Const}$，即流线为一族水平线。类似，等势线表示为 $x = \text{Const}$，即一族垂直线，如图 2.3 所示。任取流场中的一条封闭曲线 $C$，计算其环量如下：

$$\Gamma = -\oint_C \boldsymbol{V} \cdot \mathrm{d}\boldsymbol{s} \tag{2.25}$$

参考图 2.3，封闭曲线 $C$ 的长度为 $l$，高度为 $h$，注意曲线沿逆时针方向为正，可得

$$\oint_C \boldsymbol{V} \cdot \mathrm{d}\boldsymbol{s} = V_\infty \times l + 0 \times h + (-V_\infty) \times l + 0 \times h = 0 \tag{2.26}$$

实际上，对于任意形状的曲线 $C$，环量都为零，因为

$$\oint_C \boldsymbol{V} \cdot \mathrm{d}\boldsymbol{s} = V_\infty \oint_C \mathrm{d}\boldsymbol{s} = 0 \tag{2.27}$$

其中，用到封闭曲线的线积分 $\oint_C \mathrm{d}\boldsymbol{s} = 0$。这样，有均匀流场内任意封闭曲线的环量为零。

从另一个角度，若将封闭曲线上的线积分转为曲面积分，有

$$\oint_C \boldsymbol{V} \cdot \mathrm{d}\boldsymbol{s} = \iint_S (\nabla \times \boldsymbol{V}) \cdot \mathrm{d}\boldsymbol{S} \tag{2.28}$$

注意到，均匀流场为无旋流场 $\nabla \times \boldsymbol{V} = 0$，故也能证明环量 $\Gamma = 0$。

### 2.3.2 源和汇

考虑一种二维流场，流线沿圆心向外辐射，且流速与半径成反比例变化。这种流场通常称为源。

参考图 2.4，对这种场合，采用极坐标表示是非常方便的，这里，径向速度 $V_r$ 和切向速度 $V_\theta$ 分别为

$$\begin{aligned} V_r &= \frac{c}{r} \\ V_\theta &= 0 \end{aligned} \tag{2.29}$$

式中，$c$ 为常数。容易看出，源流场符合不可压缩条件 $\nabla \cdot \boldsymbol{V} = 0$，但要注意，式 (2.29) 不能取 $r = 0$，即原点处，不满足 $\nabla \cdot \boldsymbol{V} = 0$，因此，通常称原点为奇点。另外，该流场也满足无旋条件 $\nabla \times \boldsymbol{V} = 0$。

与源相反，当流线向原点汇集时，称这种流场为汇。显然，区别只在于常数 $c$ 取正负号而已。

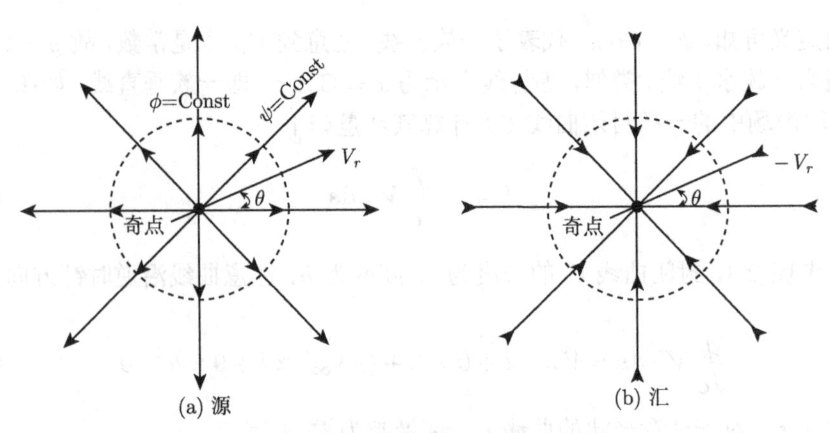


图 2.4　源和汇示意图

若沿 $z$ 轴布置一系列的点源，如图 2.5 所示，称之为线源，计算穿过圆柱面的质量流量，

$$\dot{m}=\int_{0}^{2\pi}\rho V_r\left(r\mathrm{d}\theta\right)l=2\pi rl\rho V_r \tag{2.30}$$

体积流量为

$$\dot{v}=\frac{\dot{m}}{\rho}=2\pi rlV_r \tag{2.31}$$

再进一步，单位长度的体积流量为 $\dfrac{\dot{v}}{l}$，注意到，这相当于穿过平面上圆圈的体积流量。将其记为

$$\Lambda=\frac{\dot{v}}{l}=2\pi rV_r \tag{2.32}$$

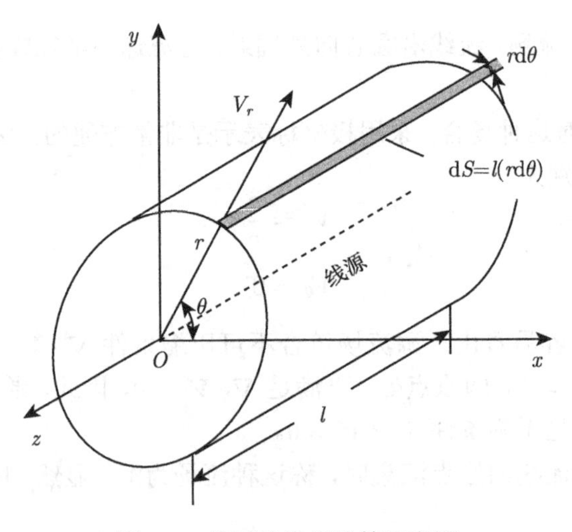


图 2.5　线源的流量计算示意图

称之为点源强度，即流出点源的体积流量。这样可将速度表示为

$$V_r = \frac{\Lambda}{2\pi r} \tag{2.33}$$

即式 (2.29) 中的 $c = \dfrac{\Lambda}{2\pi}$，同理，$\Lambda$ 的正负号决定其是源或汇。

下面计算源或汇的势函数，有如下关系式：

$$\begin{aligned} &\frac{\partial \phi}{\partial r} = V_r = \frac{\Lambda}{2\pi r} \\ &\frac{1}{r}\frac{\partial \phi}{\partial \theta} = V_\theta = 0 \end{aligned} \tag{2.34}$$

对式 (2.34) 进行积分，得

$$\begin{aligned} &\phi = \frac{\Lambda}{2\pi}\ln r + f(\theta) \\ &\phi = \text{Const} + g(r) \end{aligned} \tag{2.35}$$

对比两式，可得 $g(r) = \dfrac{\Lambda}{2\pi}\ln r$，$f(\theta) = \text{Const}$。类似前面，取 Const 为零，这样势函数为

$$\phi = \frac{\Lambda}{2\pi}\ln r \tag{2.36}$$

再计算流函数，有如下关系式：

$$\begin{aligned} &\frac{1}{r}\frac{\partial \psi}{\partial \theta} = V_r = \frac{\Lambda}{2\pi r} \\ &-\frac{\partial \psi}{\partial r} = V_\theta = 0 \end{aligned} \tag{2.37}$$

对式 (2.37) 进行积分，得

$$\begin{aligned} &\psi = \frac{\Lambda}{2\pi}\theta + f(r) \\ &\psi = \text{Const} + g(\theta) \end{aligned} \tag{2.38}$$

对比两式，可得 $g(\theta) = \dfrac{\Lambda}{2\pi}\theta$，$f(r) = \text{Const}$。类似地，取 Const 为零，可得流函数为

$$\psi = \frac{\Lambda}{2\pi}\theta \tag{2.39}$$

式 (2.39) 即为二维源或汇的流线方程。当取 $\psi = \text{Const}$，而 $\Lambda$ 为常数，故有 $\theta = \text{Const}$，即流线为从原点出发的射线，同理，当取 $\phi = \text{Const}$，而 $\Lambda$ 为常数，故 $r = \text{Const}$，即等势线为一系列的同心圆圈。这与图 2.4 所示是一致的。

类似地，当取二维源或汇流场中的任一封闭曲线，其环量 $\Gamma = 0$。

### 2.3.3 均匀流场与源或汇的叠加

假设放置一个强度 $\Lambda$ 为常数的点源在坐标原点，再叠加一个均匀流场 $V_\infty$，容易写出叠加的流函数为

$$\psi = V_\infty r \sin\theta + \frac{\Lambda}{2\pi}\theta \tag{2.40}$$

式中，$V_\infty r \sin\theta = V_\infty y$，为均匀流场用极坐标表示的流函数。求出速度如下：

$$\begin{aligned} V_r &= \frac{1}{r}\frac{\partial\psi}{\partial\theta} = V_\infty\cos\theta + \frac{\Lambda}{2\pi r} \\ V_\theta &= -\frac{\partial\psi}{\partial r} = -V_\infty\sin\theta \end{aligned} \tag{2.41}$$

注意到，$V_r$ 正好是均匀流分量$V_\infty\cos\theta$ 与点源部分 $\dfrac{\Lambda}{2\pi r}$ 之和。$V_\theta$ 为均匀流分量 $V_\infty\sin\theta$，点源为零。这说明，通过流函数叠加可以构造更为复杂的流场，而其梯度即速度亦可叠加，这样使流场构造变得更简便。

令 $V_r=0$，$V_\theta=0$，有

$$\begin{aligned} V_\infty\cos\theta + \frac{\Lambda}{2\pi r} &= 0 \\ -V_\infty\sin\theta &= 0 \end{aligned} \tag{2.42}$$

求解上式，可得滞止点$(r,\theta)=\left(\dfrac{\Lambda}{2\pi V_\infty},\pi\right)$。这个点位于原点左侧位置，如图 2.6 所示。显然，$\Lambda$ 越大，距离越远；$V_\infty$ 越大，距离越近。这跟我们的直观印象是一致的。比如，若规定 $V_\infty$ 保持不变，如果 $\Lambda$ 增大，滞止点受点源的推移作用，从而将会移动至左侧更远处。而假如保持 $\Lambda$ 不变，增大 $V_\infty$，则在均匀流作用下，滞止点位置将向右偏移。

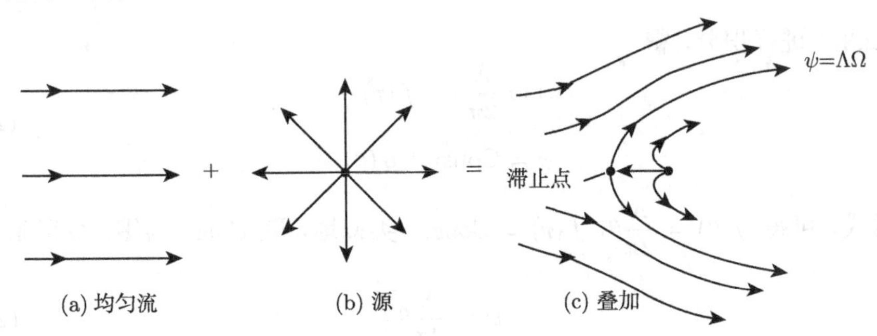


图 2.6　点源与均匀流的叠加示意图

将 $(r,\theta)=\left(\dfrac{\Lambda}{2\pi V_\infty},\pi\right)$ 点代入式 (2.41)，有

$$\psi = \frac{\Lambda}{2} \tag{2.43}$$

即穿过滞止点的流线，如图 2.6 所示。这里所讨论的是无黏无旋的二维势流场，这种流场中，固壁面边界处的切向速度分量平行于壁面，同时，沿壁面的法向速度分量为零，或无穿透壁面条件，即

$$V \cdot n = \nabla\phi \cdot n = \frac{\partial \phi}{\partial n} = 0 \tag{2.44}$$

因此，二维势流场中的固壁面本身就是一条流线。结合图 2.6，穿过滞止点的流线向右无限延伸，形成一个半无限大体，可以把这条分割线视为边界面，而把这个半无限大体看成固体，这样，均匀流与点源的叠加流场即相当于半无限大体的绕流场。从这个角度，势流叠加将可能构造出近似固体绕流的流场。

在上述基础上再增加一个点汇，即由一对点源–汇组合与均匀流的叠加流场。容易写出流函数为

$$\psi = V_\infty r \sin\theta + \frac{\Lambda}{2\pi}(\theta_1 - \theta_2) \tag{2.45}$$

这里，将坐标原点放置于点源、汇之间，各自相距 $b$ 的距离，如图 2.7 所示。式中，$\theta_1$、$\theta_2$ 为 $r$、$b$ 和 $\theta$ 的函数。类似，令 $V_r = 0$，$V_\theta = 0$，可得出两个滞止点，有

$$OA = OB = \sqrt{b^2 + \frac{\Lambda b}{\pi V_\infty}} \tag{2.46}$$

再计算穿过滞止点的流线，即

$$\psi = V_\infty r \sin\theta + \frac{\Lambda}{2\pi}(\theta_1 - \theta_2) = \text{Const} \tag{2.47}$$

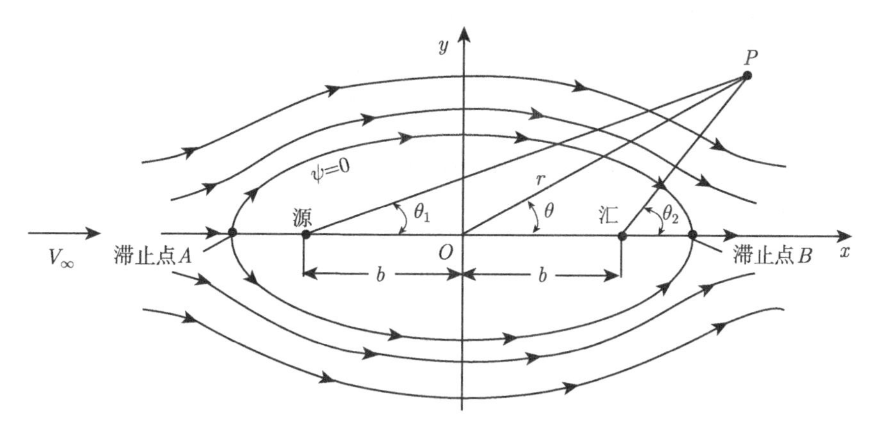


图 2.7 点源–汇组合与均匀流的叠加示意图

显然，当 $\theta = \theta_1 = \theta_2 = \pi$ 时，流线穿过 $A$ 点；当 $\theta = \theta_1 = \theta_2 = 0$ 时，流线穿过 $B$ 点。并将其参数代入式 (2.47)，均有 $\psi = 0$，即

$$V_{\infty} r \sin\theta + \frac{\Lambda}{2\pi}(\theta_1 - \theta_2) = 0 \tag{2.48}$$

式 (2.48) 所表征的是 $\psi = 0$ 的流线，这个方程表征了一个椭圆形，如图 2.7 所示。类似，我们可以将这条流线作为边界面，椭圆形曲线内部可以视为固体，这样，由一对点源–汇组合叠加一个均匀流相当于椭圆物体的绕流场，图 2.7 中的椭圆图形也称为 Rankine 椭圆。

### 2.3.4　偶极子

考虑将一个点源、汇组合，容易写出流函数为

$$\psi = \frac{\Lambda}{2\pi}(\theta_1 - \theta_2) = -\frac{\Lambda}{2\pi}\Delta\theta \tag{2.49}$$

式中，$\Delta\theta = \theta_2 - \theta_1$，如图 2.8 所示。

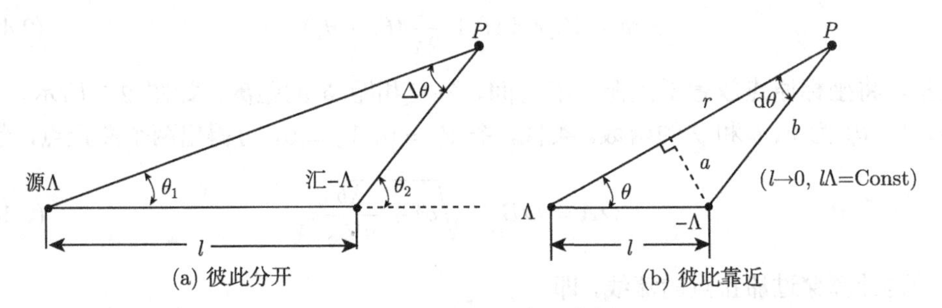


图 2.8　点源–汇组合示意图

点源、汇间距离为 $l$，令 $l \to 0$，同时，保持 $l\Lambda$ 为常数，将这种流场称为偶极子，并将其强度记为 $\kappa = l\Lambda$。此时的流函数变为

$$\psi = \lim_{\substack{l \to 0 \\ \kappa = l\Lambda = \text{Const}}} \left(-\frac{\Lambda}{2\pi}\mathrm{d}\theta\right) \tag{2.50}$$

令 $r$ 和 $b$ 分别表示点 $P$ 到源和汇的距离。从点汇作一条垂线到 $r$，如图 2.8 所示，其长度记为 $a$，容易写出如下关系式：

$$a = l\sin\theta \tag{2.51a}$$

$$b = r - l\cos\theta \tag{2.51b}$$

$$\mathrm{d}\theta = \frac{a}{b} = \frac{l\sin\theta}{r - l\cos\theta} \tag{2.51c}$$

将式 (2.51c) 代入式 (2.50)，有

$$\psi = \lim_{\substack{l \to 0 \\ \kappa = l\Lambda = \text{Const}}} \left(-\frac{\Lambda}{2\pi}\frac{l\sin\theta}{r - l\cos\theta}\right) \tag{2.52}$$

求极限后可得

$$\psi = -\frac{\kappa}{2\pi}\frac{\sin\theta}{r} \tag{2.53}$$

式 (2.53) 即为偶极子的流函数。类似，可得势函数为

$$\phi = \frac{\kappa}{2\pi}\frac{\cos\theta}{r} \tag{2.54}$$

令 $\psi = \text{Const} = c$，代入式 (2.53)，得

$$r = -\frac{\kappa}{2\pi c}\sin\theta \tag{2.55}$$

考虑到 $r = d\sin\theta$，代表了圆心位于 $y$ 轴、直径为 $d$ 的相切于 $x$ 轴的圆。对照式 (2.55)，不难看出，式 (2.55) 代表了相切于 $x$ 轴的一系列圆，不同圆对应于不同的 $c$ 值，如图 2.9 所示。

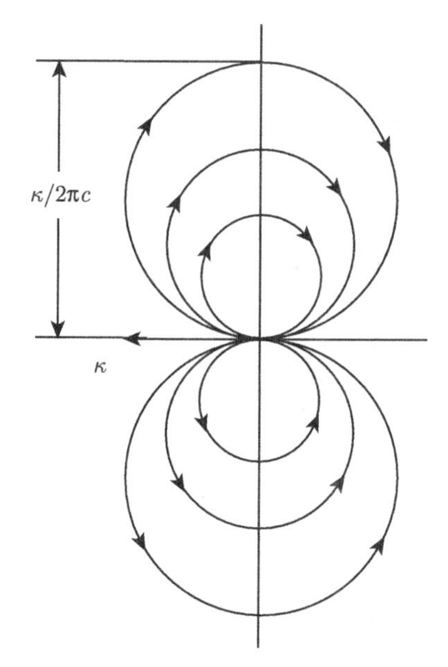


图 2.9 偶极子流线示意图

需注意，图 2.9 中，将点源置于左侧，而点汇置于右侧。显然，流动从左侧点源流出，再由右侧点汇流入。因此，通常用一个大箭头加以标记，从点汇指向点源，作为偶极子的标记方向。

### 2.3.5 偶极子与均流的叠加

前面，通过构造过半无限大体绕流、椭圆截面形绕流等势流场，下面将用偶极子和均匀流来构造一个圆柱截面绕流，圆柱绕流无疑是气动力研究中的一个经典问题。

将均匀流 $V_\infty$ 和强度 $\kappa$ 的偶极子组合，容易写出流函数为

$$\psi = V_\infty r\sin\theta - \frac{\kappa}{2\pi}\frac{\sin\theta}{r} = V_\infty r\sin\theta\left(1 - \frac{\kappa}{2\pi V_\infty r^2}\right) \tag{2.56}$$

令 $\dfrac{\kappa}{2\pi V_\infty} = R^2$，上式变为

$$\psi = V_\infty r\sin\theta\left(1 - \frac{R^2}{r^2}\right) \tag{2.57}$$

式 (2.57) 即为偶极子与均匀流叠加的流线方程。注意到该方程也表示了绕半径为 $R$ 的圆柱截面二维绕流场，如图 2.10 所示。

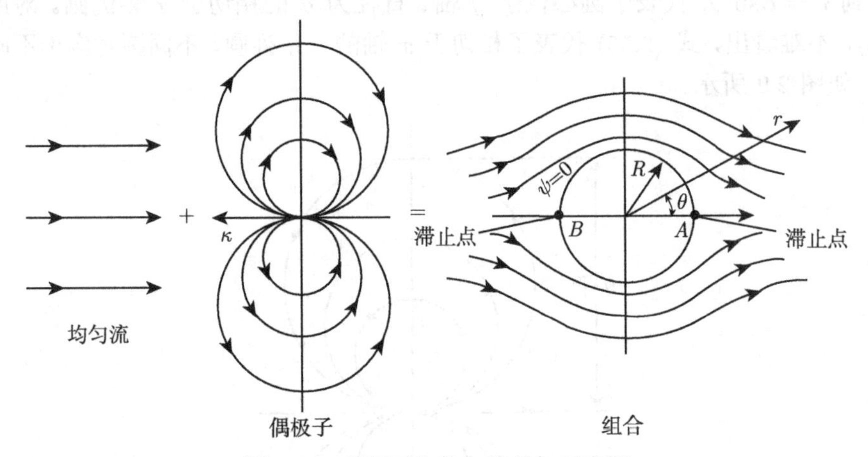


图 2.10 偶极子与均匀流叠加示意图

其速度为

$$\begin{aligned} V_r &= \frac{1}{r}\frac{\partial\psi}{\partial\theta} = \frac{1}{r}\left(V_\infty r\cos\theta\right)\left(1 - \frac{R^2}{r^2}\right) \\ &= \left(1 - \frac{R^2}{r^2}\right)V_\infty\cos\theta \end{aligned} \tag{2.58}$$

$$\begin{aligned} V_\theta &= -\frac{\partial\psi}{\partial r} = -\left[\left(V_\infty r\cos\theta\right)\frac{2R^2}{r^3} + \left(1 - \frac{R^2}{r^2}\right)\left(V_\infty\sin\theta\right)\right] \\ &= -\left(1 + \frac{R^2}{r^2}\right)V_\infty\sin\theta \end{aligned} \tag{2.59}$$

为得到滞止点位置，令 $V_r = 0$ 及 $V_\theta = 0$，有

$$\begin{aligned} \left(1 - \frac{R^2}{r^2}\right)V_\infty\cos\theta = 0 \\ \left(1 + \frac{R^2}{r^2}\right)V_\infty\sin\theta = 0 \end{aligned} \tag{2.60}$$

求解上式，得出 $(r,\theta)=(R,0)$ 和 $(r,\theta)=(R,\pi)$，这两个点是图 2.10 上的 $A$ 点和 $B$ 点。将这两点代入式 (2.57)，均有 $\psi=0$，即该流线穿过 $A$ 点和 $B$ 点。由式 (2.57) 得流线为

$$V_\infty r\sin\theta\left(1-\frac{R^2}{r^2}\right)=0 \tag{2.61}$$

注意到，令 $r=R$，对任意 $\theta$ 角，式 (2.61) 自动满足。而$R^2=\dfrac{\kappa}{2\pi V_\infty}$，为一常数。而 $r=R$ 就是圆心在原点的一个圆。同时，令 $\theta=0$ 和 $\theta=\pi$，对任意 $r$ 均满足式 (2.61)，即穿过 $A$ 和 $B$ 点的水平线也是滞止流线的一部分。若将 $r=R$ 的圆作为边界面，视圆内部为固体，则偶极子与均匀流的叠加近似于绕圆柱截面的绕流场。也就是说，绕圆柱截面的二维绕流场可用一个强度为 $\kappa$ 的偶极子和均匀流 $V_\infty$ 叠加构造而成，且这个圆柱截面半径为

$$R=\sqrt{\frac{\kappa}{2\pi V_\infty}} \tag{2.62}$$

由式 (2.58) 和式 (2.59)，注意到速度分布沿圆周是完全对称的，这就意味着压力分布也是对称的，这样，圆周上下面受力平衡，前后面也受力平衡，圆周上既没有升力也没有阻力。对于这种对称结构的圆周，在现实中不存在升力是可以理解的，但不存在阻力，这与我们的直观印象是不一致的。任何物体放置于流场中都不可避免地会受到阻力。这个理论零阻力与现实存在有限阻力的不一致，最早由达朗贝尔 (1752) 所提出，通常称之为达朗贝尔佯谬。实际上，从 18 世纪至 19 世纪时期，这都是一个令人困惑的问题，没有得到合理的解释。当然，今天我们知道阻力源于黏性作用产生的剪应力，而流动进一步发展成湍流，并从壁面脱落形成尾流造成更大的阻力。本章不涉及这部分内容。

下面具体计算圆周上的受力。注意到，当 $r=R$ 时，有

$$\begin{aligned} &V_r=0\\ &V_\theta=-2V_\infty\sin\theta \end{aligned} \tag{2.63}$$

这里，在 $r=R$ 的圆周上，$V_r$ 为垂直于壁面方向的速度分量，由此可见，它是满足无穿透边界条件的。在极坐标下，$V_\theta$ 的约定正方向是由矢径 $r$ 方向沿逆时针旋转 90° 所指方向，亦为 $\theta$ 增长的方向为正。根据式 (2.63) 可知，在上表面 $\sin\theta\geqslant0$，故 $V_\theta$ 沿顺时针方向；而在下表面 $\sin\theta\leqslant0$，$V_\theta$ 沿逆时针方向。

计算压力系数，运用 Bernoulli 方程，有

$$\begin{aligned} &p_\infty+\frac{1}{2}\rho V_\infty^2=p+\frac{1}{2}\rho V^2\\ &\Rightarrow p-p_\infty=\frac{1}{2}\rho\left(V_\infty^2-V^2\right) \end{aligned} \tag{2.64}$$

根据式 (2.64)，并结合式 (2.63)，写出压力系数

$$C_p = \frac{p - p_\infty}{q_\infty} = 1 - \left(\frac{V}{V_\infty}\right)^2 = 1 - 4\sin^2\theta = 2\cos 2\theta - 1 \tag{2.65}$$

可见，压力的分布上下对称，前后也对称，故升阻力均为零。与上面的讨论结果是一致的。

也可以运用式 (2.9)，有

$$\begin{aligned} c_y &= \frac{1}{c}\left[\int_{\mathrm{LE}}^{\mathrm{TE}} (C_{p,\mathrm{l}} - C_{p,\mathrm{u}})\,\mathrm{d}x + \int_{\mathrm{LE}}^{\mathrm{TE}} (C_{f,\mathrm{u}} + C_{f,\mathrm{l}})\,\mathrm{d}y\right] \\ c_x &= \frac{1}{c}\left[\int_{\mathrm{LE}}^{\mathrm{TE}} (C_{p,\mathrm{u}} - C_{p,\mathrm{l}})\,\mathrm{d}y + \int_{\mathrm{LE}}^{\mathrm{TE}} (C_{f,\mathrm{u}} + C_{f,\mathrm{l}})\,\mathrm{d}x\right] \end{aligned} \tag{2.66}$$

注意到，沿上下表面任何关于圆心对称的位置点，相对应的压力系数相等，即 $C_{p,\mathrm{l}} = C_{p,\mathrm{u}}$，而这里所讨论的是无黏流场，不存在剪应力，即 $C_{f,\mathrm{u}} = C_{f,\mathrm{l}} = 0$。所以，可知 $C_y = C_x = 0$，即不存在升阻力。

### 2.3.6 涡流

上面介绍了几种基本的势流场。沿流场任意封闭曲线的环量是零，且不产生升阻力。这里，将介绍一种产生升力的势流场叠加构造过程。

考虑一种流场，其流线为一族同心圆，如图 2.11 所示。注意到，这里没有径向速度，即 $V_r = 0$，只有切向速度 $V_\theta$，且沿每条流线 $V_\theta$ 大小保持常数，而 $V_\theta$ 大小与半径成反比，即 $V_\theta = \dfrac{\mathrm{Const}}{r}$。这样，把这个流场称为涡流场。

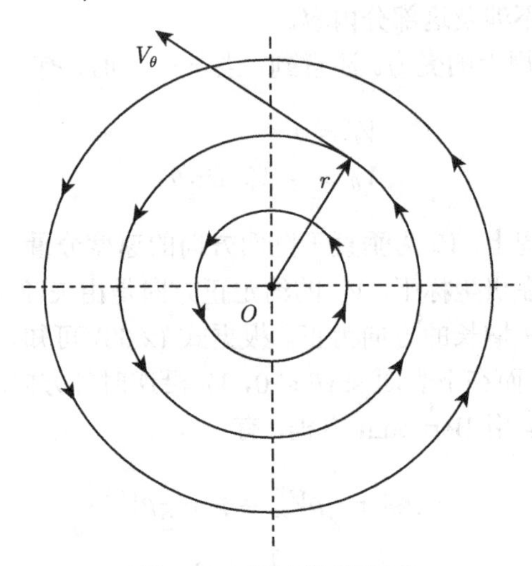


图 2.11 涡流场示意图

涡流场满足连续条件 $\nabla \cdot \boldsymbol{V} = 0$，也满足动量方程。同时，涡流也是无旋的，即 $\nabla \times \boldsymbol{V} = 0$。这里需要注意，在原点处，$\nabla \times \boldsymbol{V} \neq 0$。即排除原点外，涡流场处处无旋。

先写出速度如下：

$$V_\theta = \frac{C}{r} \tag{2.67}$$

式中，$C$ 为常数。

下面计算 $C$，先计算涡流场的环量，有

$$\Gamma = -\oint_C \boldsymbol{V} \cdot \mathrm{d}\boldsymbol{s} = -V_\theta (2\pi r) \tag{2.68}$$

即环量等于圆周长度与切向速度 $V_\theta$ 的乘积。这样，有

$$V_\theta = -\frac{\Gamma}{2\pi r} \tag{2.69}$$

对照式 (2.67)，有$C = -\dfrac{\Gamma}{2\pi}$。这说明，对于涡流场沿任意流线的环量都是相同的，即 $\Gamma = -2\pi C$。通常，也把 $\Gamma$ 称为涡流场强度。由式 (2.69)，$V_\theta$ 与 $\Gamma$ 方向相反，即一个涡流场强度为正时，流动是沿着顺时针方向的。

下面分析原点的旋度，把曲线积分转为曲面积分，有

$$\oint_C \boldsymbol{V} \cdot \mathrm{d}\boldsymbol{s} = \iint_S (\nabla \times \boldsymbol{V}) \cdot \mathrm{d}\boldsymbol{S} \tag{2.70}$$

注意曲线积分转为曲面积分时，这里，封闭曲线所包围的面即为积分曲面，即为曲面包围的平面。这样，$\nabla \times \boldsymbol{V}$ 的方向是穿过纸面的方向，与 $\mathrm{d}\boldsymbol{S}$ 同向。这样，式 (2.70) 变为

$$\oint_C \boldsymbol{V} \cdot \mathrm{d}\boldsymbol{s} = \iint_S |\nabla \times \boldsymbol{V}| \, \mathrm{d}S \tag{2.71}$$

不论对多大半径 $r$ 的圆面积分，其环量都是 $\Gamma$，所以，这里取尽量靠近原点的圆，即取 $r \to 0$。此时圆面积趋于无限小，有

$$\iint_S |\nabla \times \boldsymbol{V}| \, \mathrm{d}S \to |\nabla \times \boldsymbol{V}| \, \mathrm{d}S \tag{2.72}$$

这样，有

$$\begin{aligned} \Gamma &= |\nabla \times \boldsymbol{V}| \, \mathrm{d}S \\ \Rightarrow |\nabla \times \boldsymbol{V}| &= \frac{\Gamma}{\mathrm{d}S} \end{aligned} \tag{2.73}$$

当 $r \to 0$ 时，$\mathrm{d}S \to 0$。这样有

$$|\nabla \times \boldsymbol{V}| = \frac{\Gamma}{\mathrm{d}S} \to \infty \tag{2.74}$$

即涡流在原点以外处处无旋，而原点处的涡量为无穷大。因此，原点是涡流场的一个奇点，这样，可以视其为点涡流场。根据流函数定义，有

$$\begin{aligned} \frac{1}{r}\frac{\partial \psi}{\partial \theta} &= V_r = 0 \\ -\frac{\partial \psi}{\partial r} &= V_\theta = -\frac{\Gamma}{2\pi r} \end{aligned} \tag{2.75}$$

对其积分可得

$$\begin{aligned} \psi &= \text{Const} + f(r) \\ \psi &= \frac{\Gamma}{2\pi}\ln r + g(\theta) \end{aligned} \tag{2.76}$$

对照上面两式，有 $f(r) = \frac{\Gamma}{2\pi}\ln r$ 和 $g(\theta) = \text{Const}$，取 Const 为零，代入式 (2.76) 有

$$\psi = \frac{\Gamma}{2\pi}\ln r \tag{2.77}$$

类似，根据势函数定义，有

$$\begin{aligned} \frac{\partial \phi}{\partial r} &= V_r = 0 \\ \frac{1}{r}\frac{\partial \phi}{\partial \theta} &= V_\theta = -\frac{\Gamma}{2\pi r} \end{aligned} \tag{2.78}$$

对式 (2.78) 进行积分，得

$$\begin{aligned} \phi &= \text{Const} + f(\theta) \\ \phi &= -\frac{\Gamma}{2\pi}\theta + g(r) \end{aligned} \tag{2.79}$$

对照上面两式，有 $f(\theta) = -\frac{\Gamma}{2\pi}\theta$ 和 $g(r) = \text{Const}$，取 Const 为零，代入式 (2.79) 有

$$\phi = -\frac{\Gamma}{2\pi}\theta \tag{2.80}$$

由式 (2.77)，取 $\psi = \text{Const}$，有 $r = \text{Const}$，即流线为一族不同半径的同心圆。再取 $\phi = \text{Const}$，有 $\theta = \text{Const}$，即等势线为一族从原点出发的射线。

### 2.3.7　产生升力的势流组合

这里，叠加的两个流场为式 (2.57) 所代表的二维圆柱截面绕流场和式 (2.77) 表示的点涡流场。为了表述方便，将式 (2.77) 点涡的流函数改为

$$\psi = \frac{\Gamma}{2\pi}\ln r - \frac{\Gamma}{2\pi}\ln R = \frac{\Gamma}{2\pi}\ln\frac{r}{R} \tag{2.81}$$

式中，增加的项 $-\dfrac{\Gamma}{2\pi}\ln R$ 相当于一个常数。这样，再叠加式 (2.57) 变为

$$\psi = V_\infty r\sin\theta\left(1-\frac{R^2}{r^2}\right)+\frac{\Gamma}{2\pi}\ln\frac{r}{R} \tag{2.82}$$

注意到，当 $r=R$ 时，对任意 $\theta$ 均有 $\psi=0$。因此，$r=R$ 的这个圆表示了一条流线。而式 (2.82) 用图绘制出来即为图 2.12。注意到，流场不再上下对称。

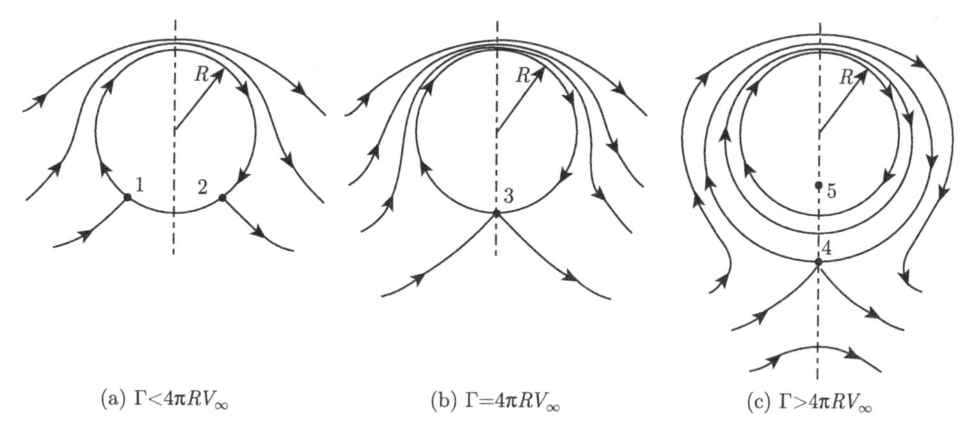


(a) $\Gamma<4\pi RV_\infty$　(b) $\Gamma=4\pi RV_\infty$　(c) $\Gamma>4\pi RV_\infty$

图 2.12　绕二维圆柱截面流场滞止点示意图

由式 (2.82) 计算速度

$$\begin{aligned} V_r &= V_\infty\cos\theta\left(1-\frac{R^2}{r^2}\right)\\ V_\theta &= -V_\infty\sin\theta\left(1+\frac{R^2}{r^2}\right)-\frac{\Gamma}{2\pi r}\end{aligned} \tag{2.83}$$

令 $V_r=V_\theta=0$，有

$$V_\infty\cos\theta\left(1-\frac{R^2}{r^2}\right)=0 \tag{2.84a}$$

$$-V_\infty\sin\theta\left(1+\frac{R^2}{r^2}\right)-\frac{\Gamma}{2\pi r}=0 \tag{2.84b}$$

由式 (2.84a)，有 $r=R$，代入式 (2.84b)，可得

$$\theta=\arcsin\left(-\frac{\Gamma}{4\pi RV_\infty}\right) \tag{2.85}$$

若环量为正值，即 $\Gamma>0$，$\theta$ 必定位于第三、四象限。这样由式 (2.85)，若 $\Gamma<4\pi RV_\infty$，在圆柱的下表面上存在两个滞止点；若 $\Gamma=4\pi RV_\infty$，只有一个滞止点 $\left(R,-\dfrac{\pi}{2}\right)$；而 $\Gamma>4\pi RV_\infty$时，不能再用式 (2.85)，需重新由式 (2.84) 来求解。注意到，当$\theta=\dfrac{\pi}{2}$

或 $\theta=-\frac{\pi}{2}$ 时，式 (2.84a) 成立，且 $\Gamma>0$，所以仅 $\theta=-\frac{\pi}{2}$ 是有意义的，将 $\theta=-\frac{\pi}{2}$ 代入式 (2.84b)，得

$$r=\frac{\Gamma}{4\pi V_\infty}\pm\sqrt{\left(\frac{\Gamma}{4\pi V_\infty}\right)^2-R^2} \tag{2.86}$$

即 $\Gamma>4\pi RV_\infty$ 时，存在两个滞止点，如图 2.12(c) 所示。注意到，一个滞止点位于圆内，一个位于圆外，考虑到圆 $r=R$ 为一条流线，且穿过滞止点，可将其内部视为固体，而圆本身所在的流线作为边界面，所以，不必考虑内部这个滞止点。即相当于此时滞止点移动到圆柱下方。

下面用圆柱表面的速度分布来计算压力系数，当 $r=R$，有 $V_r=0$，只剩下切向速度

$$V_\theta=-2V_\infty\sin\theta-\frac{\Gamma}{2\pi R} \tag{2.87}$$

将其代入式 (2.65)，有

$$\begin{aligned}C_p=&1-\left(\frac{V}{V_\infty}\right)^2=1-\left(-2\sin\theta-\frac{\Gamma}{2\pi RV_\infty}\right)^2\\=&1-\left[4\sin^2\theta+\frac{2\Gamma\sin\theta}{\pi RV_\infty}+\left(\frac{\Gamma}{2\pi RV_\infty}\right)^2\right]\end{aligned} \tag{2.88}$$

这样，根据式 (2.66) 计算升阻力，先看阻力的计算式

$$c_x=\frac{1}{c}\int_{\rm LE}^{\rm TE}(C_{p,\rm u}-C_{p,\rm l})\,{\rm d}y \tag{2.89}$$

把式 (2.89) 转为极坐标形式，由 $y=R\sin\theta$ 及 ${\rm d}y=R\cos\theta{\rm d}\theta$，并注意到二维圆柱截面的迎风面积为其直径，即 $c=2R$，这样有

$$c_x=\frac{1}{2}\int_\pi^0 C_{p,\rm u}\cos\theta{\rm d}\theta-\frac{1}{2}\int_\pi^{2\pi}C_{p,\rm l}\cos\theta{\rm d}\theta \tag{2.90}$$

需要注意，上述积分过程中，从前缘 LE 积分至后缘 TE，在上表面用极坐标表示从 $\theta=\pi$ 积分至 $\theta=0$；而在下表面用极坐标表示从 $\theta=\pi$ 积分至 $\theta=2\pi$。故有式 (2.90) 的形式。对于上下表面压力系数，已由式 (2.88) 统一给出，这样，式 (2.90) 变为

$$c_x=-\frac{1}{2}\int_0^{2\pi}C_p\cos\theta{\rm d}\theta \tag{2.91}$$

将 (2.88) 代入式 (2.91)，并注意到

$$\begin{aligned}&\int_0^{2\pi}\cos\theta\mathrm{d}\theta=0\\&\int_0^{2\pi}\sin\theta\cos\theta\mathrm{d}\theta=0\\&\int_0^{2\pi}\sin^2\theta\cos\theta\mathrm{d}\theta=0\end{aligned}\tag{2.92}$$

容易得出 $c_x=0$，即阻力为零。

类似，由式 (2.66) 计算升力，有

$$c_y=\frac{1}{c}\int_{\mathrm{LE}}^{\mathrm{TE}}\left(C_{p,\mathrm{l}}-C_{p,\mathrm{u}}\right)\mathrm{d}x\tag{2.93}$$

转换为极坐标形式，并注意 $x=R\cos\theta$ 及 $\mathrm{d}x=-R\sin\theta\mathrm{d}\theta$，式 (2.93) 变为

$$\begin{aligned}c_y&=-\frac{1}{2}\int_{\pi}^{2\pi}C_{p,\mathrm{l}}\sin\theta\mathrm{d}\theta+\frac{1}{2}\int_{\pi}^{0}C_{p,\mathrm{u}}\sin\theta\mathrm{d}\theta\\&=-\frac{1}{2}\int_0^{2\pi}C_p\sin\theta\mathrm{d}\theta\end{aligned}\tag{2.94}$$

将式 (2.88) 代入式 (2.94)，并注意到

$$\begin{aligned}&\int_0^{2\pi}\sin\theta\mathrm{d}\theta=0\\&\int_0^{2\pi}\sin^2\theta\mathrm{d}\theta=\pi\\&\int_0^{2\pi}\sin^3\theta\mathrm{d}\theta=0\end{aligned}\tag{2.95}$$

计算可得

$$c_y=\frac{\Gamma}{RV_\infty}\tag{2.96}$$

式 (2.96) 为量纲为一的升力系数，再将其转为具体的力，可得单位厚度升力为

$$L=q_\infty Sc_y=\frac{1}{2}\rho_\infty V_\infty^2Sc_y\tag{2.97}$$

这里的参考面积为圆柱的迎风面积 $S=c\times1=2R\times1$，即圆柱的直径。将式 (2.96) 代入式 (2.97)，得

$$L=q_\infty Sc_y=\frac{1}{2}\rho_\infty V_\infty^2\times2R\times\frac{\Gamma}{RV_\infty}=\rho_\infty V_\infty\Gamma\tag{2.98}$$

式 (2.98) 为单位厚度圆柱截面绕流产生的升力。这个结论在空气动力学中有着重要意义，被称为 Kutta-Joukowsky 理论。

## 2.4 无升力绕任意形状物体流场的构造

上节介绍的是最基本的势流场及其构造方法。这些方法只适用于某种特定形状的截面，比如半无限体、椭圆形、圆柱截面等，而大多数实际的绕流截面形状并不是规则的，比如机翼等，采用上节的方法就要求通过不同的组合尝试来找到符合实际需要的形状，这往往是比较困难的。反之，若先给定绕流物体形状，沿物体边界布置一些基本奇异子 (如源、汇、涡、偶极子等)，来解决如何使得这些基本奇异子的分布所产生的流场，配合均匀流能够满足所需要的绕流场。这就是本节将要介绍的方法，称为源面板方法。该方法始于 20 世纪 60 年代，已经成为工业及试验设计基本方法。

如图 2.13 所示，先沿任意形状的曲线 $s$ 布置一系列的点源，点源强度大小沿曲线是变化的，故不再用 $\Lambda$ 表示强度，而是用 $\lambda=\lambda(s)$ 来表示，那么，沿微小曲线段 $\mathrm{d}s$，其源的强度为 $\lambda\mathrm{d}s$。然后，考虑曲线外任一点 $P(x,y)$，由式 (2.36)，源 $\lambda\mathrm{d}s$ 在该点处诱导产生的微小势为

$$\mathrm{d}\phi=\frac{\lambda\mathrm{d}s}{2\pi}\ln r \tag{2.99}$$

对式 (2.99) 进行积分，得出势函数为

$$\phi(x,y)=\int_a^b\frac{\lambda\mathrm{d}s}{2\pi}\ln r \tag{2.100}$$

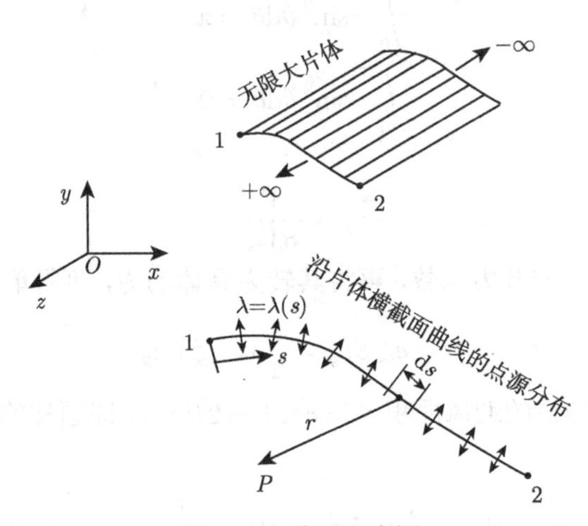


图 2.13 线源示意图

这里 $\lambda(s)$ 沿曲线是变化的，可正可负，即相当于一系列点源、汇的组合。

下面，将任意外形的物体边界进行分割，如图 2.14 所示，将整条曲线分割若干份，而实际上，并不去真正计算每条曲线，因为这太复杂。沿每条曲线连接一条线段，把这些线段称为面板，用这些面板来近似曲线，这当然是出于计算简便的考虑。而我们注意到，如果分割段足够多的话，将非常接近于原始曲线。

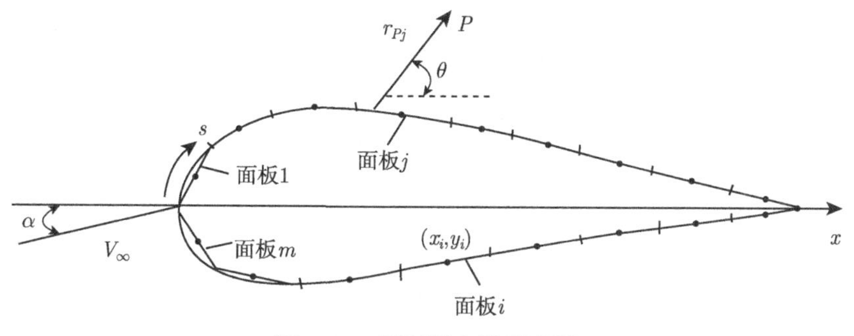


图 2.14　源面板方法示意图

将面板标记为 $j$，假设沿每个面板的源强度保持为常数，这样，沿第 $j$ 个面板的势为

$$\Delta\phi_j = \frac{\lambda_j}{2\pi}\int_j \ln r_{Pj} \mathrm{d}s_j \tag{2.101}$$

定义每一段中心点为控制点，如果将 $P(x, y)$ 点取在第 $i$ 个面板中心 $(x_i, y_i)$，即控制点的位置，这样将所有面板的势加起来就是总的势

$$\phi(x_i, y_i) = \sum_{j=1}^{n} \Delta\phi_j = \sum_{j=1}^{n} \frac{\lambda_j}{2\pi}\int_j \ln r_{ij} \mathrm{d}s_j \tag{2.102}$$

式 (2.102) 为所有面板对 $(x_i, y_i)$ 点的总作用势。式中，$r_{ij}$ 为第 $j$ 个面板上任意点到第 $i$ 个面板控制点的距离

$$r_{ij} = \sqrt{(x_i - x_j)^2 + (y_i - y_j)^2} \tag{2.103}$$

下面计算式 (2.102) 所带来的 $(x_i, y_i)$ 点处沿 $i$ 面板外法向方向的速度，这也称为诱导速度

$$V_n = \frac{\partial\phi(x_i, y_i)}{\partial n_i} \tag{2.104}$$

为了便于分析，取两个典型的面板，如图 2.15 所示，进行具体的计算。

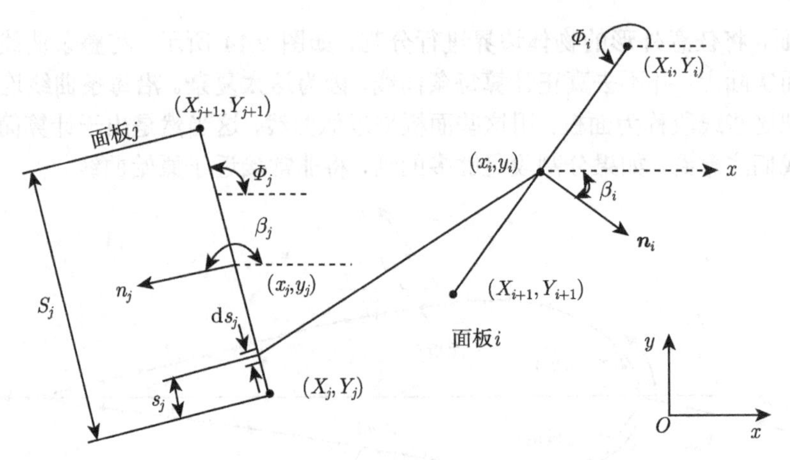


图 2.15 源面板方法示意图

首先，假设 $(x_i, y_i)$ 为 $i$ 面板的控制点，$(X_i, Y_i)$ 为 $i$ 面板的起始点，$(X_{i+1}, Y_{i+1})$ 为 $i$ 面板的终点，这样，$i$ 面板与 $x$ 轴正方向的夹角为 $\Phi_i$ 角。在 $(x_i, y_i)$ 点处的 $i$ 面板外法向量为 $\boldsymbol{n}_i$，与 $x$ 轴正方向的夹角为 $\beta_i$ 角。上述假设对 $j$ 面板同样适用。下面结合图 2.15 进行计算。对式 (2.101) 求法向导数，有 $j$ 面板在 $i$ 面板上 $(x_i, y_i)$ 点处所产生的外法向方向的速度分量，有

$$\frac{\lambda_j}{2\pi}\frac{\partial}{\partial n_i}\int_j \ln r_{Pj}\mathrm{d}s_j = \frac{\lambda_j}{2\pi}\int_j \frac{\partial\left(\ln r_{ij}\right)}{\partial n_i}\mathrm{d}s_j \tag{2.105}$$

式中的积分项用 $I_{ij}$ 表示，记为

$$I_{ij} = \int_j \frac{\partial\left(\ln r_{ij}\right)}{\partial n_i}\mathrm{d}s_j \tag{2.106}$$

将式 (2.103) 代入式 (2.106)，先计算导数部分

$$\begin{aligned}\frac{\partial\left(\ln r_{ij}\right)}{\partial n_i} &= \frac{1}{r_{ij}}\frac{\partial r_{ij}}{\partial n_i}\\ &= \frac{1}{r_{ij}}\frac{1}{2}\frac{1}{\sqrt{\left(x_i-x_j\right)^2+\left(y_i-y_j\right)^2}}\times\left[2\left(x_i-x_j\right)\frac{\mathrm{d}x_i}{\mathrm{d}n_i}+2\left(y_i-y_j\right)\frac{\mathrm{d}y_i}{\mathrm{d}n_i}\right]\\ &= \frac{\left(x_i-x_j\right)\cos\beta_i+\left(y_i-y_j\right)\sin\beta_i}{\left(x_i-x_j\right)^2+\left(y_i-y_j\right)^2}\end{aligned} \tag{2.107}$$

由图 2.15，$\Phi_i$ 是按逆时针计算的，故有 $\beta_i = \Phi_i + \dfrac{\pi}{2}$，这样

$$\begin{aligned}\sin\beta_i &= \cos\Phi_i\\ \cos\beta_i &= -\sin\Phi_i\end{aligned} \tag{2.108}$$

由图 2.15，$j$ 面板上任一点 $(x_j, y_j)$ 可按如下计算:

$$\begin{aligned} x_j &= X_j + s_j \cos \varPhi_j \\ y_j &= Y_j + s_j \sin \varPhi_j \end{aligned} \tag{2.109}$$

将式 (2.108) 和式 (2.109) 代入式 (2.107) 分子部分，整理如下：

$$\begin{aligned} &(x_i - x_j) \cos \beta_i + (y_i - y_j) \sin \beta_i \\ =& -[x_i - (X_j + s_j \cos \varPhi_j)] \sin \varPhi_i + [y_i - (Y_j + s_j \sin \varPhi_j)] \cos \varPhi_i \\ =& s_j (\cos \varPhi_j \sin \varPhi_i - \sin \varPhi_j \cos \varPhi_i) - (x_i - X_j) \sin \varPhi_i + (y_i - Y_j) \cos \varPhi_i \end{aligned} \tag{2.110}$$

记式 (2.110) 中 $(\cos \varPhi_j \sin \varPhi_i - \sin \varPhi_j \cos \varPhi_i) = \sin(\varPhi_i - \varPhi_j) = C$；$-(x_i - X_j) \sin \varPhi_i + (y_i - Y_j) \cos \varPhi_i = D$。这样式 (2.110) 变为

$$(x_i - x_j) \cos \beta_i + (y_i - y_j) \sin \beta_i = C s_j + D \tag{2.111}$$

类似地，将式 (2.108) 和式 (2.109) 代入式 (2.107) 分母部分，整理如下：

$$\begin{aligned} &(x_i - x_j)^2 + (y_i - y_j)^2 \\ =& [x_i - (X_j + s_j \cos \varPhi_j)]^2 + [y_i - (Y_j + s_j \sin \varPhi_j)]^2 \\ =& \left[(x_i - X_j)^2 + (y_i - Y_j)^2\right] + s_j^2 + 2 s_j [-(x_i - X_j) \cos \varPhi_j - (y_i - Y_j) \sin \varPhi_j] \end{aligned} \tag{2.112}$$

记式 (2.112) 中 $(x_i - X_j)^2 + (y_i - Y_j)^2 = B$；$-(x_i - X_j) \cos \varPhi_j - (y_i - Y_j) \sin \varPhi_j = A$。这样式 (2.107) 分母为

$$(x_i - x_j)^2 + (y_i - y_j)^2 = B + s_j^2 + 2 A s_j \tag{2.113}$$

将式 (2.111)、式 (2.113) 和式 (2.107) 代入式 (2.106)，得

$$I_{ij} = \int_0^{S_j} \frac{C s_j + D}{s_j^2 + 2 A s_j + B} \mathrm{d} s_j \tag{2.114}$$

式中，积分上限 $S_j = \sqrt{(X_{j+1} - X_j)^2 + (Y_{j+1} - Y_j)^2}$，即 $j$ 面板的长度。经过适当整理，式 (2.114) 变为

$$\begin{aligned} I_{ij} &= \int_0^{S_j} \frac{C (s_j + A) + (D - AC)}{(s_j + A)^2 + (B - A^2)} \mathrm{d} s_j \\ &= \int_0^{S_j} \frac{C (s_j + A)}{(s_j + A)^2 + (B - A^2)} \mathrm{d} s_j + \int_0^{S_j} \frac{(D - AC)}{(s_j + A)^2 + (B - A^2)} \mathrm{d} s_j \end{aligned} \tag{2.115}$$

式 (2.115) 右端第一项容易求解，可得

$$\int_{0}^{S_j} \frac{C\left(s_j+A\right)}{\left(s_j+A\right)^2+\left(B-A^2\right)} \mathrm{d}s_j=\frac{C}{2} \ln \left(\frac{s_j^2+2 A s_j+B}{B}\right) \tag{2.116}$$

式 (2.115) 右端第二项，记 $B-A^2=E^2$，令 $\lambda=\dfrac{s_j+A}{E}$，有 $\mathrm{d}\lambda=\dfrac{\mathrm{d}s_j}{E}$，有

$$\begin{aligned}
\int_{0}^{S_j} \frac{(D-AC)}{\left(s_j+A\right)^2+\left(B-A^2\right)} \mathrm{d}s_j &=\left(\frac{D-AC}{E}\right) \int_{\frac{A}{E}}^{\frac{S_j+A}{E}} \frac{1}{\lambda^2+1} \mathrm{d}\lambda \\
&=\left(\frac{D-AC}{E}\right)\left[\arctan \left(\frac{S_j+A}{E}\right)-\arctan \left(\frac{A}{E}\right)\right]
\end{aligned} \tag{2.117}$$

将式 (2.116) 和式 (2.117) 代入式 (2.114)，有

$$I_{ij}=\frac{C}{2} \ln \left(\frac{S_j^2+2 A S_j+B}{B}\right)+\left(\frac{D-AC}{E}\right)\left[\arctan \left(\frac{S_j+A}{E}\right)-\arctan \left(\frac{A}{E}\right)\right] \tag{2.118}$$

再来看一个特殊情形，当 $j=i$ 时，即第 $i$ 个面板上的线源在面板控制点上的诱导速度。由图 2.13，我们注意到，线源上每个点源均往各个方向产生辐射状速度且大小都相等，这样彼此相邻的点源产生的速度相互抵消，唯有沿曲线法向存在不为零的速度，且上下对称，上下速度大小相等方向相反，可以想象在源中心存在一个奇点，即中心点上方是往上的速度，而到达中心点后，突变为方向相反的向下的速度。注意到，此时的 $i$ 面板与 $j$ 面板完全重合，这种情形比较特殊，容易看出此时 $C=D=E=0$，式 (2.118) 不能用于这里的计算。为了计算这种特殊情形，采用一个简化的模型，即水平放置在 $x$ 轴上的线源，进行求解，写出任意一点 $(x,y)$ 处的势函数为

$$\phi(x,y)=\frac{1}{2\pi} \int_{X_1}^{X_2} \lambda\left(x_i\right) \ln \sqrt{\left(x-x_i\right)^2+y^2} \mathrm{d}x_i \tag{2.119}$$

式中，$\sqrt{\left(x-x_i\right)^2+y^2}=r_i$，表示所放置的点源中心点 $(x_i,0)$ 到任意点 $(x,y)$ 的距离。

下面来看该势函数所诱导的法向速度，对式 (2.119) 求 $y$ 方向偏导数，得到诱导速度为

$$v(x,y)=\frac{1}{2\pi} \int_{X_1}^{X_2} \lambda\left(x_i\right) \frac{y}{\left(x-x_i\right)^2+y^2} \mathrm{d}x_i \tag{2.120}$$

注意到，当 $y \rightarrow 0$ 时，式 (2.120) 中的积分项趋于零，仅在 $x=x_i$ 时例外，此时积分项趋于无穷大，也就是说，除了 $x=x_i$ 处的点源外，其他任意点的 $\lambda(x_i)$ 对

该点没任何作用。因此，可以将 $\lambda(x_i)$ 从积分项中取出，放在积分号外面，用 $\lambda(x)$ 表示。另外，这种情况说明积分区间对积分项也没有影响，所以，可以将积分区间取为 $(-\infty,+\infty)$。由于在点源中心处存在奇点，采用奇点附近的极限来表示，比如，奇点上方的无限小距离处的诱导速度为

$$v\left(x,0^+\right)=\frac{\lambda(x)}{2\pi}\lim_{y\to 0^+}\int_{-\infty}^{+\infty}\frac{y}{\left(x-x_i\right)^2+y^2}\mathrm{d}x_i \tag{2.121}$$

令$\eta=\dfrac{x-x_i}{y}$，有 $\mathrm{d}\eta=-\dfrac{\mathrm{d}x_i}{y}$，注意到，由于 $y\to 0^+$，所以，$\eta$ 的积分区间还是 $(-\infty,+\infty)$，式 (2.121) 变为

$$\begin{aligned}v\left(x,0^+\right)&=\frac{\lambda(x)}{2\pi}\lim_{y\to 0^+}\int_{-\infty}^{+\infty}\frac{1}{\eta^2+1}\mathrm{d}\eta\\&=\frac{\lambda(x)}{2\pi}\left[\arctan(+\infty)-\arctan(-\infty)\right]\\&=\frac{\lambda(x)}{2\pi}\left[\frac{\pi}{2}-\left(-\frac{\pi}{2}\right)\right]=\frac{\lambda(x)}{2}\end{aligned} \tag{2.122}$$

类似地，可得 $y\to 0^-$ 时，有

$$v\left(x,0^-\right)=-\frac{\lambda(x)}{2} \tag{2.123}$$

式 (2.122) 和式 (2.123) 即为奇点上下无限小距离处的诱导速度。

再结合 $j=i$ 特殊情形，而根据外法向的定义，处于奇点上方，故在控制点处沿外法向的诱导速度为 $\dfrac{\lambda_i}{2}$。

由图 2.14，均匀流在 $i$ 面板外法向方向的速度分量为

$$V_{\infty,\mathrm{n}}=V_\infty\cos\beta_i \tag{2.124}$$

这样，沿 $i$ 面板外法向方向的速度总和为

$$\frac{\lambda_i}{2}+\sum_{\substack{j=1\\j\neq i}}^{n}\frac{\lambda_j}{2\pi}I_{ij}+V_\infty\cos\beta_i=0 \tag{2.125}$$

即满足无穿透壁面条件，或壁面法向速度为零。这是关于 $\lambda_1,\lambda_2,\cdots,\lambda_n$ 的一个代数方程，表征所有面板在 $i$ 面板控制点处的作用。若我们依次取 $i=1,\cdots,n$，可以写出类似的 $n$ 个代数方程，由 $n$ 个代数方程可以解出唯一一组系数 $\lambda_1,\lambda_2,\cdots,\lambda_n$。而由 $\lambda_1,\lambda_2,\cdots,\lambda_n$ 代表的边界源分布所形成的边界满足无穿透条件，即本身就是一条流线，也就代表绕流物体的边界。

下面通过一个绕圆柱的例子，具体计算一个源面板应用实例。

如图 2.16 所示，将圆分为 8 个源面板，均匀流 $V_\infty$ 沿水平方向。选取第 4 个面板作为第 $i$ 个面板，第 2 个面板作为第 $j$ 个面板，有如下基本几何参数：

$$\begin{gathered} X_j=-0.9239;\quad Y_j=0.3827 \\ x_i=0.6533;\quad y_i=0.6533 \\ \varPhi_i=315°;\quad \varPhi_j=45° \\ X_{j+1}=-0.3827;\quad Y_{j+1}=0.9239 \end{gathered} \tag{2.126}$$

将上述参数代入系数计算公式，分别计算获得

$$A=-1.3066,\quad B=2.5608,\quad C=-1,\quad D=1.3066,\quad E=0.9239,\quad S_j=0.7654 \tag{2.127}$$

将式 (2.127) 中的系数代入式 (2.118) 得

$$I_{42}=0.4018 \tag{2.128}$$

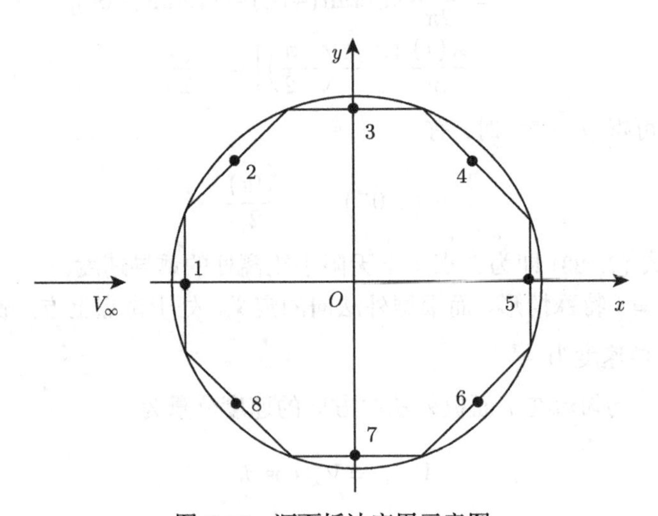


图 2.16 源面板法应用示意图

取 $i=4$，$j=1$，有如下几何参数：

$$\begin{gathered} X_j=-0.9239; Y_j=-0.3827 \\ x_i=0.6533; y_i=0.6533 \\ \varPhi_i=315°; \varPhi_j=90° \\ X_{j+1}=-0.9239; Y_{j+1}=0.3827 \end{gathered} \tag{2.129}$$

计算各个系数有

$$A=-1.036,\quad B=3.5608,\quad C=-0.7071,\quad D=1.8478,\quad E=1.362,\quad S_j=0.7654 \tag{2.130}$$

代入式 (2.118) 得

$$I_{41} = 0.4074 \tag{2.131}$$

取 $i=4$，$j=3$，有如下几何参数:

$$\begin{aligned} X_j &= -0.3827; \quad Y_j = 0.9239 \\ x_i &= 0.6533; \quad y_i = 0.6533 \\ \varPhi_i &= 315°; \quad \varPhi_j = 0° \\ X_{j+1} &= 0.3827; \quad Y_{j+1} = 0.9239 \end{aligned} \tag{2.132}$$

计算各个系数有

$$A=-1.036,\quad B=1.1465,\quad C=-0.7071,\quad D=0.5412,\quad E=0.2706,\quad S_j=0.7654 \tag{2.133}$$

代入式 (2.118) 得

$$I_{43} = 0.3528 \tag{2.134}$$

由式 (2.122)，有

$$I_{44} = \pi \tag{2.135}$$

而由图 2.16 对称性，有 $I_{45}=I_{43}, I_{46}=I_{42}, I_{47}=I_{41}$。

取 $i=4$，$j=8$，有如下几何参数:

$$\begin{aligned} X_j &= -0.3827; \quad Y_j = -0.9239 \\ x_i &= 0.6533; \quad y_i = 0.6533 \\ \varPhi_i &= 315°; \quad \varPhi_j = 135° \\ X_{j+1} &= -0.9239; \quad Y_{j+1} = -0.3827 \end{aligned} \tag{2.136}$$

计算各个系数有

$$A=-0.3827,\quad B=3.5609,\quad C=0,\quad D=1.8478,\quad E=1.8478,\quad S_j=0.7654 \tag{2.137}$$

代入式 (2.118) 得

$$I_{48} = 0.4084 \tag{2.138}$$

由图 2.16，均匀流在 $i=4$ 面板外法向方向的速度分量为

$$V_{\infty,4} = V_\infty \cos 45° = 0.7071 V_\infty \tag{2.139}$$

将以上求解的系数代入式 (2.125)，有

$$0.4074\lambda_1 + 0.4018\lambda_2 + 0.3528\lambda_3 + \pi\lambda_4$$

$$+0.3528\lambda_5+0.4018\lambda_6+0.4074\lambda_7+0.4084\lambda_8=-0.7071\times 2\pi V_\infty \tag{2.140}$$

同理，可得另外 7 个系数方程:
当 $i=3$，有

$$\begin{aligned}&0.4018\lambda_1+0.3528\lambda_2+\pi\lambda_3+0.3528\lambda_4\\&+0.4018\lambda_5+0.4074\lambda_6+0.4084\lambda_7+0.4074\lambda_8=0\end{aligned} \tag{2.141}$$

当 $i=2$，有

$$\begin{aligned}&0.3528\lambda_1+\pi\lambda_2+0.3528\lambda_3+0.4018\lambda_4\\&+0.4074\lambda_5+0.4084\lambda_6+0.4074\lambda_7+0.4018\lambda_8=0.7071\times 2\pi V_\infty\end{aligned} \tag{2.142}$$

当 $i=1$，有

$$\begin{aligned}&\pi\lambda_1+0.3528\lambda_2+0.4018\lambda_3+0.4074\lambda_4\\&+0.4084\lambda_5+0.4074\lambda_6+0.4018\lambda_7+0.3528\lambda_8=2\pi V_\infty\end{aligned} \tag{2.143}$$

当 $i=5$，有

$$\begin{aligned}&0.4084\lambda_1+0.4074\lambda_2+0.4018\lambda_3+0.3528\lambda_4\\&+\pi\lambda_5+0.3528\lambda_6+0.4018\lambda_7+0.4074\lambda_8=-2\pi V_\infty\end{aligned} \tag{2.144}$$

当 $i=6$，有

$$\begin{aligned}&0.4074\lambda_1+0.4084\lambda_2+0.4074\lambda_3+0.4018\lambda_4\\&+0.3528\lambda_5+\pi\lambda_6+0.3528\lambda_7+0.4018\lambda_8=-0.7071\times 2\pi V_\infty\end{aligned} \tag{2.145}$$

当 $i=7$，有

$$\begin{aligned}&0.4018\lambda_1+0.4074\lambda_2+0.4084\lambda_3+0.4074\lambda_4\\&+0.4018\lambda_5+0.3528\lambda_6+\pi\lambda_7+0.3528\lambda_8=0\end{aligned} \tag{2.146}$$

当 $i=8$，有

$$\begin{aligned}&0.3528\lambda_1+0.4018\lambda_2+0.4074\lambda_3+0.4084\lambda_4\\&+0.4074\lambda_5+0.4018\lambda_6+0.3528\lambda_7+\pi\lambda_8=0.7071\times 2\pi V_\infty\end{aligned} \tag{2.147}$$

这样，由上面 8 个方程可以解出

$$\begin{aligned}&\lambda_1/2\pi V_\infty=0.3765,\quad \lambda_2/2\pi V_\infty=0.2662,\quad \lambda_3/2\pi V_\infty=0,\\&\lambda_4/2\pi V_\infty=-0.2662,\quad \lambda_5/2\pi V_\infty=-0.3765,\\&\lambda_6/2\pi V_\infty=-0.2662,\quad \lambda_7/2\pi V_\infty=0,\quad \lambda_8/2\pi V_\infty=0.2662\end{aligned} \tag{2.148}$$

这样，按式 (2.148) 沿圆周分布形成绕圆柱截面的无升力势流场。

下面计算切向速度分量，由式 (2.102)，沿切向求偏导数有

$$\frac{\lambda_j}{2\pi}\frac{\partial}{\partial s_i}\int_j \ln r_{Pj}\mathrm{d}s_j=\frac{\lambda_j}{2\pi}\int_j\frac{\partial\left(\ln r_{ij}\right)}{\partial s_i}\mathrm{d}s_j \tag{2.149}$$

式中的积分项用 $J_{ij}$ 表示

$$J_{ij}=\int_j\frac{\partial\left(\ln r_{ij}\right)}{\partial s_i}\mathrm{d}s_j \tag{2.150}$$

先计算积分项，注意到，这里 $\dfrac{\mathrm{d}x_i}{\mathrm{d}s_i}=\cos\varPhi_i$ 和 $\dfrac{\mathrm{d}y_i}{\mathrm{d}s_i}=\sin\varPhi_i$，有

$$\begin{aligned}\frac{\partial\left(\ln r_{ij}\right)}{\partial s_i}&=\frac{1}{r_{ij}}\frac{\partial r_{ij}}{\partial s_i}\\&=\frac{1}{r_{ij}}\frac{1}{2}\frac{1}{\sqrt{\left(x_i-x_j\right)^2+\left(y_i-y_j\right)^2}}\times\left[2\left(x_i-x_j\right)\frac{\mathrm{d}x_i}{\mathrm{d}s_i}+2\left(y_i-y_j\right)\frac{\mathrm{d}y_i}{\mathrm{d}s_i}\right]\\&=\frac{\left(x_i-x_j\right)\cos\varPhi_i+\left(y_i-y_j\right)\sin\varPhi_i}{\left(x_i-x_j\right)^2+\left(y_i-y_j\right)^2}\end{aligned} \tag{2.151}$$

将式 (2.109) 代入式 (2.151) 分子部分，整理如下：

$$\begin{aligned}&\left(x_i-x_j\right)\cos\varPhi_i+\left(y_i-y_j\right)\sin\varPhi_i\\&=\left[x_i-\left(X_j+s_j\cos\varPhi_j\right)\right]\cos\varPhi_i+\left[y_i-\left(Y_j+s_j\sin\varPhi_j\right)\right]\sin\varPhi_i\\&=s_j\left(-\cos\varPhi_j\cos\varPhi_i-\sin\varPhi_j\sin\varPhi_i\right)+\left(x_i-X_j\right)\cos\varPhi_i+\left(y_i-Y_j\right)\sin\varPhi_i\end{aligned} \tag{2.152}$$

记式 (2.152) 中 $-\cos\varPhi_j\cos\varPhi_i-\sin\varPhi_j\sin\varPhi_i=-\cos\left(\varPhi_i-\varPhi_j\right)=\dfrac{D-AC}{E}$；$\left(x_i-X_j\right)\cos\varPhi_i+\left(y_i-Y_j\right)\sin\varPhi_i=\dfrac{D-AC}{E}\times A-CE$。类似地，分母项的计算同式 (2.115)。这样式 (2.150) 变为

$$\begin{aligned}J_{ij}&=\int_0^{S_j}\frac{\dfrac{D-AC}{E}\left(s_j+A\right)-CE}{\left(s_j+A\right)^2+\left(B-A^2\right)}\mathrm{d}s_j\\&=\int_0^{S_j}\frac{\dfrac{D-AC}{E}\left(s_j+A\right)}{\left(s_j+A\right)^2+\left(B-A^2\right)}\mathrm{d}s_j-\int_0^{S_j}\frac{CE}{\left(s_j+A\right)^2+\left(B-A^2\right)}\mathrm{d}s_j\end{aligned} \tag{2.153}$$

容易得出

$$J_{ij}=\frac{D-AC}{2E}\ln\left(\frac{S_j^2+2AS_j+B}{B}\right)-C\left[\arctan\left(\frac{S_j+A}{E}\right)-\arctan\left(\frac{A}{E}\right)\right] \tag{2.154}$$

由图 2.14，均匀流在 $i$ 面板切向的速度分量为

$$V_{\infty,s} = V_\infty \sin\beta_i \tag{2.155}$$

这样，在 $i$ 面板切向的速度总和为

$$V_{i,s} = \sum_{j=1}^{n} \frac{\lambda_j}{2\pi} J_{ij} + V_\infty \sin\beta_i \tag{2.156}$$

由此可以计算压力系数

$$C_{i,p} = 1 - \left(\frac{V_{i,s}}{V_\infty}\right)^2 \tag{2.157}$$

这就是采用源面板方法在无升力任意形状物体表面的压力分布。

注意到，第 $j$ 块面板的长度为 $S_j$，而 $\lambda_j$ 为 $j$ 面板上单位长度源强度，因此，$j$ 面板的总源为 $S_j\lambda_j$。对于一个封闭的物体，总源或汇的强度应为零，即

$$\sum_{j=1}^{n} S_j\lambda_j = 0 \tag{2.158}$$

这也是一个有效的验错机制。比如，可以将上面绕圆柱的 $\lambda_j$ 代入式 (2.158) 检验计算结果是否正确。这里，由于 $S_j$ 大小都相等，故有

$$\sum_{j=1}^{n} \lambda_j = 0 \tag{2.159}$$

容易看出之前的计算结果是符合式 (2.159) 的。

由式 (2.157) 可以计算出一系列的压力系数，将计算结果与式 (2.65) 解析结果进行对比，如图 2.17 所示。

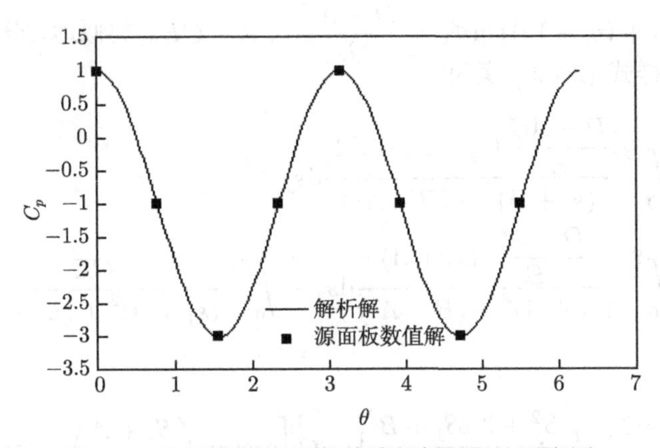


图 2.17　源面板法与圆柱绕流解析解对比示意图

可见，源面板法具有较好的精度的，另外，如果增加源面板的数量，计算的位置点更多，则结果将更为精细。

## 2.5 有升力绕任意形状物体流场的构造

根据上节势流理论，在相同的攻角下，给定不同的环量，将形成不同的流场，因此，存在无数的势流组合情形，比如，图 2.18 所示为两种不同环量的绕二维机翼的流场。

根据 Prandtl 的试验观察，在起始阶段，流场试图包裹机翼，此时的滞止点在机翼上表面，此时的情形类似图 2.18 上图所示。随着流动的发展，滞止点逐渐向翼梢靠近，当初始瞬态过程完成后，达到最终稳态的流动图像，此时，流动经机翼的上、下表面后在翼梢处光滑地离开，此时的流态模式与图 2.18 下图相一致。

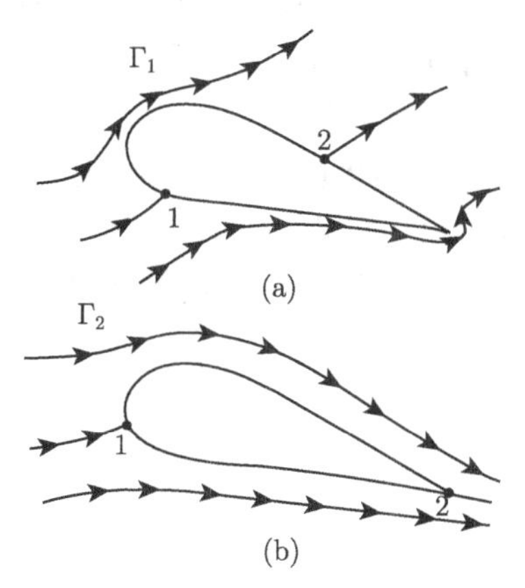


图 2.18 不同环量值的绕机翼势流效果示意图

也就是说，对于无数个不同环量及其对应的势流场，在一定的攻角情况下，只要选取其中某个特定的环量，就能得到符合物理规律的流场分布。这个观察是由德国数学家 M. W. Kutta 于 1902 年通过理论分析首先得出的。这个理论现在称之为 Kutta 条件。

那么，应该选择何种形状的翼梢呢；如图 2.19 有两种不同形式，对于上边的钝型，即存在有限大小的夹角，根据势流速度相同原则，上下表面的速度在后缘点必须为零才能满足，也就是说后缘点是滞止点。而对于下边的尖型，即夹角为零，上下表面在后缘点的速度方向平行，大小可以取有限值。而根据 Bernoulli 方程，沿上下表面流线在后缘点处压力应为同一个值，这样，两者速度大小相等，因此，满足 Kutta 条件。

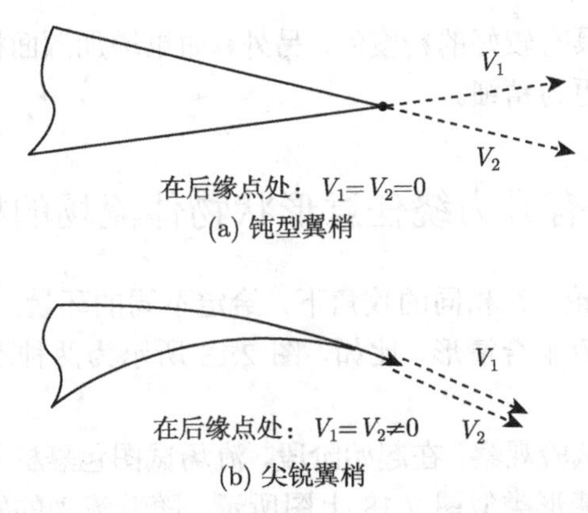

(a) 钝型翼梢

(b) 尖锐翼梢

图 2.19　不同翼梢形状对应的后缘点速度示意图

这样，对于给定攻角大小，首先应选取适当的环绕机翼的环量，恰好使得流动光滑地离开机翼的后缘；其次，如果机翼后缘上下表面存在有限大小的夹角，即为钝型后缘，此时后缘点应为滞止点；第三，若后缘是尖型，则离开后缘点的上下表面速度为有限值，且大小相等方向相同。

那么，在实际中如何对任意形状物体产生环量呢？联系上节介绍的源面板法，容易想到涡面板法，所不同的是，这里需要用点涡分布取代点源分布，这种方法在现代工业设计中仍有较多的应用，其原理与源面板法是类似的，这里不再具体讨论。

# 第 3 章　湍流统计理论基础

第 1 章中提到一般流动均可用 Navier-Stokes 方程表述，但到目前为止该方程始终没有获得完全解决，然而数学上的困难并未阻挡住探索湍流的脚步，对于湍流物理的研究仍然取得了突出的成就。其中，以湍流统计理论最具代表性。本章首先介绍湍流的一般背景；其次，介绍无源场的 Navier-Stokes 方程，为后续推导能量平衡方程提供基础；然后，着重探讨统计平均、脉动速度关联、均质各向同性湍流、各向同性谱张量及能量平衡方程等基础理论；最后，简要介绍了 Kolmogorov 假设。

## 3.1　湍 流 概 述

在生活中我们碰到的绝大多数流动都是湍流，比如，飞机、汽车、建筑物等外部绕流，在这类绕流流动的边界层及尾流中通常都是湍流的。在各种涉及流体流动的工业设备中，如内燃机、涡轮、透平、风机、泵等，其内部流动也是高度复杂的湍流。有趣的是，在文艺作品中也能见到湍流，比如，文艺复兴时期意大利画家达 · 芬奇的画作《老人与涡》，向人们传神刻画了湍流的多尺度形态；荷兰画家梵高的作品《星空》展现了神秘的湍流现象。

关于湍流的确切定义，Taylor，Launder，Prandtl，Kármán，Batchelor，Hinze 等科学家都曾给出过不甚一致的描述，实际上尚无一个明确的定义。但大家普遍认为湍流的一些特征是具有共性的，其中包含了以下几个方面：

(1) 不规则性。湍流表现为不规则、随机性。从另一个角度，湍流包含了非常多的尺度信息，从与流场几何相当的尺度，比如边界层厚度、跨度到分子黏性耗散尺度。虽然湍流具有随机性，但它是可确定的，即可通过求解 Navier-Stokes 方程来获得各种尺度的信息，这也是我们开展湍流模拟的前提。

(2) 连续性。即使从非常小的黏性耗散尺度分析，其尺度也远大于分子自由程尺度，因此，湍流仍然具有连续性。

(3) 三维性。湍流通常具有三维结构。

(4) 耗散性。湍流具有耗散性，即它的动能最终将在耗散尺度上转变为内能，后面将会用能量级串过程来阐释该特征。

(5) 扩散性。

尽管湍流研究复杂而困难，但它仍属于可确定性范畴，通过近百年来科学家们的不懈努力，在湍流机理认识上已经取得了很大的进步。比如，Richardson(1922)

描述了湍流能量级串过程；Kármán(1938) 揭示出涡街现象；Prandtl(1921) 为代表的边界层理论推动了现代航空领域的高速发展；Taylor(1935) 将统计方法引入湍流研究，提出均质各向同性概念，Taylor(1938) 还提出波数空间的能谱概念，为开展湍流物理研究提供了理论前提；苏联数学家 Kolmogorov(1941) 给出高雷诺数下的湍流能谱律，是同时代中湍流统计理论的标志性成就。随后大量的试验研究不断拓宽人们对湍流微结构的认识。Corrsin(1943) 发现湍流间歇现象；Townsend(1956) 关于大涡的分析；Theodorsen(1952) 在湍流边界层中发现的马蹄涡，等等，加深了人类对湍流的物理认识。我国著名物理学家周培源 (1945) 首先推导出完整的雷诺应力微分方程，随后，Rotta(1951) 进一步给出统一的湍流雷诺应力模型，Spalding 和 Launder(1972) 给出迄今应用最多的 $k$-$\varepsilon$ 模型，等等。基于统计方法的湍流研究取得了丰富的成果。美国气象学家 Lorentz(1963) 在模拟大气湍流的计算中观察到一种混乱的输出结果，他认为可以用混沌的观点来看待湍流现象。无疑，混沌理论为理解层流到湍流的转捩现象提供了视角。但混沌理论并不能解决湍流问题，纯粹的混沌涉及无限维动力系统，就工程计算而言尚无实际意义。

因此，从可计算的角度，仍然需要采用统计方法，本章即以 Taylor(1938) 等为代表的科学家们所奠定的湍流统计理论为背景，从湍流能谱开始介绍，并以此为基础，在后续章节逐步引入湍流模型及具体的模拟方法。

## 3.2 流体基本方程

### 3.2.1 不可压缩流体基本方程

这里只考虑不可压缩流体，为后续分析简便，假设密度为常数，连续性方程为

$$\frac{\partial U_k(\boldsymbol{x},t)}{\partial x_k}=0 \tag{3.1}$$

式中，$U_k(\boldsymbol{x},t)$ 表示在位置 $\boldsymbol{x}$ 和时间 $t$ 的流体速度。注意，上式隐含了约定求和规则。

对于不可压缩流体，其动量守恒方程为

$$\frac{\partial U_i}{\partial t}+U_j\frac{\partial U_i}{\partial x_j}=-\frac{1}{\rho}\frac{\partial P}{\partial x_i}+\frac{1}{\rho}\frac{\partial s_{ij}}{\partial x_j} \tag{3.2}$$

式中，$s_{ij}=\rho\nu\left(\dfrac{\partial U_i}{\partial x_j}+\dfrac{\partial U_j}{\partial x_i}\right)$，为牛顿流体的偏应力张量；$\nu$ 为运动黏度。

### 3.2.2 无源场 Navier-Stokes 方程

下面推导无源场 (散度处处为零) 的 Navier-Stokes 方程。将式 (3.2) 右端的黏性项移到等式左端，将非线性项移至右端，并运用不可压缩条件，有

$$\frac{\partial U_i}{\partial t} - \nu \nabla^2 U_i = -\frac{1}{\rho}\frac{\partial P}{\partial x_i} - \frac{\partial U_i U_j}{\partial x_j} \tag{3.3}$$

将上式对两端求散度，运用不可压缩条件，方程变为

$$\frac{1}{\rho}\nabla^2 P = -\frac{\partial^2 U_i U_j}{\partial x_i \partial x_j} \tag{3.4}$$

即压力泊松方程，其中，$\nabla^2 = \dfrac{\partial^2}{\partial x_j \partial x_j}$，即 Laplace 算子。

在边界上满足平均速度为零的条件，这样，由式 (3.3) 可得

$$\frac{1}{\rho}\frac{\partial P}{\partial x_i} = \nu \nabla^2 U_i \tag{3.5}$$

为便于求解，引入法向导数表示，有

$$\frac{\partial}{\partial n} = n_j \frac{\partial}{\partial x_j}, \quad \frac{\partial^2}{\partial n^2} = n_j n_k \frac{\partial^2}{\partial x_j \partial x_k} \tag{3.6}$$

式中，$n$ 表示流体边界的单位内法向量。

将式 (3.6) 代入式 (3.5)，有

$$\frac{1}{\rho}\frac{\partial P}{\partial n} = \nu n_j \frac{\partial^2}{\partial n^2} U_j \tag{3.7}$$

这样，就可以用格林函数来求解上述边界条件下的压力泊松方程，有

$$\nabla^2 G(\boldsymbol{x}, \boldsymbol{x}') = \delta(\boldsymbol{x} - \boldsymbol{x}') \tag{3.8}$$

边界条件为

$$\frac{\partial G(\boldsymbol{x}, \boldsymbol{x}')}{\partial n} = 0 \tag{3.9}$$

压力解可以用格林函数表示为

$$\begin{aligned} P(\boldsymbol{x}, t) = & -\rho \int_V \mathrm{d}^3 x' G(\boldsymbol{x}, \boldsymbol{x}') \frac{\partial^2 [U_j(\boldsymbol{x}', t) U_k(\boldsymbol{x}', t)]}{\partial x'_j \partial x'_k} \\ & + \rho\nu \int_S \mathrm{d}^2 x' G(\boldsymbol{x}, \boldsymbol{x}') n_j \frac{\partial^2 U_j(\boldsymbol{x}', t)}{\partial n^2} \end{aligned} \tag{3.10}$$

上式右端第一项可将偏导数符号提取到积分号外面，方程变为

$$\begin{aligned} P(\boldsymbol{x}, t) = & -\rho \frac{\partial^2}{\partial x_j \partial x_k} \int_V \mathrm{d}^3 \boldsymbol{x}' G(\boldsymbol{x}, \boldsymbol{x}') U_j(\boldsymbol{x}', t) U_k(\boldsymbol{x}', t) \\ & + \rho\nu \int_S \mathrm{d}^2 x' G(\boldsymbol{x}, \boldsymbol{x}') n_j \frac{\partial^2 U_j(\boldsymbol{x}', t)}{\partial n^2} \end{aligned} \tag{3.11}$$

将式 (3.3) 变形后写成

$$\frac{\partial U_i}{\partial t}-\nu\nabla^2 U_i=-\delta_{ik}\frac{\partial U_iU_j}{\partial x_j}-\frac{1}{\rho}\frac{\partial P}{\partial x_i} \tag{3.12}$$

式中，$\delta_{ik}$ 为 Kronecker 张量算子，这里起置换符号的作用。将压力解代入上式，有

$$\frac{\partial U_i}{\partial t}-\nu\nabla^2 U_i=-\frac{\partial}{\partial x_j}D_{ik}\left(\nabla\right)\left[U_j\left(\boldsymbol{x},t\right)U_k\left(\boldsymbol{x},t\right)\right]-L_{ij}\left(\nabla\right)\left[U_j\left(\boldsymbol{x},t\right)\right] \tag{3.13}$$

其中，$D_{ik}(\nabla)$ 和 $L_{ij}(\nabla)$ 为引入的算子符号，对任意函数 $f(\boldsymbol{x})$，有

$$D_{ik}\left(\nabla\right)\left[f\left(\boldsymbol{x}\right)\right]=\delta_{ik}f\left(\boldsymbol{x}\right)-\frac{\partial^2}{\partial x_i\partial x_k}\int_V \mathrm{d}^3x' G\left(\boldsymbol{x},\boldsymbol{x}'\right)f\left(\boldsymbol{x}'\right) \tag{3.14}$$

及

$$L_{ij}\left(\nabla\right)\left[f\left(\boldsymbol{x}\right)\right]=\nu\frac{\partial}{\partial x_i}\int_S \mathrm{d}^2x' G\left(\boldsymbol{x},\boldsymbol{x}'\right)n_j\left(\boldsymbol{x}'\right)\frac{\partial^2 f\left(\boldsymbol{x}'\right)}{\partial n^2} \tag{3.15}$$

考虑到互换下标 $i$ 和 $k$ 对原式没有影响，引入以下算子：

$$Q_{ijk}\left(\nabla\right)=-\frac{1}{2}\left[\frac{\partial}{\partial x_j}D_{ik}\left(\nabla\right)+\frac{\partial}{\partial x_k}D_{ij}\left(\nabla\right)\right] \tag{3.16}$$

这样，式 (3.13) 变为

$$\frac{\partial U_i}{\partial t}-\nu\nabla^2 U_i=Q_{ijk}\left(\nabla\right)\left[U_j\left(\boldsymbol{x},t\right)U_k\left(\boldsymbol{x},t\right)\right]-L_{ij}\left(\nabla\right)\left[U_j\left(\boldsymbol{x},t\right)\right] \tag{3.17}$$

式 (3.17) 为无源场的 Navier-Stokes 方程。这对于本章后续的分析是非常有用的。

## 3.3　湍流统计方法

Taylor(1935) 引入了统计均质各向同性的概念，将湍流研究带入纯物理层面。为什么要引入均质各向同性湍流？这主要出于数学表述的简便，从而有利于分析计算。Taylor(1938) 又引入波数空间上的能谱，为湍流理论分析计算提供了基础。

### 3.3.1　基本概念

实际上，在试验中经常用的时间平均法，就是一种统计法。而更一般的则是系综平均。在定常条件下，通常这两种平均方法是等价的。假设我们对同一个试验开展了 $N$ 次独立的测试，然后，想知道某个量 $f(x,t)$ 的平均值。系综平均是这样计算的，即

$$\langle f\left(x,t\right)\rangle=\lim_{N\to\infty}\frac{1}{N}\sum_{n=0}^{N}f^{(n)}\left(x,t\right) \tag{3.18}$$

显然，对系综平均值再做一次平均仍然为其本身，即 $\langle\langle f\rangle\rangle = \langle f\rangle$。另外，式 (3.18) 是线性的，满足 $\langle f+g\rangle = \langle f\rangle + \langle g\rangle$ 和 $\langle Kf\rangle = K\langle f\rangle$，其中，$K$ 为常数。

### 3.3.2 统计平均

将湍流速度场分解为平均和脉动两部分，如下：

$$U(\boldsymbol{x},t) = \overline{U}(\boldsymbol{x},t) + u'(\boldsymbol{x},t) \tag{3.19}$$

根据统计平均有

$$\overline{U}(\boldsymbol{x},t) = \langle U(\boldsymbol{x},t)\rangle \tag{3.20}$$

脉动部分的统计平均为零，即

$$\langle u'(\boldsymbol{x},t)\rangle = 0 \tag{3.21}$$

即从平均意义上，正负脉动量的涨落相互抵消。容易看出，对于脉动速度的平方，其平均值并不会抵消。将脉动速度的均方根表示为 $u'_k$，即

$$u'_k(\boldsymbol{x},t) = \left\langle {u'}^2_k(\boldsymbol{x},t)\right\rangle^{1/2} \tag{3.22}$$

显然，可以用它来表征脉动的强度。

### 3.3.3 统计均匀流动方程

将统计平均应用于连续性方程，可得

$$\frac{\partial \overline{U}_k(\boldsymbol{x},t)}{\partial x_k} = 0 \tag{3.23}$$

注意到，脉动速度场也满足连续性 $\dfrac{\partial u'_k(\boldsymbol{x},t)}{\partial x_k} = 0$。

将统计平均应用于动量方程，可得

$$\frac{\partial \overline{U}_i}{\partial t} + \overline{U}_j\frac{\partial \overline{U}_i}{\partial x_j} + \frac{\partial}{\partial x_j}\left\langle u'_i u'_j\right\rangle = -\frac{1}{\rho}\frac{\partial \overline{P}}{\partial x_i} + \nu\frac{\partial^2 \overline{U}_i}{\partial x_j \partial x_j} \tag{3.24}$$

这就是雷诺平均方程。注意到，它比原始 Navier-Stokes 方程多出了关于 $\left\langle u'_i u'_j\right\rangle$ 一项。这样，未知量个数超过方程的数量，即出现所谓的封闭问题。

## 3.4 脉动速度关联式

由 3.3 节，$\left\langle u'_i u'_j\right\rangle$ 表示两点脉动速度的关联式，它在湍流统计研究中有着重要的作用，在后续湍流模式中将 $-\rho\left\langle u'_i u'_j\right\rangle$ 称为雷诺应力张量。

### 3.4.1 基本定义

一般意义上，定义脉动速度场的速度矩，如下：

$$M_{ij}(\boldsymbol{x},\boldsymbol{x}',t,t') = \left\langle u_i'(\boldsymbol{x},t)\,u_j'(\boldsymbol{x}',t')\right\rangle \tag{3.25}$$

上式也就是两点的脉动速度关联式。如果定义 $\boldsymbol{r}=\boldsymbol{x}-\boldsymbol{x}'$，$\tau=t-t'$，可以把两点关联式记为 $M_{ij}(\boldsymbol{r},\tau)$。还可以将两点关联写成

$$M_{ij}(\boldsymbol{r},\tau) = R_{ij}(\boldsymbol{r},\tau)\,u_i'(\boldsymbol{x},t)\,u_j'(\boldsymbol{x}',t') \tag{3.26}$$

即$R_{ij}(\boldsymbol{r},\tau) = \dfrac{\left\langle u_i'(\boldsymbol{x},t)\,u_j'(\boldsymbol{x}',t')\right\rangle}{u_i'(\boldsymbol{x},t)\,u_j'(\boldsymbol{x}',t')}$，称为两点关联系数。显然，当 $\boldsymbol{r}\to\infty$ 或者 $\tau\to\infty$ 时，系数 $R_{ij}(\boldsymbol{r},\tau)=0$。另外，若令 $\boldsymbol{x}'=\boldsymbol{x}$，此时，两点关联恢复为单点关联 $R_{ij}(0,\tau)$。注意到，两点关联的值应与测试点的顺序及测试时间先后无关，即

$$M_{ij}(\boldsymbol{x},\boldsymbol{x}',t,t') = M_{ji}(\boldsymbol{x}',\boldsymbol{x},t',t) \tag{3.27}$$

同时，构成两点关联函数的脉动速度均应满足连续性条件，即

$$\frac{\partial}{\partial x_i}M_{ij}(\boldsymbol{x},\boldsymbol{x}',t,t') = \frac{\partial}{\partial x_j'}M_{ij}(\boldsymbol{x},\boldsymbol{x}',t,t') = 0 \tag{3.28}$$

### 3.4.2 均质各向同性湍流

这里暂不考虑时间的影响，两点关联变为 $M_{ij}(\boldsymbol{r})$。对于均质湍流，它的流场属性不随某个特定方向上的绝对位置而变化，即当交换 $\boldsymbol{x}$ 和 $\boldsymbol{x}'$，流场属性不会改变。这样有

$$M_{ij}(\boldsymbol{r}) = M_{ij}(-\boldsymbol{r}) \tag{3.29}$$

对于各向同性湍流，它的湍流属性不随坐标系旋转及坐标平面镜像而改变，也就是说流场属性与具体方向和位置没有关系，这样有

$$M_{ij}(\boldsymbol{r}) = M_{ji}(\boldsymbol{r}) \tag{3.30}$$

即说明两点关联是一个对称张量。

将上面两个关系式及方向、位置无关性应用到单点关联上，令 $\boldsymbol{r}=0$，立刻得到 $\langle u_1'u_2'\rangle = \langle u_1'u_3'\rangle = \langle u_2'u_3'\rangle = 0$，即二阶张量的非对角分量均为零。同时，$\left\langle {u'}_1^2\right\rangle = \left\langle {u'}_2^2\right\rangle = \left\langle {u'}_3^2\right\rangle = \dfrac{2}{3}E$，即二阶张量的主对角分量彼此相等，这里的 $\dfrac{2}{3}E$表示主对角分量的代数平均值，其中 $E=\dfrac{1}{2}\left(\left\langle {u'}_1^2\right\rangle + \left\langle {u'}_2^2\right\rangle + \left\langle {u'}_3^2\right\rangle\right)$，为单位质量流体的湍流脉动动能。用张量表示有

$$M_{ij}(0) = \frac{2}{3}E\delta_{ij} \tag{3.31}$$

式中，$\delta_{ij}$ 为 Kronecker 记号。实际上，在试验中通过热线测速仪可以方便地测量出两点关联的数据，因此，风洞试验也是湍流研究的重要手段，通过它检验并促进理论的完善。

### 3.4.3 各向同性条件下的两点关联张量表达式

注意到，两点关联是一个二阶张量，共有 9 个不同的分量。由各向同性的约束条件，Robertson(1940) 将两点关联表示为

$$M_{ij}(\boldsymbol{r}) = A(r)\, r_i r_j + B(r)\, \delta_{ij} \tag{3.32}$$

式中，$r = |\boldsymbol{r}|$，为距离向量的模；$A$ 和 $B$ 均为 $r$ 的偶函数。

若令 $\boldsymbol{r} = 0$，式 (3.32) 即可恢复为式 (3.31)。

为求解函数 $A$ 和 $B$，通常要引入平行和垂向关联系数 $p(r)$ 和 $q(r)$。其中，$p$ 平行于 $\boldsymbol{r}$ 向，$q$ 垂直于 $\boldsymbol{r}$ 向，有如下关系式:

$$\begin{aligned} p(r) &= \frac{\left\langle u'_p(\boldsymbol{x})\, u'_p(\boldsymbol{x}') \right\rangle}{\langle u'^2 \rangle} \\ q(r) &= \frac{\left\langle u'_q(\boldsymbol{x})\, u'_q(\boldsymbol{x}') \right\rangle}{\langle u'^2 \rangle} \end{aligned} \tag{3.33}$$

观察上式，要满足等式成立，当 $r = 0$ 时，需 $p(0) = q(0) = 1$，及 $p'(0) = q'(0) = 0$。

现在，考虑一种特殊情形，即取 $\boldsymbol{r}$ 沿着 $x_1$ 方向，即 $\boldsymbol{r} = \{x_1, 0, 0\}$，令 $\boldsymbol{x} = 0$，取 $i = j = 1$ 代入关联式，注意到 $r_1 = x_1$，$r_2 = r_3 = 0$，有

$$M_{11}(r) = A(r)\, r^2 + B(r) = \left\langle u'^2 \right\rangle p(r) \tag{3.34}$$

类似地，取 $i = j = 2$，注意到 $r_1 = x_1$，$r_2 = r_3 = 0$，有

$$M_{22}(r) = B(r) = \left\langle u'^2 \right\rangle q(r) \tag{3.35}$$

可见，用 $q(r)$ 来表示 $B(r)$。这样，由式 (3.34)，$A(r)$ 可以用 $p(r)$ 和 $q(r)$ 来表示。再回代入式 (3.32)，变为

$$M_{ij}(\boldsymbol{r}) = \left\langle u'^2 \right\rangle \left\{ [p(r) - q(r)] \frac{r_i r_j}{r^2} + q(r)\, \delta_{ij} \right\} \tag{3.36}$$

若取 $i = j$，根据约定求和，上式变为

$$M_{jj}(\boldsymbol{r}) = \left\langle u'^2 \right\rangle [p(r) + 2q(r)] \tag{3.37}$$

当 $\boldsymbol{r} = 0$，有

$$M_{jj}(0) = 3\left\langle u'^2 \right\rangle = 2E \tag{3.38}$$

将式 (3.36) 求偏导 $\frac{1}{\langle u'^2 \rangle}\frac{\partial}{\partial x_j}M_{ij}(\boldsymbol{r})$，并结合连续性条件 $\frac{\partial}{\partial x_j}M_{ij}(\boldsymbol{r})=0$，可得

$$p(r)-q(r)+\frac{r}{2}p'(r)=0 \tag{3.39}$$

这样，可以将 $q(r)$ 用 $p(r)$ 来表示，代入式 (3.36)，有

$$M_{ij}(\boldsymbol{r})=\langle u'^2 \rangle\left[p(r)\delta_{ij}+\frac{1}{2}rp'(r)\left(\delta_{ij}-\frac{r_i r_j}{r^2}\right)\right] \tag{3.40}$$

这样，只需用一个变量 $p(r)$ 即可表示两点关联式。

## 3.5　傅里叶变换

一般情况下，处理像 Navier-Stokes 这样的复杂偏微分方程，从原始方程的角度很难进行分析，而如果采用傅里叶变换将偏微分方程转换到波数空间，用级数代替微分算子，形式上就简单多了。先将脉动速度场表示为傅里叶级数形式，如下：

$$u_i'(\boldsymbol{x},t)=\sum_{\boldsymbol{k}}u_i'(\boldsymbol{k},t)\exp(\mathrm{i}\boldsymbol{k}\cdot\boldsymbol{x}) \tag{3.41}$$

式中，$\boldsymbol{k}=\frac{2\pi}{L}\{m_1,m_2,m_3\}=\{k_1,k_2,k_3\}$，表示波数向量。$m_1$、$m_2$、$m_3$ 为整数。暂时忽略时间 $t$ 的影响，写出式 (3.41) 中的傅里叶系数，如下：

$$u_i'(\boldsymbol{k})=\left(\frac{1}{L}\right)^3\int \mathrm{d}^3x u_i'(\boldsymbol{x})\exp(-\mathrm{i}\boldsymbol{k}\cdot\boldsymbol{x}) \tag{3.42}$$

上面两式就是通常的傅里叶变换与逆变换。将傅里叶级数形式的脉动速度代入连续性方程，有

$$\sum_{\boldsymbol{k}}(\mathrm{i}\boldsymbol{k}_j)u_j'(\boldsymbol{k},t)\exp(\mathrm{i}\boldsymbol{k}\cdot\boldsymbol{x})=0 \tag{3.43}$$

上式对任何 $\exp(\mathrm{i}\boldsymbol{k}\cdot\boldsymbol{x})$ 均成立，要求

$$k_j u_j'(\boldsymbol{k},t)=0 \tag{3.44}$$

即波数与速度向量彼此正交。

类似地，写出两点关联张量 $M_{ij}(\boldsymbol{r})$ 的傅里叶级数，同样，先暂略去时间分量，有

$$M_{ij}(\boldsymbol{r})=\sum_{\boldsymbol{k}}\langle u_i'(\boldsymbol{k})u_j'(-\boldsymbol{k})\rangle\exp(\mathrm{i}\boldsymbol{k}\cdot\boldsymbol{r}) \tag{3.45}$$

类似地，得出傅里叶系数如下：

$$\left\langle u_i'(\boldsymbol{k})\,u_j'(-\boldsymbol{k})\right\rangle = \left(\frac{1}{L}\right)^3 \int \mathrm{d}^3 r M_{ij}(\boldsymbol{r}) \exp(-\mathrm{i}\boldsymbol{k}\cdot\boldsymbol{r}) \tag{3.46}$$

然后，将上面两式转为傅里叶积分形式，首先引入连续谱密度张量 $M_{ij}(\boldsymbol{k})$，如下：

$$M_{ij}(\boldsymbol{k}) = \left(\frac{L}{2\pi}\right)^3 \left\langle u_i'(\boldsymbol{k})\,u_j'(-\boldsymbol{k})\right\rangle \tag{3.47}$$

这样，当 $L\to\infty$，可得如下傅里叶展开式：

$$M_{ij}(\boldsymbol{r}) = \int \mathrm{d}^3 k M_{ij}(\boldsymbol{k}) \exp(\mathrm{i}\boldsymbol{k}\cdot\boldsymbol{r}) \tag{3.48}$$

其傅里叶系数为

$$M_{ij}(\boldsymbol{k}) = \left(\frac{1}{2\pi}\right)^3 \int \mathrm{d}^3 r M_{ij}(\boldsymbol{r}) \exp(-\mathrm{i}\boldsymbol{k}\cdot\boldsymbol{r}) \tag{3.49}$$

类似地，可以写出更高次的关联式，比如，三次关联式为

$$M_{ij}(\boldsymbol{k},\boldsymbol{l}) = \left(\frac{L}{2\pi}\right)^6 \left\langle u_i'(\boldsymbol{k})\,u_j'(\boldsymbol{l})\,u_k'(-\boldsymbol{k}-\boldsymbol{l})\right\rangle \tag{3.50}$$

## 3.6 各向同性谱张量

根据 Robertson(1940) 两点关联张量的公式，它也可以通用于波数空间，这样，可以得到波数空间的类似关系式，即按各向同性约束，可将各向同性谱张量写为

$$M_{ij}(\boldsymbol{k}) = A(k)\,k_i k_j + B(k)\,\delta_{ij} \tag{3.51}$$

将上式两端同乘以 $k_j$，根据约定求和法则，结合正交关系式 (3.44)，有

$$k_j M_{ij}(\boldsymbol{k}) = 0 = \left[A(k)\,k^2 + B(k)\right] k_i \tag{3.52}$$

上式对任意 $k_i$ 均成立，必有

$$B(k) = -A(k)\,k^2 \tag{3.53}$$

令 $m(k)=B(k)$，则 $A(k)=-\dfrac{m(k)}{k^2}$，代入式 (3.51)，有

$$M_{ij}(\boldsymbol{k}) = -\frac{m(k)}{k^2} k_i k_j + m(k)\,\delta_{ij} \tag{3.54}$$

记 $N_{ij}(\boldsymbol{k})=\delta_{ij}-\dfrac{k_ik_j}{k^2}$，上式变为

$$M_{ij}(\boldsymbol{k})=m(k)N_{ij}(\boldsymbol{k}) \tag{3.55}$$

取 $i=j$，按约定求和规则，注意到 $N_{jj}(\boldsymbol{k})=2$，有

$$M_{jj}(\boldsymbol{k})=2m(k) \tag{3.56}$$

由 $M_{ij}(\boldsymbol{r})$ 的傅里叶展开式 (3.48)，令 $\boldsymbol{r}=0$，联立式 (3.38)，$M_{kk}(0)=3\langle u'^2\rangle=2E$，取 $i=j$，按约定求和规则，变为

$$3\langle u'^2\rangle=2E=M_{jj}(0)=\int \mathrm{d}^3kM_{jj}(\boldsymbol{k}) \tag{3.57}$$

式中，$\displaystyle\int \mathrm{d}^3kM_{jj}(\boldsymbol{k})$ 表示对位于 $[k,k+\mathrm{d}k]$ 间的球壳的体积分，及 $N_{jj}(\boldsymbol{k})=2$，上式变为

$$E=\int_0^\infty m(k)k^2\mathrm{d}k\iint \mathrm{d}S=4\pi\int_0^\infty m(k)k^2\mathrm{d}k \tag{3.58}$$

式中，$4\pi k^2m(k)$ 表示位于波数区间 $[k,k+\mathrm{d}k]$ 上的能量，记为

$$E(k)=4\pi k^2m(k) \tag{3.59}$$

式中，$E(k)$ 也被称为波数谱；$m(k)$ 表示谱密度。显然，$E=\displaystyle\int_0^\infty E(k)\,\mathrm{d}k$。

假设考虑时间的影响，可以写出谱张量的一般形式

$$M_{ij}(\boldsymbol{k},t,t')=M(\boldsymbol{k},t,t')N_{ij}(\boldsymbol{k}) \tag{3.60}$$

式中，令 $t=t'$，有 $M(\boldsymbol{k},t,t)=M(k,t)$，进一步令 $t=t'=0$，有 $M(k,0)=m(k)$，即谱密度 $m(k)$，此时恢复为式 (3.55)。

## 3.7　能量平衡方程

将无源场 (散度处处为零) 的 Navier-Stokes 方程用于脉动量的动量方程。假设边界无穷远，且边界处于静止状态，即不存在平均速度，也不存在压力梯度，显然，在无穷远边界上的脉动速度为零。这样，式 (3.17) 简化为

$$\left(\frac{\partial}{\partial t}-\nu\nabla^2\right)u_i'(\boldsymbol{x},t)=Q_{ijk}(\nabla)\left[u_j'(\boldsymbol{x},t)u_k'(\boldsymbol{x},t)\right] \tag{3.61}$$

将傅里叶级数形式的脉动速度代入上式，注意，将微分算子换为波数表达式，这样得出

$$\left(\frac{\partial}{\partial t}+\nu k^2\right)u_i'(\boldsymbol{k},t)=Q_{ijk}(\boldsymbol{k})\sum_{\boldsymbol{j}}u_j'(\boldsymbol{j},t)u_k'(\boldsymbol{k}-\boldsymbol{j},t) \tag{3.62}$$

将上式两端同乘以 $u_l'(-\boldsymbol{k},t')$，再做平均运算，有

$$\left(\frac{\partial}{\partial t}+\nu k^2\right)\langle u_i'(\boldsymbol{k},t)\,u_l'(-\boldsymbol{k},t')\rangle = Q_{ijk}(\boldsymbol{k})\sum_{\boldsymbol{j}}\langle u_j'(\boldsymbol{j},t)\,u_k'(\boldsymbol{k}-\boldsymbol{j},t)\,u_l'(-\boldsymbol{k},t)\rangle \tag{3.63}$$

注意到，$M_{il}(\boldsymbol{k})=\left(\dfrac{L}{2\pi}\right)^3\langle u_i'(\boldsymbol{k})\,u_l'(-\boldsymbol{k})\rangle$，式 (3.63) 转变为

$$\left(\frac{\partial}{\partial t}+\nu k^2\right)M_{il}(\boldsymbol{k},t,t') = Q_{ijk}(\boldsymbol{k})\int \mathrm{d}^3 j M_{jkl}(\boldsymbol{j},\boldsymbol{k}-\boldsymbol{j},t,t') \tag{3.64}$$

其中，$M_{jkl}(\boldsymbol{j},\boldsymbol{k}-\boldsymbol{j},t,t')=\left(\dfrac{L}{2\pi}\right)^6\left\langle u_j'(\boldsymbol{j},t)\,u_k'(\boldsymbol{k}-\boldsymbol{j},t)\,u_l'(-\boldsymbol{k},t)\right\rangle$，为三次关联式。

注意到，$M_{ij}(\boldsymbol{k},t,t')=M(\boldsymbol{k},t,t')\,N_{ij}(\boldsymbol{k})$，上式变为

$$\left(\frac{\partial}{\partial t}+\nu k^2\right)M(\boldsymbol{k},t,t')\,N_{il}(\boldsymbol{k}) = Q_{ijk}(\boldsymbol{k})\int \mathrm{d}^3 j M_{jkl}(\boldsymbol{j},\boldsymbol{k}-\boldsymbol{j},t,t') \tag{3.65}$$

上面得到的是两时间关联式。对单时间关联式，我们先给出如下关系式:

$$\left\langle u_i'(\boldsymbol{k},t)\,\frac{\partial}{\partial t}u_l'(-\boldsymbol{k},t)\right\rangle+\left\langle u_l'(-\boldsymbol{k},t)\,\frac{\partial}{\partial t}u_i'(\boldsymbol{k},t)\right\rangle=\frac{\partial}{\partial t}\langle u_i'(\boldsymbol{k},t)\,u_l'(-\boldsymbol{k},t)\rangle \tag{3.66}$$

根据这个关系式，可以写出单时间关联式如下：

$$\begin{aligned}\left(\frac{\partial}{\partial t}+\nu k^2\right)\langle u_i'(\boldsymbol{k},t)\,u_l'(-\boldsymbol{k},t)\rangle &= Q_{ijk}(\boldsymbol{k})\sum_{\boldsymbol{j}}\langle u_j'(\boldsymbol{j},t)\,u_k'(\boldsymbol{k}-\boldsymbol{j},t)\,u_l'(-\boldsymbol{k},t)\rangle\\ &+Q_{ljk}(-\boldsymbol{k})\sum_{\boldsymbol{j}}\langle u_j'(\boldsymbol{j},t)\,u_k'(-\boldsymbol{k}-\boldsymbol{j},t)\,u_i'(\boldsymbol{k},t)\rangle\end{aligned} \tag{3.67}$$

上式右端第二项系由右端第一式将 $\boldsymbol{k}$ 和 $-\boldsymbol{k}$ 互换，再将下标 $i$ 换为 $l$ 后所得。注意到，$Q_{ljk}(-\boldsymbol{k})=-Q_{ljk}(\boldsymbol{k})$，及关系式 $M_{ij}(\boldsymbol{k},t,t')=M(\boldsymbol{k},t,t')\,N_{ij}(\boldsymbol{k})$，令 $t=t'$，式 (3.67) 转变为

$$\begin{aligned}\left(\frac{\partial}{\partial t}+2\nu k^2\right)M(k,t)\,N_{il}(\boldsymbol{k}) &= Q_{ijk}(\boldsymbol{k})\int \mathrm{d}^3 j M_{jkl}(\boldsymbol{j},\boldsymbol{k}-\boldsymbol{j},-\boldsymbol{k},t)\\ &-Q_{ljk}(\boldsymbol{k})\int \mathrm{d}^3 j M_{jkl}(\boldsymbol{j},-\boldsymbol{k}-\boldsymbol{j},\boldsymbol{k},t)\end{aligned} \tag{3.68}$$

若令 $l=i$ 约定求和及 $N_{jj}(\boldsymbol{k})=2$，再将等式两端同乘以 $2\pi k^2$，可以得到如下方程:

$$\left(\frac{\partial}{\partial t}+2\nu k^2\right)E(k,t)=G(k,t) \tag{3.69}$$

对照前式，上式右端 $G(k,t)$ 为

$$G(k,t) = 2\pi k^2 Q_{ijk}(\boldsymbol{k}) \int \mathrm{d}^3 j \left[M_{jki}(\boldsymbol{j}, \boldsymbol{k}-\boldsymbol{j}, -\boldsymbol{k}, t) - M_{jki}(\boldsymbol{j}, -\boldsymbol{k}-\boldsymbol{j}, \boldsymbol{k}, t)\right] \quad (3.70)$$

该式表示所有的非线性项。注意到，非线性项的作用仅限于将能量在波数空间内进行重新分配，而不会给系统增加或者消耗能量。所以，若在 $\boldsymbol{k}$ 上积分 $G(k,t)$ 各项，其值都应等于零。再结合 $E = \int_0^\infty E(k,t)\,\mathrm{d}k$，有

$$\frac{\mathrm{d}E}{\mathrm{d}t} + \int_0^\infty 2\nu k^2 E(k,t)\,\mathrm{d}k = 0 \quad (3.71)$$

式 (3.71) 即为各向同性湍流的能量平衡式。

总脉动动能的衰减率就是耗散率，所以式 (3.71) 直接给出各向同性湍流的耗散率，即

$$\frac{\mathrm{d}E}{\mathrm{d}t} = -\varepsilon = -\int_0^\infty 2\nu k^2 E(k,t)\,\mathrm{d}k \quad (3.72)$$

式中包含黏度 $\nu$，这也直接说明湍动耗散与黏性有直接关联。

## 3.8　Kolmogorov 假设

关于式 (3.71) 的一般解释是这样的，即小 $k$(大尺度) 所包含的能量，通过非线性项 $G(k,t)$，传输给大 $k$(小尺度)，并最终通过黏性项耗散掉，即转化为热能。很明显，非线性项代表了小 $k$ 与大 $k$ 间所有尺度作用的集合。不论其细节如何，从总体效果上来看，这就是一个能量级串的过程。

式 (3.71) 的解表示为

$$E(k,t) = E(k,t_0)\exp\left[-2\nu k^2 (t-t_0)\right] \quad (3.73)$$

式中，$t_0$ 表示起始时间，可以看出，能量以指数 $-2\nu k^2$ 次方衰减，即 $k$ 的值越大，能量衰减越快。

设 $L$ 为最大线性尺度，那么，对应的最小波数可以写为

$$k_{\min} = 2\pi/L \quad (3.74)$$

我们认为，上边界截断波数与黏性耗散有关，而只有运动黏度 $\nu$ 和耗散率 $\varepsilon$ 两个参数，这样，通过量纲分析，给出如下长度特征尺度：

$$\eta = \left(\nu^3/\varepsilon\right)^{1/4} \quad (3.75)$$

为后续叙述方便，这里还引入一个速度尺度

$$v = (\nu\varepsilon)^{1/4} \tag{3.76}$$

式 (3.75) 的倒数 $1/\eta$，近似认为就是最大波数。将这个最大波数记为 $k_\eta$，即

$$k_\eta = \left(\varepsilon/\nu^3\right)^{1/4} \tag{3.77}$$

假设用式 (3.75) 和式 (3.76) 来定义一个局部雷诺数，有

$$Re\left(k_\eta\right) = \frac{v\eta}{\nu} = 1 \tag{3.78}$$

这说明，对于波数 $k \approx k_\eta$ 的情形，此时黏性占主导。

综上所述可以看出，最大波数由 $\nu$ 和 $\varepsilon$ 决定，而最小波数则与具体所讨论的湍流特征及其尺度有关。根据 Taylor(1938) 的试验，湍流能量由最小波数所决定，而耗散率则由最大波数所决定。

再考虑非线性项，原理上，速度场的每一个傅里叶模式都将与其他每一个模式耦合，这样，我们所面对的将是非常复杂的系统。在这种情况下，Kolmogorov (1941) 假设为我们打开了思路。他的第一个假设认为，在足够高波数，谱只与流体黏度、耗散率和波数有关，这样，根据量纲分析，有

$$E(k) = v^2\eta f(k\eta) = \nu^{5/4}\varepsilon^{1/4} f(k\eta) \tag{3.79}$$

式中，$f$ 为待定函数。

他的第二个假设是，当雷诺数趋于无限大时，$E(k)$ 与黏度无关，这意味着未知函数 $f$ 必须满足如下关系：

$$f(k\eta) = \alpha (k\eta)^{-5/3} = \alpha\nu^{-5/4}\varepsilon^{5/12}k^{-5/3} \tag{3.80}$$

式中，$\alpha$ 为一个常数。

将式 (3.80) 代入式 (3.79)，有

$$E(k) = \alpha\varepsilon^{2/3}k^{-5/3} \tag{3.81}$$

即在雷诺数趋于无穷大时的能谱。

# 第 4 章　湍流模拟理论基础

在数学上求解 Navier-Stokes 方程尚存困难，目前大多数的研究都是围绕湍流模拟而展开。本章中，首先介绍湍流尺度，其次介绍涡/速度梯度相互作用，第三部分，介绍湍流能谱，这三部分内容的核心在于阐释能量级串原理。第四部分介绍雷诺应力微分方程的推导、Boussinesq 假设的提出、代数模型、$k$ 方程模化及一方程模型、$\varepsilon$ 方程模化及 $k$-$\varepsilon$ 模型、壁面函数、$k$-$\omega$ 模型、低雷诺数模型，以及雷诺应力模型，这部分代表了以雷诺应力微分方程为核心的模式理论基础。最后，简要地介绍大涡模拟方法。

## 4.1　湍 流 尺 度

湍流中包含了一系列不同的尺度，大尺度具有与流动几何相近的尺度，如边界层厚度，这些大尺度涡从均匀流吸收能量，而均匀流的时间尺度接近于大尺度涡尺度，我们用 $\ell$ 表示长度尺度，用 $\mathcal{U}$ 表示速度尺度。这样，可以用下式表示时间尺度：

$$\frac{\partial \overline{U}}{\partial y} = \mathcal{O}\left(\mathcal{T}^{-1}\right) = \mathcal{O}\left(\mathcal{U}/\ell\right) \tag{4.1}$$

通过能量级串过程，大尺度将动能传递给较小的尺度，较小尺度再传给更小的尺度，直至最小尺度最终因黏性耗散为热。

第 3 章介绍过 Kolmogorov 假设，其中的长度、速度和时间尺度为

$$\eta = \left(\nu^3/\varepsilon\right)^{1/4}, \quad v = (\nu\varepsilon)^{1/4}, \quad \tau = \eta/v = (\nu/\varepsilon)^{1/2} \tag{4.2}$$

即 Kolmogorov 微尺度。

## 4.2　涡/速度梯度相互作用

旋涡和速度梯度与湍流有着紧密的联系，根据能量级串过程，湍流可以看成各种不同尺度涡的作用过程，可通过分析来加深这个观点。为便于表述，仅以无黏理想流体旋涡为例。其输运方程为

$$\frac{\partial \Omega_i}{\partial t} + U_j \frac{\partial \Omega_i}{\partial x_j} = \Omega_j \frac{\partial U_i}{\partial x_j} \tag{4.3}$$

式中，涡向量 $\Omega_i = \nabla \times U = \delta_{ijk}\dfrac{\partial U_k}{\partial x_j}$。涡量输运方程右端包含了 $\Omega_j\dfrac{\partial U_i}{\partial x_j}$，它与涡单元的拉伸和旋转有直接关联。展开为

$$\Omega_1\frac{\partial U_1}{\partial x_1}+\Omega_2\frac{\partial U_1}{\partial x_2}+\Omega_3\frac{\partial U_1}{\partial x_3} \tag{4.4a}$$

$$\Omega_1\frac{\partial U_2}{\partial x_1}+\Omega_2\frac{\partial U_2}{\partial x_2}+\Omega_3\frac{\partial U_2}{\partial x_3} \tag{4.4b}$$

$$\Omega_1\frac{\partial U_3}{\partial x_1}+\Omega_2\frac{\partial U_3}{\partial x_2}+\Omega_3\frac{\partial U_3}{\partial x_3} \tag{4.4c}$$

下面，用一个简单的例子来分析这些项的具体意义。

如图 4.1 所示，选取一个水平放置的圆柱旋涡单元，涡量为 $\Omega$。为便于分析，采用圆柱坐标系，将 $x_1$ 轴取为圆柱轴心线，$x_2$ 为圆柱半径方向，涡向量表示为 $\Omega=\{\Omega_1,0,0\}$。圆柱坐标系下的连续性方程为

$$\frac{\partial U_1}{\partial x_1}+\frac{1}{r}\frac{\partial}{\partial x_2}(rU_2)=0 \tag{4.5}$$

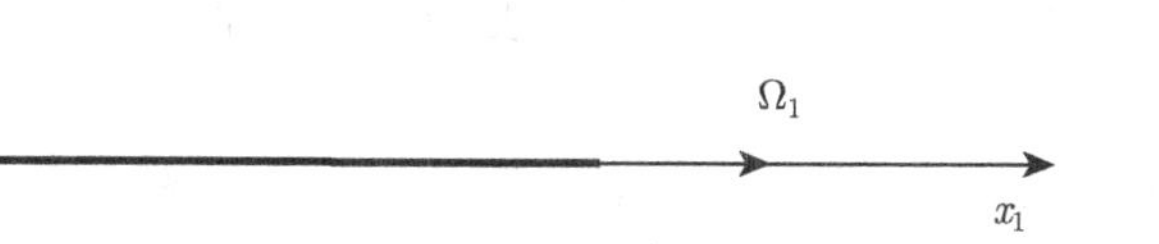


图 4.1　涡线拉伸示意图

若水平方向均匀流速梯度 $\dfrac{\partial U_1}{\partial x_1}>0$ 时，说明单元体积沿水平方向在扩大，根据不可压缩流体连续性条件，第二项必须为负，说明涡管必须沿径向向中心收缩，这样才能保持单元体积不变。此处忽略了黏性的作用，实际上，在雷诺数很大的流动情形，均匀流中黏性作用与湍动作用相比已非常小。假设不考虑黏性应力对涡单元的作用，那么，根据涡单元的角动量守恒，有

$$r^2\Omega=\text{Const} \tag{4.6}$$

由式 (4.6) 可知，若涡单元半径减小，涡量 $\Omega$ 就必然增加。结合图 4.1 圆柱涡单元的例子，沿水平方向拉伸旋涡导致涡单元半径减小，进而导致水平方向涡量的增加。当然，对其他两个坐标轴情形效果也是一样的。因此，将式 (4.4) 中对角线上的分量称为拉伸项。

下面再来分析非对角部分的作用。

同样，以一个圆柱涡单元为例，如图 4.2 所示。将 $x_2$ 轴取为圆柱轴心线，若水平方向均匀流速梯度 $\dfrac{\partial U_1}{\partial x_2}>0$，那么 $U_1(x_2)$ 沿 $x_2$ 正向增加，如图 4.2 的速度剖

面。在水平均匀流的作用下，涡单元将沿顺时针旋转。因此，将非主对角部分项称为旋转项。

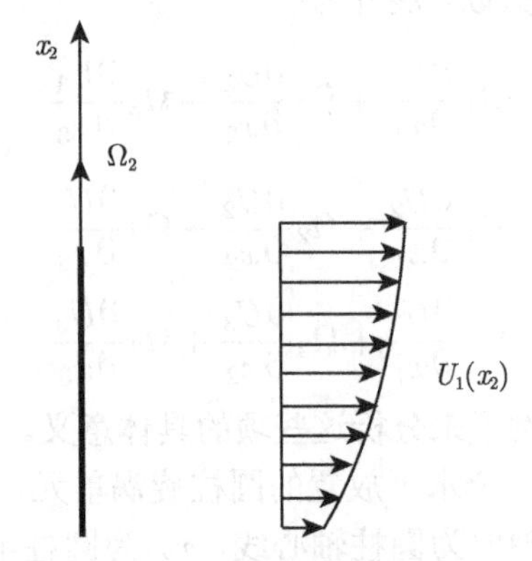


图 4.2　涡线旋转示意图

上面的分析仅从理想流体角度进行定性分析，而均匀流梯度与旋涡之间的这种相互作用一旦开始，随着这种旋涡拉伸、旋转，进而产生出新的涡，这个过程将一直持续，直至最小尺度的涡将能量耗散变为热，实际上，这也就是能量级串过程的另一种阐述。

为什么湍流总是三维的呢？旋涡传输方程可给出解释。取一个平面均匀流场，比如，$U_3=0$，且所有对 $x_3$ 的偏导数均为零，即 $\dfrac{\partial}{\partial x_3}=0$。此时，由 $U_3=0$，式 (4.4c) 全为零，由 $\dfrac{\partial}{\partial x_3}=0$，式 (4.4) 第三列全为零。即式 (4.4) 变为

$$\begin{gathered}\Omega_1\frac{\partial U_1}{\partial x_1}+\Omega_2\frac{\partial U_1}{\partial x_2}\\ \Omega_1\frac{\partial U_2}{\partial x_1}+\Omega_2\frac{\partial U_2}{\partial x_2}\end{gathered}\tag{4.7}$$

而此时的涡向量为

$$\Omega_i=\nabla\times U=\begin{bmatrix} i & j & k\\ \dfrac{\partial}{\partial x_1} & \dfrac{\partial}{\partial x_2} & 0\\ U_1 & U_2 & 0\end{bmatrix}=\left\{0,0,\frac{\partial U_2}{\partial x_1}-\frac{\partial U_1}{\partial x_2}\right\}\tag{4.8}$$

即 $\Omega_1=\Omega_2=0$，式 (4.7) 均为零。说明不存在涡与速度梯度间的相互作用。因此，从这个角度可以看出一般的湍流必定是三维的。而所谓二维湍流通常是在做了某些特定假设前提下，为了便于数学分析而提出的。

## 4.3 湍流能谱

第 3 章已经介绍了能谱，这里，用能谱曲线来表示。如图 4.3 所示，横坐标是波数，纵坐标表示能量，这里采用了对数坐标。曲线分成了三个区间，分别表示不同的范围：

(1) 载能区。表征大尺度旋涡，即图 4.3 中的小波数段区间 I 。这些大尺度涡具有与均匀流相近的几何尺度，比如，可用 $\ell$ 表示长度尺度，用 $\mathcal{U}$ 表示速度尺度。通过与均匀流的相互作用吸取能量，进而又在与较小的涡作用过程中将能量传递出去。

(2) 惯性子区。如图 4.3 中的II区，介于 I 区和III区之间，这个区间的涡从载能区旋涡获得能量，通过能量级串过程，最终将能量传递给小尺度黏性耗散，因此，这个区间也称为传输区。由第 3 章的 Kolmogorov 假设，惯性子区的能谱满足关系式 $E(k)=\alpha\varepsilon^{2/3}k^{-5/3}$，取对数坐标，II区能量线的斜率为 $-5/3$，能量以 $-5/3$ 次方指数关系衰减，这就是著名的 Kolmogorov 衰减律。惯性子区通常存在于大雷诺数充分发展湍流时，此时，从大尺度到最小尺度范围的涡进行充分的相互作用，因此，在试验研究、直接数值模拟或大涡模拟中，常常用这个数值来判断湍流是否已充分发展。

(3) 耗散区。如图 4.3 中的III区，一般认为最小尺度涡所在的区间，并用 Kolmogorov 尺度表征，这里黏性占据主导，所以通常假设小尺度涡满足各向同性。从II区传递的能量最终在黏性作用下而耗散为内能。

根据 Taylor(1935)，大尺度涡耗散的能量可用尺度 $\ell$ 和 $\mathcal{U}$ 来表征，这样，在时间尺度 $\ell/\mathcal{U}$ 上耗散的能量可以写为

$$\varepsilon=\mathcal{O}\left(\frac{\mathcal{U}^2}{\ell/\mathcal{U}}\right)=\mathcal{O}\left(\mathcal{U}^3/\ell\right) \tag{4.9}$$

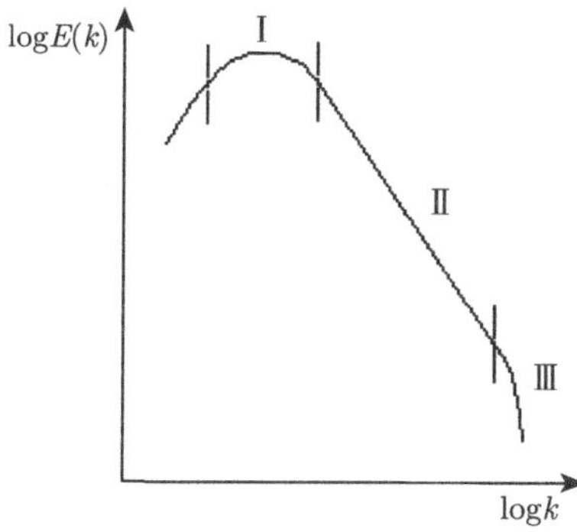


图 4.3 能谱曲线示意图

# 4.4 雷诺应力微分方程

### 4.4.1 雷诺应力微分方程推导

我们先写出不可压缩流动的 Navier-Stokes 方程如下：

$$\rho\frac{\partial U_i}{\partial t}+\rho U_k\frac{\partial U_i}{\partial x_k}=-\frac{\partial P}{\partial x_i}+\mu\frac{\partial^2 U_i}{\partial x_k\partial x_k} \tag{4.10}$$

把所有项移到一边，记为 $\mathcal{N}(U_i)=\rho\frac{\partial U_i}{\partial t}+\rho U_k\frac{\partial U_i}{\partial x_k}+\frac{\partial P}{\partial x_i}-\mu\frac{\partial^2 U_i}{\partial x_k\partial x_k}=0$。构造如下关系式：

$$\overline{\mathcal{N}(U_i)\,u_j'+\mathcal{N}(U_j)\,u_i'}=0 \tag{4.11}$$

注意到，式 (4.11) 关于下标 $i$ 和 $j$ 是对称的。然后，将 $\mathcal{N}(U_i)$ 中各项依次代入式 (4.11) 并展开。首先，代入 $\rho\frac{\partial U_i}{\partial t}$ 项，根据第 3 章式 (3.19)，$U_i=\overline{U}_i+u_i'$，有

$$\begin{aligned}&\overline{\rho u_j'\frac{\partial\left(\overline{U}_i+u_i'\right)}{\partial t}+\rho u_i'\frac{\partial\left(\overline{U}_j+u_j'\right)}{\partial t}}\\=&\overline{\rho u_j'\frac{\partial u_i'}{\partial t}}+\overline{\rho u_i'\frac{\partial u_j'}{\partial t}}\\=&\rho\frac{\partial\overline{\left(u_i'u_j'\right)}}{\partial t}=-\frac{\partial\tau_{ij}}{\partial t}\end{aligned} \tag{4.12}$$

式中，$\tau_{ij}=-\rho\left\langle u_i'u_j'\right\rangle$，即为雷诺应力张量。

下面，再代入 $\rho U_k\frac{\partial U_i}{\partial x_k}$ 项，如下：

$$\begin{aligned}&\overline{\rho\left(\overline{U}_k+u_k'\right)u_j'\frac{\partial\left(\overline{U}_i+u_i'\right)}{\partial x_k}+\rho\left(\overline{U}_k+u_k'\right)u_i'\frac{\partial\left(\overline{U}_j+u_j'\right)}{\partial x_k}}\\=&\overline{\rho\left(\overline{U}_k+u_k'\right)\left[u_j'\frac{\partial\left(\overline{U}_i+u_i'\right)}{\partial x_k}+u_i'\frac{\partial\left(\overline{U}_j+u_j'\right)}{\partial x_k}\right]}\\=&\overline{\rho\left(\overline{U}_k+u_k'\right)\left[\frac{\partial\left(u_i'u_j'\right)}{\partial x_k}+u_j'\frac{\partial\overline{U}_i}{\partial x_k}+u_i'\frac{\partial\overline{U}_j}{\partial x_k}\right]}\\=&\rho\overline{U}_k\left[\overline{\frac{\partial\left(u_i'u_j'\right)}{\partial x_k}}+\overline{u_j'}\frac{\partial\overline{U}_i}{\partial x_k}+\overline{u_i'}\frac{\partial\overline{U}_j}{\partial x_k}\right]+\overline{\rho u_k'\left[\frac{\partial\left(u_i'u_j'\right)}{\partial x_k}+u_j'\frac{\partial\overline{U}_i}{\partial x_k}+u_i'\frac{\partial\overline{U}_j}{\partial x_k}\right]}\\=&\rho\overline{U}_k\frac{\partial\overline{\left(u_i'u_j'\right)}}{\partial x_k}+\rho\frac{\partial\overline{\left(u_i'u_j'u_k'\right)}}{\partial x_k}+\rho\overline{u_j'u_k'}\frac{\partial\overline{U}_i}{\partial x_k}+\rho\overline{u_i'u_k'}\frac{\partial\overline{U}_j}{\partial x_k}\end{aligned}$$

$$=\overline{U}_k\left(-\frac{\partial \tau_{ij}}{\partial x_k}\right)+\frac{\partial \overline{U}_i}{\partial x_k}\left(-\tau_{jk}\right)+\frac{\partial \overline{U}_j}{\partial x_k}\left(-\tau_{ik}\right)+\frac{\partial}{\partial x_k}\left(\rho\overline{u_i'u_j'u_k'}\right) \tag{4.13}$$

再代入压力梯度项 $\dfrac{\partial P}{\partial x_i}$ 并展开有

$$\begin{aligned}
&\overline{u_j'\frac{\partial P}{\partial x_i}+u_i'\frac{\partial P}{\partial x_j}}\\
=&\overline{u_j'\frac{\partial\left(\overline{P}+p'\right)}{\partial x_i}+u_i'\frac{\partial\left(\overline{P}+p'\right)}{\partial x_j}}\\
=&\overline{u_j'\frac{\partial p'}{\partial x_i}+u_i'\frac{\partial p'}{\partial x_j}}
\end{aligned} \tag{4.14}$$

代入黏性项 $\mu\dfrac{\partial^2 U_i}{\partial x_k\partial x_k}$ 并展开有

$$\begin{aligned}
&\overline{\mu u_j'\frac{\partial^2 U_i}{\partial x_k\partial x_k}+\mu u_i'\frac{\partial^2 U_j}{\partial x_k\partial x_k}}\\
=&\overline{\mu u_j'\frac{\partial^2\left(\overline{U}_i+u_i'\right)}{\partial x_k\partial x_k}+\mu u_i'\frac{\partial^2\left(\overline{U}_j+u_j'\right)}{\partial x_k\partial x_k}}\\
=&\overline{\mu u_j'\frac{\partial^2 u_i'}{\partial x_k\partial x_k}+\mu u_i'\frac{\partial^2 u_j'}{\partial x_k\partial x_k}}\\
=&\overline{\mu u_j'\frac{\partial}{\partial x_k}\left(\frac{\partial u_i'}{\partial x_k}\right)+\mu u_i'\frac{\partial}{\partial x_k}\left(\frac{\partial u_j'}{\partial x_k}\right)}\\
=&\overline{\mu\frac{\partial}{\partial x_k}\left(\frac{\partial u_i'}{\partial x_k}u_j'\right)-\mu\frac{\partial u_i'}{\partial x_k}\frac{\partial u_j'}{\partial x_k}+\mu\frac{\partial}{\partial x_k}\left(\frac{\partial u_j'}{\partial x_k}u_i'\right)-\mu\frac{\partial u_j'}{\partial x_k}\frac{\partial u_i'}{\partial x_k}}\\
=&\overline{\mu\frac{\partial}{\partial x_k}\left(\frac{\partial\left(u_i'u_j'\right)}{\partial x_k}-u_i'\frac{\partial u_j'}{\partial x_k}\right)-\mu\frac{\partial u_i'}{\partial x_k}\frac{\partial u_j'}{\partial x_k}+\mu\frac{\partial}{\partial x_k}\left(\frac{\partial u_j'}{\partial x_k}u_i'\right)-\mu\frac{\partial u_j'}{\partial x_k}\frac{\partial u_i'}{\partial x_k}}\\
=&\mu\frac{\partial^2\left(\overline{u_i'u_j'}\right)}{\partial x_k\partial x_k}-2\mu\overline{\frac{\partial u_i'}{\partial x_k}\frac{\partial u_j'}{\partial x_k}}=-\nu\frac{\partial^2\tau_{ij}}{\partial x_k\partial x_k}-2\mu\overline{\frac{\partial u_i'}{\partial x_k}\frac{\partial u_j'}{\partial x_k}}
\end{aligned} \tag{4.15}$$

这样，将所有项加起来，有

$$\begin{aligned}
\frac{\partial \tau_{ij}}{\partial t}+\overline{U}_k\frac{\partial \tau_{ij}}{\partial x_k}=&-\tau_{jk}\frac{\partial \overline{U}_i}{\partial x_k}-\tau_{ik}\frac{\partial \overline{U}_j}{\partial x_k}+2\mu\overline{\frac{\partial u_i'}{\partial x_k}\frac{\partial u_j'}{\partial x_k}}\\
&+\overline{u_j'\frac{\partial p'}{\partial x_i}+u_i'\frac{\partial p'}{\partial x_j}}+\frac{\partial}{\partial x_k}\left(\nu\frac{\partial \tau_{ij}}{\partial x_k}+\rho\overline{u_i'u_j'u_k'}\right)
\end{aligned} \tag{4.16}$$

将压力部分作变形，写成

$$\overline{u_j'\frac{\partial p'}{\partial x_i}+u_i'\frac{\partial p'}{\partial x_j}}=\overline{\frac{\partial p'u_j'}{\partial x_i}-p'\frac{\partial u_j'}{\partial x_i}+\frac{\partial p'u_i'}{\partial x_j}-p'\frac{\partial u_i'}{\partial x_j}}$$

$$=\frac{\partial}{\partial x_k}\left(\overline{p'u_i'}\delta_{jk}+\overline{p'u_j'}\delta_{ik}\right)-\overline{p'\left(\frac{\partial u_i'}{\partial x_j}+\frac{\partial u_j'}{\partial x_i}\right)} \tag{4.17}$$

记$\prod_{ij}=\overline{p'\left(\frac{\partial u_i'}{\partial x_j}+\frac{\partial u_j'}{\partial x_i}\right)}$，$C_{ijk}=\overline{p'u_i'}\delta_{jk}+\overline{p'u_j'}\delta_{ik}+\rho\overline{u_i'u_j'u_k'}$，$\vartheta_{ij}=2\mu\overline{\frac{\partial u_i'}{\partial x_k}\frac{\partial u_j'}{\partial x_k}}$，这样，式 (4.16) 则变为

$$\begin{aligned}\frac{\partial \tau_{ij}}{\partial t}+\overline{U}_k\frac{\partial \tau_{ij}}{\partial x_k}=&-\tau_{jk}\frac{\partial \overline{U}_i}{\partial x_k}-\tau_{ik}\frac{\partial \overline{U}_j}{\partial x_k}+\vartheta_{ij}\\&-\prod_{ij}+\frac{\partial}{\partial x_k}\left(\nu\frac{\partial \tau_{ij}}{\partial x_k}+C_{ijk}\right)\end{aligned} \tag{4.18}$$

上式即雷诺应力微分方程式。

取 $i=j$ 约定求和，并将 $k$ 换为 $j$，注意到，$\tau_{ii}=(-\rho)\left(u_1'^2+u_2'^2+u_3'^2\right)=-2\rho k$，可以写出湍动动能方程如下：

$$\begin{aligned}\underbrace{\frac{\partial k}{\partial t}}_{\text{I}}+\underbrace{\overline{U}_j\frac{\partial k}{\partial x_j}}_{\text{II}}=&\underbrace{\frac{\tau_{ij}}{\rho}\frac{\partial \overline{U}_i}{\partial x_j}}_{\text{III}}-\underbrace{\nu\overline{\frac{\partial u_i'}{\partial x_j}\frac{\partial u_i'}{\partial x_j}}}_{\text{IV}}\\&\underbrace{-\frac{\partial}{\partial x_j}\left(\frac{1}{\rho}\overline{p'u_j'}+\frac{1}{2}\overline{u_i'u_i'u_j'}-\nu\frac{\partial k}{\partial x_k}\right)}_{\text{V}}\end{aligned} \tag{4.19}$$

式中，第 I 项为非定常项，第 II 项为对流项，第III项为生成项，第IV项为耗散项，第 V 项包含压力速度关联、速度三次关联和湍动扩散作用。

### 4.4.2 边界层中雷诺应力符号分析

为了理解雷诺应力的物理意义，我们不妨用边界层中脉动速度关联来阐释。如图 4.4 所示，假设，流体单元以速度 $v'$ 从 $y_2$ 位置向下移动至 $y_1$ 位置，有 $v'<0$，根据速度剖面，新位置 $y_1$ 的均匀流动速度小于 $y_2$ 位置，即 $U(y_1)<U(y_2)$，流体单元本身原有的水平速度超过了新位置当地的平均水平速度，这部分富余的速度相当于新位置流体单元的脉动速度，有 $u'>0$，这样，有速度关联 $u'v'<0$。

类似，若有一个流体单元以速度 $v'$ 从 $y_1$ 位置移动到 $y_2$ 位置，根据速度剖面，新位置 $y_2$ 的均匀流动速度大于 $y_1$ 位置，即 $U(y_2)>U(y_1)$，流体单元本身原有的水平速度够不到新位置当地的平均水平速度，这部分速度亏损相当于新位置流体单元的脉动速度，有 $u'<0$，这样，有速度关联 $u'v'<0$。

可见，速度关联 $u'v'$ 与均匀流动速度梯度$\frac{\partial U}{\partial y}$是符号相反的。上面，考虑的是均匀流动速度梯度 $\frac{\partial U}{\partial y}>0$ 情形，不难看到，对于$\frac{\partial U}{\partial y}<0$ 的情形，有 $u'v'>0$。上

述为了便于理解而作的推演，务必注意与严格的数理推导相区别。

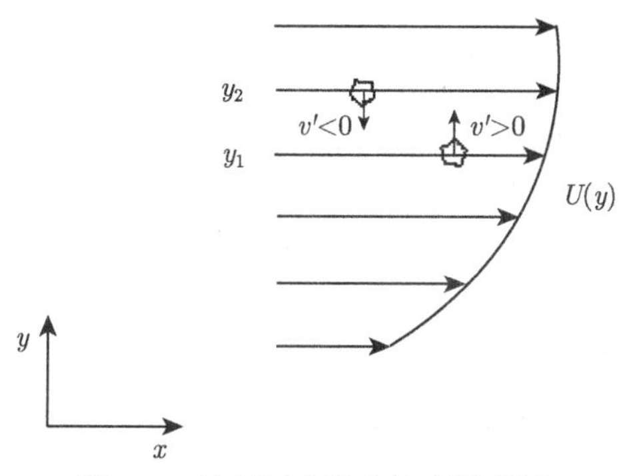


图 4.4 边界层中脉动速度示意图

### 4.4.3 边界层中的剪应力

由第 3 章雷诺平均方程式 (3.24)，考虑平面边界层的假设 $\overline{U} \gg \overline{V}, \dfrac{\partial}{\partial y} \gg \dfrac{\partial}{\partial x}$，有

$$\frac{\partial\left(\rho\overline{U}\overline{U}\right)}{\partial x}+\frac{\partial\left(\rho\overline{U}\overline{V}\right)}{\partial y}=-\frac{\partial \overline{P}}{\partial x}+\frac{\partial}{\partial y}\left(\mu\frac{\partial \overline{U}}{\partial y}-\rho\overline{u'v'}\right) \tag{4.20}$$

将式 (4.20) 右端第二项括号中的式子记为$\tau_{\text{tot}} = \mu\dfrac{\partial \overline{U}}{\partial y} - \rho\overline{u'v'}$，包含了黏性应力 $\left(\mu\dfrac{\partial \overline{U}}{\partial y}\right)$ 与雷诺应力 $\left(-\rho\overline{u'v'}\right)$ 两部分的和。在壁面上，由于 $u' = v' = 0$，只有黏性应力，或用 $\tau_w$ 表示壁面处的应力。根据试验，在近壁面很小的薄层内，黏性应力占主导，湍动影响不到该薄层，雷诺应力几乎可以忽略，因此，总应力通常保持为一个常数，近似等于 $\tau_w$。随着距离壁面越来越远，黏性应力逐渐减小，雷诺应力逐渐增加，大约在 $y^+ = 10.88$，两者大小相近。随着距离更远，湍动特性占主导，雷诺应力远大于黏性应力，此时黏性应力几乎可以忽略。这样，通过边界层内的应力分析，我们对雷诺应力概念有了一个具体的认识。

## 4.5 湍流模式基础

### 4.5.1 Boussinesq 假设

我们注意到，Boussinesq(1877) 最早提出涡黏假设，然而，可惜的是他当时并没有正确推导出后来由雷诺 (1895) 推导出的平均方程。尽管如此，这个假设为后来人们真正用雷诺平均方程来解决一些具体问题提供了重要的基础。把雷诺平均

方程中完整的应力项写为

$$\mu\left(\frac{\partial \overline{U}_i}{\partial x_j}+\frac{\partial \overline{U}_j}{\partial x_i}\right)-\rho\,\overline{u_i'v_j'}=(\mu+\mu_t)\left(\frac{\partial \overline{U}_i}{\partial x_j}+\frac{\partial \overline{U}_j}{\partial x_i}\right) \tag{4.21}$$

即将雷诺应力也表示为均匀流动应变率的线性关系

$$-\rho\,\overline{u_i'v_j'}=\mu_t\left(\frac{\partial \overline{U}_i}{\partial x_j}+\frac{\partial \overline{U}_j}{\partial x_i}\right) \tag{4.22}$$

式中，$\mu_t$ 称为湍流动力黏度。注意到，当 $i=j$，约定求和，上式左边为$-\rho\left(\overline{u'^2_1}+\overline{u'^2_2}+\overline{u'^2_3}\right)$，右边为零，两边不相等，需在右边增加一项，注意到，$\overline{u'^2_1}+\overline{u'^2_2}+\overline{u'^2_3}=2k$，这样，式 (4.22) 改为

$$-\rho\,\overline{u_i'v_j'}=\mu_t\left(\frac{\partial \overline{U}_i}{\partial x_j}+\frac{\partial \overline{U}_j}{\partial x_i}\right)-\frac{2}{3}\rho k\delta_{ij} \tag{4.23}$$

需注意，$\delta_{11}+\delta_{22}+\delta_{33}=3$。上式就是 Boussinesq 提出的涡黏假设。

### 4.5.2 代数模型

这样，问题就变为如何求 $\mu_t$，或者 $\nu_t=\dfrac{\mu_t}{\rho}$。注意到，$\nu_t$ 的量纲为 $m^2/s$，与分子运动黏度 $\nu$ 量纲一样。而该量纲可以表示为速度尺度和长度尺度乘积的量纲，即

$$\nu_t \propto \mathcal{U}\ell \tag{4.24}$$

式中，$\mathcal{U}$ 和 $\ell$ 分别为均匀流动速度和长度尺度，代表湍流大尺度。

实际中并不直接用速度而是用速度梯度。比如，在湍流边界层对数律层的介绍中，已经隐含地使用了涡黏模型，而 Kármán 所采用的也是所谓的代数涡黏模型。即 $\nu_t$ 可表示为

$$\nu_t=l_{\text{mix}}^2\left|\frac{\partial \overline{U}}{\partial y}\right| \tag{4.25}$$

式中，$l_{\text{mix}}$ 称为混合长度，由 Prandtl 所提出，这类模型也叫混合长度模型。比如，Kármán 取 $l_{\text{mix}}=ky$ 作为混合长度，但实际上这个关系式只适合于边界层型流动。要找到适合于任何流动的 $l_{\text{mix}}$ 非常困难。尽管如此，混合长度模型在部分特殊类型流场计算，比如边界层型流动计算中发挥过巨大作用的，但它并不适合于作为一种普遍适用的模型，这也就显现出它的局限性。

### 4.5.3 *k* 方程的模化和一方程模型

式 (4.19) 有几项是未知的，我们先看生成项为

$$P_k=\frac{\tau_{ij}}{\rho}\frac{\partial \overline{U}_i}{\partial x_j} \tag{4.26}$$

代入式 (4.23) 有

$$P_k = \nu_t \left( \frac{\partial \overline{U}_i}{\partial x_j} + \frac{\partial \overline{U}_j}{\partial x_i} \right) \frac{\partial \overline{U}_i}{\partial x_j} \tag{4.27}$$

注意，对不可压缩流体 $\delta_{ij} \dfrac{\partial \overline{U}_i}{\partial x_j} = \dfrac{\partial \overline{U}_i}{\partial x_i} = 0$。

下面，再看三次关联项 $\overline{u_i'u_i'u_j'}$，类似傅里叶热传导定律，热量从热端向冷端扩散，假设三次关联项正比于 $k$ 的梯度，有

$$\frac{1}{2}\overline{u_i'u_i'u_j'} = -\frac{\nu_t}{\sigma_k}\frac{\partial k}{\partial x_j} \tag{4.28}$$

式中，$\sigma_k$ 为湍流 Prandtl 数。

关于压力关联项，由于该值很小，而且，我们也很难测量这个关联项，通常是把它忽略掉。

由式 (4.9)，耗散项为

$$\varepsilon = \nu \overline{\frac{\partial u_i'}{\partial x_j}\frac{\partial u_i'}{\partial x_j}} = \frac{k^{3/2}}{\ell} \tag{4.29}$$

这样，模化后的 $k$ 方程变为

$$\frac{\partial k}{\partial t} + \overline{U}_j \frac{\partial k}{\partial x_j} = P_k - \frac{k^{3/2}}{\ell} + \frac{\partial}{\partial x_j}\left[\left(\nu + \frac{\nu_t}{\sigma_k}\right)\frac{\partial k}{\partial x_j}\right] \tag{4.30}$$

式中还包含了长度尺度 $\ell$ 是未知量，但可以用式 (4.29) 代替，比如，在后面的 $k$-$\varepsilon$ 模型中就是这样做的。这样，有

$$\frac{\partial k}{\partial t} + \overline{U}_j \frac{\partial k}{\partial x_j} = P_k - \varepsilon + \frac{\partial}{\partial x_j}\left[\left(\nu + \frac{\nu_t}{\sigma_k}\right)\frac{\partial k}{\partial x_j}\right] \tag{4.31}$$

也可以写出稳态边界层中模化的 $k$ 方程为

$$\overline{U}\frac{\partial k}{\partial x} + \overline{V}\frac{\partial k}{\partial y} = \nu_t \left(\frac{\partial \overline{U}}{\partial y}\right)^2 - \varepsilon + \frac{\partial}{\partial y}\left[\left(\nu + \frac{\nu_t}{\sigma_k}\right)\frac{\partial k}{\partial y}\right] \tag{4.32}$$

通过求解式 (4.30) 关于 $k$ 的微分方程，即一方程模型。其中的长度尺度 $\ell$ 是未知量，需要提前给定，比如取正比于边界层厚度、射流或尾流的宽度等，通常是用一个代数关系式来给出。但是，要找到一个适用于所有类型流动的长度尺度是困难的，这也是该模型的局限所在。

### 4.5.4　$\varepsilon$ 方程的模化和 $k$-$\varepsilon$ 模型

若要求解式 (4.31)，还需要求解 $\varepsilon$。关于 $\varepsilon$ 的微分方程，可采用类似 $k$ 方程的方式推导。即由式 (4.29)，结合算子 $\mathcal{N}(U_i)$，作如下运算：

$$2\nu\overline{\frac{\partial u_i'}{\partial x_j}\frac{\partial}{\partial x_j}\left[\mathcal{N}(U_i)\right]}=0 \tag{4.33}$$

最终可导出 $\varepsilon$ 的微分方程如下：

$$\begin{aligned}\frac{\partial\varepsilon}{\partial t}+\overline{U}_j\frac{\partial\varepsilon}{\partial x_j}=&-2\nu\left(\overline{\frac{\partial u_i'}{\partial x_k}\frac{\partial u_j'}{\partial x_k}}+\overline{\frac{\partial u_k'}{\partial x_i}\frac{\partial u_k'}{\partial x_j}}\right)\frac{\partial\overline{U}_i}{\partial x_j}-2\nu\overline{u_k'\frac{\partial u_i'}{\partial x_j}}\frac{\partial^2\overline{U}_i}{\partial x_k\partial x_j}\\&-2\nu\overline{\frac{\partial u_i'}{\partial x_k}\frac{\partial u_i'}{\partial x_m}\frac{\partial u_k'}{\partial x_m}}-2\nu^2\overline{\frac{\partial^2 u_i'}{\partial x_k\partial x_m}\frac{\partial^2 u_i'}{\partial x_k\partial x_m}}\\&+\frac{\partial}{\partial x_j}\left[\nu\frac{\partial\varepsilon}{\partial x_j}-\nu\overline{u_j'\frac{\partial u_i'}{\partial x_m}\frac{\partial u_i'}{\partial x_m}}-2\frac{\nu}{\rho}\overline{\frac{\partial p'}{\partial x_m}\frac{\partial u_j'}{\partial x_m}}\right]\end{aligned} \tag{4.34}$$

式中，产生了包括三次关联、速度梯度–速度梯度关联、压力–速度梯度关联等未知项，而且这些关联项很难从试验测得，现在只能够从直接数值模拟来得到这些量，但也局限在小雷诺数，要准确模拟这个方程是很困难的。这里仅给出模化后的形式。给出其生成项如下：

$$P_\varepsilon=C_{\varepsilon1}\nu_t\frac{\varepsilon}{k}\left(\frac{\partial\overline{U}_i}{\partial x_j}+\frac{\partial\overline{U}_j}{\partial x_i}\right)\frac{\partial\overline{U}_i}{\partial x_j} \tag{4.35}$$

对比式 (4.27)，即 $P_\varepsilon=C_{\varepsilon1}\dfrac{\varepsilon}{k}P_k$。这样，把 $\varepsilon$ 模化方程写出如下：

$$\frac{\partial\varepsilon}{\partial t}+\overline{U}_j\frac{\partial\varepsilon}{\partial x_j}=C_{\varepsilon1}\frac{\varepsilon}{k}P_k-C_{\varepsilon2}\frac{\varepsilon^2}{k}+\frac{\partial}{\partial x_j}\left[\left(\nu+\frac{\nu_t}{\sigma_\varepsilon}\right)\frac{\partial\varepsilon}{\partial x_j}\right] \tag{4.36}$$

我们也可以给出边界层中 $\varepsilon$ 模化方程为

$$\overline{U}\frac{\partial\varepsilon}{\partial x}+\overline{V}\frac{\partial\varepsilon}{\partial y}=C_{\varepsilon1}\frac{\varepsilon}{k}\nu_t\left(\frac{\partial\overline{U}}{\partial y}\right)^2-C_{\varepsilon2}\frac{\varepsilon^2}{k}+\frac{\partial}{\partial y}\left[\left(\nu+\frac{\nu_t}{\sigma_\varepsilon}\right)\frac{\partial\varepsilon}{\partial y}\right] \tag{4.37}$$

式 (4.31) 和式 (4.36) 即组成 $k$-$\varepsilon$ 模型。其中，长度尺度按如下计算：

$$\ell=\frac{k^{3/2}}{\varepsilon} \tag{4.38}$$

由式 (4.24)，$\nu_t\propto\mathcal{U}\ell$，速度尺度可表示为 $\mathcal{U}\propto\sqrt{k}$，则湍流运动黏度 $\nu_t$ 可写为

$$\nu_t=c_\mu k^{1/2}\ell=c_\mu\frac{k^2}{\varepsilon} \tag{4.39}$$

这里已经出现了 $c_\mu$、$C_{\varepsilon 1}$、$C_{\varepsilon 2}$、$\sigma_k$、$\sigma_\varepsilon$ 等待定常数。确定模型常数的一般方法是在简单流动条件下，通过试验数据，再结合简化后的模型关系式，确定相应的常数。通常，一种简单流动对应一个变量这种情况是最理想的，而尽量避免变量之间的耦合。

我们先来看 $C_{\varepsilon 1}$ 常数。这里采用的流动是湍流边界层的对数律层流动。参考图 4.5，从试验统计数据，对数律层中的湍动能的生成项和耗散项占主要部分，其他项相比可以忽略不计，这样，$k$ 方程简化为

$$0 = \nu_t \left(\frac{\partial \overline{U}}{\partial y}\right)^2 - \varepsilon \tag{4.40}$$

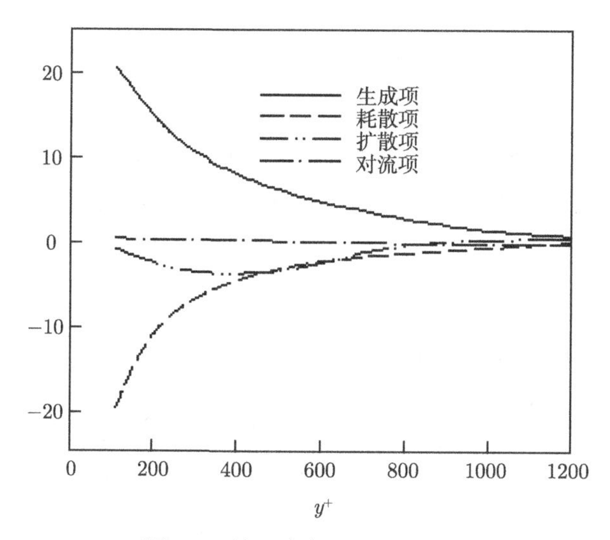


图 4.5 边界中各项大小示意图

在对数律层中湍动应力占主导，且近似等于壁面剪前应力，这样，根据 Boussinesq 涡黏假设，有

$$\tau_w = \tau_{\text{turb}} = \mu_t \frac{\partial \overline{U}}{\partial y} = \rho u_\tau^2 \tag{4.41}$$

可得 $\dfrac{\partial \overline{U}}{\partial y} = \dfrac{u_\tau^2}{\nu_t}$，结合式 (4.39)，$\nu_t = c_\mu \dfrac{k^2}{\varepsilon}$，代入式 (4.40)，有

$$c_\mu = \frac{u_\tau^4}{k^2} \tag{4.42}$$

根据试验数据，比如，Pope(2000) 在对数律层中，通常有 $\dfrac{u_\tau^2}{k} \simeq 0.3$，这样，有 $c_\mu = 0.09$。根据混合长度模型，对数律层中有 $\dfrac{\partial \overline{U}}{\partial y} = \dfrac{u_\tau}{\kappa y}$，再结合式 (4.41)，生成项

为

$$P_k = \nu_t \left(\frac{\partial \overline{U}}{\partial y}\right)^2 = u_\tau^2 \left(\frac{u_\tau}{\kappa y}\right) = \frac{u_\tau^3}{\kappa y} \tag{4.43}$$

由式 (4.38)，耗散为

$$\varepsilon = \frac{k^{3/2}}{\ell} \tag{4.44}$$

由对数律层中生成项和耗散平衡 $P_k = \varepsilon$，可得

$$\ell = \frac{k^{3/2}\kappa y}{u_\tau^3} \tag{4.45}$$

代入式 (4.42)，有

$$\ell = c_\mu^{-3/4}\kappa y \tag{4.46}$$

在对数律层中，黏性作用可以忽略，同时，略去对流项。利用湍动生成项和耗散平衡关系式 $P_k = \varepsilon$，代入式 (4.37)，写出边界层中的耗散 $\varepsilon$ 方程为

$$0 = \frac{\varepsilon^2}{k}(C_{\varepsilon 1} - C_{\varepsilon 2}) + \frac{\partial}{\partial y}\left(\frac{\nu_t}{\sigma_\varepsilon}\frac{\partial \varepsilon}{\partial y}\right) \tag{4.47}$$

把式 (4.44)、式 (4.46)、式 (4.39) 代入上式右端第二项，有

$$\frac{\partial}{\partial y}\left[\frac{\nu_t}{\sigma_\varepsilon}\frac{\partial}{\partial y}\left(\frac{k^{3/2}}{c_\mu^{-3/4}\kappa y}\right)\right] = \frac{c_\mu}{\sigma_\varepsilon}\frac{k^2}{y^2} = \frac{c_\mu^{-1/2}\kappa^2 k^2}{\sigma_\varepsilon \ell^2} \tag{4.48}$$

这里，假设 $\dfrac{\partial k}{\partial y} = 0$，将式 (4.48)、式 (4.44) 代入式 (4.47)，有

$$0 = (C_{\varepsilon 1} - C_{\varepsilon 2}) + \frac{c_\mu^{-1/2}\kappa^2}{\sigma_\varepsilon} \tag{4.49}$$

这样，只要确定常数 $C_{\varepsilon 2}$ 和 $\sigma_\varepsilon$，就可以得出常数 $C_{\varepsilon 1}$。

可以通过网格湍流下游流场来确定 $C_{\varepsilon 2}$。这种网格湍流能够形成非常均匀的流场，而在下游一般速度梯度非常小，即可认为 $P_k = 0$。且有 $V = 0$，这样 $k$ 方程简化为

$$\overline{U}\frac{\mathrm{d}k}{\mathrm{d}x} = -\varepsilon \tag{4.50}$$

由同样的假设，并忽略扩散项，$\varepsilon$ 方程简化为

$$\overline{U}\frac{\partial \varepsilon}{\partial x} = -C_{\varepsilon 2}\frac{\varepsilon^2}{k} \tag{4.51}$$

再假设 $k \propto x^{-m}$，按指数衰减，则由式 (4.50)，有 $\varepsilon \propto -mx^{-m-1}$。将式 (4.51) 除以式 (4.50)，可得

$$C_{\varepsilon 2} = \frac{m+1}{m} \tag{4.52}$$

根据试验数据，有 $m = 1.25$，通常取 $C_{\varepsilon 2} = 1.92$。

上面是通过一个实际的简单流动来得出模型常数，类似，可以确定其他常数。一般，给出 $c_\mu = 0.09$、$C_{\varepsilon 1} = 1.44$、$\sigma_k = 1.0$、$\sigma_\varepsilon = 1.31$。

### 4.5.5 壁面函数

实际上，到这里已经可以用 $k$-$\varepsilon$ 方程来进行计算，但需要注意边界层。由于边界层非常薄，用通常的方法来计算势必要划分相当密的网格，这就意味着增加计算负荷。而壁面函数提供了另一种方法，它实际上并不需要在边界层内求解流动方程组，而是假设壁面附近一个薄层内的流动完全符合充分发展湍流边界层的流动特征，这样，通过壁面函数来间接施加边界条件，从而减少计算量。这个方法已由 Launder 和 Spalding(1972) 应用。

壁面函数中，毗邻壁面节点的 $k$ 和 $\varepsilon$ 值并不需要求解，而是直接给定值。比如，由式 (4.42)，可以给出 $k$ 值，如下：

$$k_P = \frac{u_\tau^2}{c_\mu^{1/2}} \tag{4.53}$$

式中，下标 $P$ 表示毗邻壁面的第一个节点；$u_\tau$ 根据对数律层公式来计算。
类似，根据生成项与耗散平衡关系，即式 (4.43)，有

$$\varepsilon_P = P_k = \frac{u_\tau^3}{\kappa y} \tag{4.54}$$

需注意，实际中边界层情形复杂，并不一定都符合这种假设，尤其是存在分离流动时。

### 4.5.6 $k$-$\omega$ 模型

目前，应用第二多的就是 $k$-$\omega$ 模型，最早是由 Wilcox(1987) 提出。同样，也要求解 $k$ 方程，不同的是这里采用了一个比耗散 $\omega \propto \varepsilon/k$，其方程如下：

$$\frac{\partial k}{\partial t} + \overline{U}_j \frac{\partial k}{\partial x_j} = P_k - \beta^* \omega k + \frac{\partial}{\partial x_j}\left[\left(\nu + \frac{\nu_t}{\sigma_k^\omega}\right)\frac{\partial k}{\partial x_j}\right] \tag{4.55}$$

式中，湍流运动黏度 $\nu_t = \dfrac{k}{\omega}$。$\omega$ 方程为

$$\frac{\partial \omega}{\partial t} + \overline{U}_j \frac{\partial \omega}{\partial x_j} = C_{\omega 1}\frac{\omega}{k}P_k - C_{\omega 2}\omega^2 + \frac{\partial}{\partial x_j}\left[\left(\nu + \frac{\nu_t}{\sigma_\omega}\right)\frac{\partial \omega}{\partial x_j}\right] \tag{4.56}$$

对比 $k$-$\varepsilon$ 模型，可见 $\varepsilon = \beta^* \omega k$。而 $\beta^* = c_\mu$。

其中，模型常数可以用上节介绍的方法确定，有 $\beta^* = 0.09$，$C_{\omega1} = 5/9$，$C_{\omega2} = 3/40$，$\sigma_k^\omega = 2$，$\sigma_\omega = 2$。

类似地，当采用壁面函数时，有

$$k_P = \frac{u_\tau^2}{\beta^{*1/2}} \tag{4.57}$$

和

$$\varepsilon_P = \beta^{*-1/2} \frac{u_\tau}{\kappa y} \tag{4.58}$$

根据 Wilcox(2006)，$k$-$\omega$ 模型对逆压梯度边界层的预测效果要比 $k$-$\varepsilon$ 模型准确，这对于边界层主导的流动是很有意义的，比如，在飞行器绕流计算中，边界层的准确模拟对预测升阻力是非常关键的。另外，也有报道将 $k$-$\omega$ 模型用于边界层转捩的计算，但还需要更多的数值试验来评估。

### 4.5.7 低雷诺数模型

上面所介绍的是通常所谓的高雷诺数模型，即假设充分发展湍流条件下的。但是对于 $y^+ < 5$ 的黏性底层，黏性效应远大于湍动效应，因此这里用湍流模型就不合适。为了适用于这类流动条件，原有的湍流模型必须进行适当的修改。我们把这类修改的模型称为低雷诺数模型。需要注意，这里所谓的雷诺数并非全局雷诺数，而是局部雷诺数，即 $Re_\ell = \dfrac{\mathcal{U}\ell}{\nu}$，随流场中的湍流尺度变化而不同，可以认为 $Re_\ell \propto \dfrac{\nu_t}{\nu}$，在充分发展湍流中，这个比值达 100 或更大量级，而当趋近于壁面时，这个值趋于零。

当 $y \to 0$，近壁面处流场量的变化，用泰勒级数将脉动速度分量写出，有

$$\begin{aligned} u' &= a_0 + a_1 y + a_2 y^2 + \cdots \\ v' &= b_0 + b_1 y + b_2 y^2 + \cdots \\ w' &= c_0 + c_1 y + c_2 y^2 + \cdots \end{aligned} \tag{4.59}$$

式中，系数 $a_0$、$b_0$、$c_0$ 等都是空间和时间的函数。根据壁面无滑移条件，有 $u' = v' = w' = 0$，可得出 $a_0 = b_0 = c_0 = 0$。壁面位于 $x - z$ 平面，根据壁面无穿透条件，$\dfrac{\partial v'}{\partial y} = 0$，可得 $b_1 = 0$。这样，式 (4.59) 变为

$$\begin{aligned} u' &= a_1 y + a_2 y^2 + \cdots \\ v' &= \phantom{a_1 y +} b_2 y^2 + \cdots \\ w' &= c_1 y + c_2 y^2 + \cdots \end{aligned} \tag{4.60}$$

下面计算二次关联，有

$$
\begin{aligned}
\overline{u'^2} &= \overline{a_1^2}y^2 + \cdots = \mathcal{O}\left(y^2\right) \\
\overline{v'^2} &= \overline{b_2^2}y^4 + \cdots = \mathcal{O}\left(y^4\right) \\
\overline{w'^2} &= \overline{c_1^2}y^2 + \cdots = \mathcal{O}\left(y^2\right) \\
\overline{u'v'} &= \overline{a_1 b_2}y^3 + \cdots = \mathcal{O}\left(y^3\right) \\
k &= \left(\overline{a_1^2} + \overline{c_1^2}\right)y^2 + \cdots = \mathcal{O}\left(y^2\right) \\
\frac{\partial \overline{U}}{\partial y} &= \overline{a_1} + \cdots = \mathcal{O}\left(y^0\right)
\end{aligned}
\tag{4.61}
$$

图 4.6 为边界层中各项大小的对比示意，其中，湍动扩散项包含了速度三次关联及压力速度关联的扩散部分。

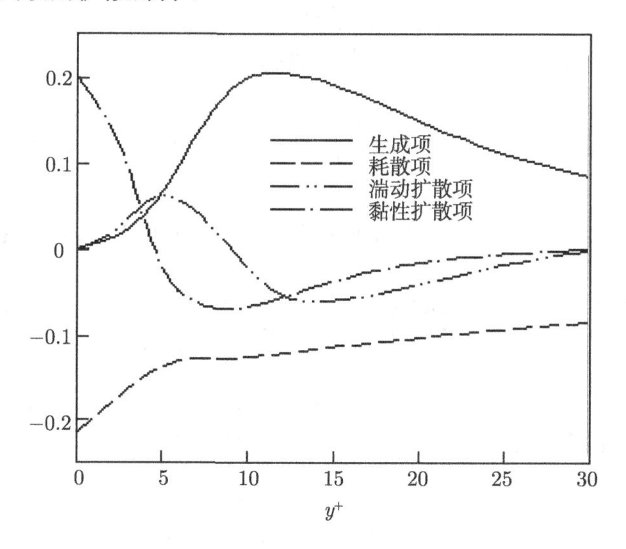


图 4.6　边界层中各项大小示意图

1) 低雷诺数 $k$-$\varepsilon$ 模型

由式 (4.19)，边界层中精确的 $k$ 方程变为

$$
\overline{U}\frac{\partial k}{\partial x} + \overline{V}\frac{\partial k}{\partial y} = \underbrace{-\overline{u'v'}\frac{\partial \overline{U}}{\partial y}}_{\mathcal{O}(y^3)} - \underbrace{\nu\overline{\frac{\partial u_i'}{\partial x_j}\frac{\partial u_i'}{\partial x_j}}}_{\mathcal{O}(y^0)}
- \frac{\partial}{\partial y}\left(\frac{1}{\rho}\overline{p'v'}\right) - \underbrace{\frac{\partial}{\partial y}\left(\frac{1}{2}\overline{u_i'u_i'v'}\right)}_{\mathcal{O}(y^3)} + \underbrace{\nu\frac{\partial^2 k}{\partial y^2}}_{\mathcal{O}(y^0)}
\tag{4.62}
$$

式中，一般在近壁面可以近似忽略压力–脉动速度关联。

由式 (4.32)，模化后的边界层 $k$ 方程变为

$$\overline{U}\frac{\partial k}{\partial x}+\overline{V}\frac{\partial k}{\partial y}=\underbrace{\nu_t\left(\frac{\partial \overline{U}}{\partial y}\right)^2}_{\mathcal{O}(y^4)}-\underbrace{\varepsilon}_{\mathcal{O}(y^0)}+\underbrace{\frac{\partial}{\partial y}\left(\frac{\nu_t}{\sigma_k}\frac{\partial k}{\partial y}\right)}_{\mathcal{O}(y^4)}+\underbrace{\nu\frac{\partial^2 k}{\partial y^2}}_{\mathcal{O}(y^0)} \tag{4.63}$$

式中，$\nu_t=c_\mu\dfrac{k^2}{\varepsilon}=\dfrac{\mathcal{O}\left(y^4\right)}{\mathcal{O}\left(y^0\right)}=\mathcal{O}\left(y^4\right)$。

从式 (4.62) 和式 (4.63)，耗散项的量级是一样的，但是生成项和扩散项两者差一个量级。为消除这种差异，$c_\mu$ 乘以一个系数 $f_\mu$，且当 $y\to 0$ 时，有 $f_\mu=\mathcal{O}\left(y^{-1}\right)$，而当 $y^+>50$ 时，$f_\mu=1$。这样 $f_\mu$ 在壁面处就起到一种阻尼作用，故称阻尼函数。

2) Launder-Sharma 低雷诺数 $k$-$\varepsilon$ 模型

低雷诺数模型很多，一般可以写成下面的形式：

$$\overline{U}\frac{\partial k}{\partial x}+\overline{V}\frac{\partial k}{\partial y}=\nu_t\left(\frac{\partial \overline{U}}{\partial y}\right)^2-\varepsilon+\frac{\partial}{\partial y}\left[\left(\nu+\frac{\nu_t}{\sigma_k}\right)\frac{\partial k}{\partial y}\right] \tag{4.64}$$

式中，$\nu_t=f_\mu c_\mu\dfrac{k^2}{\tilde{\varepsilon}}$，$\tilde{\varepsilon}=\varepsilon-E$，$E$ 为壁面上 $\varepsilon$ 的值，$\tilde{\varepsilon}$ 的传输方程为

$$\overline{U}\frac{\partial \tilde{\varepsilon}}{\partial x}+\overline{V}\frac{\partial \tilde{\varepsilon}}{\partial y}=C_{\varepsilon 1}f_1\frac{\tilde{\varepsilon}}{k}\nu_t\left(\frac{\partial \overline{U}}{\partial y}\right)^2-C_{\varepsilon 2}f_2\frac{\tilde{\varepsilon}^2}{k}+\frac{\partial}{\partial y}\left[\left(\nu+\frac{\nu_t}{\sigma_\varepsilon}\right)\frac{\partial \tilde{\varepsilon}}{\partial y}\right]+F \tag{4.65}$$

这样，在边界上有 $\tilde{\varepsilon}=0$，该边界条件就很简单。其中，$f_1$、$f_2$ 为系数，$F$ 为补充项。以采用最多的 Launder-Sharma 为例，各项如下：

$$\begin{aligned}
&f_\mu=\exp\left[-\frac{3.4}{\left(1+R_t/50\right)^2}\right]\\
&f_1=1\\
&f_2=1-0.3\exp\left(-R_t^2\right)\\
&E=2\nu\left(\frac{\partial\sqrt{k}}{\partial y}\right)^2\\
&F=2\nu\nu_t\left(\frac{\partial^2\overline{U}}{\partial y^2}\right)^2\\
&R_t=\frac{k^2}{\nu\tilde{\varepsilon}}
\end{aligned} \tag{4.66}$$

这里，采用补充项 $F$ 是为了匹配试验中当 $y^+\approx 20$ 时 $k$ 的峰值，$f_2$ 是为了模仿网格湍流下游湍流衰减的特征。

3) $\varepsilon$ 和 $\tilde{\varepsilon}$ 的边界条件

由式 (4.63)，其中最大的项为耗散项和黏性扩散项，略去小量，有

$$\nu \frac{\partial^2 k}{\partial y^2} - \varepsilon = 0 \tag{4.67}$$

由上式可以直接给定边界条件为

$$\varepsilon = \nu \frac{\partial^2 k}{\partial y^2} \tag{4.68}$$

也可以用 $\varepsilon$ 的定义式 (4.29) 计算

$$\varepsilon = \nu \left[ \overline{\left( \frac{\partial u'}{\partial y} \right)^2 + \left( \frac{\partial w'}{\partial y} \right)^2} \right] \tag{4.69}$$

将其代入式 (4.60)，则式 (4.69) 变为

$$\varepsilon = \nu \left( \overline{a_1^2} + \overline{c_1^2} \right) + \cdots \tag{4.70}$$

同样，用 $k$ 的定义，有

$$k = \frac{1}{2} \left( \overline{a_1^2} + \overline{c_1^2} \right) y^2 + \cdots \tag{4.71}$$

这样，有

$$\left( \frac{\partial \sqrt{k}}{\partial y} \right)^2 = \frac{1}{2} \left( \overline{a_1^2} + \overline{c_1^2} \right) + \cdots \tag{4.72}$$

对比式 (4.70) 和式 (4.72)，有

$$\varepsilon = 2\nu \left( \frac{\partial \sqrt{k}}{\partial y} \right)^2 \tag{4.73}$$

这正是 Launder-Sharma 模型中的 $E$，即为 $\tilde{\varepsilon} = 0$ 时，壁面上 $\varepsilon$ 的值。

4) 低雷诺数 $k$-$\omega$ 模型

采用类似的量级分析方法，仅保留 $\omega$ 方程中最大的项，有

$$\nu \frac{\partial^2 \omega}{\partial y^2} - C_{\omega 2} \omega^2 = 0 \tag{4.74}$$

可以解出

$$\omega = \frac{6\nu}{C_{\omega 2} y^2} \tag{4.75}$$

这样，当 $y^+ < 2.5$ 时，就不需要求解 $\omega$ 的传输方程，直接由上式给定即可。

### 4.5.8 雷诺应力模型

虽然以 Boussinesq 假设为基础的湍流模式已经得到广泛应用，但其原理是比拟分子运动，将雷诺应力与均匀流场应变率作线性关联，但湍流运动与完全无规则的分子运动完全不同，其理论基础是存在疑问的。而雷诺应力微分方程没有用 Boussinesq 假设，原理上更有理论依据。同时，注意到式 (4.18) 中还存在三次关联、脉动压力–脉动速度关联、压力–应变率关联等项是未知的。仍然需要用模化的方法来封闭。先看压力–应变率关联项，一般按如下形式模化：

$$\begin{aligned}\Pi_{ij} &= \Pi_{ij,1} + \Pi_{ij,2} \\ \Pi_{ij,1} &= -C_1\frac{\varepsilon}{k}\left(\tau_{ij} - \frac{2}{3}k\delta_{ij}\right) \\ \Pi_{ij,2} &= -C_2\left(P_{ij} - \frac{2}{3}P_{kk}\delta_{ij}\right)\end{aligned} \tag{4.76}$$

式中，$P_{ij} = -\tau_{jk}\dfrac{\partial \overline{U}_i}{\partial x_k} - \tau_{ik}\dfrac{\partial \overline{U}_j}{\partial x_k}$ 为生成项，不需要模化。当 $i=j$，按约定求和有 $P_{kk} = P_{11} + P_{22} + P_{33}$。此时，$\Pi_{kk} = \overline{p'\left(\dfrac{\partial u_k'}{\partial x_k} + \dfrac{\partial u_k'}{\partial x_k}\right)} = 0$，说明，脉动压力–脉动速度关联项不能增加也不能减少湍动量，而是将湍动能在三个分量 $\overline{u'^2}$、$\overline{v'^2}$ 和 $\overline{w'^2}$ 之间进行重新分配。

再看 $C_{ijk}$ 中的三次关联式 $\rho\overline{u_i'u_j'u_k'}$，采用如下关联：

$$\frac{\partial}{\partial x_k}\left(\rho\overline{u_i'u_j'u_k'}\right) = \frac{\partial}{\partial x_k}\left[C_s\rho\overline{u_m'u_k'}\frac{k}{\varepsilon}\frac{\partial\left(\overline{u_i'u_j'}\right)}{\partial x_m}\right] \tag{4.77}$$

而 $C_{ijk}$ 中的其他两项关于脉动压力–脉动速度的关联通常都略去，一方面由直接数值模拟表明其值很小，另一方面试验很难测得这种关联。

再来看下 $\vartheta_{ij}$ 项，即耗散张量，若作各向同性计，则有

$$\vartheta_{ij} = \frac{2}{3}\rho\varepsilon\delta_{ij} \tag{4.78}$$

即相当于假设两个不同位置，$i \neq j$，各自的速度梯度 $\dfrac{\partial u_i'}{\partial x_k}$ 和 $\dfrac{\partial u_j'}{\partial x_k}$ 是不相关的，这是符合耗散尺度各向同性假设的。

这样，最后模化的雷诺应力微分方程变为

$$\begin{aligned}\frac{\partial \tau_{ij}}{\partial t} + \overline{U}_k\frac{\partial \tau_{ij}}{\partial x_k} =& -\tau_{jk}\frac{\partial \overline{U}_i}{\partial x_k} - \tau_{ik}\frac{\partial \overline{U}_j}{\partial x_k} + \frac{2}{3}\rho\varepsilon\delta_{ij} \\ & - \Pi_{ij} + \frac{\partial}{\partial x_k}\left[\nu\frac{\partial \tau_{ij}}{\partial x_k} + C_s\rho\overline{u_m'u_k'}\frac{k}{\varepsilon}\frac{\partial\left(\overline{u_i'u_j'}\right)}{\partial x_m}\right]\end{aligned} \tag{4.79}$$

在流场各向异性明显的场合，比如，湍流边界层通常是非各向同性的，另外，具有大曲率、旋转的流场等也容易产生非各向同性，原则上采用雷诺应力模型更为准确。而对于远离边界的均匀流场，以及各向同性主导的流场通常可以使用涡黏模型。从数值求解角度，雷诺应力模型计算量比涡黏模型更大，这是一个不利因素。

## 4.6 大涡模拟方法

伴随着湍流模式的大规模应用，人们也发现了许多问题，一个主要的问题是模式的准确性与具体流动类型有直接关联。随着计算机资源的增长，修正现有模式缺陷的研究已然失去吸引力，更多热点转向大涡模拟研究。

通常认为大涡模拟的概念始于 Smagorinsky(1963) 的气象预报数值模拟研究。大涡模拟方法以 Kolmogorov 能谱理论为前提，认为湍流存在一系列不同尺度的旋涡，当运用某种滤波函数，比如盒子滤波或者截断滤波等，并直接求解获得截断波数以下的大尺度旋涡，即解析尺度旋涡，如图 4.7 所示，而截断波数以上的则采用模化方法，比如涡黏模型。这样，大涡模拟方法的流场解析度无疑要比雷诺平均方法更高，显然，它也没达到直接数值模拟的解析度。大涡模拟并不存在具体问题的依赖性，而从目前来看主要仍是计算量的问题。所以，可以预计大涡模拟在不远的将来将成为雷诺平均方法的有力替代者。

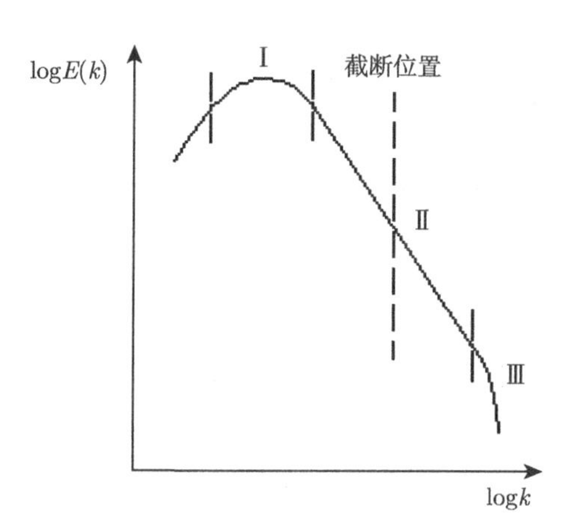


图 4.7 能谱曲线和滤波截断示意图

类似地，大涡模拟变量由两部分构成，即解析尺度和亚格子尺度量，以空间一维速度为例，有

$$U(x,t) = \tilde{U}(x,t) + u'(x,t) \tag{4.80}$$

这里，用波浪线表示对该变量运用了空间滤波，即一种低通滤波，它将去掉解析尺度以下的所有波数，即如果用图 4.7 的截断波数作分界点，截断波数向右的部分都将被过滤掉。这样，可以写成如下形式：

$$\tilde{U}(x,t)=\int_{-\infty}^{+\infty}G(r,x)U(x-r,t)\mathrm{d}r \tag{4.81}$$

式中，$G$ 为滤波函数，以盒子滤波为例，有

$$G(r)=\begin{cases}1/\Delta, & r\leqslant\Delta/2\\ 0, & r>\Delta/2\end{cases} \tag{4.82}$$

式中，$\Delta$ 为滤波宽度，这样，式 (4.81) 相当于 $[x-\Delta/2,x+\Delta/2]$ 区间上速度的平均值，这里盒子滤波相当于体积平均。对不可压缩 Navier-Stokes 方程运用滤波函数，可得

$$\frac{\partial\tilde{U}_i}{\partial t}+\frac{\partial}{\partial x_j}\left(\widetilde{U_iU_j}\right)=-\frac{1}{\rho}\frac{\partial\tilde{P}}{\partial x_i}+\nu\frac{\partial^2\tilde{U}_i}{\partial x_j\partial x_j} \tag{4.83}$$

我们把非线性项展开，由于对称性，只写出上三角部分，有

$$\widetilde{U_iU_j}=\begin{bmatrix}\widetilde{\left(\tilde{U}+u'\right)\left(\tilde{U}+u'\right)} & \widetilde{\left(\tilde{U}+u'\right)\left(\tilde{V}+v'\right)} & \widetilde{\left(\tilde{U}+u'\right)\left(\tilde{W}+w'\right)}\\ & \widetilde{\left(\tilde{V}+v'\right)\left(\tilde{V}+v'\right)} & \widetilde{\left(\tilde{V}+v'\right)\left(\tilde{W}+w'\right)}\\ & & \widetilde{\left(\tilde{W}+w'\right)\left(\tilde{W}+w'\right)}\end{bmatrix} \tag{4.84}$$

以其中一个分量为例，其他类似，有

$$\widetilde{\left(\tilde{U}+u'\right)\left(\tilde{V}+v'\right)}=\widetilde{\tilde{U}\tilde{V}}+\widetilde{\tilde{U}v'}+\widetilde{\tilde{V}u'}+\widetilde{u'v'} \tag{4.85}$$

由于有 $\tilde{U}$ 和 $\tilde{V}$ 的传输方程，上式右端第一项 $\widetilde{\tilde{U}\tilde{V}}$ 是能直接计算的。第二和第三项之和 $\widetilde{\tilde{U}v'}+\widetilde{\tilde{V}u'}$，称之为交叉应力项，是不能直接计算的，需要模化。第三项 $\widetilde{u'v'}$ 也是不能直接计算的，需要模化，我们注意到它跟雷诺应力张量形似。

将式 (4.85) 恢复为一般形式，有

$$\widetilde{\left(\tilde{U}_i+u_i'\right)\left(\tilde{U}_j+u_j'\right)}=\widetilde{\tilde{U}_i\tilde{U}_j}+\widetilde{\tilde{U}_iu_j'}+\widetilde{\tilde{U}_ju_i'}+\widetilde{u_i'u_j'} \tag{4.86}$$

记

$$\begin{aligned}L_{ij}&=\widetilde{\tilde{U}_i\tilde{U}_j}-\tilde{U}_i\tilde{U}_j\\ C_{ij}&=\widetilde{\tilde{U}_iu_j'}+\widetilde{\tilde{U}_ju_i'}\\ R_{ij}&=\widetilde{u_i'u_j'}\end{aligned} \tag{4.87}$$

将式 (4.87) 三项之和记为亚格子应力，即

$$\tau_{ij}^{SGS} = L_{ij} + C_{ij} + R_{ij} \tag{4.88}$$

代入式 (4.83)，得

$$\frac{\partial \tilde{U}_i}{\partial t} + \frac{\partial}{\partial x_j}\left(\tilde{U}_i \tilde{U}_j\right) = -\frac{1}{\rho}\frac{\partial \tilde{P}}{\partial x_i} + \nu \frac{\partial^2 \tilde{U}_i}{\partial x_j \partial x_j} - \frac{\partial}{\partial x_j}\left(\tau_{ij}^{SGS}\right) \tag{4.89}$$

上式就是解析尺度的 Navier-Stokes 方程。

### 4.6.1 Smagorinsky 亚格子模型

最早的亚格子模型为 Smagorinsky 亚格子模型，这个模型现在仍有很广的应用，只要截断波数位于 Kolmogorov 能谱惯性子区，特别是对远离壁面的流动，Smagorinsky 亚格子模型可以准确解析出大尺度涡。将 $\tau_{ij}^{SGS}$ 模化为

$$\tau_{ij}^{SGS} - \frac{1}{3}\tau_{kk}^{SGS}\delta_{ij} = -2\nu^{SGS}\tilde{S}_{ij} \tag{4.90}$$

式中，$\tilde{S}_{ij} = \frac{1}{2}\left(\frac{\partial \tilde{U}_i}{\partial x_j} + \frac{\partial \tilde{U}_j}{\partial x_i}\right)$，为解析尺度的应变率张量。实际上类似于 Boussinesq 涡黏假设，所以这个模型也称为涡黏模型。$\nu^{SGS}$ 为亚格子涡运动黏性系数，按如下计算：

$$\nu^{SGS} = (C_S\Delta)^2\sqrt{2\tilde{S}_{ij}\tilde{S}_{ij}} \tag{4.91}$$

式中，$\sqrt{2\tilde{S}_{ij}\tilde{S}_{ij}} = \left|\tilde{S}_{ij}\right|$ 为张量 $\tilde{S}_{ij}$ 的模，$C_S$ 为 Smagorinsky 常数。下面通过解析方法求解 $C_S$。

### 4.6.2 Smagorinsky 常数计算

由第 3 章 3.7 节，对均质各向同性湍流，$\left|\tilde{S}_{ij}\right|$ 可表示为

$$\left|\tilde{S}_{ij}\right|^2 = \int_0^{\infty} 2k^2 E(k,t)\,\mathrm{d}k \tag{4.92}$$

再由 Kolmogorov 假设，有

$$E(k) = \alpha\varepsilon^{2/3}k^{-5/3} \tag{4.93}$$

这里采用谱空间的截断滤波，滤波函数为

$$G(k) = \begin{cases} 1, & k \leqslant k_c \\ 0, & k > k_c \end{cases} \tag{4.94}$$

式中，$k_c = \pi/\Delta$ 为截断波数。对式 (4.92) 应用滤波函数，并代入式 (4.93)，有

$$\left|\tilde{S}_{ij}\right|^2 = 2\alpha \int_0^{k_c} \varepsilon^{2/3} k^{1/3} \mathrm{d}k = \frac{3}{2}\left(\frac{\pi}{\Delta}\right)^{4/3} \alpha\varepsilon^{2/3} \tag{4.95}$$

根据 Kolmogorov 假设，在高雷诺数惯性子区，耗散率和波数是主导因素，这样，根据量纲分析，将 $\nu^{SGS}$ 写为

$$\nu^{SGS} = (C_S\Delta)^{4/3}\varepsilon^{1/3} \tag{4.96}$$

需要注意，式中，$\Delta$ 为波数的倒数，即 $\Delta = \pi/k_c$。对均质各向同性湍流，耗散率为

$$\varepsilon = \nu^{SGS}\left|\tilde{S}_{ij}\right|^2 \tag{4.97}$$

由式 (4.96) 和式 (4.97) 可解出 $\nu^{SGS} = (C_S\Delta)^2\left|\tilde{S}_{ij}\right|$，再代入式 (4.97)，有

$$\varepsilon = (C_S\Delta)^2\left|\tilde{S}_{ij}\right|^3 \tag{4.98}$$

将式 (4.95) 代入上式，有

$$C_S = \frac{1}{\pi}\left[\frac{3\alpha}{2}\right]^{-3/4} \tag{4.99}$$

当 $\alpha = 1.4$，有 $C_S = 0.182$。这个结果最早由 Lilly(1967) 所得出的，实际上，一般认为 $C_S$ 并不是一个常数，比如，当模拟剪切流动时，这个值要减小到 0.065 左右，而对于近壁面这个值还应该更小。

也有一些评价认为 Smagorinsky 亚格子模型所定义的亚格子应力与解析尺度流场应变率线性关系并不存在，还有诸如壁面边界条件的实现等方面的推进和完善的工作要做。

# 第 5 章　叶轮机械流动模型

从惯性系即站在地球上的试验者角度，通常观察到的叶轮内流运动是随时空连续变化的，但叶轮内流运动也遵循 Navier-Stokes 方程，简而言之，我们能够建立与之对应的流动模型只能是 Navier-Stokes 方程。显然，直接从运动方程研究是比较困难的。然而，一旦采用旋转坐标系，流动即变为定常的。我们注意到，若进一步忽略黏性，则可用 Bernoulli 方程作为流动模型；进而，还可以在旋转坐标系下分析曲率、系统旋转的作用。显然，这些特殊的流动模型将为研究叶轮机械运动特性提供重要的基础。

## 5.1　流体微团曲线运动的加速度

如图 5.1 所示，设流体微团沿曲线 $s$ 运动，此时，任意点的位置向量用 $\boldsymbol{r}$ 表示，该点处的速度写为

$$\boldsymbol{u}=\frac{\mathrm{d}\boldsymbol{r}}{\mathrm{d}t}=\frac{\mathrm{d}s}{\mathrm{d}t}\boldsymbol{e}_{\mathrm{t}} \tag{5.1}$$

式中，$\dfrac{\mathrm{d}s}{\mathrm{d}t}$ 为微团沿曲线切向位移对时间的变化率；$\boldsymbol{e}_{\mathrm{t}}$ 表示切向的单位向量。注意，这里采用了局部曲线坐标系统，即由 $\boldsymbol{e}_{\mathrm{t}}$ 和 $\boldsymbol{e}_{\mathrm{n}}$ 所指方向的坐标轴构成的坐标系统，如图 5.1 所示。

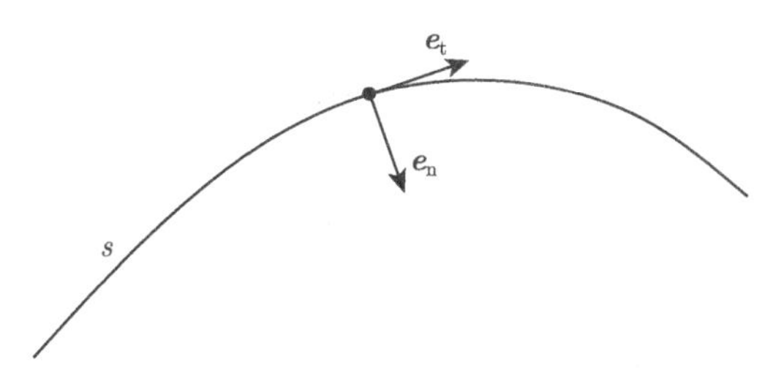


图 5.1　局部曲线坐标系示意图

记切向速度大小为 $u_{\mathrm{t}}=\dfrac{\mathrm{d}s}{\mathrm{d}t}$，即，式 (5.1) 变为

$$\boldsymbol{u}=u_{\mathrm{t}}\boldsymbol{e}_{\mathrm{t}} \tag{5.2}$$

这样，速度的变化率即加速度写为

$$\boldsymbol{a}=\frac{\mathrm{d}}{\mathrm{d}t}\left(u_{\mathrm{t}}\boldsymbol{e}_{\mathrm{t}}\right)=\frac{\mathrm{d}u_{\mathrm{t}}}{\mathrm{d}t}\boldsymbol{e}_{\mathrm{t}}+u_{\mathrm{t}}\frac{\mathrm{d}\boldsymbol{e}_{\mathrm{t}}}{\mathrm{d}t} \tag{5.3}$$

将切向速度 $u_\mathrm{t}$ 的时间变化率记为 $a_\mathrm{t}=\dfrac{\mathrm{d}u_\mathrm{t}}{\mathrm{d}t}$，即切向加速度。接下来，还需要确定式 (5.3) 右端第二项，它表示切向单位向量对时间的变化率。用图 5.2 来具体分析。

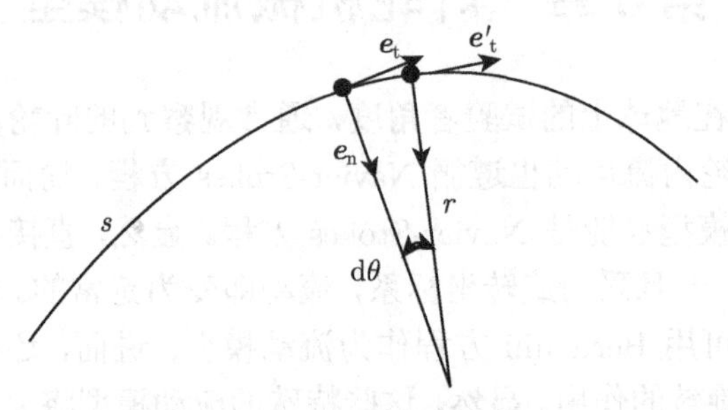


图 5.2　下一时刻位置示意图

如图 5.2 所示，这里，用一个半径为 $r$ 的圆弧 $r\mathrm{d}\theta$ 来近似 $\mathrm{d}s$，原始位置为 $\boldsymbol{e}_\mathrm{t}$，在经过微小时间间隔 $\mathrm{d}t$ 后，到达新位置 $\boldsymbol{e}'_\mathrm{t}$，把图局部放大，如图 5.3 所示。

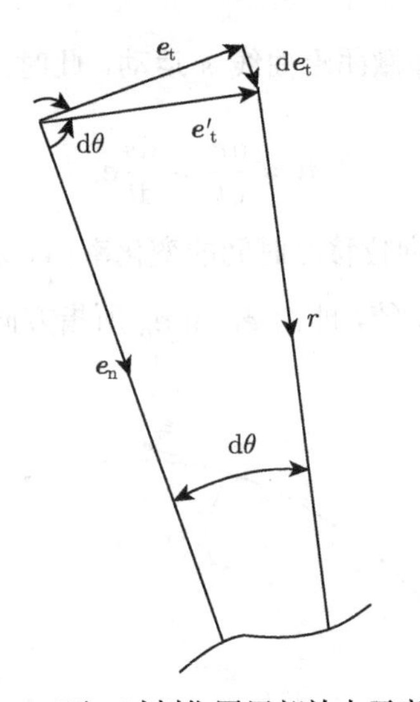


图 5.3　下一时刻位置局部放大示意图

由图 5.3，根据向量关系，有

$$\boldsymbol{e}'_\mathrm{t}=\boldsymbol{e}_\mathrm{t}+\mathrm{d}\boldsymbol{e}_\mathrm{t} \tag{5.4}$$

如图 5.3 所示，用一小段圆弧长度来近似 $\mathrm{d}\boldsymbol{e}_\mathrm{t}$，并注意 $\mathrm{d}\boldsymbol{e}_\mathrm{t}$ 沿 $\boldsymbol{e}_\mathrm{n}$ 方向，有

$$\mathrm{d}\boldsymbol{e}_\mathrm{t}=|\boldsymbol{e}_\mathrm{t}|\,\mathrm{d}\theta\boldsymbol{e}_\mathrm{n} \tag{5.5}$$

注意到，$\boldsymbol{e}_{\mathrm{t}}$ 为单位向量，有 $|\boldsymbol{e}_{\mathrm{t}}|=1$，上式可变为

$$\mathrm{d}\boldsymbol{e}_{\mathrm{t}}=\mathrm{d}\theta\boldsymbol{e}_{\mathrm{n}} \tag{5.6}$$

对式 (5.6) 两端同时除以时间 $\mathrm{d}t$，有

$$\frac{\mathrm{d}\boldsymbol{e}_{\mathrm{t}}}{\mathrm{d}t}=\frac{\mathrm{d}\theta}{\mathrm{d}t}\boldsymbol{e}_{\mathrm{n}} \tag{5.7}$$

流体微团从原始位置运动到新位置，产生的位移为 $\mathrm{d}s$，用半径为 $r$ 的圆弧来近似，如图 5.3 所示，有

$$\mathrm{d}s=r\mathrm{d}\theta \tag{5.8}$$

对式 (5.8) 两端同时除以时间 $\mathrm{d}t$，有

$$\frac{\mathrm{d}s}{\mathrm{d}t}=r\frac{\mathrm{d}\theta}{\mathrm{d}t} \tag{5.9}$$

注意到 $u_t=\dfrac{\mathrm{d}s}{\mathrm{d}t}$，有

$$\frac{\mathrm{d}\theta}{\mathrm{d}t}=\frac{u_t}{r} \tag{5.10}$$

将式 (5.10) 代入式 (5.7)，得

$$\frac{\mathrm{d}\boldsymbol{e}_{\mathrm{t}}}{\mathrm{d}t}=\frac{u_{\mathrm{t}}}{r}\boldsymbol{e}_{\mathrm{n}} \tag{5.11}$$

将式 (5.11) 代入式 (5.3)，得

$$\boldsymbol{a}=\frac{\mathrm{d}u_{\mathrm{t}}}{\mathrm{d}t}\boldsymbol{e}_{\mathrm{t}}+\frac{u_{\mathrm{t}}^2}{r}\boldsymbol{e}_{\mathrm{n}} \tag{5.12}$$

这样，流体微团沿曲线运动的加速度包含了切向和法向两部分。注意到，式 (5.12) 中 $\dfrac{u_t^2}{r}\boldsymbol{e}_n$，只要流体微团沿曲线运动，这一项就会存在。只有当切向速度 $u_t=0$，即完全静止的时候，切向和法向的加速度都为零。而即使 $u_{\mathrm{t}}=\mathrm{Const}$，即切向速度为匀速运动，此时，$\boldsymbol{a}=\dfrac{u_{\mathrm{t}}^2}{r}\boldsymbol{e}_{\mathrm{n}}$，这个法向加速度仍存在。实际上，生活中我们只要沿曲线运动就自然会受到离心力，就是这个原理。

## 5.2 旋转和曲率对边界层稳定性的分析

先取直叶片的通道，考察旋转对于平面旋转直叶片通道内流动的作用，以及相关的稳定性分析。

假设流动在 $x-y$ 平面内，旋转沿 $z$ 轴正方向，垂直纸面向外。考虑定常稳态无黏流动，假设 Rossby 数很小，可以忽略惯性作用，即主要考察 Coriolis 力的作用。根据上述假设，由第 1 章 Ekman 层的方程式 (1.193)，略去黏性项得到

$$-\frac{\nabla p}{\rho}-2\boldsymbol{\omega}\times\boldsymbol{W}=0 \tag{5.13}$$

式 (5.13) 中 Coriolis 力项为 $-2\boldsymbol{\omega}\times\boldsymbol{W}$，其方向沿吸力面的外法向方向，而这里考虑无黏流动，根据边界条件，流动在壁面处沿着壁面切向方向，即这里 $\boldsymbol{W}$ 所表示的相对速度是沿着壁面方向的，如图 5.4 所示。根据式 (5.13)，为平衡 Coriolis 力，必然产生一个压力梯度力，即 $-\dfrac{\nabla p}{\rho}$，其方向与 Coriolis 力方向相反，如图 5.4 所示。

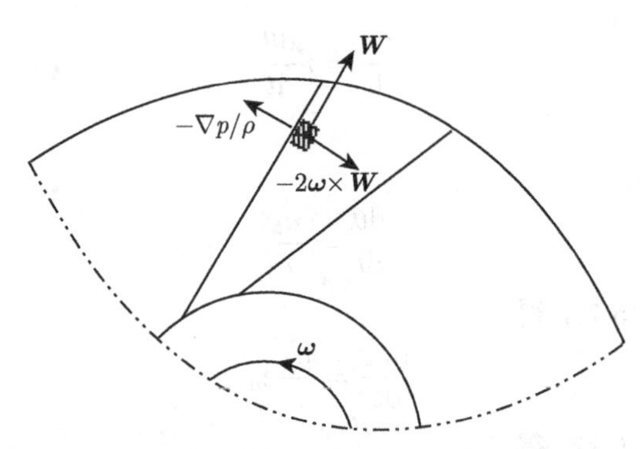


图 5.4　旋转对无黏边界层稳定性影响的示意图

下面，我们来简要地分析稳定性。假设边界层内一个流体质点由于受到某种扰动，向外移动了一点位置，此时，它所在的新位置处的速度增大，即 $\boldsymbol{W}$ 增加，故 Coriolis 力也相应增大，根据等式 (5.13)，在新位置处对应的压力梯度力也相应地比原始位置点大，而且这里的压力梯度力是垂直指向吸力面侧的。同时，注意到流体质点仍然保持了自身原有的速度 $\boldsymbol{W}$。也就是说，压力梯度力具有促使流体质点还原到原始位置点的效果，即这将有利于流动趋于稳定，所以，对这里的吸力面侧无黏边界流动而言，旋转效应是有利于其趋于稳定的。我们注意到，在压力面侧，这两个力的方向与吸力面侧情形刚好相反，此时容易看出旋转是有利于促使压力面侧无黏边界层流动失稳的。

下面，再看下旋转方向与稳定性的关系，如图 5.5 所示，此时的相对速度 $\boldsymbol{W}$ 沿水平方向，式 (5.13) 可简化写为

$$-\frac{1}{\rho}\frac{\partial p}{\partial y}-2\omega\boldsymbol{W}=0 \tag{5.14}$$

此处 Coriolis 力项具体按如下展开获得

$$-2\boldsymbol{\omega} \times \boldsymbol{W} = -2 \begin{vmatrix} i & j & k \\ 0 & 0 & \omega \\ W & 0 & 0 \end{vmatrix} = \left\{ 0, \quad -2\omega W, \quad 0 \right\} \tag{5.15}$$

即只有沿 $y$ 方向的分量 $-2\omega W$，而在 $y$ 方向的压力梯度力为 $-\frac{1}{\rho}\frac{\partial p}{\partial y}$，因此，有式 (5.14)。根据上面的讨论，很容易给出图 5.5 所示的平衡关系，图 5.5(a)，压力梯度力指向是远离壁面的，说明这种情况是有利于失稳的，对于离心式叶轮，其叶片进口位置与此情形类似，注意，这里的类似是指进口来流的方向与叶片旋转的方向与图 5.5(a) 情形类似；而当旋转方向相反时，如图 5.5(b)，此时压力梯度力是指向壁面的，说明此时是有利于稳定的，对于离心式叶轮，其叶片出口位置与此情形类似。

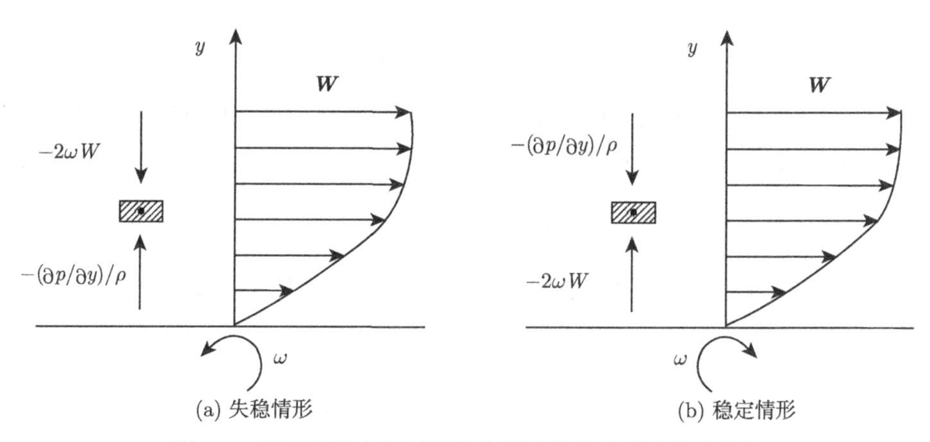


(a) 失稳情形 (b) 稳定情形

图 5.5 不同旋转方向对无黏边界层稳定性影响的示意图

类似地，我们再看下曲率对边界层流动稳定性的影响。这里，不考虑旋转，假设定常无黏流由曲率造成的离心力与静压力相平衡，可得

$$-\frac{1}{\rho}\frac{\partial p}{\partial r} + \frac{u^2}{r_c} = 0 \tag{5.16}$$

这里的离心力项 $\frac{u^2}{r_c}$ 的产生，可以参考 5.1 节。当然，也可以由圆柱坐标系下的基本方程得出以上平衡关系，参考附录 A2 中式 (A2.69)。再分析稳定性，如图 5.6(a)，对于凹边界，此时，离心力垂直指向壁面，而压力梯度力与之相反，即指向曲率中心点，根据前面的分析，容易看出，对于凹壁面无黏边界层，压力梯度力的指向远离壁面，是有利于失稳的；类似，如图 5.6(b)，对于凸壁面，压力梯度力指向壁面，是有利于稳定的。

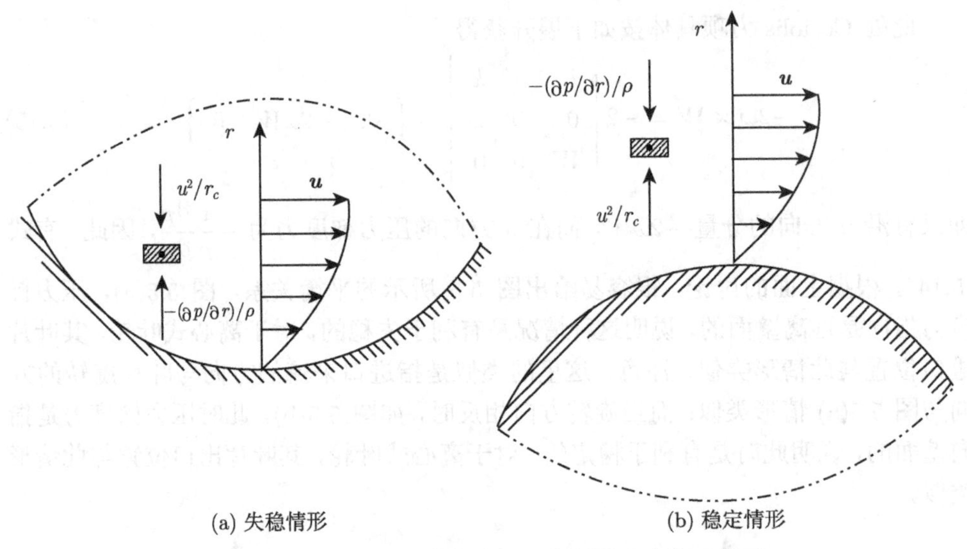


(a) 失稳情形　　(b) 稳定情形

图 5.6　不同曲率对无黏边界层稳定性影响的示意图

最后，关于压力梯度力，我们需要注意，根据惯例，它的方向是从高指向低等压线的，而压力梯度是从低指向高等压线的，也就是说，压力梯度力与压力梯度指向是正好相反的。

## 5.3　Bernoulli 方程及叶轮机械中的应用

### 5.3.1　Bernoulli 方程

先给出稳态无黏不可压缩流动方程，即 Euler 方程如下：

$$\boldsymbol{u}\cdot\nabla\boldsymbol{u}=-\frac{1}{\rho}\nabla p+\boldsymbol{g} \tag{5.17}$$

式中，包含了重力 $\boldsymbol{g}=\{0,0,-g\}$。

考虑到无旋流动 $\nabla\times\boldsymbol{u}=0$，将 $\boldsymbol{u}\cdot\nabla\boldsymbol{u}$ 写成

$$\boldsymbol{u}\cdot\nabla\boldsymbol{u}=\frac{1}{2}\nabla(\boldsymbol{u}\boldsymbol{u})-\boldsymbol{u}\times(\nabla\times\boldsymbol{u})=\frac{1}{2}\nabla\left(\boldsymbol{u}^2\right) \tag{5.18}$$

重力场为保守场，可以写为

$$\boldsymbol{g}=\nabla\boldsymbol{\psi} \tag{5.19}$$

式中，$\boldsymbol{\psi}=\{0,0,-gz\}$，将其代入式 (5.17) 有

$$\nabla\left(\frac{\boldsymbol{u}^2}{2}\right)=-\nabla\left(\frac{p}{\rho}\right)+\nabla\boldsymbol{\psi} \tag{5.20}$$

对式 (5.20) 沿流线积分，有

$$\frac{\boldsymbol{u}^2}{2}+\frac{p}{\rho}+gz=\mathrm{Const} \tag{5.21}$$

上式即为 Bernoulli(1738) 方程，该方程只能适用于稳态不可压缩无黏无旋流体，沿一根流线的流动。

Bernoulli 方程的推导有多种方法，此处是从 Euler 方程出发；还可以用曲线坐标系，沿一根流线按牛顿第二定律进行推导；也可以从能量守恒角度推导。

### 5.3.2 透平机械的 Euler 方程

设流体在半径为 $r_1$ 的位置进入叶轮，且其切向的运动速度为 $v_{u1}$，然后，流体从半径为 $r_2$ 的位置离开叶轮，且其切向的运动速度为 $v_{u2}$，则若要对质量流量为 $m$kg/s 的流体产生上述变化，需要如下的力矩：

$$\boldsymbol{T}=m\left(r_2v_{u2}-r_1v_{u1}\right) \tag{5.22}$$

这样，对于单位质量流体所需的输入功为

$$W=\omega\left(r_2v_{u2}-r_1v_{u1}\right) \tag{5.23}$$

上式也可写为

$$W=u_2v_{u2}-u_1v_{u1} \tag{5.24}$$

### 5.3.3 旋转坐标系下的 Bernoulli 方程

先从惯性坐标系出发，给出熟知的能量方程，如下：

$$(h_{02}-h_{01})+g\left(z_2-z_1\right)=Q+W \tag{5.25}$$

式中，$h_{02}$ 为流入系统的滞止焓；$h_{01}$ 为流出系统的滞止焓，与传统惯例相反，这里以外界输入功为正，则输入功即式 (5.23) 或式 (5.24)。设系统绝热，将式 (5.24) 代入上式，有

$$(h_{02}-h_{01})+g\left(z_2-z_1\right)=u_2v_{u2}-u_1v_{u1} \tag{5.26}$$

将滞止焓展开，即 $h_0=h+\dfrac{v^2}{2}$，上式变为

$$\left(h_2+\frac{v_2^2}{2}\right)-\left(h_1+\frac{v_1^2}{2}\right)+g\left(z_2-z_1\right)=u_2v_{u2}-u_1v_{u1} \tag{5.27}$$

或整理写成

$$gz_2+h_2+\frac{v_2^2}{2}-u_2v_{u2}=gz_1+h_1+\frac{v_1^2}{2}-u_1v_{u1} \tag{5.28}$$

对于旋转叶轮，采用旋转坐标系来考察叶轮内的流动是便捷的，这里，在旋转坐标系下的观察者是感受不到系统旋转的，而且，观察者看到的是相对运动的速度场 $w$。这样，绝对速度 $v$ 就可由相对速度 $w$ 与牵连速度 $u$ 的向量和构成，根据速度三角形及余弦定理，有如下关系式:

$$w^2 = u^2 + v^2 - 2uv\cos\alpha = u^2 + v^2 - 2uv_u \tag{5.29}$$

将式 (5.29) 分别代入式 (5.28) 两端，得

$$gz_2 + h_2 + \frac{w_2^2}{2} - \frac{u_2^2}{2} = gz_1 + h_1 + \frac{w_1^2}{2} - \frac{u_1^2}{2} \tag{5.30}$$

若用滞止量表示，可记 $(h_0)_{\text{rel}} = h + \dfrac{w^2}{2}$，表示旋转坐标系下的滞止焓。

对于常温不可压缩流动，焓简化为 $h = \dfrac{p}{\rho}$，这样，式 (5.30) 变为

$$gz_2 + \frac{p_2}{\rho} + \frac{w_2^2}{2} - \frac{u_2^2}{2} = gz_1 + \frac{p_1}{\rho} + \frac{w_1^2}{2} - \frac{u_1^2}{2} \tag{5.31}$$

该式即为旋转系下的 Bernoulli 方程。将上式变形，改写为

$$g(z_2 - z_1) + \frac{p_2 - p_1}{\rho} = \frac{u_2^2 - u_1^2}{2} + \frac{w_1^2 - w_2^2}{2} \tag{5.32}$$

式 (5.32) 第一项为位置势能变化，第二项为压力势能变化，若忽略位置变化，则简化为

$$\frac{p_2 - p_1}{\rho} = \frac{u_2^2 - u_1^2}{2} + \frac{w_1^2 - w_2^2}{2} \tag{5.33}$$

即为叶片式流体机械旋转所获得的纯压力提升。通常包括系统旋转所造成的部分，即 $\dfrac{u_2^2 - u_1^2}{2}$ 以及叶片通道减速扩压部分，即 $\dfrac{w_1^2 - w_2^2}{2}$。需要注意的是，第一项是绕定轴的刚体旋转动能，并不是离心力的作用，在叶片式流体机械中，离心力或向心力与运动方向垂直，是不做功的。

再进一步讨论该方程在叶轮机械中的应用。比如，对于轴流式机械，若轮毂和机壳为完全同轴的圆柱形，则可以取进、出口圆周速度相等，即 $u_1 = u_2$，这样，纯压升只能通过减速增压获得，此时，叶片的形状对机器性能有着决定性的影响，这也是为什么在轴流式机械中通常要采用翼型升力理论的缘故，此时的压升可以视为来源于翼型的升力，而相关翼型或翼栅的试验数据是非常丰富的，对于轴流机械的设计是非常有帮助的。另外，实践中为适当利用系统旋转带来的压升，通常将轴

流机械的轮毂前端作成纺锤形，而非完全圆柱形，当然也可以适当地改变机壳的形状。

对于径流式机械，则可以充分发挥系统旋转的作用，即在机器尺寸不变的前提下，通过提高转速来尽量增加压升，而且，我们注意到，$\dfrac{u_2^2-u_1^2}{2}$ 是完全无损耗的，与之不同的是，通道减速扩压部分 $\dfrac{w_1^2-w_2^2}{2}$，由叶片通道内的相对速度场决定，跟叶片通道的形状紧密相关，过分地追求扩压则可能造成流动分离，其效果反而不佳。另外，在压缩机中，由于 $\dfrac{u_2^2-u_1^2}{2}$ 无损耗的优点，往往通过极大限度地提高转速来获得尽可能大的压升，这往往受制于材料所能承受的强度极限。在这种场合，$\dfrac{w_1^2-w_2^2}{2}$ 所占比例很小，即使相对流动已经严重不均匀，甚至局部分离，这也并不会影响压缩机能够获得较好的效果。

### 5.3.4 泵空化中的 Bernoulli 方程应用

先从惯性坐标系出发，参考图 5.7，根据 Bernoulli 方程写出泵进口截面处的总能量，如下:

$$gh_{\text{lift}}+\frac{p_1}{\rho}+\frac{v_1^2}{2}=\frac{p_a}{\rho} \tag{5.34}$$

式 (5.34) 是理想情况下的进口处的能量关系式，但由于进口管道系统会消耗一部分流动能量，考虑这部分能量为 $gh_{\text{loss}}$，上式可改写为

$$gh_{\text{loss}}+gh_{\text{lift}}+\frac{p_1}{\rho}+\frac{v_1^2}{2}=\frac{p_a}{\rho} \tag{5.35}$$

式 (5.35) 的物理意义为：此处未涉及泵，即在大气压力的驱动下，液体克服重力，提升 $h_{\text{lift}}$ 的高度，到达位置 1，并具备压力 $p_1$ 和速度 $v_1$，同时还克服管道损耗 $h_{\text{loss}}$ 的水头高度。需要注意的是，这并不是泵作用产生的结果，而是大气压力的作用，并不是泵把液体吸上来，这一点跟我们通常所理解的并不一样。

泵的作用是排出液体，泵叶片做功将上述液体不断地排出去，从而保持连续流动。

如图 5.7 所示，泵进口位置 1 也相当于进口法兰位置。将研究对象放在泵进口至叶轮内部这一流动区域，如图 5.8 所示，显然，位置 1 至位置 $s$ 之间是惯性系下定常流动，而位置 $s$ 至位置 $c$，需要采用非惯性参考系来观察，此时的流动才是定常流动。

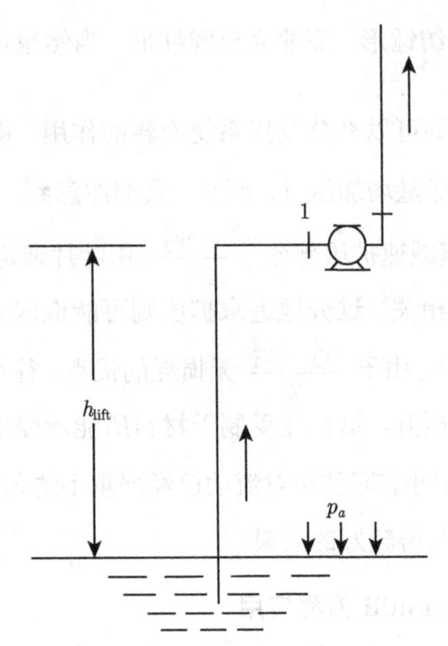


图 5.7　泵进口总能分析示意图

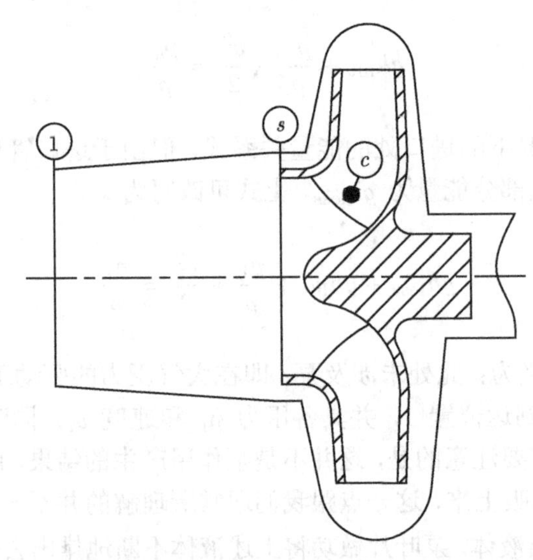


图 5.8　泵进口至叶轮内过渡过程的总能分析示意图

首先对于位置 1 至位置 $s$ 之间的流动，一般用 Bernoulli 方程来建立能量关系式，如下：

$$gz_1+\frac{p_1}{\rho}+\frac{v_1^2}{2}=gz_s+\frac{p_s}{\rho}+\frac{v_s^2}{2}+gh_{1\to s} \tag{5.36}$$

式中，$h_{1\to s}$ 为从位置 1 到位置 $s$ 流动损耗的能量。

其次，对于位置 $s$ 至位置 $c$ 之间的流动，采用旋转坐标系下的 Bernoulli 方程来建立能量关系式，如下:

$$gz_s+\frac{p_s}{\rho}+\frac{w_s^2}{2}-\frac{u_s^2}{2}=gz_c+\frac{p_c}{\rho}+\frac{w_c^2}{2}-\frac{u_c^2}{2}+gh_{s\to c} \tag{5.37}$$

式中，$h_{s\to c}$ 为从位置 $s$ 到位置 $c$ 流动损耗的能量。联立式 (5.36) 和式 (5.37)，可以建立位置 1 与位置 $c$ 之间的能量关系式，如下:

$$\frac{p_1-p_c}{\rho}=g\left(z_c-z_1\right)+\frac{w_c^2-w_s^2}{2}+\frac{u_s^2-u_c^2}{2}+\frac{v_s^2-v_1^2}{2}+gh_{1\to c} \tag{5.38}$$

式中，$h_{1\to c}=h_{1\to s}+h_{s\to c}$ 表示从位置 1 到位置 $c$ 流动损耗的能量。

再结合速度三角形作进一步分析，如图 5.9。若不计进口预旋，此时，叶轮吸入眼处的来流垂直于叶轮进口断面，这与吸入眼之前的管道来流是一样的，即旋转系下的叶轮吸入眼处流体的绝对运动就是管道来流运动，而一旦进入叶轮吸入眼，在旋转坐标系下，便分解为系统旋转和相对运动。注意，图 5.9(a) 中所示为进口无预旋情形，此时的来流速度即为轴面速度，若考虑预旋，则 $v_s$ 不再垂直于 $u_s$，此时为图 5.9(b) 所示。

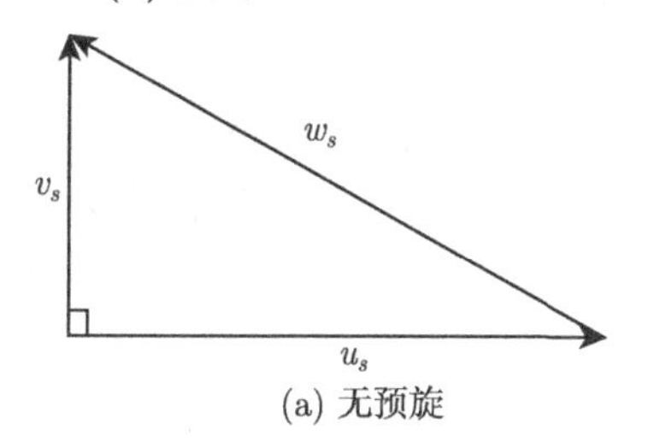

(a) 无预旋

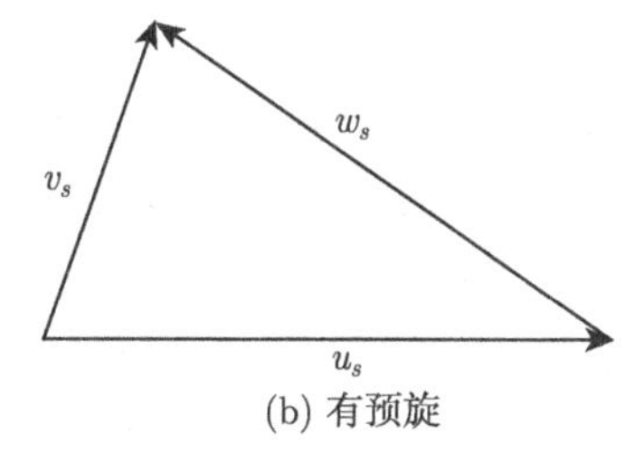

(b) 有预旋

图 5.9 叶轮吸入眼处速度三角形示意图

可结合速度三角形，将式 (5.38) 再变形，有

$$gz_1+\frac{p_1}{\rho}+\frac{v_1^2}{2}=gz_c+\frac{p_c}{\rho}+\frac{v_c^2}{2}-\left(uv_u\right)_c+\left(uv_u\right)_s+gh_{1\to c} \tag{5.39}$$

式 (5.39) 物理意义说明，流动在位置 1 的能量，加上叶轮所做的功，用于驱使流动到达位置高度 $z_c$，获得压力 $p_c$ 及速度 $v_c$，并克服流动过程的损耗。

假设一个特殊情形发生，即在位置 $c$ 处发生空化，此时 $p_c=p_v$，即汽化压力，将上式改写，如下:

$$gz_1+\frac{p_1}{\rho}+\frac{v_1^2}{2}-\frac{p_v}{\rho}=gz_c+\frac{v_c^2}{2}-\left(uv_u\right)_c+\left(uv_u\right)_s+gh_{1\to c} \tag{5.40}$$

一般，在离心泵里定义 $\mathrm{NPSH}=\left(gz_1+\dfrac{p_1}{\rho}+\dfrac{v_1^2}{2}-\dfrac{p_v}{\rho}\right)/g$，即泵进口 1位置的

总能超过空化压力势能部分的余量 (所对应的水头高度，单位为 m)。式 (5.40) 右端与实际的流体运动情况有关。$p_v$ 在给定温度条件下为常数，可得出，若式 (5.40) 右端能量越大，则所需的进口总能越大。其物理意义为：在除去叶片做功外，泵进口应当具备充足的能量，才足以驱使流体在到达位置 $c$ 获得位置势能、运动能并克服流动损耗外，达到的压力 $p_c > p_v$，才不会发生空化。

到这里，我们再看如何计算泵进口 1 位置的总能，注意到，没有约定泵进口 1 位置的参考基准，为便于跟前面的讨论一致，沿用图 5.7 所示的吸入布置方式，此时，以自由液面作为基准，显然，$z_1 = h_{\text{lift}}$，将式 (5.35) 代入式 (5.40) 左端，有

$$gh_{\text{lift}} + \frac{p_1}{\rho} + \frac{v_1^2}{2} - \frac{p_v}{\rho} = \frac{p_a - p_v}{\rho} - gh_{\text{loss}} \tag{5.41}$$

在工业应用场合，大多选择将基准位置取在泵吸入眼中心线 (卧式泵) 或叶轮出口边中心线 (立式泵)，容易得出

$$\frac{p_1}{\rho} + \frac{v_1^2}{2} - \frac{p_v}{\rho} = \frac{p_a - p_v}{\rho} - gh_{\text{lift}} - gh_{\text{loss}} \tag{5.42}$$

上式两边同时除以 $g$ 所得通常被称为 NPSHa，单位为 m，表示吸入装置所能提供的泵入口能量超过空化压力能的余量。式 (5.40) 右端除以 g 所得通常称为 NPSHr，单位为 m，即保证不空化所必须准备的泵入口能量，显然，装置能够提供的能量 NPSHa 应大于 NPSHr，才能保证不空化。

这里，NPSHa 与吸入装置具体的布置形式有关，它是一个可计算的量。泵的使用方可根据具体吸入结构，按式 (5.42) 进行计算。另外，若泵吸入采取倒灌方式，只需将 $h_{\text{lift}}$ 项前的负号改为正号即可。

从式 (5.40) 右端可以看出，NPSHr 不是一个可计算量，其困难在于，泵内的流体运动情况复杂，没有相关的计算公式能够直接得出这些运动项，这显然也是不太实际的。工业应用中，通常由试验来给出，比如，约定扬程下降 3%时的性能参数作为 NPSHr 值，显然，这只能由泵的生产方或者检测方来提供。

## 5.4 翼栅混合损失的势流分析

下面介绍一个翼栅下游的混合损失模型，这里采用势流方法进行分析，如图 5.10 所示。

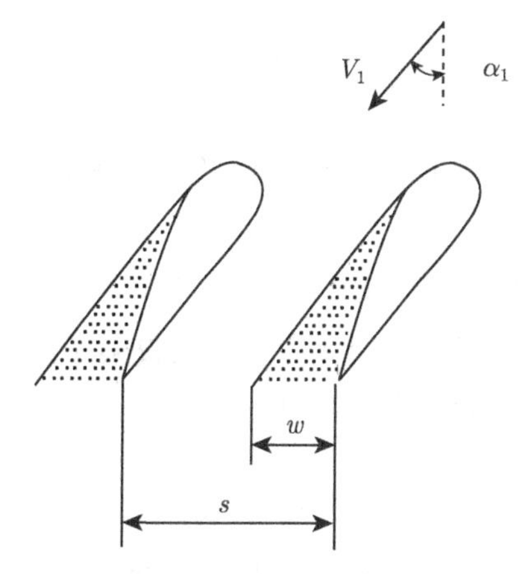


图 5.10 平面翼栅后混合损失的势流分析示意图

取翼栅出口处作为参考断面 2，取下游充分混合后流动已平均的位置为参考断面 3，取两个断面间的区域作为控制体，运用动量定理，有

$$\rho\left[(s-w)V_2^2 - sV_3^2\right] = (p_3 - p_2)s \tag{5.43}$$

运用连续性条件，有

$$sV_3 = (s-w)V_2 \tag{5.44}$$

易得，$V_2 = \left(\dfrac{s}{s-w}\right)V_3$。将其代入式 (5.43)，得

$$\begin{aligned}\frac{p_3-p_2}{\rho} &= \frac{s-w}{s}V_2^2 - V_3^2 = \frac{s}{s-w}V_3^2 - V_3^2 \\ &= \frac{V_3^2}{2}\times 2\times\left(\frac{s}{s-w}-1\right) = \frac{V_3^2}{2}\left(\frac{2w}{s-w}\right)\end{aligned} \tag{5.45}$$

上式即为断面 3 与断面 2 的静压差，下面再计算动压差，

$$\begin{aligned}\rho\left(\frac{V_3^2}{2} - \frac{V_2^2}{2}\right) &= \rho\left[\frac{V_3^2}{2} - \frac{1}{2}\left(\frac{s}{s-w}\right)^2 V_3^2\right] \\ &= \frac{\rho V_3^2}{2}\left[1-\left(\frac{s}{s-w}\right)^2\right]\end{aligned} \tag{5.46}$$

将式 (5.45) 与式 (5.46) 相加，得

$$p_{03} - p_{02} = \left(p_3 + \frac{\rho V_3^2}{2}\right) - \left(p_2 + \frac{\rho V_2^2}{2}\right)$$

$$= \frac{\rho V_3^2}{2}\left[\frac{2w}{s-w}+1-\left(\frac{s}{s-w}\right)^2\right] = -\left(\frac{w}{s-w}\right)^2\frac{\rho V_3^2}{2} \tag{5.47}$$

取进口断面为 1 断面，取 1 断面和 3 断面间的区域作为控制体，运用连续性条件，有

$$sV_3 = sV_1\cos\alpha_1 \rightarrow V_3 = V_1\cos\alpha_1 \tag{5.48}$$

假设翼栅内核心区流动没有产生损失，损失仅限于尾流区，那么，可以认为核心区的滞止压力等于来流的滞止压力，即

$$p_{02} = p_{01} \tag{5.49}$$

将式 (5.49) 和式 (5.48) 代入式 (5.47)，这样可以建立下游断面 3 与来流断面 1 间的关联式，有

$$p_{03} - p_{01} = -\left(\frac{w}{s-w}\right)^2\frac{\rho V_1^2}{2}\cos^2\alpha_1 \tag{5.50}$$

式中的负号 (−) 说明，从来流 1 断面，流经翼栅产生尾流区，经混合均匀到达截面 3，该过程中的尾流混合产生了损失。将式 (5.50) 两端同除以来流动压 $\frac{\rho V_1^2}{2}$，得

$$\frac{p_{01}-p_{03}}{\frac{\rho V_1^2}{2}} = \left(\frac{w}{s-w}\right)^2\cos^2\alpha_1 \tag{5.51}$$

可见，尾流宽度 $w$ 越大，损失越大。

# 第 6 章　叶轮机械设计模型

在第 5 章介绍叶轮机械基本流动模型的基础上，本章探讨叶轮机械的设计模型。首先介绍离心式叶轮的叶片载荷模型；其次介绍离心式叶轮的均匀流线设计法，主要介绍螺线设计法、三维叶片的几何分析、共形映射基础，并结合计算机图形设计系统简要介绍三维叶片的展开过程；最后，简要给出轴流式叶轮的径向平衡模型。

## 6.1　离心式叶轮的叶片载荷模型

### 6.1.1　背景

20 世纪 40 年代末 50 年代初，美国 NACA(NASA 前身) 是最先系统地开展压气机气动研究与设计的单位，至今仍保留着最完整的翼型设计资料。在早期压缩机设计中，NACA 刘易斯研究中心的 Stanitz(1951) 提出一种近似计算叶片载荷的方法，即给定叶片表面速度分布，可获得叶片的具体形状。这其实是经典的逆问题求解，通过该计算，用户可以在设计阶段了解叶片的载荷特性，显然，这是非常实用的。该技术在工业界获得非常广的应用，目前，该模型仍被用做初步设计阶段的叶片载荷特性评估。该模型是基于势流理论的，即属于无黏无旋流动模型在透平中应用的一个典型的例子。

在第 2 章势流理论基础里介绍过，通过环量产生升力，不需要通过物体表面具体的压力值来计算，而只需通过沿封闭曲线的速度积分，就能得出其升力大小，这在早期的飞机气动力设计中非常有用。同理，事实上，在叶片式机械中，也可以通过沿封闭曲线积分速度间接获得叶片表面压力的合力，即应用环量定理来计算，从而避开具体的表面压力值。

从另一个角度，即如何布局速度分布，也就意味着能够产生多大的合力，或者相应的环量。假设积分路径沿着叶片表面进行，那么，这样就能与具体的叶片形状建立关联，从而可以开展叶片的设计。

### 6.1.2　叶片载荷

将第 5 章中的式 (5.33) 应用到相同半径位置的叶片正反面，整理可得叶片载荷为

$$\frac{p_p - p_s}{\rho} = \frac{W_s^2 - W_p^2}{2} = W_{av}\left(W_s - W_p\right) \tag{6.1}$$

式中，$W_{av}=(W_s+W_p)/2$，为通道平均相对速度。

下面来具体计算 $W_s-W_p$。

第一步，建立几何模型，取一个典型的流面，如图 6.1 所示，这里，取微元流线 $\mathrm{d}S$ 作为分析对象，容易得出如下几何关系式：

$$\begin{aligned}\mathrm{d}R&=\mathrm{d}M\sin\gamma\\ \mathrm{d}M&=\mathrm{d}S\cos\beta\end{aligned}\tag{6.2}$$

式中，$R$ 为任意点到旋转轴线的垂直距离；$\mathrm{d}R$ 表示 $R$ 方向微元长度；$\mathrm{d}M$ 表示子午面或轴面微元长度；$\mathrm{d}S$ 表示微元流线长度；$R\mathrm{d}\theta$ 表示切向微元长度。

这样，从矢量的角度，微元流线 $\mathrm{d}S$ 等于子午面长度 $\mathrm{d}M$ 和切向长度 $R\mathrm{d}\theta$ 的矢量和，如图 6.1 所示。角度 $\gamma$ 表示 $\mathrm{d}M$ 与旋转轴线的夹角。角度 $\beta$ 表示 $\mathrm{d}M$ 与 $\mathrm{d}S$ 的夹角。进一步，根据势流理论，叶片表面本身即为一条流线，故 $\mathrm{d}S$ 所在的流线即代表微元叶片长度，因此，$\beta$ 角也相当于是叶片角。这样，由势流边界条件，叶轮通道内的相对流动速度方向都保持为叶片角方向，即无穷叶片情形。

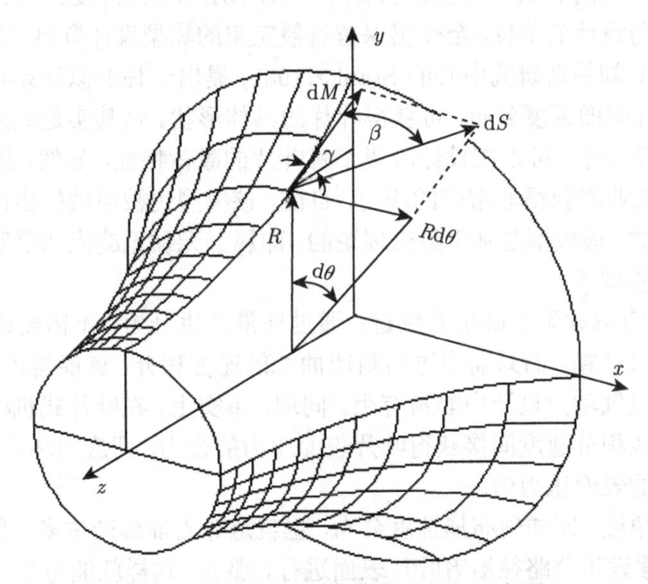


图 6.1　流面切平面上的微元几何示意图

注意，这里约定叶片角 $\beta$ 以轴面位置作为起始位置度量的。另外，需要注意的是，这里的流面是翘曲的，严格意义上是不能展开成平面的，所以，这里的微元分析是建立在流面的切平面上作的近似分析。

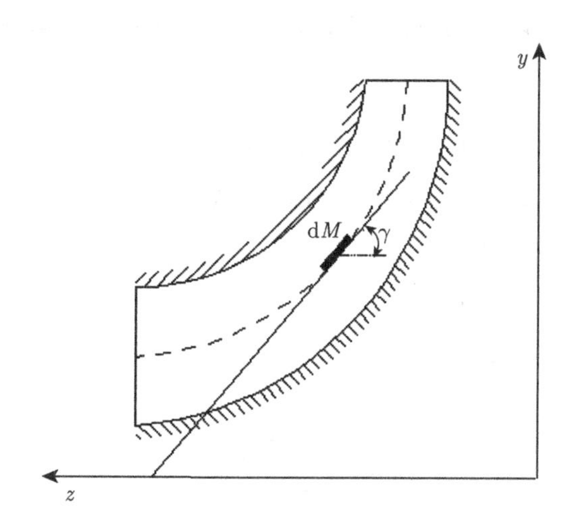


图 6.2 轴面微元几何示意图

同样，为便于数学上分析叶片通道内的流动，可将流面近似为局部的锥面，从而局部展开和分析，如图 6.3 所示。仍需注意，这里也是分析方便作近似展开，而整体的流面实际上是不能展开的。

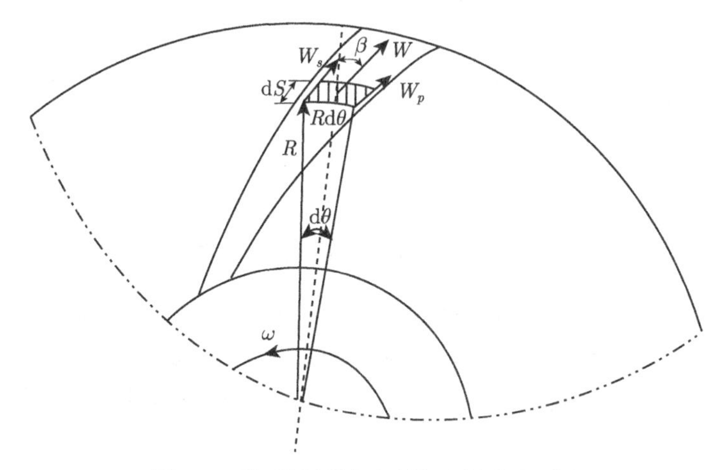


图 6.3 流面近似展开及微元分析示意图

第二步，分析和建立叶轮内的流动模型。当叶轮以 $\omega$ 角速度旋转时，叶轮内的绝对速度 $\boldsymbol{V}$ 可以表示为

$$\boldsymbol{V}=\boldsymbol{U}+\boldsymbol{W}=\boldsymbol{\omega}\times\boldsymbol{r}+\boldsymbol{W} \tag{6.3}$$

式中，$\boldsymbol{W}$ 为叶轮通道内的相对速度。这样，绝对速度场所产生的旋度为

$$\mathrm{curl}\boldsymbol{V}=\nabla\times(\boldsymbol{U}+\boldsymbol{W})=\nabla\times(\boldsymbol{\omega}\times\boldsymbol{r}+\boldsymbol{W})=2\boldsymbol{\omega}+\nabla\times\boldsymbol{W} \tag{6.4}$$

根据刚体旋转原理，将矢径 $\boldsymbol{r}$ 分解为垂直于旋转轴分量 $\boldsymbol{r}_\perp$ 和平行于旋转轴分量 $\boldsymbol{r}_\parallel$，如图 6.4 所示，有

$$\begin{aligned}
&\mathrm{curl}\boldsymbol{U} = \nabla\times\boldsymbol{U} = \nabla\times(\boldsymbol{\omega}\times\boldsymbol{r})\\
=&\nabla\times\left[\boldsymbol{\omega}\times\left(\boldsymbol{r}_\perp+\boldsymbol{r}_\parallel\right)\right] = \nabla\times(\boldsymbol{\omega}\times\boldsymbol{r}_\perp)\\
=&\boldsymbol{\omega}\left(\nabla\cdot\boldsymbol{r}_\perp\right)-\boldsymbol{r}_\perp\left(\nabla\cdot\boldsymbol{\omega}\right)\\
=&\boldsymbol{\omega}\left(\nabla\cdot\boldsymbol{r}_\perp\right)\\
=&2\boldsymbol{\omega}
\end{aligned}\tag{6.5}$$

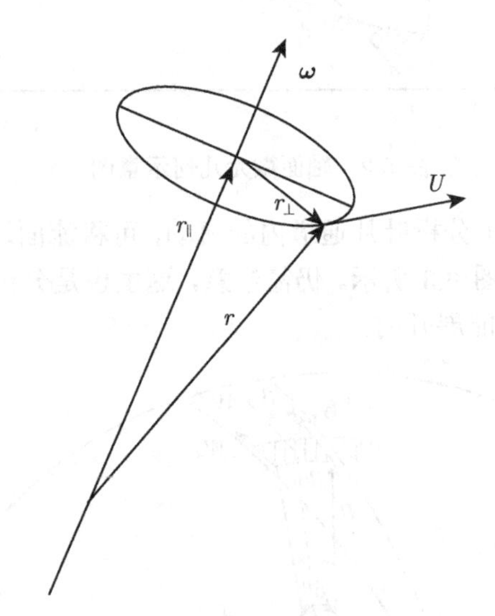


图 6.4　刚体旋转矢量合成示意图

因角速度向量与平行于轴线的矢径分量 $\boldsymbol{r}_\parallel$ 的矢量积为零，即 $\boldsymbol{\omega}\times\boldsymbol{r}_\parallel=0$，以及平面内的矢径的散度等于 2，即 $\nabla\cdot\boldsymbol{r}_\perp=2$，故 $\nabla\times(\boldsymbol{\omega}\times\boldsymbol{r})$ 为流体作刚体旋转所产生的旋度，即 $2\boldsymbol{\omega}$。式 (6.4) 右端 $\nabla\times\boldsymbol{W}$ 项表示相对速度场的旋度。

假设来流绝对无旋，即，$\mathrm{curl}\boldsymbol{V}=0$，有

$$\nabla\times\boldsymbol{W}=-2\omega\tag{6.6}$$

即叶片通道内必然形成一个大小为 $2\omega$，方向与叶轮旋转方向相反的相对旋涡。

对于旋转叶轮，采用旋转坐标系来观察流动是便利的，因为此时的流动变成定常流动。下面讨论都是建立在旋转坐标系角度的，流动为相对流动。另外，需要注意的是，在旋转坐标系下，将多出两个虚拟力，即离心力和 Coriolis 力。显然，如果从具体的受力来计算，这将是非常复杂的，所以这里的计算采用了环量定理，从

而避开具体的受力计算。在介绍完环量计算后，还将作进一步的受力分析，从而便于理解环量的物理意义。

根据 Stokes 定理，有

$$\iint_S (\mathrm{curl}\boldsymbol{W}) \cdot \boldsymbol{n}\mathrm{d}S = \oint_C \boldsymbol{W} \cdot \mathrm{d}\boldsymbol{s} \tag{6.7}$$

式中，积分曲面选取的是微元流面，其对应的展开面为图 6.3 所示的阴影部分。注意，该微元流面的切平面与旋转轴夹角为 $\gamma$，参考图 6.2。因此，其法向 $\boldsymbol{n}$ 与旋转轴夹角为 $(90^\circ - \gamma)$，这样，式 (6.7) 左端变为

$$\begin{aligned}\iint_S (\mathrm{curl}\boldsymbol{W}) \cdot \boldsymbol{n}\mathrm{d}S &= \iint_S (-2\boldsymbol{\omega}) \cdot \boldsymbol{n}\mathrm{d}S \\ &= -2\omega\sin\gamma A = -2\omega\sin\gamma\,(R\mathrm{d}\theta\mathrm{d}S\cos\beta)\end{aligned} \tag{6.8}$$

注意，这里假设微元弧长 $R\mathrm{d}\theta$ 非常小，这样，微元可近似为平行四边形，其面积可以近似为 $A = R\mathrm{d}\theta\mathrm{d}S\cos\beta$。

再计算式 (6.7) 右端项，如下:

$$\oint_C \boldsymbol{W} \cdot \mathrm{d}\boldsymbol{s} = W_p\mathrm{d}S - W_s\mathrm{d}S - \frac{\mathrm{d}}{\mathrm{d}S}(W\sin\beta R\mathrm{d}\theta)\,\Delta S \tag{6.9}$$

注意，这里的曲线积分是沿逆时针方向进行的。针对压力面和吸力面部分，从图 6.3 很容易看出，对于上下两侧，结合图 6.3，由于这里绘制的是后弯叶片，且叶片角 $\beta$ 的定义是以子午面作为起始位置度量，所以，该角度为正值。这样，相对速度在切向的分量为 $W\sin\beta$，下侧曲线部分积分贡献大小为 $W\sin\beta R\mathrm{d}\theta$，其速度分量方向与曲线方向相同，故下侧的贡献为正。将 $W\sin\beta R\mathrm{d}\theta$ 作为一个变量，沿着流线根据微元增量原理，容易写出上侧的贡献大小为 $W\sin\beta R\mathrm{d}\theta + \frac{\mathrm{d}}{\mathrm{d}S}(W\sin\beta R\mathrm{d}\theta)\,\Delta S$，而上侧的速度分量与曲线方向相反，故上侧的贡献为负值，即 $-W\sin\beta R\mathrm{d}\theta - \frac{\mathrm{d}}{\mathrm{d}S}(W\sin\beta R\mathrm{d}\theta)\,\Delta S$。即这样，容易得到式 (6.9)。

为便于区分沿流线的微分记号 $\mathrm{d}S$ 和微元流线长度的增量 $\Delta S$，将前面推导中所用到的微元增量 $\mathrm{d}S$ 改记为 $\Delta S$，而 $\mathrm{d}S$ 将只用于表示微分记号。同理，将 $\mathrm{d}\theta$ 改为 $\Delta\theta$，将式 (6.8) 和式 (6.9) 代入式 (6.7)，得

$$2\omega\sin\gamma\,(R\Delta\theta\Delta S\cos\beta) = W_s\Delta S - W_p\Delta S + \frac{\mathrm{d}}{\mathrm{d}S}(W\sin\beta R\Delta\theta)\,\Delta S \tag{6.10}$$

将式 (6.10) 两端同时除以 $R\Delta\theta\Delta S$，这样，式 (6.10) 变为

$$\frac{W_s - W_p}{R\Delta\theta} = 2\omega\sin\gamma\cos\beta - \frac{1}{R\Delta\theta}\frac{\mathrm{d}}{\mathrm{d}S}(W\sin\beta R\Delta\theta) \tag{6.11}$$

根据几何关系式 (6.2)，将式 (6.11) 右端第二项改写为对 $R$ 的导数，如下:

$$\begin{aligned}\frac{W_s - W_p}{R\Delta\theta} &= 2\omega\sin\gamma\cos\beta - \frac{1}{R\Delta\theta}\frac{\mathrm{d}}{\mathrm{d}R}(W\sin\beta R\Delta\theta)\frac{\mathrm{d}R}{\mathrm{d}S} \\ &= 2\omega\sin\gamma\cos\beta - \frac{\sin\gamma\cos\beta}{R\Delta\theta}\frac{\mathrm{d}}{\mathrm{d}R}(W\sin\beta R\Delta\theta)\end{aligned} \tag{6.12}$$

若叶轮宽度为常数 $b$，那么，流过微元面积的质量流量为

$$\Delta M = \rho b R\Delta\theta W\cos\beta \tag{6.13}$$

在流量一定的情况下，即 $\Delta M = \text{Const}$ 情形下，将 $\dfrac{\Delta M}{\rho b\cos\beta} = WR\Delta\theta$ 代入式 (6.12) 右端第二项中的导数部分，得

$$\begin{aligned}\frac{\mathrm{d}}{\mathrm{d}R}(W\sin\beta R\Delta\theta) &= \frac{\mathrm{d}}{\mathrm{d}R}\left(\frac{\Delta M\sin\beta}{\rho b\cos\beta}\right) \\ &= \frac{\mathrm{d}}{\mathrm{d}m}\left(\frac{\Delta M\sin\beta}{\rho b\cos\beta}\right)\frac{\mathrm{d}m}{\mathrm{d}R} = \frac{\mathrm{d}}{\mathrm{d}m}\left(\frac{\tan\beta}{\rho b}\right)\frac{\Delta M}{\sin\gamma} \\ &= \left[\frac{1}{\rho b}\frac{1}{\cos^2\beta}\frac{\mathrm{d}\beta}{\mathrm{d}m} - \frac{\tan\beta}{(\rho b)^2}\frac{\mathrm{d}(\rho b)}{\mathrm{d}m}\right]\frac{\Delta M}{\sin\gamma}\end{aligned} \tag{6.14}$$

式 (6.14) 将对 $R$ 的导数转换为对 $m$ 的导数中，用到几何关系式 (6.2)。将式 (6.14) 代入式 (6.12)，并利用 $\dfrac{\Delta M}{\rho b\cos\beta} = WR\Delta\theta$，有

$$\frac{W_s - W_p}{R\Delta\theta} = 2\omega\sin\gamma\cos\beta - W\left[\frac{\mathrm{d}\beta}{\mathrm{d}m} - \frac{\sin\beta\cos\beta}{\rho b}\frac{\mathrm{d}(\rho b)}{\mathrm{d}m}\right] \tag{6.15}$$

对于纯径向直叶片，$\gamma = 90°$，$\beta = 0°$，式 (6.15) 可简化为

$$W_s - W_p = 2\omega R\Delta\theta \tag{6.16}$$

注意，这里的速度差 $(W_s - W_p)$ 是构成 Coriolis 力的主要来源，后面章节将会对其分析，这里该速度差也称为叶片载荷。根据 Kutta 条件，在叶片出口处速度差必须为零，即叶片尾部无载荷。速度差 $(W_s - W_p)$ 越大意味着叶片加载，而速度差越小则意味着叶片卸载。

下面围绕这个简化公式进一步分析。注意，这里的 $\beta$ 角是以轴面作为起始位置度量的，按此惯例，对后弯叶片 $\beta$ 角为正，对于径向出口，$\beta$ 角为零，对于前弯

叶片 $\beta$ 角为负。可见，若 $\beta$ 角越大，则叶片载荷越小，说明叶片越偏向后弯，载荷越小。这里，如果从两叶片的压力差的角度来看载荷，则结合微元体的受力分析，由此看出，压差等于沿叶片流线 (注意叶片表面本身即为流线) 积分叶片流线法向的流体加速度 (或作用力)。首先，沿流线法向没有流体穿过，也就没有动量变化，因此，作用在该方向的外部力之间必须保持平衡，这里的外部力主要包括系统旋转产生的两个虚拟力，即离心力和 Coriolis 力；其次，在位于同一半径处，两叶片的离心力是大小相等方向相反的，因此，其作用可以相抵消；第三，这里，平面内的 Coriolis 力为 $-2\boldsymbol{\omega}\times\boldsymbol{W}=-2\omega\boldsymbol{W}$，且方向垂直于流线方向，由于两叶片的相对速度分别为 $W_s$ 和 $W_p$，因此，形成两叶片上的 Coriolis 力差，若不考虑基本方程中时间项、对流加速度以及其他的体积力，那么这个力实际就是与压力梯度力相平衡的力，所以，前面说相对速度差代表的是叶片载荷，从这里的解释就可以看出来。

叶片载荷模型是早期透平机械设计的重要理论工具，其简化公式为式 (6.16)，显然是非常简单的。有经验的工程师往往能够根据该公式快速估算出叶片载荷特性。该方法在工业界应用非常广泛，在国外的一些透平机械设计系统中也一直在采用。

### 6.1.3 径流和轴流式叶轮中 Coriolis 力的分析

假设轴流式轮缘、轮毂近似为同轴线圆柱面，根据势流理论，取任意半径处的圆柱面，即为流面。如图 6.5 所示，为一轴流透平的平面叶栅展开示意图，根据势流边界条件，叶片表面即为流线，显然，相对速度位于圆柱面的切平面上，因此，Coriolis 力项 $(-2\boldsymbol{\omega}\times\boldsymbol{W})$ 始终垂直指向轴线方向，即沿圆柱的半径方向指向圆心，因此，在势流条件下，也不改变相对速度的方向。

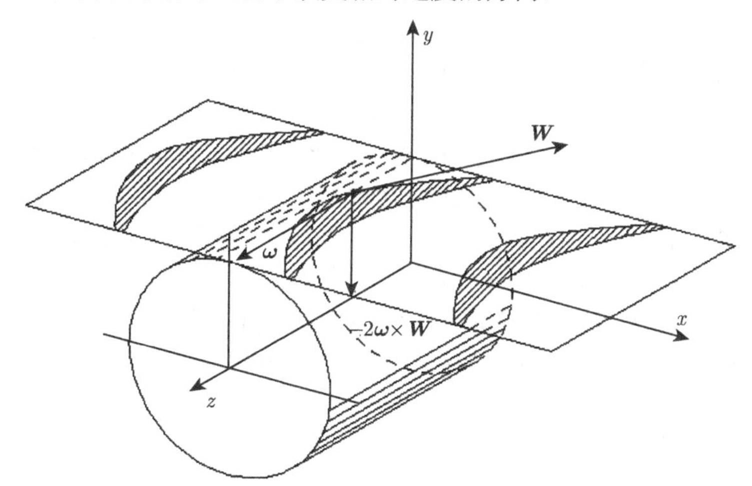


图 6.5 透平叶栅势流条件下 Coriolis 力的合成示意图

延伸分析 Coriolis 力对流场的影响，首先分析 Coriolis 力的构成。

首先，Coriolis 力位于垂直于 $\boldsymbol{\omega}$ 向量，或垂直于旋转轴方向的平面内，也就是说，其作用仅限于该平面内。

其次，Coriolis 力垂直于 $\boldsymbol{W}$，根据几何知识，它必然垂直于 $\boldsymbol{W}$ 在上述垂直旋转轴的平面上的投影分量。为便于理解，可以将相对速度分解为平行于旋转轴方向的分量 $\boldsymbol{W}_{\parallel\omega}$ 和垂直于旋转轴方向的分量 $\boldsymbol{W}_{\perp\omega}$，显然有 $-2\boldsymbol{\omega}\times\boldsymbol{W}_{\parallel\omega}=0$，故 $-2\boldsymbol{\omega}\times\left(\boldsymbol{W}_{\parallel\omega}+\boldsymbol{W}_{\perp\omega}\right)=-2\boldsymbol{\omega}\times\boldsymbol{W}_{\perp\omega}$，即只有垂直旋转轴方向的相对速度分量才对 Coriolis 力有贡献，因此可以得出，Coriolis 力影响到的只能是 $\boldsymbol{W}$ 在垂直于 $\boldsymbol{\omega}$ 平面上的投影分量，根据力学知识，由于 Coriolis 力垂直于该速度分量，故其改变的只能是该速度分量的方向，而不会改变速度分量的大小。

然后，再联系纯径向的简化模型流场进行分析，此时，垂直于 $\boldsymbol{\omega}$ 的平面即为纸面，而此时相对速度 $\boldsymbol{W}$ 也正位于纸面所在平面，两者共面，因此，Coriolis 力对相对速度 $\boldsymbol{W}$ 的影响达到最大的程度，也就是说，此时 Coriolis 力的影响是比较重要的。

再看另一种简化的模型流场，即上面所分析的轴流式势流流场，此时，Coriolis 力只能改变 $\boldsymbol{W}$ 在垂直轴线平面上的速度分量的方向，而这里的势流只在圆柱面上运动，对应的速度位于圆柱的切平面内，其分量只沿切向运动，所以 Coriolis 力在这里是不起作用的。

注意到，对于图 6.5 所示情形，这里 Coriolis 是力沿着径向的，与离心力类似，Coriolis 力不会做功。

## 6.2 离心式叶轮的均匀流线设计法

均匀流线 (mean line) 设计法，是透平机械最原始的设计方法，其原理是基于若干流线，通过速度三角形分析计算的办法，确定出叶片形状，这种方法基于不可压缩势流理论，易于理解，实用性好。20 世纪 60 年代初期，Pfleiderer(1961) 介绍了当时压缩机设计中常用的一些技术。Eck(1973) 提出了常见低速风机的设计技术和方法。这些设计主要采用均匀流线的设计方法，对于低速压缩机、通风机、泵等也能够取得较好的效果，比如，Balje(1981) 总结的透平机械各个分支类别的原理与设计方法，Whitfield 和 Baines(1990) 阐述的离心压缩机的气动设计流程及直纹面叶片型线设计方法，这些都是基于均匀流线设计方法。均匀流线设计原理相对成熟，这里不作介绍。下面，将以解析方法介绍两种叶片设计模型，即螺线设计模型和共形映射模型。

### 6.2.1 螺线设计法

螺线在某些场合能够提供快速的曲线设计。参考图 6.6，$s$ 表示螺线，$t$ 表示任

意点处的切向量，这里，采用极坐标比较便捷，

$$x = r(\theta)\cos\theta, \quad y = r(\theta)\sin\theta \tag{6.17}$$

然后，计算曲线在任意点处的切线斜率，即

$$y' = \frac{\mathrm{d}y}{\mathrm{d}x} = \frac{\mathrm{d}y}{\mathrm{d}\theta}\frac{\mathrm{d}\theta}{\mathrm{d}x} = \frac{\dfrac{\mathrm{d}y}{\mathrm{d}\theta}}{\dfrac{\mathrm{d}x}{\mathrm{d}\theta}} \tag{6.18}$$

注意，这里用到复合函数求导法则，将式 (6.17) 中的 $x$ 和 $y$ 分别对 $\theta$ 求导，然后，代入式 (6.18)，有

$$y' = \frac{r'\sin\theta + r\cos\theta}{r'\cos\theta - r\sin\theta} = \frac{r'\tan\theta + r}{r' - r\tan\theta} \tag{6.19}$$

结合图 6.6 所示的角度关系，有

$$y' = \tan\alpha = \tan(\theta + \psi) = \frac{\tan\theta + \tan\psi}{1 - \tan\theta\tan\psi} \tag{6.20}$$

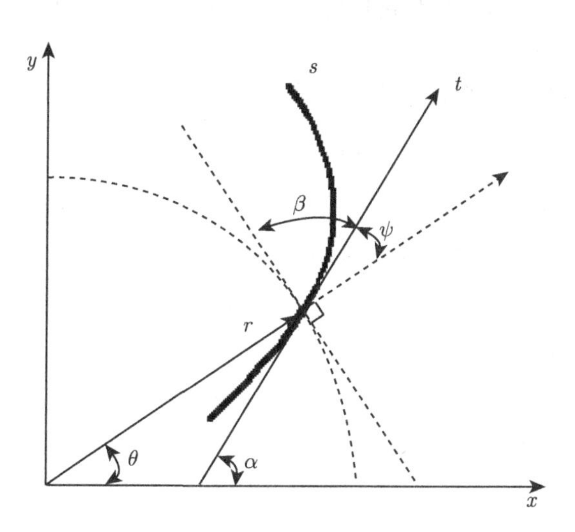


图 6.6 螺线几何关系示意图

由图 6.6 可知，$\beta = \dfrac{\pi}{2} - \psi$，相当于叶片的安放角。通过 $\psi$ 可以求 $\beta$，因此，先从式 (6.20) 解出

$$\tan\psi = \frac{y' - \tan\theta}{y'\tan\theta + 1} \tag{6.21}$$

将式 (6.19) 代入式 (6.21)，整理得出

$$\tan\psi = \frac{r}{r'} \tag{6.22}$$

而 $\beta = \dfrac{\pi}{2} - \psi$，式 (6.22) 为

$$\tan\beta = \frac{r'}{r} \tag{6.23}$$

注意到，这里的 $\beta$ 角即为叶片的安放角。进一步展开式 (6.23)，有

$$r' = \frac{\mathrm{d}r}{\mathrm{d}\theta} = r\tan\beta \Rightarrow \frac{\mathrm{d}r}{r} = \tan\beta\mathrm{d}\theta \tag{6.24}$$

即为螺线的微分方程形式。

下面通过两个例子来介绍其求解方法。

实际上，螺线的种类非常多，这里给出的是一个非等角螺线。首先，在极坐标下，给定所设计的螺线起讫点参数分别为

$$\begin{aligned} &(r = r_1, \theta = 0), \quad \beta = \beta_1 \\ &(r = r_2, \theta = \varphi), \quad \beta = \beta_2 \end{aligned} \tag{6.25}$$

式中，$\varphi$ 为螺旋线的包角；$\beta_1$ 为进口叶片安放角；$\beta_2$ 为出口叶片安放角。这些参数都是已知的。

其次，将叶片安放角设计成如下关系式：

$$\tan\beta = a\theta^k + b \tag{6.26}$$

即安放角的正切按 $\theta$ 角的指数律变化，其中，$a$、$b$ 和 $k$ 为待定系数。

通过起讫点边界条件来确定上述系数。在起点处，有

$$\tan\beta_1 = b \tag{6.27}$$

类似，在终点处，有

$$\tan\beta_2 = a\varphi^k + \tan\beta_1 \tag{6.28}$$

由式 (6.27) 和式 (6.28)，可以求出

$$a = \frac{\tan\beta_2 - \tan\beta_1}{\varphi^k} \tag{6.29}$$

第三步，在区间 $[0, \varphi]$ 上求式 (6.24) 的定积分，有

$$\begin{aligned} &\int_{r_1}^{r_2} \frac{\mathrm{d}r}{r} = \int_0^{\varphi} \tan\beta\mathrm{d}\theta \\ \Rightarrow &\ln\frac{r_2}{r_1} = \frac{\tan\beta_2 - \tan\beta_1}{k+1}\varphi + \varphi\tan\beta_1 \end{aligned} \tag{6.30}$$

可以解出

$$k=\frac{\ln\dfrac{r_2}{r_1}-\varphi\tan\beta_1}{\varphi\left(\tan\beta_2-\tan\beta_1\right)}-1 \tag{6.31}$$

这样，3 个系数都确定了，安放角的计算式 (6.26) 也确定了。下面，对式 (6.24) 在区间 $[0,\theta]$ 上作不定积分，有

$$\begin{aligned}&\int_{r_1}^{r}\frac{\mathrm{d}r}{r}=\int_0^{\theta}\tan\beta\mathrm{d}\theta\\&\Rightarrow\ln\frac{r}{r_1}=\left[\frac{\tan\beta_2-\tan\beta_1}{k+1}\left(\frac{\theta}{\varphi}\right)^k+\tan\beta_1\right]\theta\\&\Rightarrow r=r_1\mathrm{e}^{\left[\frac{\tan\beta_2-\tan\beta_1}{k+1}\left(\frac{\theta}{\varphi}\right)^k+\tan\beta_1\right]\theta}\end{aligned} \tag{6.32}$$

只需在区间 $[0,\varphi]$ 上取一系列的 $\theta$ 值，即可计算出对应的半径。这样，整个螺旋线也就绘制出来。

下面，再介绍一个变角螺旋线。比如，采用如下二次曲线变化率的设计

$$\tan\beta=3a\theta^2+2b\theta+c \tag{6.33}$$

式中，$a$、$b$ 和 $c$ 为待定系数。注意到，这里的边界条件不变，于是，代入起始点，有

$$\tan\beta_1=c \tag{6.34}$$

代入终点，有

$$\tan\beta_2=3a\varphi^2+2b\varphi+\tan\beta_1 \tag{6.35}$$

然后，在区间 $[0,\varphi]$ 上求式 (6.24) 的定积分，有

$$\begin{aligned}&\int_{r_1}^{r_2}\frac{\mathrm{d}r}{r}=\int_0^{\varphi}\tan\beta\mathrm{d}\theta\\&\Rightarrow\ln\frac{r_2}{r_1}=a\varphi^3+b\varphi^2+c\varphi\end{aligned} \tag{6.36}$$

联立式 (6.35) 和式 (6.36)，可分别求出

$$\begin{aligned}&a=\left(\tan\beta_2+\tan\beta_1-\frac{2}{\varphi}\ln\frac{r_2}{r_1}\right)/\varphi^2\\&b=\left(\frac{3}{\varphi}\ln\frac{r_2}{r_1}-\tan\beta_2-2\tan\beta_1\right)/\varphi\end{aligned} \tag{6.37}$$

这样，3 个系数都求出来。然后，再对式 (6.24) 在区间 $[0,\theta]$ 上作不定积分，有

$$\int_{r_1}^{r}\frac{\mathrm{d}r}{r}=\int_{0}^{\theta}\tan\beta\mathrm{d}\theta$$
$$\Rightarrow r=r_1\mathrm{e}^{a\theta^3+b\theta^2+c\theta} \tag{6.38}$$

这样，螺旋曲线也可以绘制出来。

### 6.2.2　三维叶片的几何分析

通常，叶片是空间扭曲的三维结构，在过去的手工绘图时代，将叶片在平面图上表达出来是一件复杂的工作，一般称之为水力或气动设计。

下面简要地分析叶片的空间几何特征。先建立几何模型，这里，取典型流面上的一小段叶片微元作为分析对象，如图 6.7(a) 所示，注意，一般流面都是翘曲的，需作出流面的切平面，以此作为分析用的流面。同理，叶片本身也是曲面，也需要用叶片表面的切平面来作为分析用。实际上，这里所显示的叶片微元是简化后的平行六面体。为便于观察，将叶片局部几何放大，如图 6.7(b)。由此可以得出叶片厚度的如下几何关系

$$\frac{\delta}{s}=\sin\lambda \tag{6.39}$$

式中，$s$ 为流面穿过叶片所得截面上的叶片厚度；$\delta$ 为叶片的实际厚度；角度 $\lambda$ 为叶片切平面与流面切平面的夹角。

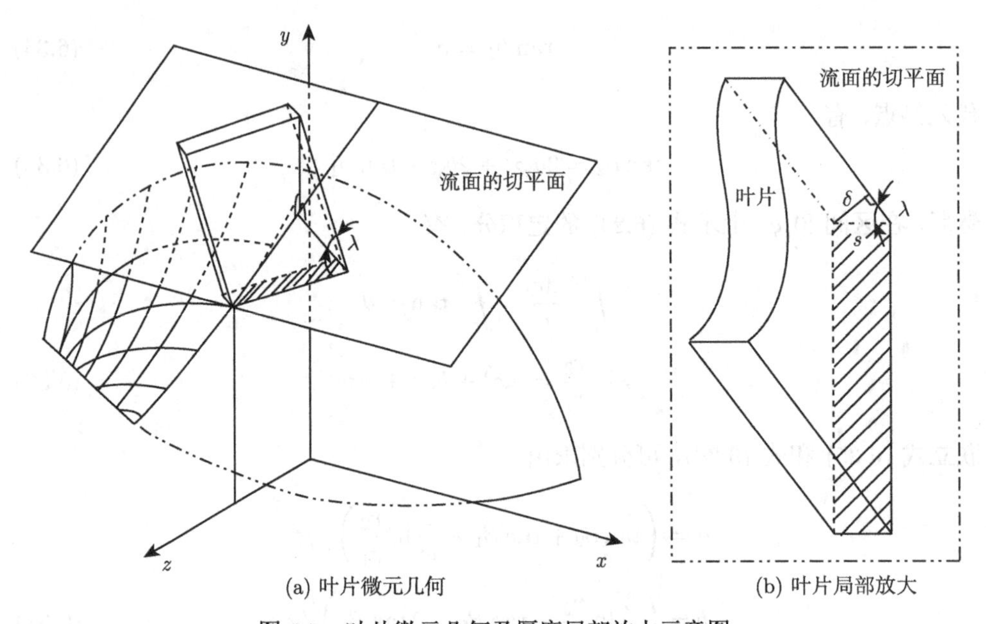


(a) 叶片微元几何　　(b) 叶片局部放大

图 6.7　叶片微元几何及厚度局部放大示意图

由流面的切平面，再结合轴面及沿叶片表面的切平面，来寻找三者之间的几何联系，如图 6.8 所示，取 $y$-$z$ 平面作为轴面，或子午面，这样，轴面与流面的交线即为轴面流线，叶片与轴面的交线即为轴面截线，容易得出如下几何关系式：

$$\cot\lambda = \cot\gamma\cos\beta \tag{6.40}$$

这里，轴面流线与轴面截线的夹角 $\gamma$ 可在轴面投影图上量得，$\gamma$ 越大，则同样 $\beta$ 情况下，叶片与流面的实际夹角 $\lambda$ 也将越大，说明叶片与前盘、后盘流面越垂直，这对于叶轮减小叶片堵塞，提高水力性能是有益的。

注意，这里约定叶片角 $\beta$ 以沿圆周切向作为起始位置度量的，如图 6.8 所示，这里与图 6.1 刚好互为余角。在压缩机中，由于大多数时候，叶片出口接近径向，所以，习惯用图 6.1 所示的方式定义叶片角。而在风机或者泵中，叶片大多数为后弯，所以，采用图 6.8 所示的定义方式更便捷。

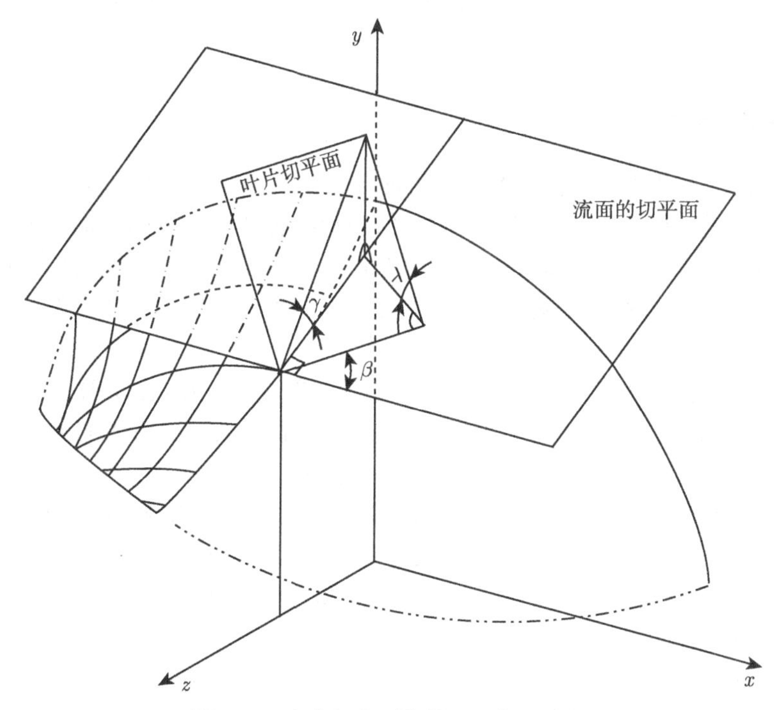


图 6.8 叶片与流面的微元几何示意图

结合式 (6.39) 及式 (6.40) 进行进一步分析。首先，当开展均匀流线设计的时候，都是在流面上进行的，比如，通常会取前盘流面、后盘流面以及若干中间流面。下面，考虑一个特殊情形，当三维叶片退化为圆柱叶片，以前后盘流面为例，若前后盘流面垂直于旋转轴，此时，$\lambda = 90°$，由式 (6.39)，有 $\delta = s$，流面截得的叶片厚度即为叶片的实际厚度。而轴面截线与流面垂直，$\gamma = 90°$，式 (6.40) 也就没有实际意义了。也就是说，当设计圆柱叶片且流面垂直于旋转轴时，$\lambda$ 角就不起作用。在平面上设计的流线就是真实的流线，比如，可以直接用前面的螺线法设计叶片。然而，必须注意的是，如果 $\lambda \neq 90°$，即流面不垂直于旋转轴时，即使是圆柱叶片，也不适宜在平面上直接设计流线。因为，真实的叶片角与平面设计的叶片角是不一样的。

在实际中占大多数的是三维叶片，叶片由轴面与流面几何参数决定，其中，轴面相对简单，而流面上的设计较为复杂，下面将介绍的是流面展开方法。通常，叶片的展开绘图有两种主要方法：一种叫圆锥面展开法，这是在过去手工绘图时代工程技术人员采取的一种较老的方法；另一种叫误差三角形方法，这由 Kaplan 提出，在 Stepanoff(1957) 和 Pfleiderer(1961) 的经典著作中均有介绍。但是，流面严格意义上都是翘曲的，由于缺乏严格的数学基础，不论是圆锥面展开还是扭曲三角形展开，都会存在明显的误差。下面，介绍一种基于共形映射原理的展开法。

### 6.2.3 共形映射基础

共形映射，也叫保角变换，比如，将地球三维表面映射为平面地图，就是最典型的应用。另外，共形映射可将复杂的几何外形映射变为简单的平面几何，从而在简单几何上开展具体问题的求解，比如，在早期的势流求解翼型绕流问题中，曾经流行的茹科夫斯基变换法，该方法通过共形映射将翼型映射为平面上的圆柱，从而简化问题的求解。这就是最直接的工程应用实例。

所谓共形映射，形象地讲，比如以地球和世界地图为例，在映射平面上的任意两条相交 (曲) 线之间的夹角，与它们各自在原始曲面上对应所成的夹角相等。对于曲线，该夹角则应为曲线在交点处的切向量的夹角。

一般地，运用较多的有两种形式的映射 (比如，以地球经纬线为例)：一种是映射成平面极坐标，即由纬线映射为同心圆和经线映射成径向线组成，这种方法源于古希腊，即将光源置于北极点，将投影平面置于南极点处切平面，光源照射到的球面轮廓线在平面上的投影就构成了平面映射图，图 6.9(b) 是投影平面图；另一种是映射成平面矩形，即由纬线映射为水平线和经线映射成竖直线组成，如世界地图。这种应用在早期的航海上具有重要意义，比如，只需要在平面图上在目的地和出发地两点之间画出一条直线，就可以确定航行的方位角，船只按照该方位角，理论上就能到达目的地。当然，实际中还需要一些修正来保证航行路线正确。

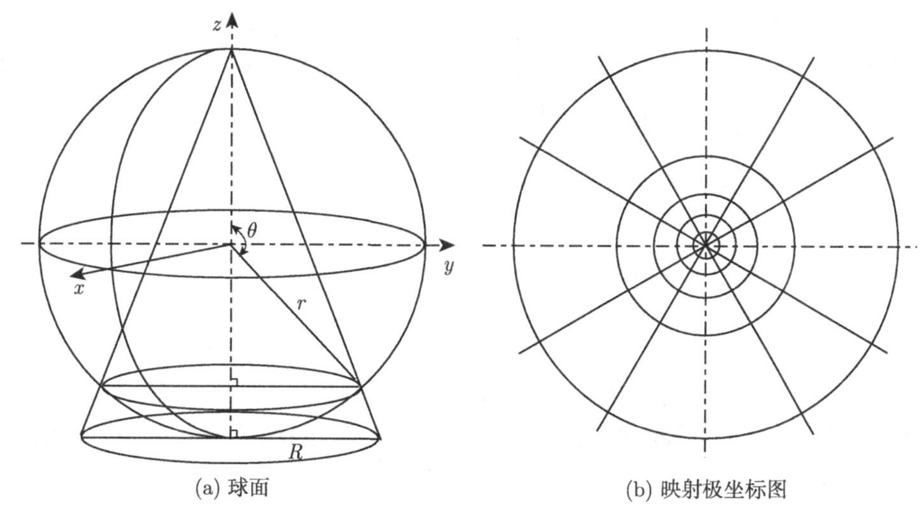


(a) 球面　　(b) 映射极坐标图

图 6.9 光源映射示意图

事实上，要确定两个图之间是否构成共形映射，需要考察所有可能的夹角情形。这里介绍的是两种特殊的图形，读者也许已经注意到，比如，我们所研究的球面，其经、纬线是彼此垂直的，同时，其投影图在极坐标上的同心圆与径向线也是相互垂直的，另一种在正交笛卡儿坐标下的矩形投影图的水平线与竖直线之间也是垂直的。也就是说，角度本身是保持不变的，这种情况下，只需要确定经线与竖直线、纬线与水平线，两者的长度比例相等，就能完全保证共形映射成立，类似，对极坐标，经线与径向线、纬线与同心圆，满足长度比例相等，也自动满足共形映射成立。

下面具体分析对应长度比例关系。如图 6.9(a)，根据相似三角形关系，有如下比例：

$$\frac{r\sin(\pi-\theta)}{R}=\frac{r\cot\left(\dfrac{\pi-\theta}{2}\right)\sin(\pi-\theta)}{2r} \tag{6.41}$$

式中，$r$ 为球半径；$R$ 为投影圆半径，$\theta\in(0,\pi)$，且容易看出，随着 $\theta$ 增加，$R$ 递减。

整理式 (6.41)，有

$$\frac{R}{r}=2\cot\left(\frac{\theta}{2}\right) \tag{6.42}$$

这样，易得平面投影图，如图 6.9(b) 所示。通过简单几何关系找到投影长度的计算方法，下面，则通过原始图形与投影图形的微元比例关系，来说明为什么这种投影是满足共形映射的。

注意到，当 $\theta$ 方向角有微元增量 $\mathrm{d}\theta$，即 $(\theta,\phi)\to(\theta+\mathrm{d}\theta,\phi)$，在球面上为沿经线的微元长度，即 $r\mathrm{d}\theta$。类似地，在 $\phi$ 方向有微元角度增量 $\mathrm{d}\phi$，即 $(\theta,\phi)\to(\theta,\phi+\mathrm{d}\phi)$，

在球面上为沿纬线的微元长度，即 $r\sin\theta\mathrm{d}\phi$，将球面映射为极坐标图形，即经线映射为径向线，纬线映射为同心圆。先看纬线映射为同心圆的情形，在极坐标下，由上可知，任一同心圆半径为 $2\cot\left(\dfrac{\theta}{2}\right)r$，故沿同心圆的微元弧长为 $2\cot\left(\dfrac{\theta}{2}\right)r\mathrm{d}\phi$，这样，纬线微元长度与同心圆微元长度的比为

$$S_1=\frac{r\sin\theta\mathrm{d}\phi}{2\cot\left(\dfrac{\theta}{2}\right)r\mathrm{d}\phi}=\sin^2\left(\frac{\theta}{2}\right) \tag{6.43}$$

类似地，径向线微元长度为 $-\mathrm{d}R$，注意这里负号 (−) 表示半径是随 $\theta$ 角增加而递减的，而球面上沿经线的微元长度为 $r\mathrm{d}\theta$，这样，经线微元长度与径向线微元长度的比为

$$S_2=\frac{r\mathrm{d}\theta}{-\mathrm{d}R}=-\frac{r}{\dfrac{\mathrm{d}R}{\mathrm{d}\theta}}=-\frac{r}{2r\left[\cot\left(\dfrac{\theta}{2}\right)\right]'}=\sin^2\left(\frac{\theta}{2}\right) \tag{6.44}$$

可见，$S_1=S_2$，这两个长度比例相等，由此，说明该变换是符合共形映射的。

下面再看第二种情形，即将球面映射为平面矩形。注意到，当 $\theta$ 方向角有微元增量 $\mathrm{d}\theta$，即 $(\theta,\phi)\to(\theta+\mathrm{d}\theta,\phi)$，在球面上为沿经线的微元长度，即 $r\mathrm{d}\phi$。类似地，在 $\phi$ 方向有微元角度增量 $\mathrm{d}\phi$，即 $(\theta,\phi)\to(\theta,\phi+\mathrm{d}\phi)$，在球面上为沿纬线的微元长度，即 $r\sin\theta\mathrm{d}\phi$，现在，将球面映射为平面矩形，对应的经线映射为竖线，纬线映射为水平线。进一步，我们规定水平线总长度为 $2\pi r$，即沿赤道圆圈展开的长度，这样，沿赤道圆圈的微元长度即为 $r\mathrm{d}\phi$，也就是水平线的微元长度，而竖线的微元长度 $\mathrm{d}y$ 是未知的。根据共形映射的长度比例关系来计算竖线的长度。即纬线的微元长度与水平线的微元长度比，及经线的微元长度与竖线微元长度比，两者相等，有

$$\frac{r\sin\theta\mathrm{d}\phi}{r\mathrm{d}\phi}=\frac{r\mathrm{d}\theta}{\mathrm{d}y} \tag{6.45}$$

易得 $\dfrac{r}{\sin\theta}=\dfrac{\mathrm{d}y}{\mathrm{d}\theta}$，注意，这里 $r$ 是常数，积分得

$$y(\theta)=\int\frac{r}{\sin\theta}\mathrm{d}\theta=r\left[\ln\left|\tan\left(\frac{\theta}{2}\right)\right|+c\right] \tag{6.46}$$

注意到，可取积分常数 $c=0$，又注意到，当 $\theta=\dfrac{\pi}{2}$，有 $\ln\left|\tan\left(\dfrac{\theta}{2}\right)\right|=0$，且在区间

$\frac{\theta}{2} \in \left(0, \frac{\pi}{2}\right)$ 上 $\tan\left(\frac{\theta}{2}\right) > 0$，这样，可以把 $y(\theta)$ 写成

$$y(\theta) = r\int_{\pi/2}^{\theta} \frac{1}{\sin t}\mathrm{d}t = r\ln\left[\tan\left(\frac{\theta}{2}\right)\right] \tag{6.47}$$

可见，竖坐标 $y(\theta)$ 构成关于 $\theta = \frac{\pi}{2}$ 对称的一组水平线，此时，满足共形映射要求。如图 6.10 所示，为球面的矩形平面映射图。

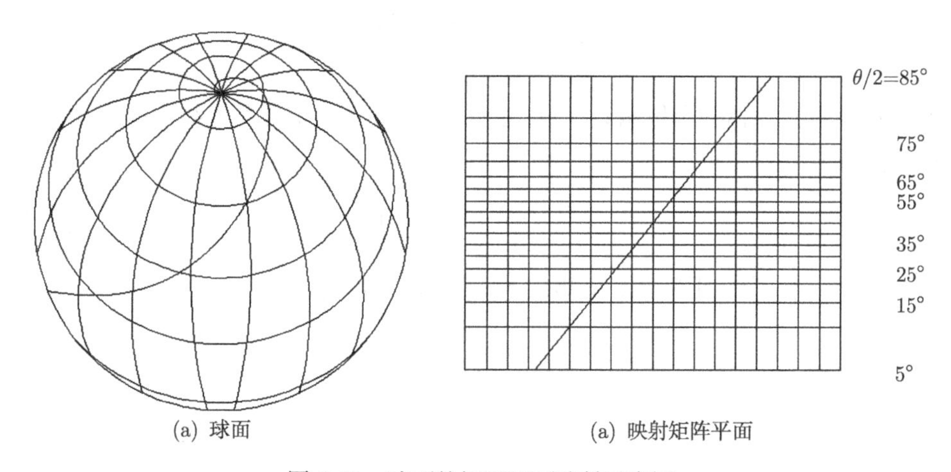


图 6.10 球面的矩形平面映射示意图

注意到，由式 (6.47) 及式 (6.42)，有 $\frac{R}{r} = 2\mathrm{e}^{-\frac{y}{r}}$，即映射平面上的极坐标与直角坐标之间存在指数关系。

如前所述，映射平面上的一条直线，也相当于沿球面的最短行程路径，航海员的罗盘方位角即对应平面图上的方位角。

上述方法也可以进一步用于一般的回转面情形，容易看出，在回转面上也可以非常自然地定义类似经线和纬线，从而，也可以得出类似球面的共形映射。对于回转面，首先，要定义一条子午线 (或母线、型线)，比如，设绕 $z$ 轴回转一周形成的回转面，其对应的母线方程可定义为 $x = f(z)$，即位于 $x - z$ 平面内的一条曲线，用垂直 $z$ 轴的一系列平面截取该回转面，即得一系列的同心圆，可将这些同心圆视为纬线，而若将母线绕 $z$ 轴转任意角度 $\theta$，所得一系列曲线可视为经线。类似地，这里的经线和纬线也是自然垂直的。故重点在分析微元长度的比例关系。可以将该回转面映射为平面内矩形，也称为圆柱映射，下面建立共形映射成立所需满足的条件。

结合图 6.11，沿纬线，即 $\theta$ 方向的单元弧长为 $f(z)\,\mathrm{d}\theta$，沿经线，即母线方向的单元长度为 $\sqrt{1+f'^2(z)}\mathrm{d}z$，按圆柱投影，纬线映射为水平线，微元长度为 $\mathrm{d}\theta$，即

相当于半径为 1 的圆上的单元弧长，这样，水平线总长为 2π。竖线微元长度 $\mathrm{d}h$，为未知量。这样，纬线的微元长度与水平线的微元长度比，及经线的微元长度与竖线微元长度比，两者相等，有

$$\frac{\mathrm{d}\theta}{f(z)\,\mathrm{d}\theta}=\frac{\mathrm{d}h}{\sqrt{1+f'^2(z)}\mathrm{d}z} \tag{6.48}$$

整理并积分，有

$$\int \mathrm{d}h=\int \frac{\sqrt{1+f'^2(z)}}{f(z)}\mathrm{d}z \tag{6.49}$$

式 (6.49) 要根据具体的母线函数 $f(z)$ 进行求解。这里，结合悬索线方程进行计算。给出悬索线方程如下：

$$f(t)=\lambda\cosh\left(\frac{t}{\lambda}\right) \tag{6.50}$$

式中，$\lambda=f(0)$，为一正常数。将其代入式 (6.49)，可得

$$h(z)=\frac{z}{\lambda}+c \tag{6.51}$$

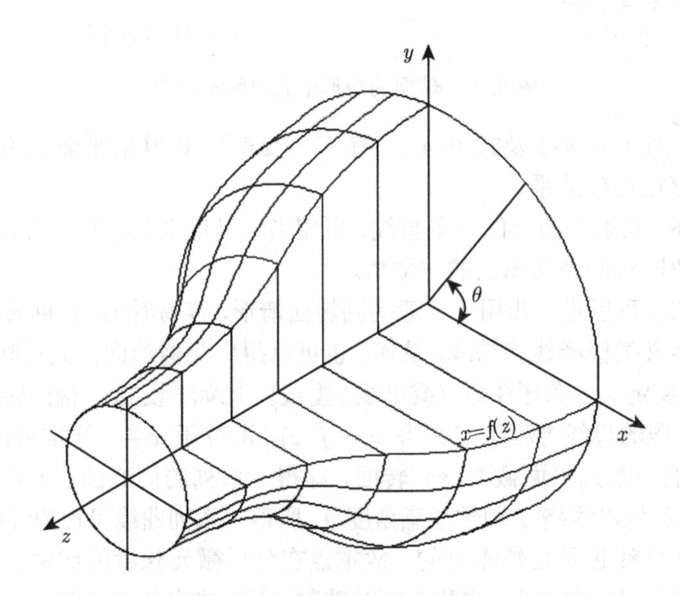


图 6.11　回转面及母线示意图

即积分常数，$c=h(0)$，这样，式 (6.51) 改写为

$$h(z)=\frac{z}{\lambda}+h(0) \tag{6.52}$$

比如，可取 $h(0)=0$，这样，就可以根据高度，容易绘制出相应的投影图水平线。

取 $\lambda=1$，在 $z\in[-2.5,2.5]$ 区间上，画出一条悬索线，绕悬索线旋转一周形成回转面如图 6.12(a) 所示，其 $10\times 24$ 格子对应映射为图 6.12(b)。

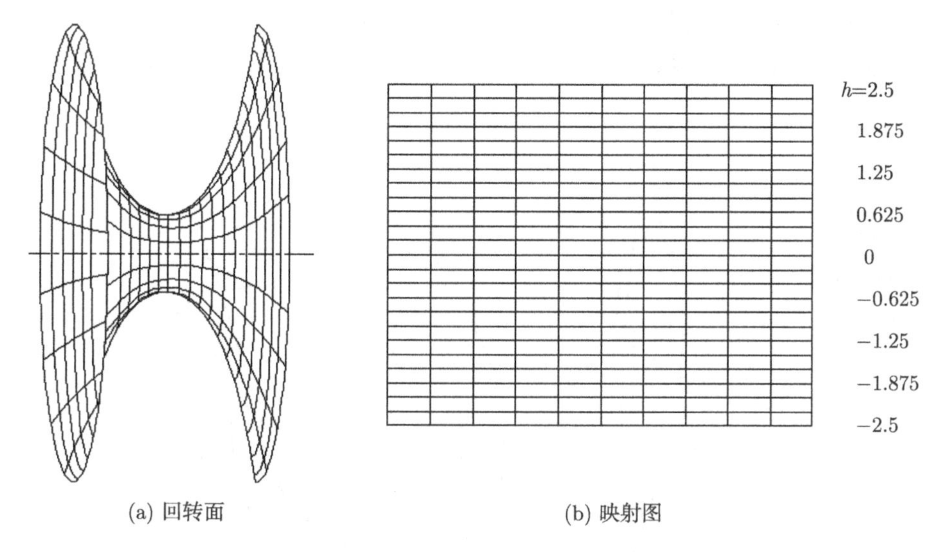


(a) 回转面　　(b) 映射图

图 6.12　悬索线映射为矩形格子线示意图

也可以把回转面映射为极坐标形式，即将纬线映射成同心圆，将经线映射为径向线。这里，纬线的单位长度为 $f(z)\,\mathrm{d}\theta$，经线的单位长度为 $\sqrt{1+f'^2(z)}\mathrm{d}z$，映射为同心圆，其大小是未知的，设其半径为 $r$，则径向线的单位长度为 $\mathrm{d}r$，同心圆的单位弧长为 $r\mathrm{d}\theta$，这样，纬线单位长度与同心圆单位弧长的比例，经线单位长度与径向线单位长度的比例，两者对应相等，有

$$\frac{r\mathrm{d}\theta}{f(z)\,\mathrm{d}\theta}=\frac{\mathrm{d}r}{\sqrt{1+f'^2(z)}\mathrm{d}z} \tag{6.53}$$

分离变量，有

$$\frac{\sqrt{1+f'^2(z)}}{f(z)}\mathrm{d}z=\frac{\mathrm{d}r}{r} \tag{6.54}$$

这样，对其积分

$$r(z)=\mathrm{e}^{\int\frac{\sqrt{1+f'^2(z)}}{f(z)}\mathrm{d}z} \tag{6.55}$$

这里，也需要结合具体的母线方程 $f(z)$ 进行求解。仍以悬索线方程为例，计算如下：

$$r(z)=\mathrm{e}^{\frac{z}{\lambda}+c} \tag{6.56}$$

式中，$c=\ln r(0)$，式 (6.56) 变为

$$r(z)=r(0)\,\mathrm{e}^{\frac{z}{\lambda}} \tag{6.57}$$

例如，可取 $r(0)=1$，这样，根据半径即可绘制极坐标映射图。

这里，取 $\lambda=1$，取 $z\in[-2.5,2.5]$ 区间，画出 $10\times12$ 格子对应为映射图 6.13(b)。

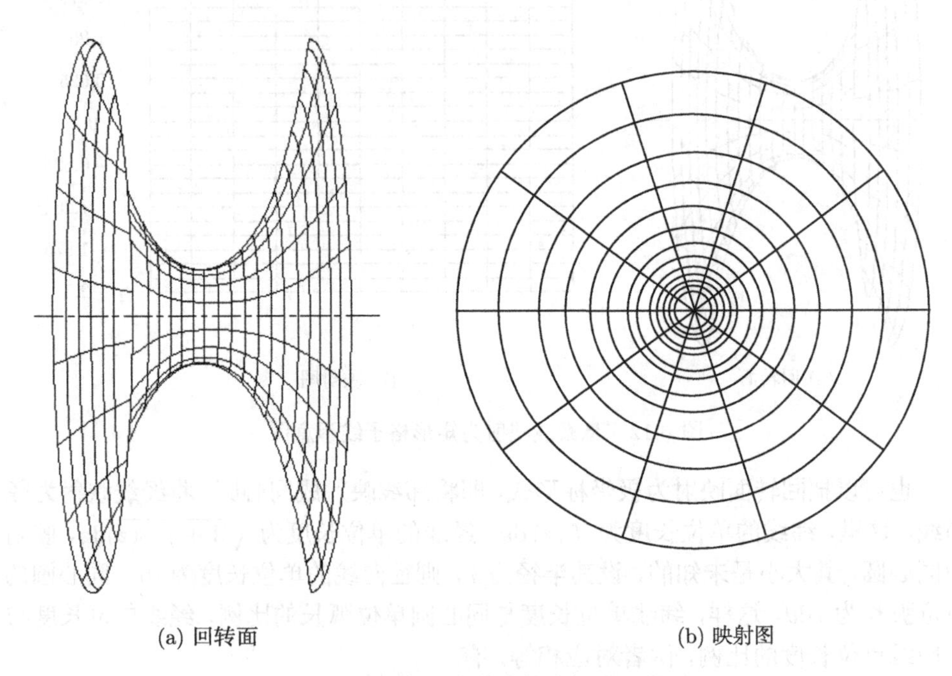

(a) 回转面　　(b) 映射图

图 6.13　悬索线映射为极坐标线示意图

通过上面的几个实例，对共形映射有了一个基本的认识。注意到，由式 (6.51) 和式 (6.56)，有 $r(z)=\mathrm{e}^{h(z)}$，即映射平面上的极坐标与直角坐标之间存在指数关系。而实际上，在复变函数与共形映射基本理论中，指数映射表示的就是一种广泛适用的极坐标与直角坐标之间的映射关系。

下面通过一个实例，简要介绍复变函数与平面图形映射中关于指数函数的基本知识。

复变函数中，定义指数函数如下：

$$\mathrm{e}^{z}=\mathrm{e}^{x+\mathrm{i}y}=\mathrm{e}^{x}(\cos y+\mathrm{i}\sin y) \tag{6.58}$$

由于指数函数自动满足 Cauchy-Riemann 方程，因此，式 (6.58) 表示的是一个

直角坐标向极坐标的共形映射关系。其中

$$|z| = \sqrt{x^2 + y^2} \tag{6.59}$$

为任意点到原点的距离，也表示复数 $z$ 的模。可见，直角坐标 $(x, y)$ 经映射后，变为位于半径为 $\mathrm{e}^x$、极角为 $\theta = y$ 的极坐标。把直角坐标 $[0,2]\times[0,2]$ 区间上的 $20\times 20$ 方格子，映射为图 6.14(b) 所示的极坐标。

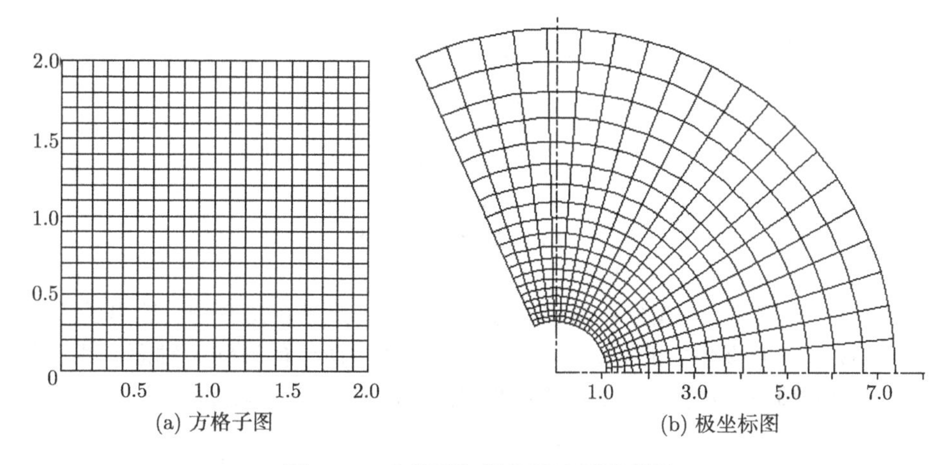

(a) 方格子图　(b) 极坐标图

图 6.14　方格子与极坐标映射示意图

再分析极坐标格子的特征，取 $[x, x+\mathrm{d}x]\times[y, y+\mathrm{d}y]$ 的微元格子，此时的格子为 $\mathrm{d}x\times\mathrm{d}y$，注意，对于方格子，有 $\mathrm{d}x = \mathrm{d}y$。映射到极坐标下为 $[\mathrm{e}^x, y]\times[\mathrm{e}^{x+\mathrm{d}x}, y+\mathrm{d}y]$，此时，格子沿径向的边长为 $\mathrm{e}^{x+\mathrm{d}x} - \mathrm{e}^x = \mathrm{e}^x\left(\mathrm{e}^{\mathrm{d}x} - 1\right)$，格子内侧弧长为 $\mathrm{e}^x\mathrm{d}y = \mathrm{e}^x\mathrm{d}x$，格子外侧弧长为 $\mathrm{e}^{x+\mathrm{d}x}\mathrm{d}y = \mathrm{e}^x\mathrm{e}^{\mathrm{d}x}\mathrm{d}x$，注意到，当 $\mathrm{d}x\to 0$ 时，即格子无穷小时，有 $\mathrm{e}^{\mathrm{d}x} - 1\sim\mathrm{d}x$, 即 $\mathrm{e}^{\mathrm{d}x}\sim 1$，故此时映射产生的极坐标是近似的微元方格子。需要注意，实际当中，格子不可能无穷小，所以，直角坐标下的方格子映射到极坐标都会产生一定的变形而不再是严格的方格子。但如果格子足够小，精确度自然就能提高。

### 6.2.4　计算机图形设计系统简介

上述共形映射在实际设计中比较繁琐，但却适合于采用计算机程序进行参数化自动设计。这里以我们开发的图形界面为例，简要介绍参数化设计的过程。

第一步，轴面设计。主要包括前后盘型线设计及过流面积变化的检查，如图 6.15 所示。

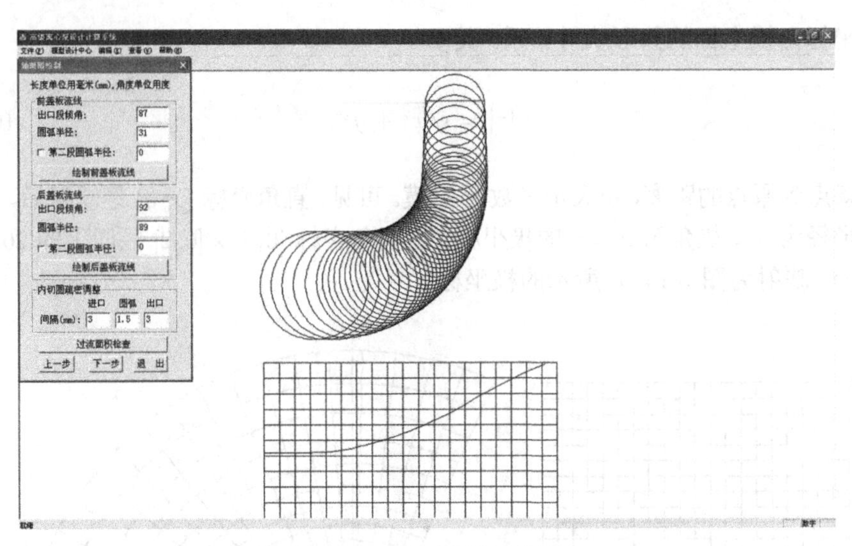


图 6.15　轴面设计示意图

第二步，分流线、流线分点及进口边位置设计。如图 6.16 所示，这里的流线分点即共形映射中取极坐标的等分角。需要注意，图中所示的流线为轴面流线，实际的流线位于以轴面流线为母线绕旋转轴回转一周所成的回转流面上。

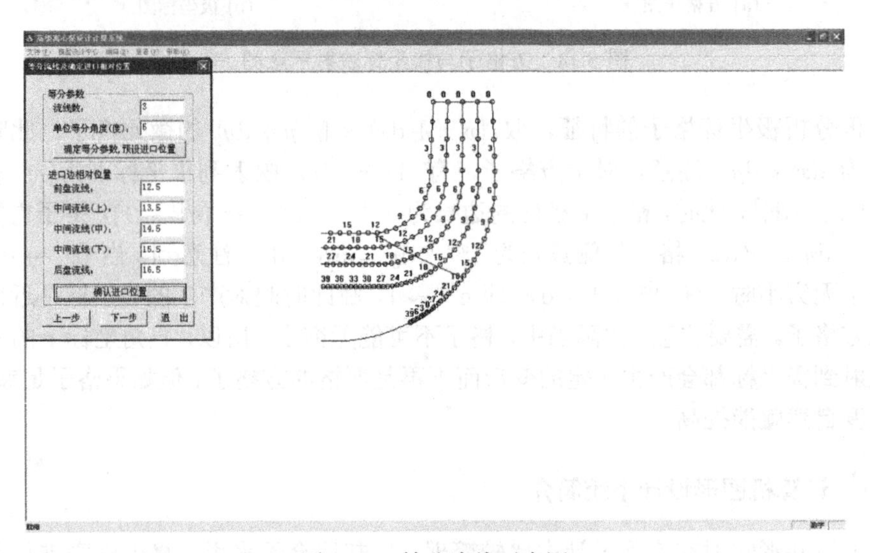


图 6.16　等分流线示意图

第三步，叶片厚度设计。如图 6.17 所示，既可以对所有流线采用相同的厚度设计，也可以对每根流线设计不同的厚度变化。

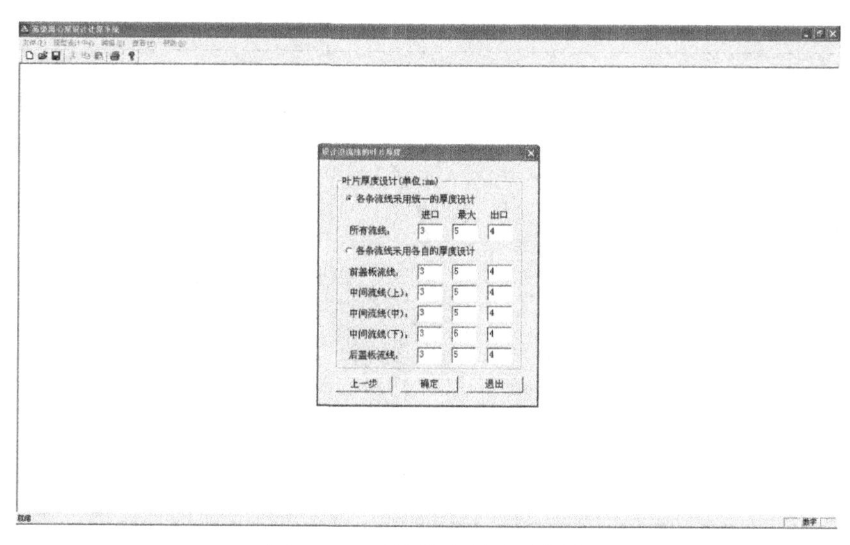


图 6.17 叶片厚度设计示意图

第四步，叶片角设计。如图 6.18 所示，这里的方格子为第二步中回转流面的共形映射。显然，这里的叶片角就是真实的叶片角。

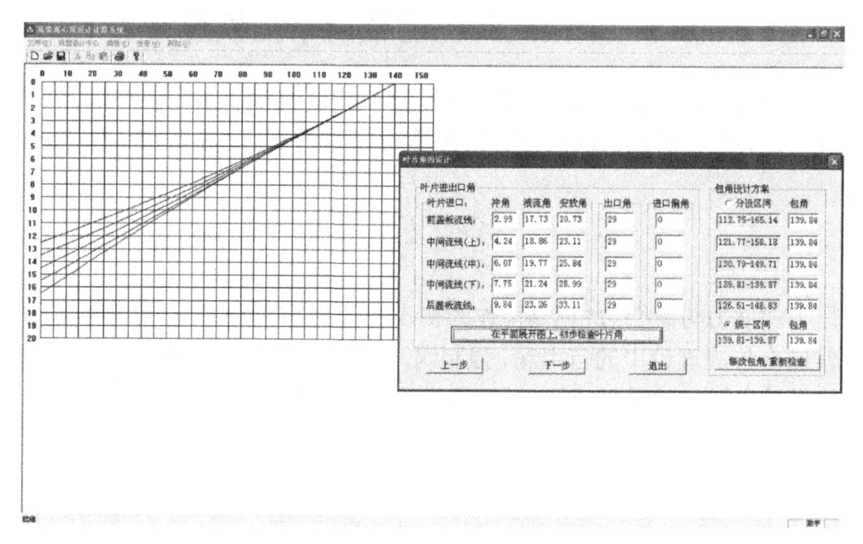


图 6.18 方格子上叶片角设计示意图

第五步，展开叶片模型图。如图 6.19 所示，取垂直旋转轴的若干等高线，截取轴面截线及前后盘流线，计算交点坐标，然后在极坐标平面图上绘制这些交点，连接成线。在过去，这是制作三维叶片模型的一种主要方法。

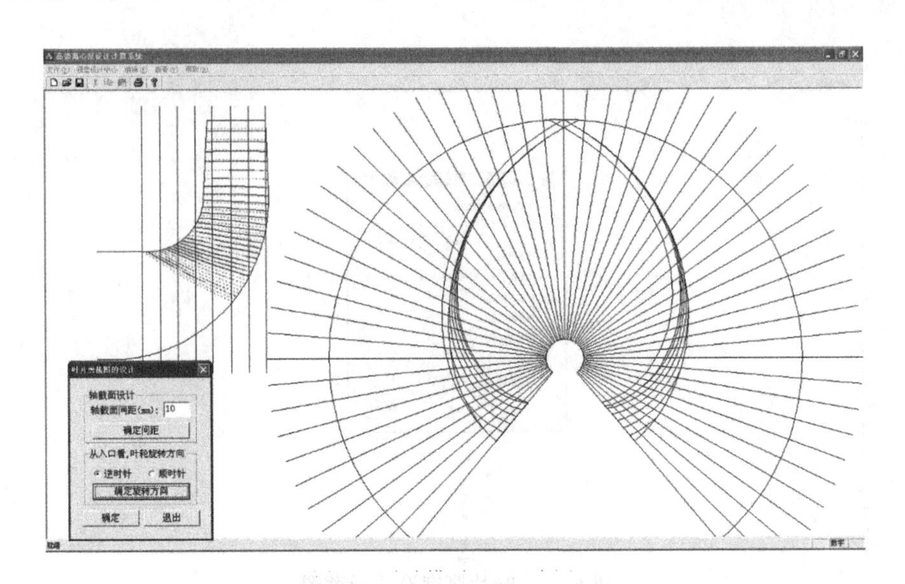


图 6.19　叶片模型展开示意图

到此，通过上面 5 个环节的设计，一个典型的三维叶片设计即告完成。

## 6.3　轴流式叶轮的径向平衡模型

假设轴流转子位于两个同轴的圆柱面之间，内圆柱面构成轮毂壁面，外圆柱面构成机壳壁面，假设沿径向的流速分量很小可以忽略不计，在势流条件下，动量方程变为

$$-\frac{1}{\rho}\frac{\partial p}{\partial r}+\frac{u^2}{r}=0 \tag{6.60}$$

相当于压力梯度力与离心力相平衡。作为初步设计，这个模型是非常简单实用的，设计中通常结合势流理论中的自由涡、强制涡，再结合翼栅数据、解析与试验资料，就可以很快设计出初步的透平叶片。关于径向平衡的更多内容可以参考 Horlock(1958) 关于轴流压缩机的论述。

# 第 7 章　气泡及颗粒两相流模型

两相流广泛存在于自然界及工业流动过程，对于球颗粒，已在第 1 章的绕球体 Stokes 流动中介绍。在船舶螺旋桨、水轮机、泵、发动机燃烧等流动过程中，往往会伴随有气泡产生。另外，具有椭球或柱状外形的颗粒也具有一定的代表性，本章将通过解析法来探讨气泡和椭球颗粒的运动方程。

## 7.1　Rayleigh-Plesset 方程

对圆球状气泡，采用球坐标系是便捷的。将坐标系原点放置在球心处。气泡半径为 $R$，随时间变化，即 $R(t)$。显然，界面的运动速度为 $\dfrac{\mathrm{d}R}{\mathrm{d}t}$。

根据球对称性，有 $\dfrac{\partial}{\partial\theta}=\dfrac{\partial}{\partial\phi}=0$，即流动参数只与半径 $r$ 和时间 $t$ 有关，比如，速度表示为 $u(r,t)$。这样，在气泡边界上，显然流体速度等于气泡边界的运动速度，有

$$u(r,t)=\frac{\mathrm{d}R}{\mathrm{d}t} \tag{7.1}$$

根据球对称性，连续性方程变为

$$\frac{\partial u(r,t)}{\partial r}+\frac{2u(r,t)}{r}=0 \tag{7.2}$$

在任意时刻 $t$，速度为半径的函数 $u(r)$，即

$$\frac{\mathrm{d}u(r)}{u(r)}=-\frac{2}{r} \tag{7.3}$$

对式 (7.3) 积分，有

$$u(r)\,r^2=C \tag{7.4}$$

由 $r=R$，有 $u(r,t)=\dfrac{\mathrm{d}R}{\mathrm{d}t}=R'$，将其代入式 (7.4)，得

$$u(r,t)=\frac{R^2}{r^2}R' \tag{7.5}$$

在球坐标下，气泡表面的法向应力为

$$\sigma_{rr} = -p(R,t) + 2\mu \left.\frac{\partial u(r,t)}{\partial r}\right|_{r=R} \tag{7.6}$$

将式 (7.5) 代入式 (7.6)，有

$$\sigma_{rr} = -p(R,t) - 4\mu \frac{R'}{R} \tag{7.7}$$

式中，气泡表面压力 $p(R,t)$ 需通过动量方程来确定。

根据球对称性，$r$ 方向的 Navier-Stokes 方程变为

$$\frac{\partial u}{\partial t} + u\frac{\partial u}{\partial r} = -\frac{1}{\rho}\frac{\partial p}{\partial r} \tag{7.8}$$

注意，球坐标系下的基本方程可参看附录 A2 中的式 (A2.7)、式 (A2.9)、式 (A2.13) 及式 (A2.66)。将式 (7.8) 代入式 (7.5)，有

$$\frac{2R}{r^2}R'^2 + \frac{R^2}{r^2}R'' - \frac{2R^4}{r^5}R'^2 = -\frac{1}{\rho}\frac{\partial p}{\partial r} \tag{7.9}$$

由其他两个方向的方程，有 $\dfrac{\partial p}{\partial \theta} = 0$、$\dfrac{\partial p}{\partial \phi} = 0$，$p$ 只与 $r$ 有关。这样，对式 (7.9) 积分，有

$$\frac{2R}{r}R'^2 + \frac{R^2}{r}R'' - \frac{R^4}{2r^4}R'^2 = \frac{p - p_\infty}{\rho} \tag{7.10}$$

式中，$p_\infty$ 为无穷远处压力。

在气泡表面 $r = R$ 处，有

$$\frac{p(R,t) - p_\infty(t)}{\rho} = \frac{3}{2}R'^2 + RR'' \tag{7.11}$$

将式 (7.11) 代入式 (7.7)，有

$$\sigma_{rr} = -\left[\rho\left(\frac{3}{2}R'^2 + RR''\right) + p_\infty(t)\right] - 4\mu\frac{R'}{R} \tag{7.12}$$

下面确定 $\sigma_{rr}$。根据气泡与流体界面平衡关系，有

$$-\sigma_{rr} = p_{\rm v} + p_{\rm g} + \left(-\frac{2S}{R}\right) \tag{7.13}$$

式中，$p_{\rm v}$ 为蒸汽压力；$p_{\rm g}$ 为气体压力；$-\dfrac{2S}{R}$ 为表面张力产生的附加压力。

这样，由式 (7.12) 和式 (7.13)，可得

$$\rho\left(\frac{3}{2}R'^2+RR''\right)=p_{\mathrm{v}}+p_{\mathrm{g}}+\left(-\frac{2S}{R}\right)-p_{\infty}(t)-4\mu\frac{R'}{R} \tag{7.14}$$

其中，$p_{\mathrm{g}}$ 有如下关系式：

$$p_{\mathrm{g}}=p_{\mathrm{g0}}\left[\frac{R_0}{R(t)}\right]^{3\gamma} \tag{7.15}$$

式中，$p_{\mathrm{g0}}$ 为初始压力，下标 0 表示初始时刻；$\gamma$ 为气体比热容比，为 $C_{p\mathrm{g}}/C_{\mathrm{vg}}$。将式 (7.15) 代入式 (7.14) 有

$$\rho\left(\frac{3}{2}R'^2+RR''\right)=p_{\mathrm{v}}-p_{\infty}(t)+p_{\mathrm{g0}}\left(\frac{R_0}{R}\right)^{3\gamma}-\frac{2S}{R}-4\mu\frac{R'}{R} \tag{7.16}$$

式 (7.16) 即为 Rayleigh-Plesset 方程，是一个常微分方程。若不计黏性，式 (7.16) 右端最后一项可忽略，则变为 Rayleigh 方程。

在大多数情况下，方程的惯性比黏性作用显著，从而忽略黏性项。在气泡溃灭中，惯性起主导作用，而表面张力是次要因素。

## 7.2 气泡溃灭界面速度

假设忽略黏性、气体压力、表面张力项，式 (7.16) 变为

$$\rho\left(\frac{3}{2}R'^2+RR''\right)=p_{\mathrm{v}}-p_{\infty} \tag{7.17}$$

式中，$p_{\infty}$ 为初始时刻 $t=0$ 压力，为常压值，一般大于 $p_{\mathrm{v}}$。我们注意到

$$\frac{\mathrm{d}}{\mathrm{d}t}\left(R^3R'^2\right)=3R^2R'^3+2R'R''R^3 \tag{7.18}$$

将式 (7.18) 两边同除以 $2R^2R'$，代入式 (7.17)，有

$$\rho\frac{\mathrm{d}}{\mathrm{d}t}\left(R^3R'^2\right)=2R^2R'\left(p_{\mathrm{v}}-p_{\infty}\right) \tag{7.19}$$

对式 (7.19) 积分可得

$$\rho\left(R^3R'^2\right)=\frac{2}{3}\left(R^3-R_0^3\right)\left(p_{\mathrm{v}}-p_{\infty}\right) \tag{7.20}$$

注意到，$p_{\mathrm{v}}<p_{\infty}$，这样，在 $p_{\infty}$ 的作用下气泡半径缩小，有 $R^3-R_0^3<0$，气泡受压溃灭。注意到 $R'<0$，有

$$R' = -\sqrt{\frac{2}{3}\left[1 - \left(\frac{R_0}{R}\right)^3\right]\frac{p_{\mathrm{v}} - p_\infty}{\rho}} \tag{7.21}$$

式 (7.21) 即为气泡溃灭的界面速度。

## 7.3 椭球体颗粒轨道运动方程

与球体颗粒呈现的各向同性不同的是自然界中普遍存在的椭球体，或者柱状体。它们具有典型的取向特征，不同的取向以及取向分布将对流体的流变特性产生显著影响。下面，将推导椭球体颗粒的轨道运动方程。与第 1 章 1.1 节中绕球体 Stokes 流动一样，在雷诺数 $Re \ll 1$ 时，应满足 Stokes 方程。

### 7.3.1 准备工作

先写出椭球体曲面方程，

$$\frac{x^2}{a^2} + \frac{y^2}{b^2} + \frac{z^2}{c^2} = 1 \tag{7.22}$$

这里，默认 $a > b > c$。再写出一族共焦椭球曲面方程，

$$\frac{x^2}{a^2+\lambda} + \frac{y^2}{b^2+\lambda} + \frac{z^2}{c^2+\lambda} = 1 \tag{7.23}$$

显然，$\lambda > -c^2$。记 $\Delta = \sqrt{(a^2+\lambda)(b^2+\lambda)(c^2+\lambda)}$。

再记

$$\alpha = \int_\lambda^\infty \frac{\mathrm{d}\lambda}{(a^2+\lambda)\Delta}, \alpha' = \int_\lambda^\infty \frac{\mathrm{d}\lambda}{(b^2+\lambda)(c^2+\lambda)\Delta}, \alpha'' = \int_\lambda^\infty \frac{\lambda\mathrm{d}\lambda}{(b^2+\lambda)(c^2+\lambda)\Delta};$$

$$\beta = \int_\lambda^\infty \frac{\mathrm{d}\lambda}{(b^2+\lambda)\Delta}, \beta' = \int_\lambda^\infty \frac{\mathrm{d}\lambda}{(a^2+\lambda)(c^2+\lambda)\Delta}, \beta'' = \int_\lambda^\infty \frac{\lambda\mathrm{d}\lambda}{(a^2+\lambda)(c^2+\lambda)\Delta};$$

$$\gamma = \int_\lambda^\infty \frac{\mathrm{d}\lambda}{(c^2+\lambda)\Delta}, \gamma' = \int_\lambda^\infty \frac{\mathrm{d}\lambda}{(a^2+\lambda)(b^2+\lambda)\Delta}, \gamma'' = \int_\lambda^\infty \frac{\lambda\mathrm{d}\lambda}{(a^2+\lambda)(b^2+\lambda)\Delta}.$$

下面，写出如下积分式：

$$\Psi = \int_\lambda^\infty \left(\frac{x^2}{a^2+\lambda} + \frac{y^2}{b^2+\lambda} + \frac{z^2}{c^2+\lambda} - 1\right)\frac{\mathrm{d}\lambda}{\Delta} \tag{7.24}$$

记 $P^2 = \dfrac{1}{\dfrac{x^2}{(a^2+\lambda)^2} + \dfrac{y^2}{(b^2+\lambda)^2} + \dfrac{z^2}{(c^2+\lambda)^2}}$，写出导数项，如下：

$$\frac{\partial \Psi}{\partial x} = \int_\lambda^\infty \left(\frac{2x}{a^2+\lambda}\right)\frac{\mathrm{d}\lambda}{\Delta} = 2\alpha x \Rightarrow \frac{\partial^2 \Psi}{\partial x^2} = 2\alpha - \frac{4x^2P^2}{(a^2+\lambda)^2\Delta},$$

$$\frac{\partial \Psi}{\partial y} = \int_\lambda^\infty \left(\frac{2y}{b^2+\lambda}\right)\frac{\mathrm{d}\lambda}{\Delta} = 2\beta y \Rightarrow \frac{\partial^2 \Psi}{\partial y^2} = 2\beta - \frac{4y^2P^2}{(b^2+\lambda)^2\Delta},$$

$$\frac{\partial \Psi}{\partial z} = \int_\lambda^\infty \left(\frac{2z}{c^2+\lambda}\right)\frac{\mathrm{d}\lambda}{\Delta} = 2\gamma z \Rightarrow \frac{\partial^2 \Psi}{\partial z^2} = 2\gamma - \frac{4z^2P^2}{(c^2+\lambda)^2\Delta},$$

$$\Rightarrow \frac{\partial^2 \Psi}{\partial x^2} + \frac{\partial^2 \Psi}{\partial y^2} + \frac{\partial^2 \Psi}{\partial z^2} = 2\int_\lambda^\infty \left(\frac{1}{a^2+\lambda} + \frac{1}{b^2+\lambda} + \frac{1}{c^2+\lambda}\right)\frac{\mathrm{d}\lambda}{\Delta} - \frac{4}{\Delta} = -4 \times \left.\frac{1}{\Delta}\right|_\lambda^\infty - \frac{4}{\Delta} = 0 \tag{7.25}$$

注意到，当 $\lambda \to \infty$ 时，有 $\dfrac{1}{\Delta} \to 0$。可见函数 $\Psi$ 是满足 Laplace 方程的。再引入以下函数：

$$\chi_1 = \alpha' yz, \quad \chi_2 = \beta' xz, \quad \chi_3 = \gamma' xy \tag{7.26}$$

类似地，写出如下一阶导数：

$$\begin{aligned} \frac{\partial \chi_1}{\partial x} &= -\frac{2xyzP^2}{\Delta^3} \\ \frac{\partial \chi_1}{\partial y} &= \alpha' z - \frac{2y^2zP^2}{(b^2+\lambda)^2(c^2+\lambda)\Delta} \\ \frac{\partial \chi_1}{\partial z} &= \alpha' y - \frac{2yz^2P^2}{(b^2+\lambda)(c^2+\lambda)^2\Delta} \end{aligned} \tag{7.27}$$

再记 $p = (a^2+\lambda)(b^2+\lambda)(c^2+\lambda)$，$k = \dfrac{x^2}{(a^2+\lambda)^2} + \dfrac{y^2}{(b^2+\lambda)^2} + \dfrac{z^2}{(c^2+\lambda)^2}$，写出如下二阶导数：

$$\frac{\partial^2 \chi_1}{\partial x^2} = (-2yz)\left(\frac{x}{p^{3/2}k}\right)'_x = (-2yz)\frac{1}{p^3k^2}\left\{p^{3/2}k - x\left[\frac{3}{2}kp^{1/2}\right.\right.$$

$$\underbrace{[(b^2+\lambda)(c^2+\lambda) + (a^2+\lambda)(c^2+\lambda) + (a^2+\lambda)(b^2+\lambda)]}_{①}\frac{\partial \lambda}{\partial x}$$

$$+p^{3/2}\left(\frac{2x}{(a^2+\lambda)^2}+\left\{(-2)\underbrace{\left[\frac{x^2}{(a^2+\lambda)^3}+\frac{y^2}{(b^2+\lambda)^3}+\frac{z^2}{(c^2+\lambda)^3}\right]}_{②}\frac{\partial\lambda}{\partial x}\right\}\right)\Bigg]\Bigg\} \tag{7.28}$$

上式记为

$$\begin{aligned}\frac{\partial^2\chi_1}{\partial x^2}&=(-2yz)\left(\frac{x}{p^{3/2}k}\right)'_x\\&=(-2yz)\left\{\frac{1}{p^{3/2}k}-\frac{x}{p^3k^2}\left[\frac{3}{2}kp^{1/2}(①)\frac{\partial\lambda}{\partial x}+p^{3/2}\left[\frac{2x}{(a^2+\lambda)^2}-2(②)\frac{\partial\lambda}{\partial x}\right]\right]\right\}\\&=(-2yz)\frac{1}{(a^2+\lambda)(b^2+\lambda)(c^2+\lambda)}\frac{1}{p^{1/2}k}\\&\quad+\frac{3xyz}{p^{5/2}k}(①)\frac{\partial\lambda}{\partial x}+\frac{4x^2yz}{(a^2+\lambda)^2}\frac{1}{p^{3/2}k^2}-\frac{4xyz}{p^{3/2}k^2}(②)\frac{\partial\lambda}{\partial x}\end{aligned} \tag{7.29}$$

类似，可写出

$$\begin{aligned}\frac{\partial^2\chi_1}{\partial y^2}=&\frac{z}{(b^2+\lambda)(c^2+\lambda)\Delta}\frac{\partial\lambda}{\partial y}-(2z)\left(\frac{y^2}{(b^2+\lambda)^2(c^2+\lambda)p^{1/2}k}\right)'_y\\=&(-6yz)\frac{1}{(b^2+\lambda)^2(c^2+\lambda)}\frac{1}{p^{1/2}k}+2y^2z\frac{2(b^2+\lambda)(c^2+\lambda)+(b^2+\lambda)^2}{(b^2+\lambda)^4(c^2+\lambda)^2p^{1/2}k}\frac{\partial\lambda}{\partial y}\\&+\frac{y^2z}{(b^2+\lambda)^2(c^2+\lambda)p^{3/2}k}(①)\frac{\partial\lambda}{\partial y}+\frac{4y^3z}{(b^2+\lambda)^4(c^2+\lambda)}\frac{1}{p^{1/2}k^2}\\&-\frac{4y^2z}{(b^2+\lambda)^2(c^2+\lambda)p^{1/2}k^2}(②)\frac{\partial\lambda}{\partial y}\end{aligned} \tag{7.30}$$

再写出

$$\begin{aligned}\frac{\partial^2\chi_1}{\partial z^2}=&\frac{y}{(b^2+\lambda)(c^2+\lambda)\Delta}\frac{\partial\lambda}{\partial z}-(2y)\left(\frac{z^2}{(b^2+\lambda)(c^2+\lambda)^2p^{1/2}k}\right)'_z\\=&(-6yz)\frac{1}{(b^2+\lambda)(c^2+\lambda)^2}\frac{1}{p^{1/2}k}+2yz^2\frac{2(b^2+\lambda)(c^2+\lambda)+(c^2+\lambda)^2}{(b^2+\lambda)^2(c^2+\lambda)^4p^{1/2}k}\frac{\partial\lambda}{\partial z}\\&+\frac{yz^2}{(b^2+\lambda)(c^2+\lambda)^2p^{3/2}k}(①)\frac{\partial\lambda}{\partial z}+\frac{4yz^3}{(b^2+\lambda)(c^2+\lambda)^4}\frac{1}{p^{1/2}k^2}\end{aligned}$$

$$-\frac{4yz^2}{(b^2+\lambda)(c^2+\lambda)^2 p^{1/2}k^2}(②)\frac{\partial\lambda}{\partial z} \tag{7.31}$$

整理后，有

$$\frac{\partial^2\chi_1}{\partial x^2}+\frac{\partial^2\chi_1}{\partial y^2}+\frac{\partial^2\chi_1}{\partial z^2}=0 \tag{7.32}$$

类似，$\chi_2$、$\chi_3$ 也同样满足 Laplace 方程的。注意到，在上面推导中，用到 $\lambda$ 的几个导数项，可由 $\frac{x^2}{a^2+\lambda}+\frac{y^2}{b^2+\lambda}+\frac{z^2}{c^2+\lambda}=1$ 求导获得，比如

$$\begin{aligned}
&\left(\frac{x^2}{a^2+\lambda}+\frac{y^2}{b^2+\lambda}+\frac{z^2}{c^2+\lambda}\right)'_x=0\\
\Rightarrow&\frac{2x}{a^2+\lambda}+\left(\frac{x^2}{a^2+\lambda}+\frac{y^2}{b^2+\lambda}+\frac{z^2}{c^2+\lambda}\right)'_\lambda\frac{\partial\lambda}{\partial x}=0\\
\Rightarrow&\frac{2x}{a^2+\lambda}-\left[\frac{x^2}{(a^2+\lambda)^2}+\frac{y^2}{(b^2+\lambda)^2}+\frac{z^2}{(c^2+\lambda)^2}\right]\frac{\partial\lambda}{\partial x}=0\\
\Rightarrow&\frac{\partial\lambda}{\partial x}=\frac{2x}{(a^2+\lambda)k}
\end{aligned} \tag{7.33}$$

类似，另两个导数项如下：

$$\frac{\partial\lambda}{\partial y}=\frac{2y}{(b^2+\lambda)k},\quad \frac{\partial\lambda}{\partial z}=\frac{2z}{(c^2+\lambda)k} \tag{7.34}$$

下面，先构造 $\chi_1$、$\chi_2$、$\chi_3$ 的一次导数项，有梯度项如下：

$$\begin{aligned}
&\nabla(R\chi_1+S\chi_2+T\chi_3)\\
=&\left\{\frac{\partial(R\chi_1+S\chi_2+T\chi_3)}{\partial x}i,\frac{\partial(R\chi_1+S\chi_2+T\chi_3)}{\partial y}j,\frac{\partial(R\chi_1+S\chi_2+T\chi_3)}{\partial z}k\right\}
\end{aligned} \tag{7.35}$$

式中，$R$、$S$、$T$ 均为常数。其次，有旋度项如下：

$$\begin{aligned}
&\begin{bmatrix} i & j & k\\ \frac{\partial}{\partial x} & \frac{\partial}{\partial y} & \frac{\partial}{\partial z}\\ U\chi_1 & V\chi_2 & W\chi_3\end{bmatrix}\\
=&\left\{\left(W\frac{\partial\chi_3}{\partial y}-V\frac{\partial\chi_2}{\partial z}\right)i,\ \left(U\frac{\partial\chi_1}{\partial z}-W\frac{\partial\chi_3}{\partial x}\right)j,\ \left(V\frac{\partial\chi_2}{\partial x}-U\frac{\partial\chi_1}{\partial y}\right)k\right\}
\end{aligned} \tag{7.36}$$

式中，$U$、$V$、$W$ 均为常数。可以预计，对梯度求散度为 Laplace 算子，而 $\chi_1$、$\chi_2$、$\chi_3$ 三项都是满足 Laplace 方程的，所以，自然为零。另外，已经熟知对旋度求散度等于零，因此，一旦对这些项求散度，它们将自动变为零。

再引入 $\Psi$ 的一次和二次导数项，首先，构造以下一次导数项，写成列向量，如下：

$$
-\begin{bmatrix} A & H & G' \\ H' & B & F \\ G & F' & C \end{bmatrix}\begin{pmatrix} \dfrac{\partial}{\partial x} \\ \dfrac{\partial}{\partial y} \\ \dfrac{\partial}{\partial z} \end{pmatrix}\Psi
$$

$$
=-\left\{\begin{matrix} A\dfrac{\partial \Psi}{\partial x}+H\dfrac{\partial \Psi}{\partial y}+G'\dfrac{\partial \Psi}{\partial z} \\ H'\dfrac{\partial \Psi}{\partial x}+B\dfrac{\partial \Psi}{\partial y}+F\dfrac{\partial \Psi}{\partial z} \\ G\dfrac{\partial \Psi}{\partial x}+F'\dfrac{\partial \Psi}{\partial y}+C\dfrac{\partial \Psi}{\partial z} \end{matrix}\right\} \tag{7.37}
$$

再写出二阶导数项，如下：

$$
\left\{(x,y,z)\begin{bmatrix} A & H & G' \\ H' & B & F \\ G & F' & C \end{bmatrix}\begin{bmatrix} \dfrac{\partial^2}{\partial x^2} & \dfrac{\partial^2}{\partial x\partial y} & \dfrac{\partial^2}{\partial x\partial z} \\ \dfrac{\partial^2}{\partial x\partial y} & \dfrac{\partial^2}{\partial y^2} & \dfrac{\partial^2}{\partial y\partial z} \\ \dfrac{\partial^2}{\partial x\partial z} & \dfrac{\partial^2}{\partial y\partial z} & \dfrac{\partial^2}{\partial z^2} \end{bmatrix}\right\}\Psi
$$

$$
=(Ax+H'y+Gz,Hx+By+F'z,G'x+Fy+Cz)\begin{bmatrix} \dfrac{\partial^2}{\partial x^2} & \dfrac{\partial^2}{\partial x\partial y} & \dfrac{\partial^2}{\partial x\partial z} \\ \dfrac{\partial^2}{\partial x\partial y} & \dfrac{\partial^2}{\partial y^2} & \dfrac{\partial^2}{\partial y\partial z} \\ \dfrac{\partial^2}{\partial x\partial z} & \dfrac{\partial^2}{\partial y\partial z} & \dfrac{\partial^2}{\partial z^2} \end{bmatrix}\Psi
$$

$$
=\left\{\left[(Ax+H'y+Gz)\frac{\partial^2\Psi}{\partial x^2}+(Hx+By+F'z)\frac{\partial^2\Psi}{\partial x\partial y}+(G'x+Fy+Cz)\frac{\partial^2\Psi}{\partial x\partial z}\right]i\right.
$$

$$+\left[(Ax+H'y+Gz)\frac{\partial^2\Psi}{\partial x\partial y}+(Hx+By+F'z)\frac{\partial^2\Psi}{\partial y^2}+(G'x+Fy+Cz)\frac{\partial^2\Psi}{\partial y\partial z}\right]j$$
$$+\left[(Ax+H'y+Gz)\frac{\partial^2\Psi}{\partial x\partial z}+(Hx+By+F'z)\frac{\partial^2\Psi}{\partial y\partial z}+(G'x+Fy+Cz)\frac{\partial^2\Psi}{\partial z^2}\right]k\Bigg\}$$
$$(7.38)$$

### 7.3.2 流场构造

用上面所介绍的导数项的组合来构造速度场，如下：

$$\begin{aligned}
u=&u_0+\frac{\partial\left(R\chi_1+S\chi_2+T\chi_3\right)}{\partial x}+\left(W\frac{\partial\chi_3}{\partial y}-V\frac{\partial\chi_2}{\partial z}\right)-\\
&\left(A\frac{\partial\Psi}{\partial x}+H\frac{\partial\Psi}{\partial y}+G'\frac{\partial\Psi}{\partial z}\right)+\\
&(Ax+H'y+Gz)\frac{\partial^2\Psi}{\partial x^2}+(Hx+By+F'z)\frac{\partial^2\Psi}{\partial x\partial y}+(G'x+Fy+Cz)\frac{\partial^2\Psi}{\partial x\partial z}\\
=&u_0+\frac{\partial\left(R\chi_1+S\chi_2+T\chi_3\right)}{\partial x}+\left(W\frac{\partial\chi_3}{\partial y}-V\frac{\partial\chi_2}{\partial z}\right)\\
&+A\left(x\frac{\partial^2\Psi}{\partial x^2}-\frac{\partial\Psi}{\partial x}\right)+H\left(x\frac{\partial^2\Psi}{\partial x\partial y}-\frac{\partial\Psi}{\partial y}\right)+G'\left(x\frac{\partial^2\Psi}{\partial x\partial z}-\frac{\partial\Psi}{\partial z}\right)\\
&+y\left(H'\frac{\partial^2\Psi}{\partial x^2}+B\frac{\partial^2\Psi}{\partial x\partial y}+F\frac{\partial^2\Psi}{\partial x\partial z}\right)\\
&+z\left(G\frac{\partial^2\Psi}{\partial x^2}+F'\frac{\partial^2\Psi}{\partial x\partial y}+C\frac{\partial^2\Psi}{\partial x\partial z}\right)
\end{aligned}\tag{7.39}$$

类似，有

$$\begin{aligned}
v=&v_0+\frac{\partial\left(R\chi_1+S\chi_2+T\chi_3\right)}{\partial y}+\left(U\frac{\partial\chi_1}{\partial z}-W\frac{\partial\chi_3}{\partial x}\right)\\
&-\left(H'\frac{\partial\Psi}{\partial x}+B\frac{\partial\Psi}{\partial y}+F\frac{\partial\Psi}{\partial z}\right)\\
&+(Ax+H'y+Gz)\frac{\partial^2\Psi}{\partial x\partial y}+(Hx+By+F'z)\frac{\partial^2\Psi}{\partial y^2}+(G'x+Fy+Cz)\frac{\partial^2\Psi}{\partial y\partial z}\\
=&v_0+\frac{\partial\left(R\chi_1+S\chi_2+T\chi_3\right)}{\partial y}+\left(U\frac{\partial\chi_1}{\partial z}-W\frac{\partial\chi_3}{\partial x}\right)
\end{aligned}$$

$$+x\left(A\frac{\partial^2\Psi}{\partial x\partial y}+H\frac{\partial^2\Psi}{\partial y^2}+G'\frac{\partial^2\Psi}{\partial y\partial z}\right)$$

$$+H'\left(y\frac{\partial^2\Psi}{\partial x\partial y}-\frac{\partial\Psi}{\partial x}\right)+B\left(y\frac{\partial^2\Psi}{\partial y^2}-\frac{\partial\Psi}{\partial y}\right)+F\left(y\frac{\partial^2\Psi}{\partial y\partial z}-\frac{\partial\Psi}{\partial z}\right)$$

$$+z\left(G\frac{\partial^2\Psi}{\partial x\partial y}+F'\frac{\partial^2\Psi}{\partial y^2}+C\frac{\partial^2\Psi}{\partial y\partial z}\right) \tag{7.40}$$

以及

$$\begin{aligned}
w=&w_0+\frac{\partial\left(R\chi_1+S\chi_2+T\chi_3\right)}{\partial z}+\left(V\frac{\partial\chi_2}{\partial x}-U\frac{\partial\chi_1}{\partial y}\right)\\
&-\left(G\frac{\partial\Psi}{\partial x}+F'\frac{\partial\Psi}{\partial y}+C\frac{\partial\Psi}{\partial z}\right)\\
&+\left(Ax+H'y+Gz\right)\frac{\partial^2\Psi}{\partial x\partial z}+\left(Hx+By+F'z\right)\frac{\partial^2\Psi}{\partial y\partial z}+\left(G'x+Fy+Cz\right)\frac{\partial^2\Psi}{\partial z^2}\\
=&w_0+\frac{\partial\left(R\chi_1+S\chi_2+T\chi_3\right)}{\partial z}+\left(V\frac{\partial\chi_2}{\partial x}-U\frac{\partial\chi_1}{\partial y}\right)\\
&+x\left(A\frac{\partial^2\Psi}{\partial x\partial z}+H\frac{\partial^2\Psi}{\partial y\partial z}+G'\frac{\partial^2\Psi}{\partial z^2}\right)\\
&+y\left(H'\frac{\partial^2\Psi}{\partial x\partial z}+B\frac{\partial^2\Psi}{\partial y\partial z}+F\frac{\partial^2\Psi}{\partial z^2}\right)\\
&+G\left(z\frac{\partial^2\Psi}{\partial x\partial z}-\frac{\partial\Psi}{\partial x}\right)+F'\left(z\frac{\partial^2\Psi}{\partial y\partial z}-\frac{\partial\Psi}{\partial y}\right)+C\left(z\frac{\partial^2\Psi}{\partial z^2}-\frac{\partial\Psi}{\partial z}\right)
\end{aligned} \tag{7.41}$$

这里，$u_0$、$v_0$ 和 $w_0$ 为远处未受颗粒扰动的均匀流速度场，写为

$$\{u_0,v_0,w_0\}=(x,y,z)\begin{bmatrix} l & h & g\\ h & m & f\\ g & f & n\end{bmatrix}+\begin{bmatrix} i & j & k\\ \xi & \eta & \zeta\\ x & y & z\end{bmatrix} \tag{7.42}$$

上式右端第一项为变形部分，第二项为旋转部分。上式应满足不可压缩流体连续性方程，有

$$\frac{\partial u_0}{\partial x}+\frac{\partial v_0}{\partial y}+\frac{\partial w_0}{\partial z}=0\Rightarrow l+m+n=0 \tag{7.43}$$

然后，将 $\chi_1$、$\chi_2$、$\chi_3$ 及 $\Psi$ 的导数项代入上述三个速度分量式，整理得

$$u=x\left[l+\gamma'W-\beta'V-2\left(\alpha+\beta+\gamma\right)A\right]$$

$$
\begin{aligned}
&+y\left(h-\zeta+\gamma' T-2\beta H+2\alpha H'\right)\\
&+z\left(g+\eta+\beta' S-2\gamma G'+2\alpha G\right)\\
&-\frac{2xP^2}{\left(a^2+\lambda\right)\Delta}\left\{\left[R+2\left(b^2+\lambda\right)F+2\left(c^2+\lambda\right)F'\right]yz/\left(b^2+\lambda\right)\left(c^2+\lambda\right)\right.\\
&+\left[S+2\left(c^2+\lambda\right)G+2\left(a^2+\lambda\right)G'\right]zx/\left(c^2+\lambda\right)\left(a^2+\lambda\right)\\
&+\left[T+2\left(a^2+\lambda\right)H+2\left(b^2+\lambda\right)H'\right]xy/\left(a^2+\lambda\right)\left(b^2+\lambda\right)\\
&+\left[W-2\left(a^2+\lambda\right)A+2\left(b^2+\lambda\right)B\right]y^2/\left(b^2+\lambda\right)^2\\
&\left.-\left[V-2\left(c^2+\lambda\right)C+2\left(a^2+\lambda\right)A\right]z^2/\left(c^2+\lambda\right)^2\right\}
\end{aligned}
\tag{7.44}
$$

有

$$
\begin{aligned}
v=&x\left(h+\zeta+\gamma' T+2\beta H-2\alpha H'\right)\\
&+y\left[m+\alpha' U-\gamma' W-2\left(\alpha+\beta+\gamma\right)B\right]\\
&+z\left(f-\xi+\alpha' R-2\gamma F+2\beta F'\right)\\
&-\frac{2yP^2}{\left(b^2+\lambda\right)\Delta}\left\{\left[R+2\left(b^2+\lambda\right)F+2\left(c^2+\lambda\right)F'\right]yz/\left(b^2+\lambda\right)\left(c^2+\lambda\right)\right.\\
&+\left[S+2\left(c^2+\lambda\right)G+2\left(a^2+\lambda\right)G'\right]zx/\left(c^2+\lambda\right)\left(a^2+\lambda\right)\\
&+\left[T+2\left(a^2+\lambda\right)H+2\left(b^2+\lambda\right)H'\right]xy/\left(a^2+\lambda\right)\left(b^2+\lambda\right)\\
&+\left[U-2\left(b^2+\lambda\right)B+2\left(c^2+\lambda\right)C\right]z^2/\left(c^2+\lambda\right)^2\\
&\left.-\left[W-2\left(a^2+\lambda\right)A+2\left(b^2+\lambda\right)B\right]x^2/\left(a^2+\lambda\right)^2\right\}
\end{aligned}
\tag{7.45}
$$

以及

$$
\begin{aligned}
w=&x\left(g-\eta+\beta' S+2\gamma G'-2\alpha G\right)\\
&+y\left(f+\xi+\alpha' R+2\gamma F-2\beta F'\right)\\
&+z\left[n-\alpha' U+\beta' V-2\left(\alpha+\beta+\gamma\right)C\right]\\
&-\frac{2zP^2}{\left(c^2+\lambda\right)\Delta}\left\{\left[R+2\left(b^2+\lambda\right)F+2\left(c^2+\lambda\right)F'\right]yz/\left(b^2+\lambda\right)\left(c^2+\lambda\right)\right.\\
&+\left[S+2\left(c^2+\lambda\right)G+2\left(a^2+\lambda\right)G'\right]zx/\left(c^2+\lambda\right)\left(a^2+\lambda\right)\\
&+\left[T+2\left(a^2+\lambda\right)H+2\left(b^2+\lambda\right)H'\right]xy/\left(a^2+\lambda\right)\left(b^2+\lambda\right)
\end{aligned}
$$

$$+\left[V-2\left(c^2+\lambda\right)C+2\left(a^2+\lambda\right)A\right]x^2/\left(a^2+\lambda\right)^2$$
$$\left.-\left[U-2\left(b^2+\lambda\right)B+2\left(c^2+\lambda\right)C\right]y^2/\left(b^2+\lambda\right)^2\right\} \tag{7.46}$$

然后，构造如下压力场：

$$\begin{aligned}p=&p_0+2\mu\left[A\frac{\partial^2\Psi}{\partial x^2}+B\frac{\partial^2\Psi}{\partial y^2}+C\frac{\partial^2\Psi}{\partial z^2}\right.\\&\left.+\left(F+F'\right)\frac{\partial^2\Psi}{\partial y\partial z}+\left(G+G'\right)\frac{\partial^2\Psi}{\partial z\partial x}+\left(H+H'\right)\frac{\partial^2\Psi}{\partial x\partial y}\right]\end{aligned} \tag{7.47}$$

式中，$p_0$ 为远处的均匀流压力，为一常数。

可以将式 (7.44)、式 (7.45) 或式 (7.46) 与式 (7.47) 一同代入 Stokes 方程，容易看出它们是满足 Stokes 方程的，这样，由这四个式子就构造出一个不可压缩流场。下面，需要确定出现在这四个式子中的待定系数。

### 7.3.3　确定系数

利用球面 ($\lambda=0$) 的边界条件，确定其中的系数。这里，我们将坐标系 $\{x,y,z\}$ 原点建立在椭球体球心位置，坐标轴分别对应椭球体的三个轴 $a$、$b$ 和 $c$，这样做是便利的，后面还将会用到。实际上，椭球体表面受流体剪应力作用而发生旋转，设旋转向量为

$$\boldsymbol{\omega}=\{\omega_1,\omega_2,\omega_3\} \tag{7.48}$$

这里的 $\boldsymbol{\omega}$ 恰好也是流体微团本身的旋转角速度。在球面上任意一点处，有线速度为

$$\begin{aligned}\{u,v,w\}=\boldsymbol{\omega}\times\boldsymbol{r}=&\begin{bmatrix}i&j&k\\\omega_1&\omega_2&\omega_3\\x&y&z\end{bmatrix}\\=&\{\omega_2z-\omega_3y,\omega_3x-\omega_1z,\omega_1y-\omega_2x\}\end{aligned} \tag{7.49}$$

这也是椭球体表面上任意位置点的流体速度。利用该关系式来确定上面的系数，注意，$u$ 方程中不含 $x$ 项，$v$ 方程中不含 $y$ 项，$w$ 方程中不含 $z$ 项，有

$$\left.\begin{aligned}l+\gamma_0'W-\beta_0'V-2\left(\alpha_0+\beta_0+\gamma_0\right)A=0\\m+\alpha_0'U-\gamma_0'W-2\left(\alpha_0+\beta_0+\gamma_0\right)B=0\\n+\beta_0'V-\alpha_0'U-2\left(\alpha_0+\beta_0+\gamma_0\right)C=0\end{aligned}\right\}$$
$$\Rightarrow A+B+C=0 \tag{7.50}$$

这里，$A$、$B$ 和 $C$ 还需进一步确定。类似，有

$$\left.\begin{aligned} W-2a^2A+2b^2B=0 \\ V-2c^2C+2a^2A=0 \\ U-2b^2B+2c^2C=0 \end{aligned}\right\} \\ \Rightarrow U+V+W=0 \tag{7.51}$$

同样，$U$、$V$ 和 $W$ 也是待定系数。类似，有

$$\begin{cases} R+2b^2F+2c^2F'=0 \\ S+2c^2G+2a^2G'=0 \\ T+2a^2H+2b^2H'=0 \end{cases} \tag{7.52}$$

然后，分别对照 $u$、$v$ 和 $w$ 方程中的 $\omega_1$、$\omega_2$ 和 $\omega_3$ 的对应系数应相等，可得

$$\begin{cases} \zeta+2\beta_0H-2\alpha_0H'=\omega_3 \\ \eta-2\gamma_0G'+2\alpha_0G=\omega_2 \\ \xi+2\gamma_0F-2\beta_0F'=\omega_1 \end{cases} \tag{7.53}$$

结合以上两组关系式，可得出

$$\begin{gathered} \begin{cases} F'=\dfrac{\gamma_0f+b^2\alpha_0'(\xi-\omega_1)}{2(b^2\beta_0+c^2\gamma_0)\alpha_0'} \\ G'=\dfrac{\alpha_0g+c^2\beta_0'(\eta-\omega_2)}{2(c^2\gamma_0+a^2\alpha_0)\beta_0'} \\ H'=\dfrac{\beta_0h+a^2\gamma_0'(\zeta-\omega_3)}{2(a^2\alpha_0+b^2\beta_0)\gamma_0'} \end{cases} \\ \begin{cases} F=\dfrac{\beta_0f-c^2\alpha_0'(\xi-\omega_1)}{2(b^2\beta_0+c^2\gamma_0)\alpha_0'} \\ G=\dfrac{\gamma_0g-a^2\beta_0'(\eta-\omega_2)}{2(c^2\gamma_0+a^2\alpha_0)\beta_0'} \\ H=\dfrac{\alpha_0h-b^2\gamma_0'(\zeta-\omega_3)}{2(a^2\alpha_0+b^2\beta_0)\gamma_0'} \end{cases} \end{gathered} \tag{7.54}$$

类似，对照角速度部分，有

$$
\left.\begin{aligned}
&h-\zeta+\gamma_0'T-2\beta_0H+2\alpha_0H'=-\omega_3\\
&g+\eta+\beta_0'S-2\gamma_0G'+2\alpha_0G=\omega_2\\
&f-\xi+\alpha_0'R-2\gamma_0F+2\beta_0F'=-\omega_1\\
&h+\zeta+\gamma_0'T+2\beta_0H-2\alpha_0H'=\omega_3\\
&g-\eta+\beta_0'S-2\alpha_0G+2\gamma_0G'=-\omega_2\\
&f+\xi+\alpha_0'R+2\gamma_0F-2\beta_0F'=\omega_1
\end{aligned}\right\}
$$

$$
\Rightarrow\left\{\begin{aligned}
&R=-f/\alpha_0'\\
&S=-g/\beta_0'\\
&T=-h/\gamma_0'
\end{aligned}\right. \tag{7.55}
$$

根据 $\alpha$、$\beta$、$\gamma$ 和 $\alpha'$、$\beta'$、$\gamma'$ 及 $\alpha''$、$\beta''$、$\gamma''$ 的定义，可得它们相互之间的关系式

$$
\begin{aligned}
&\alpha'=\frac{\gamma-\beta}{b^2-c^2},\quad \beta'=\frac{\alpha-\gamma}{c^2-a^2},\quad \gamma'=\frac{\beta-\alpha}{a^2-b^2}\\
&\alpha''=\frac{b^2\beta-c^2\gamma}{b^2-c^2},\quad \beta''=\frac{c^2\gamma-a^2\alpha}{c^2-a^2},\quad \gamma''=\frac{a^2\alpha-b^2\beta}{a^2-b^2}
\end{aligned} \tag{7.56}
$$

代入式 (7.50)，有

$$
\left.\begin{aligned}
&l+\gamma_0'W-\beta'V-2\left(\alpha_0+\beta_0+\gamma_0\right)A=0\\
&m+\alpha_0'U-\gamma_0'W-2\left(\alpha_0+\beta_0+\gamma_0\right)B=0\\
&n+\beta_0'V-\alpha_0'U-2\left(\alpha_0+\beta_0+\gamma_0\right)C=0
\end{aligned}\right\}
$$

$$
\Rightarrow\left\{\begin{aligned}
&\left[a^2\gamma_0'+a^2\beta_0'-\left(\alpha_0+\beta_0+\gamma_0\right)\right]A-b^2\gamma_0'B-c^2\beta_0'C=-l/2\\
&a^2\gamma_0'A+\left[b^2\alpha_0'+b^2\gamma_0'-\left(\alpha_0+\beta_0+\gamma_0\right)\right]B-c^2\alpha_0'C=-m/2\\
&a^2\beta_0'A-b^2\alpha_0'B+\left[c^2\beta_0'+c^2\alpha_0'-\left(\alpha_0+\beta_0+\gamma_0\right)\right]C=-n/2
\end{aligned}\right.
$$

$$
\begin{aligned}
&\Rightarrow\left[\frac{a^2\left(\beta_0-\alpha_0\right)}{a^2-b^2}+\frac{a^2\left(\alpha_0-\gamma_0\right)}{c^2-a^2}-\left(\alpha_0+\beta_0+\gamma_0\right)\right]A\\
&\quad-b^2\frac{\beta_0-\alpha_0}{a^2-b^2}B-c^2\frac{\alpha_0-\gamma_0}{c^2-a^2}C\\
&=\left(-\gamma_0''-\beta_0''-\alpha_0\right)A+\gamma_0''B-\alpha_0B+\beta_0''C-\alpha_0C\\
&=\left(-\gamma_0''-\beta_0''\right)A+\gamma_0''B+\beta_0''C\\
&=\left(-\gamma_0''-\beta_0''\right)A+\gamma_0''B+\left(-A-B\right)\beta_0''=-l/2\\
&\Rightarrow\left(\gamma_0''+2\beta_0''\right)A+\left(\beta_0''-\gamma_0''\right)B=l/2
\end{aligned} \tag{7.57}
$$

注意到，最后的关系式中不含 $\alpha_0''$，同理，可得

$$\begin{aligned}(2\gamma_0''+\alpha_0'')\,B+(\gamma_0''-\alpha_0'')\,C=m/2\\(\alpha_0''-\beta_0'')\,A+(2\alpha_0''+\beta_0'')\,C=n/2\end{aligned}\tag{7.58}$$

注意到，第一行不含 $\beta_0''$，第二行不含 $\gamma_0''$，可以解出

$$\begin{aligned}&2\alpha_0''\,(l/2)-\beta_0''\,(m/2)-\gamma_0''\,(n/2)=3\,(\alpha_0''\beta_0''+\beta_0''\gamma_0''+\gamma_0''\alpha_0'')\,A\\&\Rightarrow A=\frac{1}{6}\frac{2\alpha_0''l-\beta_0''m-\gamma_0''n}{\alpha_0''\beta_0''+\beta_0''\gamma_0''+\gamma_0''\alpha_0''}\end{aligned}\tag{7.59}$$

类似，可得

$$\begin{aligned}B=\frac{1}{6}\frac{2\beta_0''m-\gamma_0''n-\alpha_0''l}{\alpha_0''\beta_0''+\beta_0''\gamma_0''+\gamma_0''\alpha_0''}\\C=\frac{1}{6}\frac{2\gamma_0''n-\alpha_0''l-\beta_0''m}{\alpha_0''\beta_0''+\beta_0''\gamma_0''+\gamma_0''\alpha_0''}\end{aligned}\tag{7.60}$$

由 $A$、$B$ 和 $C$ 可按式 (7.51) 解出 $U$、$V$ 和 $W$。这样，所有系数都已计算出来了。

### 7.3.4 椭球体受力和力矩

写出沿 $x$ 方向的三个应力分量为

$$\langle xx\rangle=-p+2\mu\frac{\partial u}{\partial x}\tag{7.61a}$$

$$\langle xy\rangle=\mu\left(\frac{\partial u}{\partial y}+\frac{\partial v}{\partial x}\right)\tag{7.61b}$$

$$\langle xz\rangle=\mu\left(\frac{\partial u}{\partial z}+\frac{\partial w}{\partial x}\right)\tag{7.61c}$$

将式 (7.61a) 展开，如下：

$$\begin{aligned}\langle xx\rangle=&-p+2\mu\frac{\partial u}{\partial x}\\=&-p_0-2\mu\left[A\frac{\partial^2\Psi}{\partial x^2}+B\frac{\partial^2\Psi}{\partial y^2}+C\frac{\partial^2\Psi}{\partial z^2}\right.\\&\left.+(F+F')\,\frac{\partial^2\Psi}{\partial y\partial z}+(G+G')\,\frac{\partial^2\Psi}{\partial z\partial x}+(H+H')\,\frac{\partial^2\Psi}{\partial x\partial y}\right]\\&+2\mu\frac{\partial u}{\partial x}\end{aligned}\tag{7.62}$$

以 $F$ 和 $F'$ 项为例，将系数展开如下：

$$\left.\frac{\partial^2\Psi}{\partial y\partial z}\right|_{\lambda=0}=-\frac{4yzP^2}{b^2c^2\,(abc)}\tag{7.63}$$

将 $\langle xx\rangle$ 中的 $\dfrac{\partial u}{\partial x}$ 项展开，在求导的过程，$u$ 式中所有括号内的项，若未求导保持原形的，按照球面 $\lambda=0$ 边界条件，这些项将自动变为零，这样，以 $F$ 和 $F'$ 项为例，有

$$\begin{aligned}&\left[-\frac{2xP^2}{a^2(abc)}\right]\left[2(F+F')yz\frac{1}{b^2c^2}\frac{2xP^2}{a^2}\right]\\&=-8(F+F')\frac{xyzP^4}{(abc)^3}\frac{x}{a^2}\end{aligned}\tag{7.64}$$

类似，将 $\langle xy\rangle$ 中的 $\dfrac{\partial u}{\partial y}$ 和 $\dfrac{\partial v}{\partial x}$ 项展开，也以 $F$ 和 $F'$ 项为例，有

$$\begin{aligned}&\left[-\frac{2xP^2}{a^2(abc)}\right]\left[2(F+F')yz\frac{1}{b^2c^2}\frac{2yP^2}{b^2}\right]\\&\quad+\left[-\frac{2yP^2}{b^2(abc)}\right]\left[2(F+F')yz\frac{1}{b^2c^2}\frac{2xP^2}{a^2}\right]\\&=-16(F+F')\frac{xyzP^4}{(abc)^3}\frac{y}{b^2}\end{aligned}\tag{7.65}$$

类似，将 $\langle xz\rangle$ 中的 $\dfrac{\partial u}{\partial z}$ 和 $\dfrac{\partial w}{\partial x}$ 项展开，也以 $F$ 和 $F'$ 项为例，有

$$\begin{aligned}&\left[-\frac{2xP^2}{a^2(abc)}\right]\left[2(F+F')yz\frac{1}{b^2c^2}\frac{2zP^2}{c^2}\right]\\&\quad+\left[-\frac{2zP^2}{c^2(abc)}\right]\left[2(F+F')yz\frac{1}{b^2c^2}\frac{2xP^2}{a^2}\right]\\&=-16(F+F')\frac{xyzP^4}{(abc)^3}\frac{z}{c^2}\end{aligned}\tag{7.66}$$

注意到，在 $v$ 方程的第三行，以及 $w$ 方程的第二行也含有 $F$ 和 $F'$ 项，因此，还需将 $\dfrac{\partial v}{\partial x}$ 和 $\dfrac{\partial w}{\partial x}$ 导数中的 $F$ 和 $F'$ 项写出。首先，写出 $\dfrac{\partial v}{\partial x}$ 中的部分，如下：

$$\begin{aligned}&\left\{-\left[-\frac{1}{c^2(abc)}\right]\cdot\left(\frac{2xP^2}{a^2}\right)\cdot 2F+\left[-\frac{1}{b^2(abc)}\right]\cdot\left(\frac{2xP^2}{a^2}\right)\cdot 2F'\right\}z\\&=\frac{4xzP^2}{a^2(abc)}\left(\frac{F}{c^2}-\frac{F'}{b^2}\right)\end{aligned}\tag{7.67}$$

再写出 $\dfrac{\partial w}{\partial x}$ 中的部分，如下：

$$\begin{aligned}&\left\{\left[-\frac{1}{c^2\,(abc)}\right]\cdot\left(\frac{2xP^2}{a^2}\right)\cdot 2F-\left[-\frac{1}{b^2\,(abc)}\right]\cdot\left(\frac{2xP^2}{a^2}\right)\cdot 2F'\right\}y\\&=\frac{4xyP^2}{a^2\,(abc)}\left(\frac{F'}{b^2}-\frac{F}{c^2}\right)\end{aligned}\tag{7.68}$$

求导过程中，用到如下关系式：

$$\left.\frac{\partial\gamma}{\partial x}\right|_{\lambda=0}=\left.\frac{\partial\gamma}{\partial\lambda}\right|_{\lambda=0}\cdot\left.\frac{\partial\lambda}{\partial x}\right|_{\lambda=0}=\left[-\frac{1}{c^2\,(abc)}\right]\cdot\left(\frac{2xP^2}{a^2}\right)\tag{7.69}$$

注意，$\gamma=\displaystyle\int_{\lambda}^{\infty}\frac{\mathrm{d}\lambda}{(c^2+\lambda)\,\Delta}$ 的导数，在 $\lambda\to\infty$ 时为零，故有 $\left.\dfrac{\partial\gamma}{\partial\lambda}\right|_{\lambda=0}=-\dfrac{1}{c^2\,(abc)}$。

再写出椭球体表面受力，如下：

$$\boldsymbol{\sigma}_{ij}\cdot\boldsymbol{n}_j=\begin{bmatrix}\langle xx\rangle & \langle xy\rangle & \langle xz\rangle\\ \langle yx\rangle & \langle yy\rangle & \langle yz\rangle\\ \langle zx\rangle & \langle zy\rangle & \langle zz\rangle\end{bmatrix}\begin{bmatrix}x/a^2\\ y/b^2\\ z/c^2\end{bmatrix}\tag{7.70}$$

式中，$\boldsymbol{n}_j=\begin{bmatrix}x/a^2\\ y/b^2\\ z/c^2\end{bmatrix}$ 表示椭球面单位法向量。

将式 (7.70) 展开，在 $x$ 方向的力为

$$F_x=\langle xx\rangle\,\frac{x}{a^2}+\langle xy\rangle\,\frac{y}{b^2}+\langle xz\rangle\,\frac{z}{c^2}\tag{7.71}$$

再以 $F$ 和 $F'$ 项为例，把上面相关的项代入，有

$$\begin{aligned}&\left\{-2\mu\left[-\frac{4yzP^2}{b^2c^2\,(abc)}\right]+2\mu\left[-8\,(F+F')\,\frac{xyzP^4}{(abc)^3}\frac{x}{a^2}\right]\right\}\frac{x}{a^2}\\&+\mu\left[-16\,(F+F')\,\frac{xyzP^4}{(abc)^3}\frac{y}{b^2}\right]\frac{y}{b^2}\\&+\mu\left[-16\,(F+F')\,\frac{xyzP^4}{(abc)^3}\frac{z}{c^2}\right]\frac{z}{c^2}\\&+\mu\frac{4xzP^2}{a^2\,(abc)}\left(\frac{F}{c^2}-\frac{F'}{b^2}\right)\frac{y}{b^2}\end{aligned}$$

$$
\begin{aligned}
&+\mu\frac{4xyP^2}{a^2(abc)}\left(\frac{F'}{b^2}-\frac{F}{c^2}\right)\frac{z}{c^2}\\
=&-4\mu(F+F')\frac{xyzP^2}{(abc)^3}-4\mu\frac{xyzP^2}{a^2(abc)}\left(\frac{F'}{b^4}+\frac{F}{c^4}\right)\\
=&-4\mu\frac{xyzP^2}{abc}\frac{1}{a^2}\left(\frac{F'}{b^2}+\frac{F}{c^2}\right)\left(\frac{1}{b^2}+\frac{1}{c^2}\right)
\end{aligned}
\tag{7.72}
$$

下面，再来分析含系数 $A$、$B$ 和 $C$ 的项，先将 $\langle xx\rangle$ 式子的中括号内的项写出，如下：

$$
\begin{aligned}
&\left[A\frac{\partial^2\Psi}{\partial x^2}+B\frac{\partial^2\Psi}{\partial y^2}+C\frac{\partial^2\Psi}{\partial z^2}\right]_{\lambda=0}\\
=&2(\alpha_0A+\beta_0B+\gamma_0C)-\frac{4P^2}{abc}\left(\frac{x^2}{a^4}A+\frac{y^2}{b^4}B+\frac{z^2}{c^4}C\right)
\end{aligned}
\tag{7.73}
$$

将 $\langle xx\rangle$ 式子中的 $\dfrac{\partial u}{\partial x}$ 项展开，如下:

$$
\begin{aligned}
&-\frac{2xP^2}{a^2(abc)}\left[2(B-A)\frac{2xP^2}{a^2}\frac{y^2}{b^4}+2(C-A)\frac{2xP^2}{a^2}\frac{z^2}{c^4}\right]\\
=&-8\frac{x^2P^4}{a^4(abc)}\left[(B-A)\frac{y^2}{b^4}+(C-A)\frac{z^2}{c^4}\right]
\end{aligned}
\tag{7.74}
$$

将 $\langle xy\rangle$ 式子中的 $\dfrac{\partial u}{\partial y}$ 和 $\dfrac{\partial v}{\partial x}$ 项展开，如下:

$$
\begin{aligned}
&-\frac{2xP^2}{a^2(abc)}\left[2(B-A)\frac{2yP^2}{b^2}\frac{y^2}{b^4}+2(C-A)\frac{2yP^2}{b^2}\frac{z^2}{c^4}\right]\\
&-\frac{2yP^2}{b^2(abc)}\left[2(C-B)\frac{2xP^2}{a^2}\frac{z^2}{c^4}+2(A-B)\frac{2xP^2}{a^2}\frac{x^2}{a^4}\right]\\
=&-8\frac{xyP^4}{a^2b^2(abc)}\left[(B-A)\frac{y^2}{b^4}+(C-A)\frac{z^2}{c^4}\right.\\
&\left.+(C-B)\frac{z^2}{c^4}+(A-B)\frac{x^2}{a^4}\right]
\end{aligned}
\tag{7.75}
$$

再将 $\langle xz\rangle$ 式子中的 $\dfrac{\partial u}{\partial z}$ 和 $\dfrac{\partial w}{\partial x}$ 项展开，如下：

$$
\begin{aligned}
&-\frac{2xP^2}{a^2(abc)}\left[2(B-A)\frac{2zP^2}{c^2}\frac{y^2}{b^4}+2(C-A)\frac{2zP^2}{c^2}\frac{z^2}{c^4}\right]\\
&-\frac{2zP^2}{c^2(abc)}\left[2(A-C)\frac{2xP^2}{a^2}\frac{x^2}{a^4}+2(B-C)\frac{2xP^2}{a^2}\frac{y^2}{b^4}\right]\\
=&-8\frac{xzP^4}{a^2c^2(abc)}\left[(B-A)\frac{y^2}{b^4}+(C-A)\frac{z^2}{c^4}\right.\\
&\left.+(A-C)\frac{x^2}{a^4}+(B-C)\frac{y^2}{b^4}\right]
\end{aligned}
\tag{7.76}
$$

将以上式子代入 $x$ 方向的力的方程中，有

$$
\begin{aligned}
&\left\{-2\mu\left[2(\alpha_0A+\beta_0B+\gamma_0C)-\frac{4P^2}{abc}\left(\frac{x^2}{a^4}A+\frac{y^2}{b^4}B+\frac{z^2}{c^4}C\right)\right]\right.\\
&\left.+2\mu\left(-8\frac{x^2P^4}{a^4(abc)}\right)\left[(B-A)\frac{y^2}{b^4}+(C-A)\frac{z^2}{c^4}\right]\right\}\frac{x}{a^2}\\
&+\mu\left(-8\frac{xyP^4}{a^2b^2(abc)}\right)\left[(B-A)\frac{y^2}{b^4}+(C-A)\frac{z^2}{c^4}\right.\\
&\left.+(C-B)\frac{z^2}{c^4}+(A-B)\frac{x^2}{a^4}\right]\frac{y}{b^2}\\
&+\mu\left(-8\frac{xzP^4}{a^2c^2(abc)}\right)\left[(B-A)\frac{y^2}{b^4}+(C-A)\frac{z^2}{c^4}\right.\\
&\left.+(A-C)\frac{x^2}{a^4}+(B-C)\frac{y^2}{b^4}\right]\frac{z}{c^2}\\
=&-4\mu(\alpha_0A+\beta_0B+\gamma_0C)\frac{x}{a^2}+8\mu\frac{P^2}{abc}\left(\frac{x^2}{a^4}A+\frac{y^2}{b^4}B+\frac{z^2}{c^4}C\right)\frac{x}{a^2}\\
&+\left[-8\mu\frac{x^2P^4}{a^4(abc)}\frac{y^2}{b^4}\frac{x}{a^2}-8\mu\frac{xyP^4}{a^2b^2(abc)}\frac{y^2}{b^4}\frac{y}{b^2}\right.\\
&\left.-8\mu\frac{xzP^4}{a^2c^2(abc)}\frac{y^2}{b^4}\frac{z}{c^2}\right](B-A)\\
&+\left[-8\mu\frac{x^2P^4}{a^4(abc)}\frac{z^2}{c^4}\frac{x}{a^2}-8\mu\frac{xyP^4}{a^2b^2(abc)}\frac{z^2}{c^4}\frac{y}{b^2}\right.
\end{aligned}
$$

$$-8\mu\frac{xzP^4}{a^2c^2(abc)}\frac{z^2}{c^4}\frac{z}{c^2}\Bigg](C-A)$$

$$=-4\mu(\alpha_0 A+\beta_0 B+\gamma_0 C)\frac{x}{a^2}+8\mu\frac{P^2}{abc}\left(\frac{x^2}{a^4}A\right)\frac{x}{a^2}$$

$$+8\mu\frac{xy^2P^2}{a^2b^4(abc)}A+8\mu\frac{xz^2P^2}{a^2c^4(abc)}A$$

$$=-4\mu(\alpha_0 A+\beta_0 B+\gamma_0 C)\frac{x}{a^2}+8\mu\frac{x}{a^2(abc)}A \tag{7.77}$$

注意到 $u$ 方程的第一行含有 $A$，$v$ 方程的第二行含有 $B$，以及 $w$ 方程的第三行含有 $C$，将它们出现在 $\langle xx\rangle$、$\langle xy\rangle$ 和 $\langle xz\rangle$ 中的部分一起写出，如下：

$$2\mu\left\{2\frac{x}{abc}\left(\frac{1}{a^2}+\frac{1}{b^2}+\frac{1}{c^2}\right)A\frac{2xP^2}{a^2}\right\}\frac{x}{a^2}$$

$$+\mu\left\{2\frac{x}{abc}\left(\frac{1}{a^2}+\frac{1}{b^2}+\frac{1}{c^2}\right)A\frac{2yP^2}{b^2}+2\frac{y}{abc}\left(\frac{1}{a^2}+\frac{1}{b^2}+\frac{1}{c^2}\right)B\frac{2xP^2}{a^2}\right\}\frac{y}{b^2}$$

$$+\mu\left\{2\frac{x}{abc}\left(\frac{1}{a^2}+\frac{1}{b^2}+\frac{1}{c^2}\right)A\frac{2zP^2}{c^2}+2\frac{z}{abc}\left(\frac{1}{a^2}+\frac{1}{b^2}+\frac{1}{c^2}\right)C\frac{2xP^2}{a^2}\right\}\frac{z}{c^2}$$

$$=4\mu\frac{xP^2}{abc}\left(\frac{1}{a^2}+\frac{1}{b^2}+\frac{1}{c^2}\right)\left[2\frac{x^2}{a^4}A+\frac{y^2}{b^4}A+\frac{y^2}{a^2b^2}B+\frac{z^2}{c^4}A+\frac{z^2}{a^2c^2}C\right]$$

$$=4\mu\frac{xP^2}{a^2(abc)}\left(\frac{1}{a^2}+\frac{1}{b^2}+\frac{1}{c^2}\right)\left(\frac{x^2}{a^2}A+\frac{y^2}{b^2}B+\frac{z^2}{c^2}C\right)$$

$$+4\mu\frac{x}{abc}\left(\frac{1}{a^2}+\frac{1}{b^2}+\frac{1}{c^2}\right)A \tag{7.78}$$

我们注意到，$U$、$V$ 和 $W$ 也包含 $A$、$B$ 和 $C$，因此，对 $u$ 方程的第一行中含 $W$ 和 $V$ 的项，将出现在 $\langle xx\rangle$ 中，展开为

$$2\mu\left[-\frac{x}{a^2b^2(abc)}(2a^2A-2b^2B)\frac{2xP^2}{a^2}\right.$$

$$\left.+\frac{x}{c^2a^2(abc)}(2c^2C-2a^2A)\frac{2xP^2}{a^2}\right]\frac{x}{a^2}$$

$$=8\mu\frac{1}{a^2(abc)}\frac{x^3P^2}{a^4}\left(-\frac{a^2A-b^2B}{b^2}+\frac{c^2C-a^2A}{c^2}\right)$$

$$=8\mu\frac{1}{a^2(abc)}\frac{x^3P^2}{a^4}\left(-\frac{a^2A}{b^2}-A-\frac{a^2A}{c^2}\right)$$

$$= -8\mu\frac{1}{(abc)}\frac{x^3P^2}{a^4}\left(\frac{1}{a^2}+\frac{1}{b^2}+\frac{1}{c^2}\right)A \tag{7.79}$$

类似，对 $v$ 方程的第二行中含 $U$ 和 $W$ 的项，将出现在 $\langle xy\rangle$ 中，再加上 $u$ 方程的部分，一起展开为

$$\begin{aligned}
&\mu\left[-\frac{x}{a^2b^2(abc)}\left(2a^2A-2b^2B\right)\frac{2yP^2}{b^2}\right.\\
&+\frac{x}{c^2a^2(abc)}\left(2c^2C-2a^2A\right)\frac{2yP^2}{b^2}\\
&-\frac{y}{b^2c^2(abc)}\left(2b^2B-2c^2C\right)\frac{2xP^2}{a^2}\\
&\left.+\frac{y}{a^2b^2(abc)}\left(2a^2A-2b^2B\right)\frac{2xP^2}{a^2}\right]\frac{y}{b^2}\\
=&4\mu\frac{1}{a^2(abc)}\frac{xy^2P^2}{b^4}\left[-\left(\frac{a^2A-b^2B}{b^2}\right)+\left(\frac{c^2C-a^2A}{c^2}\right)\right.\\
&\left.-\left(\frac{b^2B-c^2C}{c^2}\right)+\left(\frac{a^2A-b^2B}{a^2}\right)\right]\\
=&4\mu\frac{1}{a^2(abc)}\frac{xy^2P^2}{b^4}\left(-\frac{a^2}{b^2}A-\frac{a^2}{c^2}A-\frac{b^2}{c^2}B-\frac{b^2}{a^2}B+C\right)\\
=&4\mu\frac{1}{a^2(abc)}\frac{xy^2P^2}{b^4}\left(-\frac{a^2}{b^2}A-\frac{a^2}{c^2}A-\frac{b^2}{c^2}B-\frac{b^2}{a^2}B-A-B\right)\\
=&-4\mu\frac{1}{(abc)}\frac{xy^2P^2}{b^4}\left(\frac{1}{a^2}+\frac{1}{b^2}+\frac{1}{c^2}\right)A\\
&-4\mu\frac{1}{a^2(abc)}\frac{xy^2P^2}{b^2}\left(\frac{1}{a^2}+\frac{1}{b^2}+\frac{1}{c^2}\right)B
\end{aligned} \tag{7.80}$$

类似，对 $w$ 方程的第三行中含 $V$ 和 $U$ 的项，将出现在 $\langle xz\rangle$ 中，再加上 $u$ 方程的部分，一起展开为

$$\begin{aligned}
&\mu\left[-\frac{x}{a^2b^2(abc)}\left(2a^2A-2b^2B\right)\frac{2zP^2}{c^2}\right.\\
&+\frac{x}{c^2a^2(abc)}\left(2c^2C-2a^2A\right)\frac{2zP^2}{c^2}\\
&-\frac{z}{c^2a^2(abc)}\left(2c^2C-2a^2A\right)\frac{2xP^2}{a^2}
\end{aligned}$$

$$
\begin{aligned}
&+\frac{z}{b^2c^2(abc)}\left(2b^2B-2c^2C\right)\frac{2xP^2}{a^2}\Bigg]\frac{z}{c^2}\\
=&4\mu\frac{1}{a^2(abc)}\frac{xz^2P^2}{c^4}\left[-\left(\frac{a^2A-b^2B}{b^2}\right)+\left(\frac{c^2C-a^2A}{c^2}\right)\right.\\
&\left.-\left(\frac{c^2C-a^2A}{a^2}\right)+\left(\frac{b^2B-c^2C}{b^2}\right)\right]\\
=&4\mu\frac{1}{a^2(abc)}\frac{xz^2P^2}{c^4}\left(-\frac{a^2A}{b^2}-\frac{a^2A}{c^2}-\frac{c^2C}{a^2}-\frac{c^2C}{b^2}+B\right)\\
=&4\mu\frac{1}{a^2(abc)}\frac{xz^2P^2}{c^4}\left(-\frac{a^2A}{b^2}-\frac{a^2A}{c^2}-\frac{c^2C}{a^2}-\frac{c^2C}{b^2}-A-C\right)\\
=&-4\mu\frac{1}{(abc)}\frac{xz^2P^2}{c^4}\left(\frac{1}{a^2}+\frac{1}{b^2}+\frac{1}{c^2}\right)A\\
&-4\mu\frac{1}{a^2(abc)}\frac{xz^2P^2}{c^2}\left(\frac{1}{a^2}+\frac{1}{b^2}+\frac{1}{c^2}\right)C
\end{aligned}
\tag{7.81}
$$

将上面三项加起来，整理如下：

$$
\begin{aligned}
&-8\mu\frac{1}{(abc)}\frac{x^3P^2}{a^4}\left(\frac{1}{a^2}+\frac{1}{b^2}+\frac{1}{c^2}\right)A\\
&-4\mu\frac{1}{(abc)}\frac{xy^2P^2}{b^4}\left(\frac{1}{a^2}+\frac{1}{b^2}+\frac{1}{c^2}\right)A\\
&-4\mu\frac{1}{a^2(abc)}\frac{xy^2P^2}{b^2}\left(\frac{1}{a^2}+\frac{1}{b^2}+\frac{1}{c^2}\right)B\\
&-4\mu\frac{1}{(abc)}\frac{xz^2P^2}{c^4}\left(\frac{1}{a^2}+\frac{1}{b^2}+\frac{1}{c^2}\right)A\\
&-4\mu\frac{1}{a^2(abc)}\frac{xz^2P^2}{c^2}\left(\frac{1}{a^2}+\frac{1}{b^2}+\frac{1}{c^2}\right)C\\
=&-4\mu\frac{x}{(abc)}\left(\frac{1}{a^2}+\frac{1}{b^2}+\frac{1}{c^2}\right)A\\
&-4\mu\frac{1}{(abc)}\frac{x^3P^2}{a^4}\left(\frac{1}{a^2}+\frac{1}{b^2}+\frac{1}{c^2}\right)A\\
&-4\mu\frac{1}{a^2(abc)}\frac{xy^2P^2}{b^2}\left(\frac{1}{a^2}+\frac{1}{b^2}+\frac{1}{c^2}\right)B
\end{aligned}
$$

$$
\begin{aligned}
&-4\mu\frac{1}{a^2(abc)}\frac{xz^2P^2}{c^2}\left(\frac{1}{a^2}+\frac{1}{b^2}+\frac{1}{c^2}\right)C\\
=&-4\mu\frac{xP^2}{a^2(abc)}\left(\frac{1}{a^2}+\frac{1}{b^2}+\frac{1}{c^2}\right)\left(\frac{x^2}{a^2}A+\frac{y^2}{b^2}B+\frac{z^2}{c^2}C\right)\\
&-4\mu\frac{x}{(abc)}\left(\frac{1}{a^2}+\frac{1}{b^2}+\frac{1}{c^2}\right)A
\end{aligned}
\tag{7.82}
$$

这样，将所有关于 $A$、$B$ 和 $C$ 的项，一起代入 $x$ 方向的力的方程式 (7.71) 中，整理为

$$
\begin{aligned}
&-4\mu(\alpha_0A+\beta_0B+\gamma_0C)\frac{x}{a^2}+8\mu\frac{x}{a^2(abc)}A\\
&+4\mu\frac{xP^2}{a^2(abc)}\left(\frac{1}{a^2}+\frac{1}{b^2}+\frac{1}{c^2}\right)\left(\frac{x^2}{a^2}A+\frac{y^2}{b^2}B+\frac{z^2}{c^2}C\right)\\
&+4\mu\frac{x}{abc}\left(\frac{1}{a^2}+\frac{1}{b^2}+\frac{1}{c^2}\right)A\\
&-4\mu\frac{xP^2}{a^2(abc)}\left(\frac{1}{a^2}+\frac{1}{b^2}+\frac{1}{c^2}\right)\left(\frac{x^2}{a^2}A+\frac{y^2}{b^2}B+\frac{z^2}{c^2}C\right)\\
&-4\mu\frac{x}{(abc)}\left(\frac{1}{a^2}+\frac{1}{b^2}+\frac{1}{c^2}\right)A\\
=&-4\mu(\alpha_0A+\beta_0B+\gamma_0C)\frac{x}{a^2}+8\mu\frac{x}{a^2(abc)}A
\end{aligned}
\tag{7.83}
$$

对于其他系数项，方法类似，最后，我们将 $x$ 方向的力写出，为

$$
F_x=-p_0\frac{x}{a^2}+\frac{8\mu}{abc}\left(\frac{x}{a^2}A+\frac{y}{b^2}H+\frac{z}{c^2}G'\right)-4\mu(\alpha_0A+\beta_0B+\gamma_0C)\frac{x}{a^2}\tag{7.84}
$$

同理，分别写出 $y$ 和 $z$ 方向的力为

$$
\begin{aligned}
F_y&=-p_0\frac{y}{b^2}+\frac{8\mu}{abc}\left(\frac{x}{a^2}H'+\frac{y}{b^2}B+\frac{z}{c^2}F\right)-4\mu(\alpha_0A+\beta_0B+\gamma_0C)\frac{y}{b^2}\\
F_z&=-p_0\frac{z}{c^2}+\frac{8\mu}{abc}\left(\frac{x}{a^2}G+\frac{y}{b^2}F'+\frac{z}{c^2}C\right)-4\mu(\alpha_0A+\beta_0B+\gamma_0C)\frac{z}{c^2}
\end{aligned}
\tag{7.85}
$$

下面，通过沿椭球体表面积分来计算其所受到的力矩，设 $L$、$M$ 和 $N$ 分别表示 $x$、$y$ 和 $z$ 三个方向的合力矩的分量，先以 $x$ 方向为例，按如下计算：

$$
L=\iint(yF_z-zF_y)\,\mathrm{d}S\tag{7.86}
$$

注意到，$F_y$ 和 $F_z$ 中，各项均为 $x$、$y$ 和 $z$ 的奇函数，注意到，奇函数沿椭球面的积分必为零，所以，代入上式，此时，$(yF_z - zF_y)$ 中只有偶函数的部分保留下来，其余均变为零，有

$$\begin{aligned} L &= \frac{8\mu}{abc}\iint\left(\frac{y^2}{b^2}F' - \frac{z^2}{c^2}F\right)\mathrm{d}S = \frac{8\mu}{abc}\iint\left(F'y\frac{y}{b^2} - Fz\frac{z}{c^2}\right)\mathrm{d}S \\ &= \frac{8\mu}{abc}\iiint\left[\frac{\partial\,(F'y)}{\partial y} - \frac{\partial\,(Fz)}{\partial z}\right]\mathrm{d}V = \frac{8\mu}{abc}\left(F' - F\right)\frac{4\pi abc}{3} \\ &= \frac{32\pi\mu}{3}\left(F' - F\right) \end{aligned} \tag{7.87}$$

将 $F'$ 和 $F$ 的具体表达式代入式 (7.87)，有

$$\begin{aligned} L &= \frac{32\pi\mu}{3}\left[\frac{\gamma_0 f + b^2\alpha_0'\left(\xi - \omega_1\right)}{2\left(b^2\beta_0 + c^2\gamma_0\right)\alpha_0'} - \frac{\beta_0 f - c^2\alpha_0'\left(\xi - \omega_1\right)}{2\left(b^2\beta_0 + c^2\gamma_0\right)\alpha_0'}\right] \\ &= \frac{16\pi\mu}{3}\left[\frac{\left(\gamma_0 - \beta_0\right)f + \alpha_0'\xi\left(b^2 + c^2\right) - \alpha_0'\omega_1\left(b^2 + c^2\right)}{\left(b^2\beta_0 + c^2\gamma_0\right)\alpha_0'}\right] \\ &= \frac{16\pi\mu}{3}\left[\frac{\left(b^2 - c^2\right)f + \left(b^2 + c^2\right)\left(\xi - \omega_1\right)}{\left(b^2\beta_0 + c^2\gamma_0\right)}\right] \end{aligned} \tag{7.88}$$

同理，可得 $y$ 和 $z$ 方向的力矩分别为

$$\begin{aligned} M &= \frac{16\pi\mu}{3}\left[\frac{\left(c^2 - a^2\right)g + \left(c^2 + a^2\right)\left(\eta - \omega_2\right)}{\left(c^2\gamma_0 + a^2\alpha_0\right)}\right] \\ N &= \frac{16\pi\mu}{3}\left[\frac{\left(a^2 - b^2\right)h + \left(a^2 + b^2\right)\left(\zeta - \omega_3\right)}{\left(a^2\alpha_0 + b^2\beta_0\right)}\right] \end{aligned} \tag{7.89}$$

当雷诺数 $Re \ll 1$ 时，椭球体跟随流体运动，所以，作用在椭球体表面的合力矩为零，有

$$F' = F, \quad G' = G, \quad H' = H \tag{7.90}$$

还可以进一步简化关系式，比如，由 $F' = F$，有

$$\alpha_0'\left(\xi - \omega_1\right) = \frac{\left(\beta_0 - \gamma_0\right)f}{\left(b^2 + c^2\right)} \tag{7.91}$$

回代入式 (7.54) 中的 $F$ 计算式中，有

$$F = \frac{\beta_0 f - c^2\dfrac{\left(\beta_0 - \gamma_0\right)f}{\left(b^2 + c^2\right)}}{2\left(b^2\beta_0 + c^2\gamma_0\right)\alpha_0'}$$

$$
\begin{aligned}
&= \frac{\dfrac{b^2\beta_0 + c^2\gamma_0}{(b^2+c^2)} f}{2\left(b^2\beta_0 + c^2\gamma_0\right)\alpha_0'} \\
&= \frac{f}{2\left(b^2+c^2\right)\alpha_0'}
\end{aligned} \tag{7.92}
$$

类似，有

$$
G = \frac{g}{2\left(c^2+a^2\right)\beta_0'}, \quad H = \frac{h}{2\left(a^2+b^2\right)\alpha_0'} \tag{7.93}
$$

根据合力矩为零，有

$$
\left\{
\begin{array}{l}
\left(b^2-c^2\right) f + \left(b^2+c^2\right) \xi = \left(b^2+c^2\right) \omega_1 \\
\left(c^2-a^2\right) g + \left(c^2+a^2\right) \eta = \left(c^2+a^2\right) \omega_2 \\
\left(a^2-b^2\right) h + \left(a^2+b^2\right) \zeta = \left(a^2+b^2\right) \omega_3
\end{array}
\right. \tag{7.94}
$$

注意到，如果能求出 $\omega_1$、$\omega_2$ 和 $\omega_3$，也就确定了椭球体的旋转向量。但式中的 $f$、$g$、$h$、$\xi$、$\eta$ 和 $\zeta$ 这些系数还是待定的，所以，还需进一步求解。

### 7.3.5　随体坐标系

下面，先熟悉从流动所在的惯性坐标系$\{x', y', z'\}$，到椭球随体坐标系 $\{x, y, z\}$ 的变换，稍微解释下，这里的随体坐标系 $\{x, y, z\}$ 的三个坐标轴方向分别对应椭球体 $a$、$b$、$c$ 三个轴的方向。由于椭球体受流体的作用而不断地做旋转运动，所以 $\{x, y, z\}$ 坐标系也可称为运动坐标系，而这里惯性系 $\{x', y', z'\}$ 是固定不动的，可以称为固定坐标系。这里采用跟随椭球运动的局部坐标系是便捷的。可以写出两组坐标轴之间的方向余弦关系，如下：

$$
\begin{bmatrix} x \\ y \\ z \end{bmatrix} = \begin{bmatrix} l_1 & m_1 & n_1 \\ l_2 & m_2 & n_2 \\ l_3 & m_3 & n_3 \end{bmatrix} \begin{bmatrix} x' \\ y' \\ z' \end{bmatrix} \tag{7.95}
$$

记矩阵 $\boldsymbol{R} = \begin{bmatrix} l_1 & m_1 & n_1 \\ l_2 & m_2 & n_2 \\ l_3 & m_3 & n_3 \end{bmatrix}$。注意到，在运动坐标系下，速度与坐标轴之间有如下关系：

$$
\boldsymbol{u} = (u, v, w) \begin{bmatrix} x \\ y \\ z \end{bmatrix} \tag{7.96}
$$

同理，也可以写出固定坐标系下的形式为

$$\boldsymbol{u}=(u',v',w')\begin{bmatrix}x'\\y'\\z'\end{bmatrix}=(u',v',w')\boldsymbol{R}^{\mathrm{T}}\begin{bmatrix}x\\y\\z\end{bmatrix}\tag{7.97}$$

即两个坐标系下的速度有如下关系：

$$(u,v,w)=(u',v',w')\boldsymbol{R}^{\mathrm{T}}\tag{7.98}$$

下面，以平均剪切流动为例，此时，在惯性坐标系下即为 $(u',v',w')=(0,0,ky')$，代入式 (7.98)，有

$$\begin{aligned}(u,v,w)=(0,0,ky')&\begin{bmatrix}l_1&l_2&l_3\\m_1&m_2&m_3\\n_1&n_2&n_3\end{bmatrix}\\=&ky'(n_1,n_2,n_3)=k(m_1x+m_2y+m_3z)(n_1,n_2,n_3)\\\Rightarrow&\begin{cases}u=kn_1(m_1x+m_2y+m_3z)\\v=kn_2(m_1x+m_2y+m_3z)\\w=kn_3(m_1x+m_2y+m_3z)\end{cases}\end{aligned}\tag{7.99}$$

注意，式 (7.99) 为未受扰动的均匀流速度场。对照前面已有的均匀流速度式 (7.42)，有

$$\begin{cases}l=km_1n_1\\h-\zeta=km_2n_1\\g+\eta=km_3n_1\end{cases},\quad\begin{cases}m=km_2n_2\\h+\zeta=km_1n_2\\f-\xi=km_3n_2\end{cases},\quad\begin{cases}n=km_3n_3\\f+\xi=km_2n_3\\g-\eta=km_1n_3\end{cases},$$

$$\Rightarrow\begin{cases}f=\dfrac{1}{2}k(m_2n_3+m_3n_2),g=\dfrac{1}{2}k(m_3n_1+m_1n_3),h=\dfrac{1}{2}k(m_1n_2+m_2n_1),\\\xi=\dfrac{1}{2}k(m_2n_3-m_3n_2),\eta=\dfrac{1}{2}k(m_3n_1-m_1n_3),\zeta=\dfrac{1}{2}k(m_1n_2-m_2n_1)\end{cases}\tag{7.100}$$

将其代入角速度关系式 (7.94)，有

$$\begin{cases}k(b^2m_2n_3-c^2m_3n_2)=(b^2+c^2)\omega_1\\k(c^2m_3n_1-a^2m_1n_3)=(c^2+a^2)\omega_2\\k(a^2m_1n_2-b^2m_2n_1)=(a^2+b^2)\omega_3\end{cases}\tag{7.101}$$

注意到，这里面并未出现 $l_1$、$l_2$ 和 $l_3$，即与向量 $\{l_1,l_2,l_3\}$ 无关。$\{l_1,l_2,l_3\}$ 表示 $\{x,y,z\}$ 三个轴分别与 $x'$ 轴夹角的余弦。由此可以推测，也许存在某一类特殊

的旋转运动方式，比如，当取 $\{l_1,l_2,l_3\}=\{1,0,0\}$，或 $\{l_1,l_2,l_3\}=\{0,1,0\}$，或 $\{l_1,l_2,l_3\}=\{0,0,1\}$，以及 $\{l_1,l_2,l_3\}$，$\{m_1,m_2,m_3\}$ 和 $\{n_1,n_2,n_3\}$ 两两正交的，那么，向量 $\{m_1,m_2,m_3\}$ 和 $\{n_1,n_2,n_3\}$ 位于垂直于 $\{l_1,l_2,l_3\}$ 向量的平面内，设该平面内向量 $\{m_1,m_2,m_3\}$ 和 $\{n_1,n_2,n_3\}$ 的夹角为 $\varphi$，此时，可以写出如下的余弦张量：

$$\begin{bmatrix} l_1 & l_2 & l_3 \\ m_1 & m_2 & m_3 \\ n_1 & n_2 & n_3 \end{bmatrix} = \begin{bmatrix} 1 & 0 & 0 \\ 0 & \cos\varphi & \sin\varphi \\ 0 & -\sin\varphi & \cos\varphi \end{bmatrix} \tag{7.102}$$

代入角速度方程式，有

$$\begin{cases} k\left(b^2\cos^2\varphi + c^2\sin^2\varphi\right) = \left(b^2+c^2\right)\omega_1 \\ 0 = \omega_2 \\ 0 = \omega_3 \end{cases} \tag{7.103}$$

这里是预先给定 $\{l_1,l_2,l_3\}=\{1,0,0\}$，该向量与 $x$ 轴同向，根据变换关系，可知 $x=x'$。由上式可知，这里椭球体只绕 $x$ 轴旋转，也就是绕自身的长轴 $a$ 旋转。此时，只有 $\varphi$ 角度的变化，有

$$k\left(b^2\cos^2\varphi + c^2\sin^2\varphi\right) = \left(b^2+c^2\right)\dot{\varphi} \tag{7.104}$$

注意，这里 $\dot{\varphi}=\dfrac{\mathrm{d}\varphi}{\mathrm{d}t}$，表示 $\varphi$ 方向的角速度。式 (7.104) 为一常微分方程，可通过分离变量法求解，如下:

$$\begin{aligned} &\frac{k\mathrm{d}t}{\left(b^2+c^2\right)} = \frac{\mathrm{d}\varphi}{\left(b^2\cos^2\varphi + c^2\sin^2\varphi\right)} \\ \Rightarrow &\frac{kt}{\left(b^2+c^2\right)} + C = \int \frac{\mathrm{d}\left(\dfrac{c}{b}\tan\varphi\right)}{bc\left[1+\left(\dfrac{c}{b}\tan\varphi\right)^2\right]} = \frac{1}{bc}\arctan\left(\frac{c}{b}\tan\varphi\right) \end{aligned} \tag{7.105}$$

忽略其中的积分常数 $C$，得

$$\frac{b}{c}\tan\left(\frac{bckt}{b^2+c^2}\right) = \tan\varphi \tag{7.106}$$

这里所得的是我们推测的某种特殊情形的轨道方程。类似，若取 $\{l_1,l_2,l_3\}=\{0,1,0\}$，则表示围绕短轴 $b$ 的旋转，再或者 $\{l_1,l_2,l_3\}=\{0,0,1\}$ 表示绕短轴 $c$ 的旋转。

对于一般情形，还需进一步确定其中的方向余弦部分，才能最终确定椭球体的转速。

### 7.3.6　欧拉角

下面引入欧拉角。注意到，一般只需沿坐标轴做三次旋转，即可实现从运动坐标系 $\{x,y,z\}$ 到固定坐标系 $\{x',y',z'\}$ 的变换，反之亦然。由于旋转坐标轴的顺序并不唯一，采用 $X\to Z\to X$ 的顺序，即先绕 $x$ 轴旋转，再绕 $z$ 轴旋转，然后再次绕 $x$ 轴旋转，完成一次变换过程。这里，先从地坐标系 $E$ 开始，先绕 $X_E$ 轴旋转 $\phi$ 角度，到 1 坐标系，有如下变换关系式:

$$
\begin{bmatrix} 1 & 0 & 0 \\ 0 & \cos\phi & \sin\phi \\ 0 & -\sin\phi & \cos\phi \end{bmatrix}\begin{bmatrix} X_E \\ Y_E \\ Z_E \end{bmatrix}=\begin{bmatrix} X_1 \\ Y_1 \\ Z_1 \end{bmatrix}
$$

$$
\Rightarrow \begin{bmatrix} X_E \\ Y_E \\ Z_E \end{bmatrix}=\begin{bmatrix} 1 & 0 & 0 \\ 0 & \cos\phi & -\sin\phi \\ 0 & \sin\phi & \cos\phi \end{bmatrix}\begin{bmatrix} X_1 \\ Y_1 \\ Z_1 \end{bmatrix} \tag{7.107}
$$

然后，在 1 坐标系的基础上，绕 $Z_1$ 轴旋转 $\theta$ 角度，到 2 坐标系，有如下变换关系式:

$$
\begin{bmatrix} X_1 \\ Y_1 \\ Z_1 \end{bmatrix}=\begin{bmatrix} \cos\theta & -\sin\theta & 0 \\ \sin\theta & \cos\theta & 0 \\ 0 & 0 & 1 \end{bmatrix}\begin{bmatrix} X_2 \\ Y_2 \\ Z_2 \end{bmatrix} \tag{7.108}
$$

再在 2 坐标系的基础上，绕 $X_2$ 轴旋转 $\psi$ 角度，到 $T$ 坐标系，为最终的坐标系，有如下变换关系式:

$$
\begin{bmatrix} X_2 \\ Y_2 \\ Z_2 \end{bmatrix}=\begin{bmatrix} 1 & 0 & 0 \\ 0 & \cos\psi & -\sin\psi \\ 0 & \sin\psi & \cos\psi \end{bmatrix}\begin{bmatrix} X_T \\ Y_T \\ Z_T \end{bmatrix} \tag{7.109}
$$

由上面三个关系式，也可以写出由始到终的变换矩阵，如下:

$$
\begin{bmatrix} 1 & 0 & 0 \\ 0 & \cos\psi & \sin\psi \\ 0 & -\sin\psi & \cos\psi \end{bmatrix}\begin{bmatrix} \cos\theta & \sin\theta & 0 \\ -\sin\theta & \cos\theta & 0 \\ 0 & 0 & 1 \end{bmatrix}\begin{bmatrix} 1 & 0 & 0 \\ 0 & \cos\phi & \sin\phi \\ 0 & -\sin\phi & \cos\phi \end{bmatrix}\begin{bmatrix} X_E \\ Y_E \\ Z_E \end{bmatrix}=\begin{bmatrix} X_T \\ Y_T \\ Z_T \end{bmatrix}
$$

$$
\Rightarrow \begin{bmatrix} \cos\theta & \sin\theta\cos\phi & \sin\theta\sin\phi \\ -\cos\psi\sin\theta & \begin{pmatrix} \cos\psi\cos\theta\cos\phi \\ -\sin\psi\sin\phi \end{pmatrix} & \begin{pmatrix} \cos\psi\cos\theta\sin\phi \\ +\sin\psi\cos\phi \end{pmatrix} \\ \sin\psi\sin\theta & \begin{pmatrix} -\sin\psi\cos\theta\cos\phi \\ -\cos\psi\sin\phi \end{pmatrix} & \begin{pmatrix} -\sin\psi\cos\theta\sin\phi \\ +\cos\psi\cos\phi \end{pmatrix} \end{bmatrix}\begin{bmatrix} X_E \\ Y_E \\ Z_E \end{bmatrix}=\begin{bmatrix} X_T \\ Y_T \\ Z_T \end{bmatrix} \tag{7.110}
$$

到这里，就可以确定运动系下的角速度，根据角速度向量的合成原理，运动系的角速度由上述三次旋转角速度所构成，即

$$\omega = \dot{\phi} X_E + \dot{\theta} Z_1 + \dot{\psi} X_2 \tag{7.111}$$

式中，$\dot{\phi}$、$\dot{\theta}$ 和 $\dot{\psi}$ 分别表示三个方向的角速度。根据上面的变换，可以求出

$$\begin{cases} X_E = X_T \cos\theta - Y_T \sin\theta\cos\psi + Z_T \sin\theta\sin\psi \\ Z_1 = Y_T \sin\psi + Z_T \cos\psi \\ X_2 = X_T \end{cases} \tag{7.112}$$

将其代入式 (7.111)，有

$$\begin{aligned} \omega =& \dot{\phi}\left(X_T \cos\theta - Y_T \sin\theta\cos\psi + Z_T \sin\theta\sin\psi\right) \\ &+ \dot{\theta}\left(Y_T \sin\psi + Z_T \cos\psi\right) + \dot{\psi} X_T \\ =& X_T\left(\dot{\phi}\cos\theta + \dot{\psi}\right) + Y_T\left(\dot{\theta}\sin\psi - \dot{\phi}\sin\theta\cos\psi\right) \\ &+ Z_T\left(\dot{\theta}\cos\psi + \dot{\phi}\sin\theta\sin\psi\right) \end{aligned} \tag{7.113}$$

到这里，可以重回主题，注意到这里的地坐标系 $E$ 即为固定坐标系 $\{x', y', z'\}$，$T$ 坐标系即为运动坐标系 $\{x, y, z\}$，这样，可写出角速度分量为

$$\begin{cases} \omega_1 = \dot{\phi}\cos\theta + \dot{\psi} \\ \omega_2 = \dot{\theta}\sin\psi - \dot{\phi}\sin\theta\cos\psi \\ \omega_3 = \dot{\theta}\cos\psi + \dot{\phi}\sin\theta\sin\psi \end{cases} \tag{7.114}$$

可进一步得出

$$\begin{cases} \omega_1 = \dot{\phi}\cos\theta + \dot{\psi} \\ \dot{\theta} = \omega_2\sin\psi + \omega_3\cos\psi \\ \dot{\phi}\sin\theta = \omega_3\sin\psi - \omega_2\cos\psi \end{cases} \tag{7.115}$$

然后，再对照方向余弦矩阵，有

$$\begin{cases} m_1 = \sin\theta\cos\phi, n_1 = \sin\theta\sin\phi \\ m_2 = \begin{pmatrix} \cos\psi\cos\theta\cos\phi \\ -\sin\psi\sin\phi \end{pmatrix}, n_2 = \begin{pmatrix} \cos\psi\cos\theta\sin\phi \\ +\sin\psi\cos\phi \end{pmatrix} \\ m_3 = \begin{pmatrix} -\sin\psi\cos\theta\cos\phi \\ -\cos\psi\sin\phi \end{pmatrix}, n_3 = \begin{pmatrix} -\sin\psi\cos\theta\sin\phi \\ +\cos\psi\cos\phi \end{pmatrix} \end{cases} \tag{7.116}$$

将上式代入前面的角速度方程式，得

$$\begin{cases} \frac{1}{2}k\cos\theta = \dot{\phi}\cos\theta + \dot{\psi} & (7.117a) \\ \dot{\theta} = \frac{k}{c^2+a^2}\left(a^2-b^2\right)\sin\theta\cos\theta\sin\phi\cos\phi & (7.117b) \\ \dot{\phi} = \frac{k}{c^2+a^2}\left(a^2\cos^2\phi + c^2\sin^2\phi\right) & (7.117c) \end{cases}$$

我们注意到，式 (7.117c) 是关于独立变量 $\phi$ 的常微分方程，类似于前面取 $\{l_1,l_2,l_3\}=\{0,1,0\}$ 的情形，积分可得

$$\frac{a}{c}\tan\left(\frac{ackt}{c^2+a^2}\right)=\tan\phi \tag{7.118}$$

然后，将式 (7.117b) 除以式 (7.117c)，有

$$\frac{\dot{\theta}}{\dot{\phi}}=\left(a^2-b^2\right)\sin\theta\cos\theta\frac{\sin\phi\cos\phi}{\left(a^2\cos^2\phi+c^2\sin^2\phi\right)} \tag{7.119}$$

若取 $b=c$，将式 (7.119) 分离变量并积分，有

$$\int\frac{\dot{\theta}}{\sin\theta\cos\theta}=\left(a^2-b^2\right)\int\frac{\sin\phi\cos\phi}{\left(a^2\cos^2\phi+b^2\sin^2\phi\right)}\dot{\phi}$$

$$\Rightarrow\int\frac{\mathrm{d}\theta/\mathrm{d}t}{\sin\theta\cos\theta}=\left(a^2-b^2\right)\int\frac{\sin\phi\cos\phi}{\left(a^2\cos^2\phi+b^2\sin^2\phi\right)}\mathrm{d}\phi/\mathrm{d}t$$

$$\Rightarrow\int\frac{\cos\theta}{\sin\theta}\frac{1}{\cos^2\theta}\mathrm{d}\theta=\left(a^2-b^2\right)\int\frac{\sin\phi\cos\phi}{\left(a^2\cos^2\phi+b^2\sin^2\phi\right)}\mathrm{d}\phi$$

$$\Rightarrow\ln\left(\tan\theta\right)=-\frac{1}{2}\ln\left(a^2\cos^2\phi+b^2\sin^2\phi\right)+C$$

$$\Rightarrow\tan^2\theta=\frac{e^{2C}}{a^2\cos^2\phi+b^2\sin^2\phi} \tag{7.120}$$

令常数 $\mathrm{e}^{2C}=\frac{a^2b^2}{k^2}$，则式 (7.120) 变为

$$\tan^2\theta=\frac{a^2b^2}{k^2\left(a^2\cos^2\phi+b^2\sin^2\phi\right)} \tag{7.121}$$

到此，$\phi$ 和 $\theta$ 的轨迹方程均已求出，由式 (7.117a) 积分可以求出 $\psi$。

### 7.3.7 细长体

当 $a \gg b = c$ 时，此时变成一个细长的椭球体，有时，可以把圆柱体近似视为这样的细长椭球体，若令 $r = a/b$ 表示长径比，即圆柱长度与直径之比。上面的式 (7.118) 和式 (7.121) 可以简化为

$$\begin{cases} r\tan\left(\dfrac{rkt}{1+r^2}\right) = \tan\phi & (7.122\text{a}) \\ \tan\theta = \dfrac{r}{k\sqrt{r^2\cos^2\phi + \sin^2\phi}} & (7.122\text{b}) \end{cases}$$

注意到，平均剪切速度场 $(u', v', w') = (0, 0, ky')$ 的旋转角速度 $\boldsymbol{\omega} = \begin{bmatrix} i & j & k \\ \dfrac{\partial}{\partial x} & \dfrac{\partial}{\partial y} & \dfrac{\partial}{\partial z} \\ 0 & 0 & ky' \end{bmatrix} = (k, 0, 0)$，即绕 $x'$ 轴旋转。而这里的 $\phi$ 角是绕 $x'$ 轴旋转的角度，所以，式 (7.122a) 描绘了椭球体随流体旋转角速度方向的运动轨迹，其中，函数 $\tan\left(\dfrac{rkt}{1+r^2}\right)$ 的周期 $T = \dfrac{\pi}{\dfrac{rk}{1+r^2}} = \dfrac{\pi\left(1+r^2\right)}{rk}$。需要注意，当椭球以 $\phi$ 角度绕 $x'$ 轴旋转时，实际上是绕 $x'$ 轴旋转一周，即 $2\pi$，表示一个周期，而实际上函数 $\tan\left(\dfrac{rkt}{1+r^2}\right)$ 的周期为 $\pi$，这样，作为旋转轨道的一个周期相当于函数 $\tan\left(\dfrac{rkt}{1+r^2}\right)$ 的 2 倍。由此，常把旋转轨道的周期写成

$$T = \frac{2\pi\left(1+r^2\right)}{rk} \tag{7.123}$$

这样，轨道方程可以写成

$$r\tan\left(\frac{2\pi t}{T}\right) = \tan\phi \tag{7.124}$$

这个方程最早由 Jeffery(1922) 得出，后来的试验也证明在雷诺数 $Re \ll 1$ 时，该方程是精确的，但随着雷诺数增大，偏差会逐渐变大。该方程在纤维取向、柱状物沉降等计算中发挥了很大的作用。

# 参考文献


Alexander V. 2009. From the Hele-Shaw experiment to integrable systems: a historical overview. Compl. Anal. Oper. Theory, 3(2): 551-585.

Anderson J D. 1984. Fundamentals of Aerodynamics.London: McGraw-Hill: 1-563.

Balje O E. 1981. Turbomachines: a Guide to Design, Selection, and Theory.New York: John Wiley& Sons:1-513.

Batchelor G K. 1953. The Theory of Homogeneous Turbulence. Cambridge: Cambridge University Press: 1-197.

Blasius H. 1908. Grenzschichten in Flüssigkeiten mit Kleiner Reibung. Z. Angew. Math. Phys., 56: 1-37.

Chou P Y. 1945. On velocity correlations and the solutions of the equations of turbulent fluctuation. Quart. Appl. Math., 3: 38-54.

Corrsin S. 1943. Investigation of flow in an axially symmetrical heated jet of air.NACA WR W-94.

Couette M. 1890. Études sur le frottement des liquides. Ann. de Chimieet de Physique, 21: 433-510.

Cumpsty N A. 1989. Compressor Aerodynamics.New York:Longman: 1-509.

d'Alembert J l R. 1752. Essaid'une nouvelle théorie de la résistance des fluides, Paris.

Davidson P A. 2004. Turbulence: an Introduction for Scientists and Engineers. Oxford: Oxford University Press: 1-657.

Eck B. 1973. Fans:Design and Operation of Centrifugal, Axial-Flow, and Cross-Flow Fans.Oxford: Pergamon Press: 1-616.

Franc J P, Michel J M. 2004. Fundamentals of Cavitation. London: Kluwer Academic Publishers: 1-329.

Frisch U. 1995. Turbulence: the Legacy of A.N. Kolmogorov. Cambridge: Cambridge University Press: 1-296.

Greitzer E M, Tan C S, Graf M B. 2004. Internal Flow-Concepts and Applications. Cambridge: Cambridge University Press: 1-707.

Hiemenz K. 1911. Die Grenzschicht an einem in den gleichförmigen Flüssigkeitsstrom eingetauchten geraden Kreiszylinder. Dingler Polytech J., 326: 321-410.

Hinze J O. 1959. Turbulence. London: McGraw-Hill:1-586.

Horlock J H.1958. Axial Flow Compressors:Fluid Mechanics and Thermodynamics. London: Butterworth: 1-189.

Jeffery G B.1922. The motion of ellipsoidal particles immersed in a viscous fluid.Proceedings of the Royal Society of London, 102:161-179.

Kármán, von, Theodore. 1921. Über laminare und turbulente Reibung. ZAMM, 1233-252. CWTK 2, 70-97.

Kolmogorov A N. 1941. The local structure of turbulence in incompressible viscous fluid for very large Reynolds numbers. Proc. USSR Acad. Sci., 30: 299-303.

Kolmogorov A N. 1941. Dissipation of energy in the locally isotropic turbulence. Proc. USSR Acad. Sci., 32: 16-18.

Kundu P K, Cohen I M. 2004. Fluid Mechanics. 3rd ed.Amsterdam: Elsevier: 1-759.

Kutta M W. 1902. Auftriebskrafte in stromenden flussigkeiten. Illus. AeronautischeMitteilungen, 6: 133-135.

Lakshminarayana B. 1996. Fluid Dynamics and Heat Transfer of Turbomachinery. Chichester: Wiley Interscience:1-809.

Launder B H, Spalding D B. 1972. Lectures in Mathematical Models of Turbulence. London: Academic Press: 1-169.

Lilly D K. 1967. The representation of small-scale turbulence in numerical simulation experiments. Proc. IBM Scientific Computing Symp. on Environmental Sciences, Yorktown Heights, NY, Thomas J. Watson Research Center: 195–209.

Lorentz E D. 1963. Deterministic nonperiodic flow. J. Atmosph. Sci., 20: 130-141.

Mansour N N, Kim J, Moin P. 1988. Reynolds-stress and dissipation-rate budgets in a turbulent channel flow. J. Fluid Mech., 194(1): 15-44.

McCOMB W D.1990. The Physics of Fluid Turbulence. Oxford:Clarendon: 1-572.

Pfleiderer C.1961. Die Kreiselpumpen fuer Fluessigkeiten und Gase :Wasserpumpen, Ventilatoren, Turbogeblaese, Turbokom pressoren.Berlin:Springer: 1-622.

Pope S B. 2000. Turbulent Flows. Cambridge: Cambridge University Press: 1-771.

Prandtl L. 1921. Bemerkungen über die entstehung der turbulenz. Zeitschrift für Angewandte Mathematik und Mechanik (ZAMM), 1: 431-436.

Robertson H P. 1940. The invariant theory of isotropic turbulence. Proc. Camb. Phil. Soc., 36: 209-223.

Rotta J C. 1951. Statistische Theorie nichthomogener Turbulenz. 1. Z. Phys., 129: 547-572.

Schlichting H. 1979. Boundary Layer Theory. Transl. by Kestin J. London: McGraw-Hill: 1-817.

Smagorinsky J. 1963. General circulation experiments with the primitive equations. Monthly Weather Review, 91(3): 99-164.

Stanitz J D. 1951. Approximate design method for high-solidity blade elements in compressors and turbines. NACA TN 2408.

Stepanoff A J. 1957. Centrifugal and Axial Flow Pumps: Theory, Design, and Application. $2^{nd}$ ed.London:Chapman & Hall:1-462.

Sutera S P. 1993. The history of Poiseuille's law. Annu. Rev. Fluid Mech., 25: 1-19.

Taylor G I. 1935. Statistical theory of turbulence. Proc. Roy. Soc. Lond., 151(873): 421-444.

Taylor G I. 1938. The spectrum of turbulence. Proc. Roy. Soc. Lond., 164(919): 476-490.

Theodorsen T. 1952. Mechanism of turbulence. Proc. Midwestern Conf. Fluid Dyn. Columbus: Ohio State University.

Townsend A A. 1956. The structure of turbulent shear flow. Cambridge: Cambridge University Press: 1-315.

von Kármán T. 1921. Über laminare und turbulente reibung. Z. Angew. Math. Mech., 1: 233-252.

von Kármán T. 1930. Mechanische ähnlichkeit und turbulenz. Nachr. Ges. Wiss., 68: 58-76.

Whitfield A, Baines N C.1990. Design of Radial Turbomachines.Harlow: Longman: 1-397.

Wilcox D C. 1993. Turbulence Modeling for CFD. La Canada: DCW Industries: 1-460.

Zhang Q H, Lin J Z. 2010. Orientation distribution and rheological properties of fiber suspensions flowing through curved expansion and rotating ducts. J. Hydrodynamics, 22: 877-882.

# 附录 A1　张量分析基础

## A1.1　向量张量分析及曲线坐标系

向量分析，以及更一般的张量分析，是连续介质力学、流体力学的重要基础理论，为高级工程分析提供基本工具。

### A1.1.1　物理量的表征

(1) 标量，一个量，只有大小，表示单个数字，比如，温度、压力等。

(2) 向量，一个量，既有大小又有方向，比如，速度、位移等。

(3) 张量，一个高阶的向量，包含了大小、方向之外更多的信息，比如，连续介质中的应力、应变状态就是二阶张量。

### A1.1.2　向量代数运算

1) 加法

加法满足交换律

$$\boldsymbol{a}+\boldsymbol{b}=\boldsymbol{b}+\boldsymbol{a} \tag{A1.1}$$

加法满足结合律

$$\boldsymbol{a}+\boldsymbol{b}+\boldsymbol{c}=(\boldsymbol{a}+\boldsymbol{b})+\boldsymbol{c}=\boldsymbol{a}+(\boldsymbol{b}+\boldsymbol{c}) \tag{A1.2}$$

2) 减法

$$\boldsymbol{a}-\boldsymbol{b}=\boldsymbol{a}+(-\boldsymbol{b}) \tag{A1.3}$$

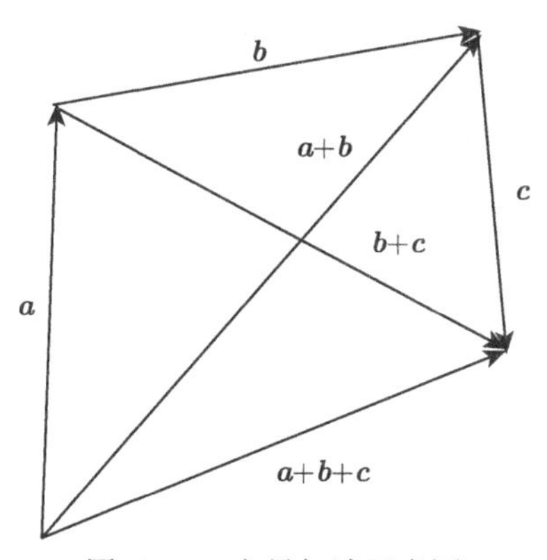


图 A1.1　向量加法示意图

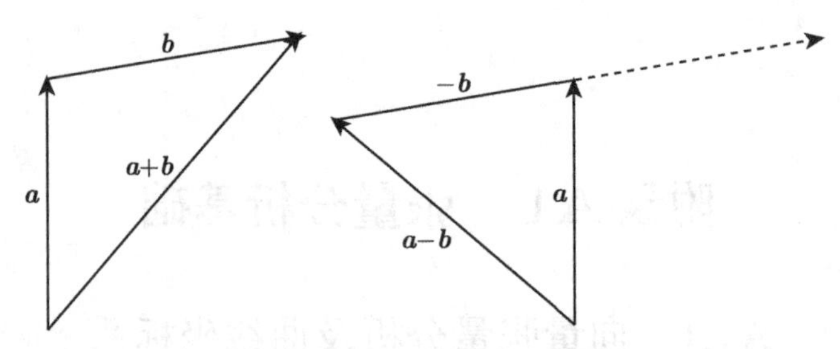

图 A1.2　向量减法示意图

3) 单位向量

$$\hat{\boldsymbol{e}}_{\boldsymbol{a}} = \frac{\boldsymbol{a}}{|\boldsymbol{a}|} = \frac{\boldsymbol{a}}{a}$$
$$|\hat{\boldsymbol{e}}_{\boldsymbol{a}}| = 1 \tag{A1.4}$$

其中，$a$ 是向量 $\boldsymbol{a}$ 的大小，$\hat{\boldsymbol{e}}_{\boldsymbol{a}}$ 是向量 $\boldsymbol{a}$ 方向的单位向量，有

$$\boldsymbol{a} = a\hat{\boldsymbol{e}}_{\boldsymbol{a}} \tag{A1.5}$$

可见，一个向量可以用单位向量及其大小来表征。

### A1.1.3　向量代数

1) 线性相关

给定 $n$ 维向量 $\{\boldsymbol{a}_1, \boldsymbol{a}_2, \cdots, \boldsymbol{a}_n\}$ 及标量 $\{\alpha_1, \alpha_2, \cdots, \alpha_n\}$，不全为零，如果能写出

$$\alpha_1\boldsymbol{a}_1 + \alpha_2\boldsymbol{a}_2 + \cdots + \alpha_n\boldsymbol{a}_n = 0 \tag{A1.6}$$

那么，这组向量是线性相关的。则有如下：

$$n = 2, \boldsymbol{a}_2 = -\frac{\alpha_1}{\alpha_2}\boldsymbol{a}_1$$
$$n = 3, \boldsymbol{a}_3 = -\frac{1}{\alpha_3}(\alpha_1\boldsymbol{a}_1 + \alpha_2\boldsymbol{a}_2) \tag{A1.7}$$

如果式 (A1.6) 不成立，则向量是线性无关的。

2) 标量积 (点积或内积)

$$\boldsymbol{a} \cdot \boldsymbol{b} = |\boldsymbol{a}|\,|\boldsymbol{b}|\cos(\boldsymbol{a}, \boldsymbol{b}) = ab\cos\theta, \quad 0 \leqslant \theta \leqslant \pi \tag{A1.8}$$

图 A1.3 所示为向量代数运算示意图。

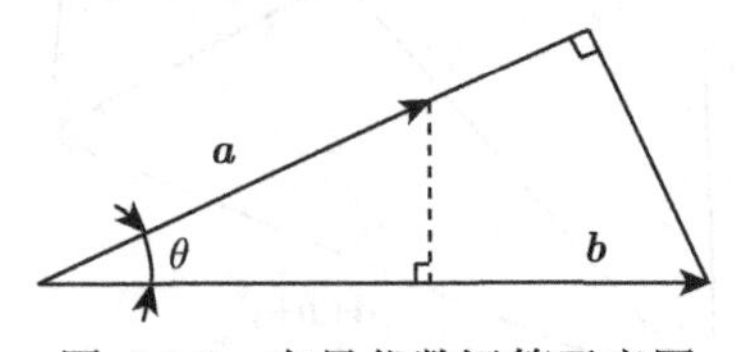

图 A1.3　向量代数运算示意图

标量积有如下运算规则:

$$\begin{aligned}&\boldsymbol{a}\cdot\boldsymbol{b}=\boldsymbol{b}\cdot\boldsymbol{a}\\&\boldsymbol{a}\cdot(\boldsymbol{b}+\boldsymbol{c})=\boldsymbol{a}\cdot\boldsymbol{b}+\boldsymbol{a}\cdot\boldsymbol{c}\\&\boldsymbol{a}\perp\boldsymbol{b}\Rightarrow\boldsymbol{a}\cdot\boldsymbol{b}=ab\cos(\pi/2)=0\end{aligned}\tag{A1.9}$$

图 A1.4 为两垂直向量点积运算示意图。

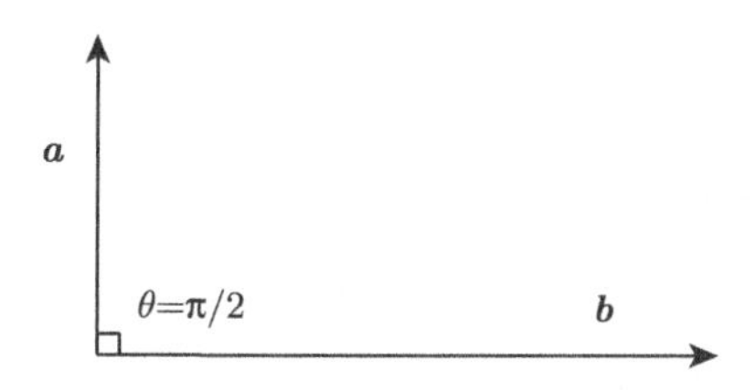


图 A1.4 两垂直向量点积运算示意图

再计算向量沿某一方向的投影，有

$$\boldsymbol{a}\cdot\hat{\boldsymbol{e}}=a\cos\theta=a_{\hat{\boldsymbol{e}}}\tag{A1.10}$$

式中，$\hat{e}$ 为某方向的单位向量，如图 A1.5 所示。

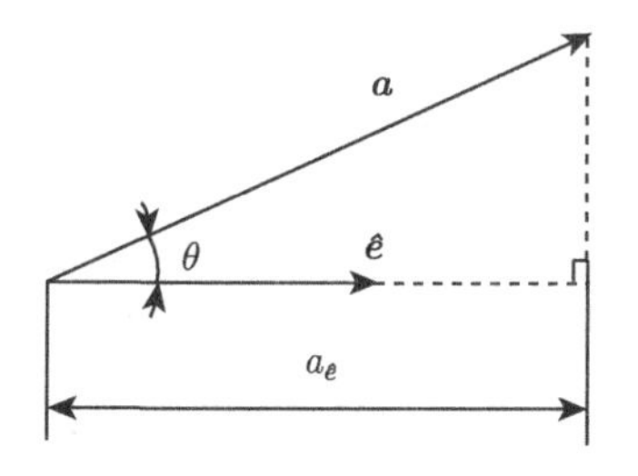


图 A1.5 向量沿某方向投影示意图

联系一个常见例子，即将做功用向量表示，有

$$\mathrm{d}W=(f\cos\theta)\times\mathrm{d}s=\boldsymbol{f}\cdot\mathrm{d}\boldsymbol{s}\tag{A1.11}$$

3) 向量积 (叉积或外积)

$$\boldsymbol{a}\times\boldsymbol{b}=\boldsymbol{c}=ab\sin\theta\hat{\boldsymbol{e}}_{\boldsymbol{a}\times\boldsymbol{b}}\tag{A1.12}$$

向量积遵守右手螺旋法则，即伸开右手掌，大拇指与四指垂直，让四指沿逆时针从 $\boldsymbol{a}$ 方向抓向 $\boldsymbol{b}$ 方向，此时，大拇指所指方向即为向量积方向，即单位向量 $\hat{e}_{\boldsymbol{a}\times\boldsymbol{b}}$ 所指方向 (图 A1.6)。

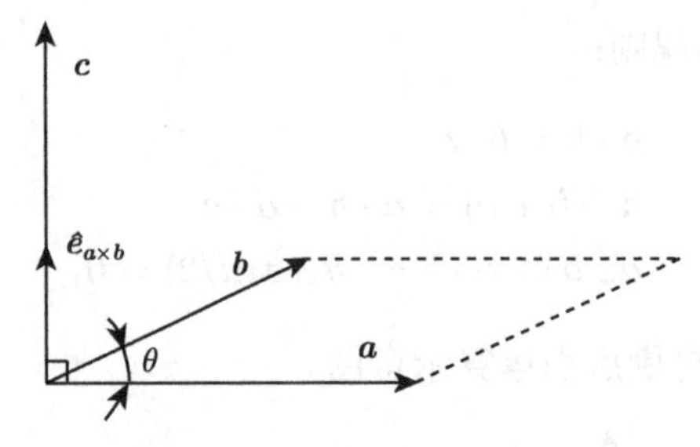


图 A1.6　向量积示意图

向量积有如下运算规则：

$$
\begin{aligned}
&\boldsymbol{a}\times\boldsymbol{b}=-\boldsymbol{b}\times\boldsymbol{a}\\
&\boldsymbol{a}\parallel\boldsymbol{b}\Rightarrow\sin\theta=0\Rightarrow\boldsymbol{a}\times\boldsymbol{b}=0\\
&(\boldsymbol{a}+\boldsymbol{b})\times\boldsymbol{c}=\boldsymbol{a}\times\boldsymbol{c}+\boldsymbol{b}\times\boldsymbol{c}
\end{aligned}
\tag{A1.13}
$$

我们再举一个例子，用向量积表示力矩，如下：

$$
\boldsymbol{m}=\boldsymbol{r}\times\boldsymbol{f}=rf\sin\theta\hat{\boldsymbol{e}}_{\boldsymbol{m}} \tag{A1.14}
$$

式中，$\boldsymbol{r}$ 为任意点 $\boldsymbol{P}$ 的矢径，如图 A1.7(a) 所示；$\boldsymbol{f}$ 是力；$\boldsymbol{m}$ 为力矩，如图 A1.7(b) 所示。

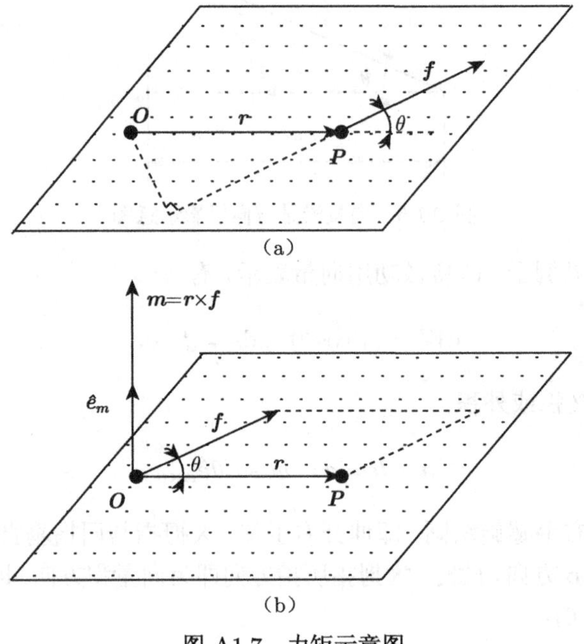


图 A1.7　力矩示意图

大多数情况下，用矢量表示平面的面积向量，如图 A1.8 所示。平面的面积向量为

$$\boldsymbol{s} = S\hat{\boldsymbol{n}} \tag{A1.15}$$

式中，$S$ 为封闭曲线 $C$ 内的平面面积；$\hat{\boldsymbol{n}}$ 为平面的单位外法向量。注意，按右手螺旋法则，四指按逆时针抓取封闭曲线 $C$，大拇指指向为外法向。

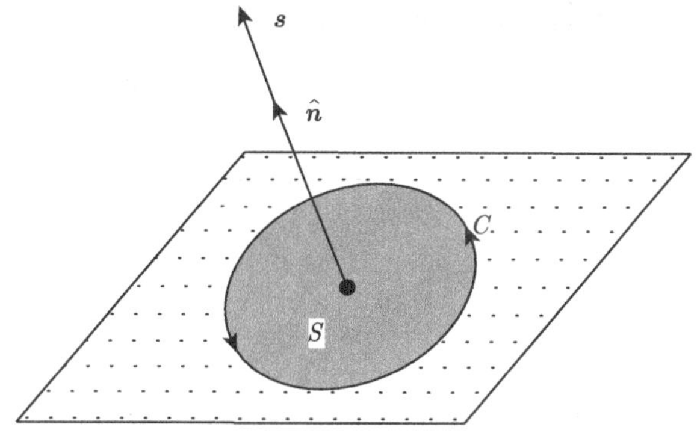


图 A1.8 平面向量示意图

下面，再计算圆柱斜切截面投影面积的计算方法，如图 A1.9 所示。首先，根据面积向量定义，有

$$\begin{aligned} \boldsymbol{s} &= S\hat{\boldsymbol{n}} \\ \boldsymbol{s}' &= S'\hat{\boldsymbol{n}}' \end{aligned} \tag{A1.16}$$

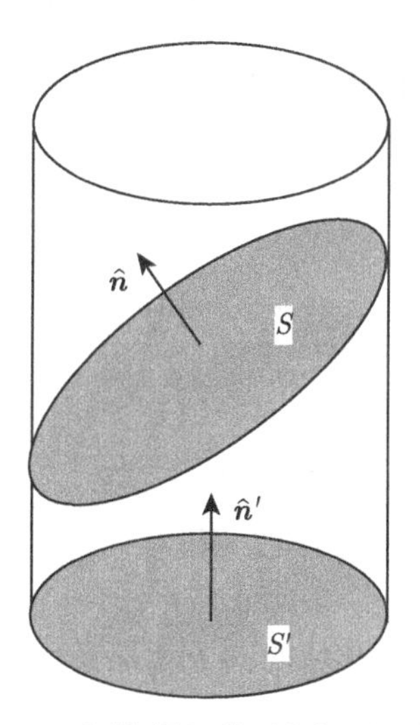


图 A1.9 圆柱斜切截面积投影示意图

式中，$S$ 为斜截面面积；$\hat{\boldsymbol{n}}$ 为斜截面单位外法向量；$S'$ 为投影面积；$\hat{\boldsymbol{n}}'$ 为投影面的单位外法向量。

这样，可以计算投影面积如下：

$$S' = \boldsymbol{s} \cdot \hat{\boldsymbol{n}}' = S\hat{\boldsymbol{n}} \cdot \hat{\boldsymbol{n}}' \tag{A1.17}$$

即面积向量 $\boldsymbol{s}$ 在方向 $\hat{\boldsymbol{n}}'$ 上的投影。

下面再看一个刚体旋转线速度的计算方法，如图 A1.10 所示。

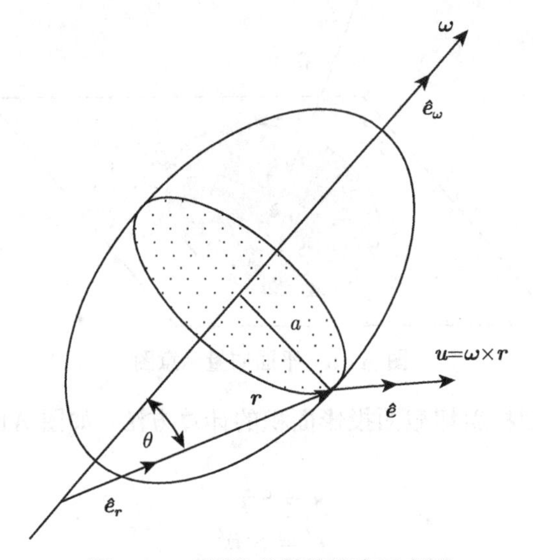


图 A1.10　刚体旋转线速度示意图

刚体以定常角速度 $\boldsymbol{\omega}$ 旋转时，按图 A1.10，在切点处的线速度为

$$\boldsymbol{u} = \boldsymbol{\omega} a \hat{\mathbf{e}} \tag{A1.18}$$

按图 A1.10，有

$$a = r\sin\theta \tag{A1.19}$$

将式 (A1.19) 代入式 (A1.18)，有

$$\boldsymbol{u} = \boldsymbol{\omega} \boldsymbol{r} \sin\theta \hat{\mathbf{e}} = \boldsymbol{\omega} \times \boldsymbol{r} \tag{A1.20}$$

即切点的线速度为角速度与矢径的向量积。

4) 混合积

把 $\boldsymbol{a} \cdot (\boldsymbol{b} \times \boldsymbol{c})$ 称为混合积，典型的例子就是平行六面体体积由三条边的混合积来计算，如图 A1.11 所示，有

$$V = \boldsymbol{a} \cdot (\boldsymbol{b} \times \boldsymbol{c}) \tag{A1.21}$$

混合积具有循环对称性，即

$$\boldsymbol{a}\cdot(\boldsymbol{b}\times\boldsymbol{c})=\boldsymbol{b}\cdot(\boldsymbol{c}\times\boldsymbol{a})=\boldsymbol{c}\cdot(\boldsymbol{a}\times\boldsymbol{b}) \tag{A1.22}$$

结合图 A1.11 很容易看出来。为表示方便，把式 (A1.22) 所代表的混合积记为 $[\boldsymbol{abc}]$，三个向量顺序循环并不影响其结果。

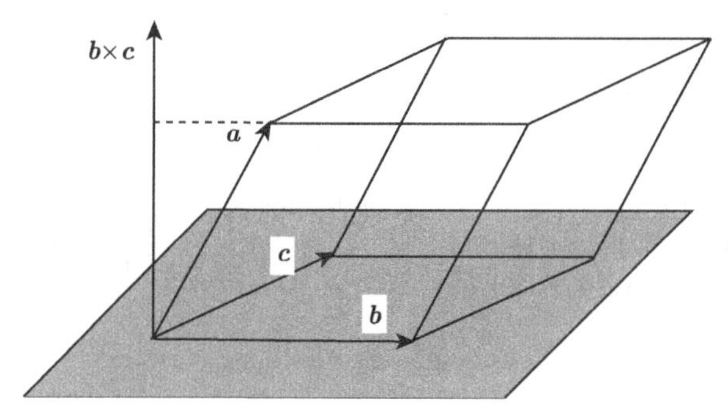


图 A1.11 向量混合积示意图

再给出向量的三重积 $\boldsymbol{a}\times(\boldsymbol{b}\times\boldsymbol{c})$，注意，该三重积位于 $\boldsymbol{b}$ 和 $\boldsymbol{c}$ 所在的平面内。可按如下展开计算：

$$\boldsymbol{a}\times(\boldsymbol{b}\times\boldsymbol{c})=\boldsymbol{b}(\boldsymbol{a}\cdot\boldsymbol{c})-\boldsymbol{c}(\boldsymbol{a}\cdot\boldsymbol{b}) \tag{A1.23}$$

### A1.1.4 向量分量和基

一个 $n$ 维空间的基包含 $n$ 个线性无关的基向量，比如，可用 $\{\boldsymbol{e}_1,\boldsymbol{e}_2,\boldsymbol{e}_3\}$ 表示一个基，如图 A1.12 所示。这样，可用这个基来表示任意向量 $\boldsymbol{a}$，如下：

$$\boldsymbol{a}=a^1\boldsymbol{e}_1+a^2\boldsymbol{e}_2+a^3\boldsymbol{e}_3 \tag{A1.24}$$

式中，$a^1$、$a^2$、$a^3$ 为标量分量。

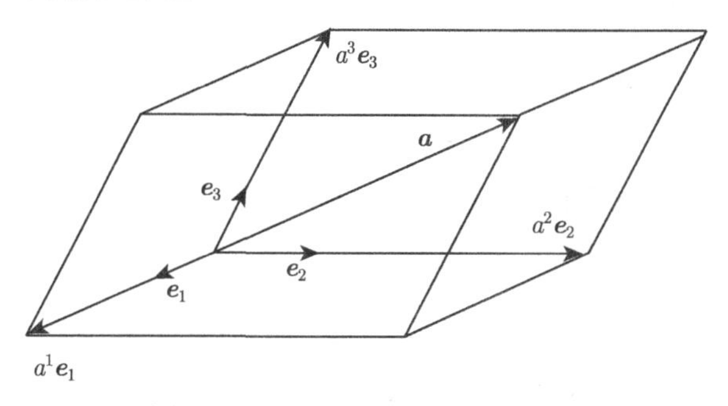


图 A1.12 用基表示的向量示意图

1) 对偶基

可以从 $\{e_1, e_2, e_3\}$ 构造另一组基 $\{e^1, e^2, e^3\}$，通过它来获得任意向量的标量分量。考虑到 $e_1 \times e_2$ 同时垂直于 $e_1$ 和 $e_2$，将式 (A1.24) 两端同时点积 $e_1 \times e_2$，有

$$
\begin{aligned}
\boldsymbol{a} \cdot (\boldsymbol{e}_1 \times \boldsymbol{e}_2) &= a^1 \boldsymbol{e}_1 \cdot (\boldsymbol{e}_1 \times \boldsymbol{e}_2) + a^2 \boldsymbol{e}_2 \cdot (\boldsymbol{e}_1 \times \boldsymbol{e}_2) + a^3 \boldsymbol{e}_3 \cdot (\boldsymbol{e}_1 \times \boldsymbol{e}_2) \\
&= a^3 \boldsymbol{e}_3 \cdot (\boldsymbol{e}_1 \times \boldsymbol{e}_2)
\end{aligned}
\tag{A1.25}
$$

进一步求出 $a^3$，有

$$
a^3 = \frac{\boldsymbol{a} \cdot (\boldsymbol{e}_1 \times \boldsymbol{e}_2)}{\boldsymbol{e}_3 \cdot (\boldsymbol{e}_1 \times \boldsymbol{e}_2)} = \boldsymbol{a} \cdot \boldsymbol{e}^3 \tag{A1.26}
$$

式中，$\boldsymbol{e}^3 = \dfrac{\boldsymbol{e}_1 \times \boldsymbol{e}_2}{\boldsymbol{e}_3 \cdot (\boldsymbol{e}_1 \times \boldsymbol{e}_2)} = \dfrac{\boldsymbol{e}_1 \times \boldsymbol{e}_2}{[\boldsymbol{e}_1 \boldsymbol{e}_2 \boldsymbol{e}_3]}$，类似地，可得 $\boldsymbol{e}^2 = \dfrac{\boldsymbol{e}_3 \times \boldsymbol{e}_1}{[\boldsymbol{e}_1 \boldsymbol{e}_2 \boldsymbol{e}_3]}$ 和 $\boldsymbol{e}^1 = \dfrac{\boldsymbol{e}_2 \times \boldsymbol{e}_3}{[\boldsymbol{e}_1 \boldsymbol{e}_2 \boldsymbol{e}_3]}$，将 $\{\boldsymbol{e}^1, \boldsymbol{e}^2, \boldsymbol{e}^3\}$ 称为 $\{\boldsymbol{e}_1, \boldsymbol{e}_2, \boldsymbol{e}_3\}$ 的对偶基，并且，容易看出

$$
\boldsymbol{e}^1 \cdot \boldsymbol{e}_1 = \boldsymbol{e}^2 \cdot \boldsymbol{e}_2 = \boldsymbol{e}^3 \cdot \boldsymbol{e}_3 = 1 \tag{A1.27}
$$

2) 求和约定

根据 Einstein 求和约定，对重复指标 (哑标) 需要进行求和运算，有

$$
\boldsymbol{a} = \sum_{i=1}^{3} a^i \boldsymbol{e}_i \Leftrightarrow a^i \boldsymbol{e}_i \tag{A1.28}
$$

比如，式 (A1.28) 展开即为 $\boldsymbol{a} = a^1 \boldsymbol{e}_1 + a^2 \boldsymbol{e}_2 + a^3 \boldsymbol{e}_3$。

3) Kronecker Delta 符号

通过对偶基，可以引入 Kronecker Delta 符号，如下：

$$
\boldsymbol{e}^i \cdot \boldsymbol{e}_j = \delta^i_j = \begin{cases} 1, & i = j \\ 0, & i \neq j \end{cases} \tag{A1.29}
$$

这样，还可以用对偶基来表示向量 $\boldsymbol{a}$，如下：

$$
\begin{aligned}
\boldsymbol{a} &= (\boldsymbol{a} \cdot \boldsymbol{e}_1)\, \boldsymbol{e}^1 + (\boldsymbol{a} \cdot \boldsymbol{e}_2)\, \boldsymbol{e}^2 + (\boldsymbol{a} \cdot \boldsymbol{e}_3)\, \boldsymbol{e}^3 \\
&= \left(a_i \boldsymbol{e}^i \cdot \boldsymbol{e}_1\right) \boldsymbol{e}^1 + \left(a_i \boldsymbol{e}^i \cdot \boldsymbol{e}_2\right) \boldsymbol{e}^2 + \left(a_i \boldsymbol{e}^i \cdot \boldsymbol{e}_3\right) \boldsymbol{e}^3 \\
&= \left(a_i \delta^i_1\right) \boldsymbol{e}^1 + \left(a_i \delta^i_2\right) \boldsymbol{e}^2 + \left(a_i \delta^i_3\right) \boldsymbol{e}^3 \\
&= a_1 \boldsymbol{e}^1 + a_2 \boldsymbol{e}^2 + a_3 \boldsymbol{e}^3
\end{aligned}
\tag{A1.30}
$$

式中，$a_1$、$a_2$、$a_3$ 为标量分量。定义 $a_i = \boldsymbol{a} \cdot \boldsymbol{e}_i$，表示协分量，即下标记法；类似，记 $a^i = \boldsymbol{a} \cdot \boldsymbol{e}^i$，表示逆分量，即上标记法。这样，可以将式 (A1.30) 用另一种方式写出

$$
\boldsymbol{a} = \left(\boldsymbol{a} \cdot \boldsymbol{e}^1\right) \boldsymbol{e}_1 + \left(\boldsymbol{a} \cdot \boldsymbol{e}^2\right) \boldsymbol{e}_2 + \left(\boldsymbol{a} \cdot \boldsymbol{e}^3\right) \boldsymbol{e}_3
$$

$$= a^1\boldsymbol{e}_1 + a^2\boldsymbol{e}_2 + a^3\boldsymbol{e}_3 \tag{A1.31}$$

可见，向量都可用任意基来表征，把式 (A1.30) 和式 (A1.31) 简写成

$$\begin{aligned} \boldsymbol{a} &= \left(\boldsymbol{a}\cdot\boldsymbol{e}^i\right)\boldsymbol{e}_i \\ \boldsymbol{a} &= \left(\boldsymbol{a}\cdot\boldsymbol{e}_i\right)\boldsymbol{e}^i \end{aligned} \tag{A1.32}$$

再介绍一个简单的计算例子，设 $\boldsymbol{a} = a^i\boldsymbol{e}_i$，及 $\boldsymbol{b} = b_j\boldsymbol{e}^j$，我们求向量积如下：

$$\boldsymbol{a}\cdot\boldsymbol{b} = a^i b_j\left(\boldsymbol{e}_i\cdot\boldsymbol{e}^j\right) = a^i b_j\delta_i^j = a^j b_j = a^1b_1 + a^2b_2 + a^3b_3 \tag{A1.33}$$

4) 正交基

正交基，其基向量是单位向量，且相互垂直。通过 Gram-Schmidt 正交化由 $\{\boldsymbol{e}_1, \boldsymbol{e}_2, \boldsymbol{e}_3\}$ 来构造正交基 $\{\hat{\boldsymbol{e}}_1, \hat{\boldsymbol{e}}_2, \hat{\boldsymbol{e}}_3\}$。

第一步，由给定的基 $\{\boldsymbol{e}_1, \boldsymbol{e}_2, \boldsymbol{e}_3\}$，单位化 $\boldsymbol{e}_1$，即

$$\boldsymbol{e}_1 \to \hat{\boldsymbol{e}}_1 = \frac{\boldsymbol{e}_1}{|\boldsymbol{e}_1|} \tag{A1.34}$$

第二步，对于 $\boldsymbol{e}_2$，令 $\boldsymbol{e}_2' = \boldsymbol{e}_2 - \alpha\hat{\boldsymbol{e}}_1$，使 $\boldsymbol{e}_2' \perp \boldsymbol{e}_1$，有

$$\hat{\boldsymbol{e}}_1\cdot(\boldsymbol{e}_2 - \alpha\hat{\boldsymbol{e}}_1) = \hat{\boldsymbol{e}}_1\cdot\boldsymbol{e}_2 - \alpha\hat{\boldsymbol{e}}_1\cdot\hat{\boldsymbol{e}}_1 = 0 \to \alpha = \frac{\hat{\boldsymbol{e}}_1\cdot\boldsymbol{e}_2}{\hat{\boldsymbol{e}}_1\cdot\hat{\boldsymbol{e}}_1} = \hat{\boldsymbol{e}}_1\cdot\boldsymbol{e}_2 \tag{A1.35}$$

再单位化 $\boldsymbol{e}_2'$，得

$$\hat{\boldsymbol{e}}_2 = \frac{\boldsymbol{e}_2 - \alpha\hat{\boldsymbol{e}}_1}{|\boldsymbol{e}_2'|} = \frac{\boldsymbol{e}_2 - (\hat{\boldsymbol{e}}_1\cdot\boldsymbol{e}_2)\,\hat{\boldsymbol{e}}_1}{|\boldsymbol{e}_2'|} \tag{A1.36}$$

第三步，对于 $\boldsymbol{e}_3$，令 $\boldsymbol{e}_3' = \boldsymbol{e}_3 - \beta\hat{\boldsymbol{e}}_2 - \gamma\hat{\boldsymbol{e}}_1$，使 $\boldsymbol{e}_3' \perp \hat{\boldsymbol{e}}_1$，$\boldsymbol{e}_3' \perp \hat{\boldsymbol{e}}_2$，有

$$\begin{aligned} \hat{\boldsymbol{e}}_1\cdot(\boldsymbol{e}_3 - \beta\hat{\boldsymbol{e}}_2 - \gamma\hat{\boldsymbol{e}}_1) &= \hat{\boldsymbol{e}}_1\cdot\boldsymbol{e}_3 - \beta\hat{\boldsymbol{e}}_1\cdot\hat{\boldsymbol{e}}_2 - \gamma\hat{\boldsymbol{e}}_1\cdot\hat{\boldsymbol{e}}_1 = 0 \to \gamma = \frac{\hat{\boldsymbol{e}}_1\cdot\boldsymbol{e}_3}{\hat{\boldsymbol{e}}_1\cdot\hat{\boldsymbol{e}}_1} = \hat{\boldsymbol{e}}_1\cdot\boldsymbol{e}_3 \\ \hat{\boldsymbol{e}}_2\cdot(\boldsymbol{e}_3 - \beta\hat{\boldsymbol{e}}_2 - \gamma\hat{\boldsymbol{e}}_1) &= \hat{\boldsymbol{e}}_2\cdot\boldsymbol{e}_3 - \beta\hat{\boldsymbol{e}}_2\cdot\hat{\boldsymbol{e}}_2 - \gamma\hat{\boldsymbol{e}}_2\cdot\hat{\boldsymbol{e}}_1 = 0 \to \beta = \frac{\hat{\boldsymbol{e}}_2\cdot\boldsymbol{e}_3}{\hat{\boldsymbol{e}}_2\cdot\hat{\boldsymbol{e}}_2} = \hat{\boldsymbol{e}}_2\cdot\boldsymbol{e}_3 \end{aligned} \tag{A1.37}$$

再单位化 $\boldsymbol{e}_3'$，得

$$\hat{\boldsymbol{e}}_3 = \frac{\boldsymbol{e}_3 - \beta\hat{\boldsymbol{e}}_2 - \alpha\hat{\boldsymbol{e}}_1}{|\boldsymbol{e}_3'|} = \frac{\boldsymbol{e}_3 - (\hat{\boldsymbol{e}}_2\cdot\boldsymbol{e}_3)\,\hat{\boldsymbol{e}}_2 - (\hat{\boldsymbol{e}}_1\cdot\boldsymbol{e}_3)\,\hat{\boldsymbol{e}}_1}{|\boldsymbol{e}_3'|} \tag{A1.38}$$

总结，对于多维基，有如下一般关系，即

$$\boldsymbol{e}_n' = \boldsymbol{e}_n - (\hat{\boldsymbol{e}}_1\cdot\boldsymbol{e}_n)\,\hat{\boldsymbol{e}}_1 - (\hat{\boldsymbol{e}}_2\cdot\boldsymbol{e}_n)\,\hat{\boldsymbol{e}}_2 - \cdots - (\hat{\boldsymbol{e}}_{n-1}\cdot\boldsymbol{e}_n)\,\hat{\boldsymbol{e}}_{n-1} \tag{A1.39}$$

再单位化，有

$$\hat{\boldsymbol{e}}_n = \frac{\boldsymbol{e}_n - (\hat{\boldsymbol{e}}_1\cdot\boldsymbol{e}_n)\,\hat{\boldsymbol{e}}_1 - (\hat{\boldsymbol{e}}_2\cdot\boldsymbol{e}_n)\,\hat{\boldsymbol{e}}_2 - \cdots - (\hat{\boldsymbol{e}}_{n-1}\cdot\boldsymbol{e}_n)\,\hat{\boldsymbol{e}}_{n-1}}{|\boldsymbol{e}_n'|} \tag{A1.40}$$

在正交系统下，之前介绍的基与对偶基相等 $\hat{e}_j = \hat{e}^j$，遵循使用下标表示的惯例，Kronecker Delta 符号变为

$$\hat{\boldsymbol{e}}_i \cdot \hat{\boldsymbol{e}}_j = \delta_{ij} = \begin{cases} 1, & i = j \\ 0, & i \neq j \end{cases} \tag{A1.41}$$

然后，引入置换符号，也叫 Levi-Civita 符号，或者称为置换张量。先写出正交基的向量积，如下：

$$\hat{\boldsymbol{e}}_i \times \hat{\boldsymbol{e}}_j = \varepsilon_{ijk}\hat{\boldsymbol{e}}_k \tag{A1.42}$$

置换张量 $\varepsilon_{ijk}$ 实际上是一个三阶张量，若指标 $ijk$ 循环置换则取 1，若 $ijk$ 非循环置换则取 $-1$，若指标有重复则取 0。

通过几个例子来掌握指标符号的应用。先看 $\delta_{ij}$ 应用，有如下一个标量积：

$$\begin{aligned}
\boldsymbol{a} \cdot \boldsymbol{b} &= (\hat{a}_i \hat{\boldsymbol{e}}_i) \cdot \left(\hat{b}_j \hat{\boldsymbol{e}}_j\right) = \hat{a}_i \hat{b}_j \delta_{ij} \\
&= \hat{a}_1 \hat{b}_1 \delta_{11} + \hat{a}_1 \hat{b}_2 \delta_{12} + \hat{a}_1 \hat{b}_3 \delta_{13} \\
&\quad + \hat{a}_2 \hat{b}_1 \delta_{21} + \hat{a}_2 \hat{b}_2 \delta_{22} + \hat{a}_2 \hat{b}_3 \delta_{23} \\
&\quad + \hat{a}_3 \hat{b}_1 \delta_{31} + \hat{a}_3 \hat{b}_2 \delta_{32} + \hat{a}_3 \hat{b}_3 \delta_{33} \\
&= \hat{a}_1 \hat{b}_1 + \hat{a}_2 \hat{b}_2 + \hat{a}_3 \hat{b}_3 \\
&= \hat{a}_i \hat{b}_i
\end{aligned} \tag{A1.43}$$

下面看 $\varepsilon_{ijk}$ 的应用，有如下向量积：

$$\begin{aligned}
\boldsymbol{a} \times \boldsymbol{b} &= \begin{vmatrix} \hat{\boldsymbol{e}}_1 & \hat{\boldsymbol{e}}_2 & \hat{\boldsymbol{e}}_3 \\ \hat{a}_1 & \hat{a}_2 & \hat{a}_3 \\ \hat{b}_1 & \hat{b}_2 & \hat{b}_3 \end{vmatrix} \\
&= \left(\hat{a}_2 \hat{b}_3 - \hat{a}_3 \hat{b}_2\right) \hat{\boldsymbol{e}}_1 + \left(\hat{a}_3 \hat{b}_1 - \hat{a}_1 \hat{b}_3\right) \hat{\boldsymbol{e}}_2 + \left(\hat{a}_1 \hat{b}_2 - \hat{a}_2 \hat{b}_1\right) \hat{\boldsymbol{e}}_3 \\
&= \hat{a}_i \hat{\boldsymbol{e}}_i \times \hat{b}_j \hat{\boldsymbol{e}}_j \\
&= \hat{a}_i \hat{b}_j \varepsilon_{ijk} \hat{\boldsymbol{e}}_k
\end{aligned} \tag{A1.44}$$

置换符号 $\varepsilon_{ijk}$ 有如下运算关系：

$$\varepsilon_{ijk}\varepsilon^{mnl} = \delta_i^m \delta_j^n \delta_k^l + \delta_j^m \delta_k^n \delta_i^l + \delta_k^m \delta_i^n \delta_j^l - \delta_i^m \delta_k^n \delta_j^l - \delta_j^m \delta_i^n \delta_k^l - \delta_k^m \delta_j^n \delta_i^l \tag{A1.45}$$

若有一对指标相同，比如，当 $k = l$，式 (A1.45) 变为

$$\varepsilon_{ijk}\varepsilon^{mnk} = \delta_i^m \delta_j^n - \delta_j^m \delta_i^n \tag{A1.46}$$

若有两对指标相同，比如，$k=l$，且 $n=j$，式 (A1.45) 变为

$$\varepsilon_{ijk}\varepsilon^{mnk}=2\delta_i^m \tag{A1.47}$$

这里用到 $\delta_j^m\delta_i^j=\boldsymbol{e}_j\cdot\boldsymbol{e}^m\cdot\boldsymbol{e}_i\cdot\boldsymbol{e}^j=\boldsymbol{e}^m\cdot\boldsymbol{e}_i=\delta_i^m$，及 $\delta_j^j=1+1+1=3$。

若有三对指标相同，即 $k=l$，$n=j$，且 $m=i$，式 (A1.45) 变为

$$\varepsilon_{ijk}\varepsilon^{ijk}=6 \tag{A1.48}$$

下面，再看一个更复杂的例子，如下：

$$\begin{aligned}(\boldsymbol{a}\times\boldsymbol{b})\cdot(\boldsymbol{c}\times\boldsymbol{d})&=\left(\hat{a}_i\hat{b}_j\varepsilon_{ijk}\hat{\boldsymbol{e}}_k\right)\cdot\left(\hat{c}_m\hat{d}_n\varepsilon_{mnl}\hat{\boldsymbol{e}}_l\right)\\&=\hat{a}_i\hat{b}_j\hat{c}_m\hat{d}_n\varepsilon_{ijk}\varepsilon_{mnl}\delta_{kl}\\&=\hat{a}_i\hat{b}_j\hat{c}_m\hat{d}_n\varepsilon_{ijk}\varepsilon_{mnl}\\&=\hat{a}_i\hat{b}_j\hat{c}_m\hat{d}_n\left(\delta_{im}\delta_{jn}-\delta_{jm}\delta_{in}\right)\\&=\hat{a}_i\hat{c}_i\hat{b}_j\hat{d}_j-\hat{a}_i\hat{d}_i\hat{b}_j\hat{c}_j\\&=(\boldsymbol{a}\cdot\boldsymbol{c})(\boldsymbol{b}\cdot\boldsymbol{d})-(\boldsymbol{a}\cdot\boldsymbol{d})(\boldsymbol{b}\cdot\boldsymbol{c})\end{aligned} \tag{A1.49}$$

注意到，正交系统中标量分量实际上就是物理分量。

5) 基、对偶基及正交投影分量的图解

由式 (A1.32)，计算向量 $\boldsymbol{a}$ 在其坐标轴 $\boldsymbol{e}_i$ 上的正交投影，有

$$\boldsymbol{a}\cdot\boldsymbol{e}_i=|\boldsymbol{a}|\,|\boldsymbol{e}_i|\cos(\boldsymbol{a},\boldsymbol{e}_i) \tag{A1.50}$$

注意到，$a_i=\boldsymbol{a}\cdot\boldsymbol{e}_i$，这样，可得

$$\frac{a_i}{|\boldsymbol{e}_i|}=|\boldsymbol{a}|\cos(\boldsymbol{a},\boldsymbol{e}_i) \tag{A1.51}$$

如图 A1.13 所示，图中显示的是二维情形，此时，有 $\boldsymbol{a}=a^1\boldsymbol{e}_1+a^2\boldsymbol{e}_2=a_1\boldsymbol{e}^1+a_2\boldsymbol{e}^2$。

类似，有

$$\frac{a^i}{|\boldsymbol{e}^i|}=|\boldsymbol{a}|\cos\left(\boldsymbol{a},\boldsymbol{e}^i\right) \tag{A1.52}$$

容易看出，不论在哪个坐标系下，向量 $\boldsymbol{a}$ 都不会改变，即它是不变量。但在不同的坐标系统下，对应的基和坐标分量是不同的。

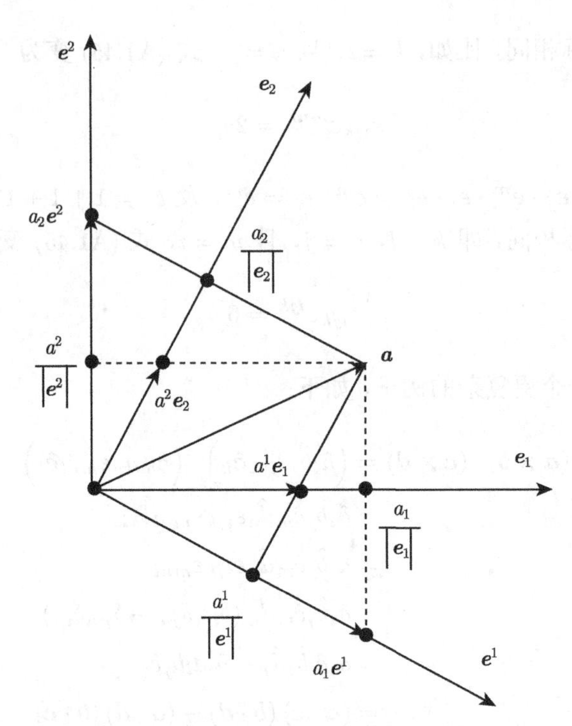


图 A1.13　基、对偶基及正交投影分量示意图

下面，再给出普通基下的余弦，有

$$\cos\alpha = \frac{\boldsymbol{a}\cdot\boldsymbol{e}_1}{|\boldsymbol{a}|\,|\boldsymbol{e}_1|},\quad \cos\beta = \frac{\boldsymbol{a}\cdot\boldsymbol{e}_2}{|\boldsymbol{a}|\,|\boldsymbol{e}_2|},\quad \cos\gamma = \frac{\boldsymbol{a}\cdot\boldsymbol{e}_3}{|\boldsymbol{a}|\,|\boldsymbol{e}_3|} \tag{A1.53}$$

如图 A1.14 所示。

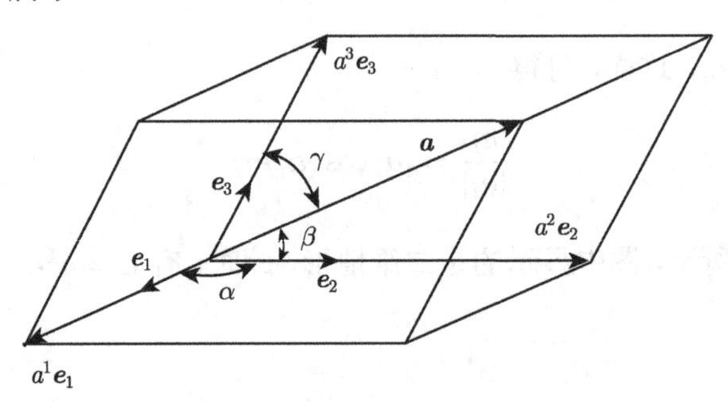


图 A1.14　向量夹角的余弦示意图

6) 不同坐标系的变换规则

在工程应用中，常常会用到坐标变换，比如流体力学中，我们可能需要把一个随体坐标系统转换到正交直角笛卡儿坐标系统中。我们先给出新坐标系中的基和

对偶基如下：

$$\{\tilde{\boldsymbol{e}}_1,\tilde{\boldsymbol{e}}_2,\tilde{\boldsymbol{e}}_3\}\quad\{\tilde{\boldsymbol{e}}^1,\tilde{\boldsymbol{e}}^2,\tilde{\boldsymbol{e}}^3\}\tag{A1.54}$$

根据式 (A1.32)，任意向量既可以用基，也可以用其对偶基来表示，有

$$\boldsymbol{a}=a^i\boldsymbol{e}_i=a^j\boldsymbol{e}_j=\tilde{a}^i\tilde{\boldsymbol{e}}_i=\tilde{a}_j\tilde{\boldsymbol{e}}^j\tag{A1.55}$$

然后，在新坐标系统下的基坐标分量为

$$\begin{aligned}\tilde{a}^s&=\left(a^i\boldsymbol{e}_i\right)\cdot\tilde{\boldsymbol{e}}^s=\left(\boldsymbol{e}_i\cdot\tilde{\boldsymbol{e}}^s\right)a^i\\&=\left(a_j\boldsymbol{e}^j\right)\cdot\tilde{\boldsymbol{e}}^s=\left(\boldsymbol{e}^j\cdot\tilde{\boldsymbol{e}}^s\right)a_j\end{aligned}\tag{A1.56}$$

其中，为了区别新坐标系的分量，用角标 $s$ 来表示。类似，新坐标系下的对偶基坐标分量为

$$\begin{aligned}\tilde{a}_s&=\left(a^i\boldsymbol{e}_i\right)\cdot\tilde{\boldsymbol{e}}_s=\left(\boldsymbol{e}_i\cdot\tilde{\boldsymbol{e}}_s\right)a^i\\&=\left(a_j\boldsymbol{e}^j\right)\cdot\tilde{\boldsymbol{e}}_s=\left(\boldsymbol{e}^j\cdot\tilde{\boldsymbol{e}}_s\right)a_j\end{aligned}\tag{A1.57}$$

由式 (A1.32)，任意向量可用基和对偶基表示，有

$$\boldsymbol{a}=\left(\boldsymbol{a}\cdot\boldsymbol{e}_i\right)\boldsymbol{e}^i=\left(\boldsymbol{a}\cdot\boldsymbol{e}^i\right)\boldsymbol{e}_i\tag{A1.58}$$

将新坐标系的基向量代入式 (A1.58)，获得如下新坐标系基向量与普通基向量的转换关系，有

$$\tilde{\boldsymbol{e}}^s=\left(\boldsymbol{e}_i\cdot\tilde{\boldsymbol{e}}^s\right)\boldsymbol{e}^i=\left(\boldsymbol{e}^i\cdot\tilde{\boldsymbol{e}}^s\right)\boldsymbol{e}_i\tag{A1.59}$$

类似，可以写出对偶基向量的变换关系如下：

$$\tilde{\boldsymbol{e}}_s=\left(\boldsymbol{e}^j\cdot\tilde{\boldsymbol{e}}_s\right)\boldsymbol{e}_j=\left(\boldsymbol{e}_j\cdot\tilde{\boldsymbol{e}}_s\right)\boldsymbol{e}^j\tag{A1.60}$$

为便于记忆，我们也可将式 (A1.56)、式 (A1.57) 和式 (A1.59)、式 (A1.60) 总结成下面几种运算律。

首先，协变分量运算律，即下标记法，将式 (A1.57) 第二行最右端记为

$$\tilde{a}_s=a_s^j a_j\tag{A1.61}$$

即为新坐标系中的协变分量，其中，$a_s^j=\boldsymbol{e}^j\cdot\tilde{\boldsymbol{e}}_s$。由式 (A1.60)，可得对应的坐标向量为

$$\tilde{\boldsymbol{e}}_s=a_s^j\boldsymbol{e}_j\tag{A1.62}$$

其次，逆变分量运算律，即上标记法，将式 (A1.56) 第一行最右端记为

$$\tilde{a}^s=b_j^s a^j\tag{A1.63}$$

即为新坐标系中的逆变分量，其中，$b_j^s = \boldsymbol{e}_j \cdot \tilde{\boldsymbol{e}}^s$。由式 (A1.59)，可得对应的坐标向量为

$$\tilde{\boldsymbol{e}}^s = b_j^s \boldsymbol{e}^j \tag{A1.64}$$

第三，混合运算律，将式 (A1.57) 第一行最右端记为

$$\tilde{a}_s = c_{js} a^i \tag{A1.65}$$

其中，$c_{js} = \boldsymbol{e}_j \cdot \tilde{\boldsymbol{e}}_s$，由式 (A1.60)，对应的坐标向量为

$$\tilde{\boldsymbol{e}}_s = c_{js} \boldsymbol{e}^j \tag{A1.66}$$

类似，将式 (A1.56) 第二行最右端记为

$$\tilde{a}^s = d^{js} a_j \tag{A1.67}$$

其中，$d^{js} = \boldsymbol{e}^j \cdot \tilde{\boldsymbol{e}}^s$，由式 (A1.59)，可得对应的坐标向量为

$$\tilde{\boldsymbol{e}}^s = d^{js} \boldsymbol{e}_j \tag{A1.68}$$

我们注意到，这里哑标 $i$，$j$ 的选用是任意的，不影响表达的意义和结果。注意到，正交系统中基与对偶基相等 $\hat{\boldsymbol{e}}_j = \hat{\boldsymbol{e}}^j$，那么，式 (A1.60) 变为

$$\hat{\tilde{\boldsymbol{e}}}_i = \left(\hat{\tilde{\boldsymbol{e}}}_i \cdot \hat{\boldsymbol{e}}_j\right) \hat{\boldsymbol{e}}_j = \gamma_{ij} \hat{\boldsymbol{e}}_j \tag{A1.69}$$

其中，$\gamma_{ij}$ 表示方向余弦，有

$$\gamma_{ij} = \cos\left(\hat{\tilde{\boldsymbol{e}}}_i, \hat{\boldsymbol{e}}_j\right) \tag{A1.70}$$

而一般坐标系情况下，$a_s^j$ 等并不表示方向余弦，因为 $a_s^j = \boldsymbol{e}^j \cdot \tilde{\boldsymbol{e}}_s$，展开有

$$\cos\left(\boldsymbol{e}^j, \tilde{\boldsymbol{e}}_s\right) = \frac{a_s^j}{\left|\boldsymbol{e}^j\right| \left|\tilde{\boldsymbol{e}}_s\right|} \tag{A1.71}$$

需要注意，前面所有的内容都是为引入坐标变换及其规则而做的铺垫，坐标变换本身可以用一组线性方程组来表示，下面，简要地介绍线性代数的基础知识。

## A1.2　线性代数基础

### A1.2.1　矩阵定义和基本概念

矩阵是一个矩形阵列，阵列的元素可以是数字、函数等其大小可以用行、列数

表征。例如，一个 $m \times n$ 维矩阵形如

$$\boldsymbol{A} = [a_{ij}] = \begin{bmatrix} a_{11} & a_{12} & \cdots & a_{1n} \\ a_{21} & a_{22} & \cdots & a_{2n} \\ \vdots & \vdots & & \vdots \\ a_{m1} & a_{m2} & \cdots & a_{mn} \end{bmatrix} \tag{A1.72}$$

当 $m = n$，$\boldsymbol{A}$ 表示的是一个方阵。比较特殊的，比如，列矩阵

$$\boldsymbol{x} = \begin{bmatrix} x_1 \\ x_2 \\ \vdots \\ x_m \end{bmatrix} \tag{A1.73}$$

及行矩阵

$$\boldsymbol{y} = \begin{bmatrix} y_1 & y_2 & \cdots & y_n \end{bmatrix} \tag{A1.74}$$

这里，按照书写的惯例，矩阵用大写字母表示，而行矩阵和列矩阵用小写字母表示。

下面将涉及一些特殊的矩阵概念和运算规则。

(1) 子矩阵，即通过删减矩阵 $\boldsymbol{A}$ 特定的一些行或列得到的矩阵；

(2) 转置，即互换矩阵 $\boldsymbol{A}$ 的行和列，比如

$$\boldsymbol{A} = [a_{ij}] = \begin{bmatrix} a_{11} & a_{12} & \cdots & a_{1n} \\ a_{21} & a_{22} & \cdots & a_{2n} \\ \vdots & \vdots & & \vdots \\ a_{m1} & a_{m2} & \cdots & a_{mn} \end{bmatrix} \rightarrow \boldsymbol{A}^{\mathrm{T}} = [a_{ji}] = \begin{bmatrix} a_{11} & a_{21} & \cdots & a_{m1} \\ a_{12} & a_{22} & \cdots & a_{m2} \\ \vdots & \vdots & & \vdots \\ a_{1n} & a_{2n} & \cdots & a_{mn} \end{bmatrix} \tag{A1.75}$$

(3) 对角矩阵，即非对角线元素均为零的方阵；

(4) 对称矩阵，即方阵，其元素满足 $[a_{ij}] = [a_{ji}]$，或满足 $\boldsymbol{A} = \boldsymbol{A}^{\mathrm{T}}$；

(5) 反对称矩阵，即方阵，其元素满足 $[a_{ij}] = -[a_{ji}]$，或满足 $\boldsymbol{A} = -\boldsymbol{A}^{\mathrm{T}}$，注意，反对称矩阵的对角线元素必须为零；

(6) 矩阵的迹，即方阵的对角线元素之和；

(7) 下三角矩阵，即方阵，其对角线以上的所有元素均为零，即形如

$$\boldsymbol{L} = \begin{bmatrix} a_{11} & 0 & 0 \\ a_{21} & a_{22} & 0 \\ a_{31} & a_{32} & a_{33} \end{bmatrix} \tag{A1.76}$$

(8) 上三角矩阵，即方阵，其对角线以下的所有元素均为零，即形如

$$\boldsymbol{D}=\begin{bmatrix} a_{11} & a_{12} & a_{13} \\ 0 & a_{22} & a_{23} \\ 0 & 0 & a_{33} \end{bmatrix} \tag{A1.77}$$

(9) 单位矩阵，即方阵，其对角线元素都等于 1，非对角线元素都为零，即形如

$$\boldsymbol{I}=\begin{bmatrix} 1 & 0 & 0 \\ 0 & 1 & 0 \\ 0 & 0 & 1 \end{bmatrix} \tag{A1.78}$$

特殊地，如果所有元素都为零，则为零矩阵，用**0**表示。

(10) 矩阵加法，对大小相同的矩阵，矩阵相加即为对应元素相加，例如

$$\boldsymbol{C}=\boldsymbol{A}+\boldsymbol{B} \rightarrow [c_{ij}]=[a_{ij}]+[b_{ij}] \tag{A1.79}$$

(11) 矩阵与一个标量的乘积，即矩阵的每个元素都乘以该标量，比如

$$k\boldsymbol{A}=[ka_{ij}] \tag{A1.80}$$

(12) 矩阵相乘，定义如下：

$$\boldsymbol{C}=\boldsymbol{A}\boldsymbol{B} \rightarrow [c_{ij}]=\sum_{k=1}^{n} a_{ik}b_{kj} \tag{A1.81}$$

式中，$n$ 是矩阵 $\boldsymbol{A}$ 的列数，也是矩阵 $\boldsymbol{B}$ 的行数。

这里，引入矩阵相乘，主要是便于线性方程组书写简便，且可以通过其他矩阵运算可实现线性方程组的求解。

### A1.2.2　矩阵与线性变换

当一个方阵 $\boldsymbol{A}$ 与一个列向量 $\boldsymbol{x}$ 相乘，得到另一个列向量 $\boldsymbol{b}$，即

$$\boldsymbol{A}\boldsymbol{x}=\boldsymbol{b} \tag{A1.82}$$

这里，把方阵 $\boldsymbol{A}$ 看成是一个算子，它把列向量 $\boldsymbol{x}$ 转换成列向量 $\boldsymbol{b}$。

到这里，我们回过头去再看第一节的向量变换规则，比如，式 (A1.63) 的逆变分量变换关系在三维空间展开，即为如下线性方程组：

$$\begin{aligned} \tilde{a}^1 &= b_1^1 a^1 + b_2^1 a^2 + b_3^1 a^3 \\ \tilde{a}^2 &= b_1^2 a^1 + b_2^2 a^2 + b_3^2 a^3 \\ \tilde{a}^3 &= b_1^3 a^1 + b_2^3 a^2 + b_3^3 a^3 \end{aligned} \tag{A1.83}$$

用矩阵相乘的形式，可写成

$$\begin{bmatrix} \tilde{a}^1 \\ \tilde{a}^2 \\ \tilde{a}^3 \end{bmatrix} = \begin{bmatrix} b_1^1 & b_2^1 & b_3^1 \\ b_1^2 & b_2^2 & b_3^2 \\ b_1^3 & b_2^3 & b_3^3 \end{bmatrix} \begin{bmatrix} a^1 \\ a^2 \\ a^3 \end{bmatrix} \tag{A1.84}$$

可见，式 (A1.84) 可以写成紧凑的 $\boldsymbol{Ax} = \boldsymbol{b}$ 形式。下面介绍求解该线性方程系统的基本方法。

再回到一般矩阵 $\boldsymbol{A}$，它是 $m \times n$ 维矩阵，称矩阵 $\boldsymbol{A}$ 为系数矩阵，$\boldsymbol{x}$ 和 $\boldsymbol{b}$ 均为列向量。如果列向量 $\boldsymbol{b}$ 的全部元素均为零，称该系统为奇次系统，否则，称为非奇次系统。

把 $\boldsymbol{A}$ 和 $\boldsymbol{b}$ 组合起来，形成的新矩阵，则称为增广矩阵，即

$$\tilde{\boldsymbol{A}} = \boldsymbol{AB} \to [a_{ij} \,|b_j\,] = \left[\begin{array}{ccc|c} a_{11} & \cdots & a_{1n} & b_1 \\ \vdots & & \vdots & \vdots \\ a_{m1} & \cdots & a_{mn} & b_m \end{array}\right] \tag{A1.85}$$

即在矩阵 $\boldsymbol{A}$ 的右端增加了一个列向量 $\boldsymbol{b}$。

关于线性系统，有如下几种情况：

(1) 过定，即方程组的个数超过未知量的个数；

(2) 恰定，即方程组的个数等于未知量的个数，$m = n$；

(3) 欠定，即方程组的个数少于未知量的个数。

下面，给出基本行运算，如下：

(1) 互换两行；

(2) 将一行乘以一个非零标量；

(3) 将一行乘以一个非零标量后与另一行相加，并取代另一行。

通过上述有限次基本行运算，所得线性系统与原线性方程系统等价。这样，对增广矩阵运用基本行运算后，即可获得阶梯形。下面，通过一个例子来介绍这一过程。给定如下线性方程系统：

$$\begin{aligned} x_1 + x_2 - x_3 &= 1 \\ x_1 + 6x_2 + 3x_3 &= 0 \\ 2x_1 + x_2 + 2x_3 &= 7 \end{aligned} \tag{A1.86}$$

首先，写出增广矩阵如下：

$$\left[\begin{array}{ccc|c} 1 & 1 & -1 & 1 \\ 1 & 6 & 3 & 0 \\ 2 & 1 & 2 & 7 \end{array}\right] \tag{A1.87}$$

其次，将第一行分别乘以 $(-1)$ 和 $(-2)$，分别加到第二、三行，这里，用 $R_1$ 表示增广矩阵的第一行，其他以此类推，上述过程即

$$\begin{aligned}(-1)\times R_1+R_2\rightarrow R_2\\(-2)\times R_1+R_3\rightarrow R_3\end{aligned}\tag{A1.88}$$

这样，得到如下形式：

$$\left[\begin{array}{ccc|c}1&1&-1&1\\0&5&4&-1\\0&-1&4&5\end{array}\right]\tag{A1.89}$$

第二步，将第二行乘以 $\dfrac{1}{5}$，加到第三行，即

$$\left(\frac{1}{5}\right)\times R_2+R_3\rightarrow R_3\tag{A1.90}$$

这样，得到如下形式：

$$\left[\begin{array}{ccc|c}1&1&-1&1\\0&5&4&-1\\0&0&\dfrac{24}{5}&\dfrac{24}{5}\end{array}\right]\tag{A1.91}$$

至此，系数矩阵变成了一个上三角方阵，也就是阶梯形，从第三行开始，可以依次解出

$$x_3=1,\quad x_2=-1,\quad x_1=3\tag{A1.92}$$

上述这个过程也叫高斯消元法。

下面，介绍矩阵的行列式。

对于 $n\times n$ 维方阵 $\boldsymbol{A}$，其行列式是一个特殊的数字，某种意义上表示了方阵 $\boldsymbol{A}$ 的大小，且指明 $\boldsymbol{A}$ 是否奇异 (具体的在后面将给出)。

先从低阶行列式开始，比如，对 $1\times 1$ 维方阵 $\boldsymbol{A}$，根据定义，有

$$\det\boldsymbol{A}=|\boldsymbol{A}|=|a_{11}|=a_{11}\tag{A1.93}$$

对 $2\times 2$ 维方阵 $\boldsymbol{A}$，有

$$\det\boldsymbol{A}=\begin{vmatrix}a_{11}&a_{12}\\a_{21}&a_{22}\end{vmatrix}=a_{11}a_{22}-a_{12}a_{21}\tag{A1.94}$$

对 $3\times 3$ 维方阵 $\boldsymbol{A}$，有

$$\det\boldsymbol{A}=\begin{vmatrix}a_{11}&a_{12}&a_{13}\\a_{21}&a_{22}&a_{23}\\a_{31}&a_{32}&a_{33}\end{vmatrix}=a_{11}\begin{vmatrix}a_{22}&a_{23}\\a_{32}&a_{33}\end{vmatrix}-a_{12}\begin{vmatrix}a_{21}&a_{23}\\a_{31}&a_{33}\end{vmatrix}+a_{13}\begin{vmatrix}a_{21}&a_{22}\\a_{31}&a_{32}\end{vmatrix}\tag{A1.95}$$

可见，$n \times n$ 维方阵的行列式由多个 $(n-1) \times (n-1)$ 维方阵的行列式决定，这些 $(n-1) \times (n-1)$ 维方阵的行列式又由 $(n-2) \times (n-2)$ 维方阵的行列式决定，以此类推。实际中，要把 $n \times n$ 维分解到比如 $3 \times 3$ 或 $2 \times 2$ 的维度，才能运用上面的式 (A1.95) 或式 (A1.94) 进行具体计算。

对于 $n \geqslant 2$，定义元素 $a_{ij}$ 的顺序主子式为 $M_{ij}$，它是一个 $(n-1) \times (n-1)$ 维子方阵的行列式，通过去除方阵 $\boldsymbol{A}$ 中元素 $a_{ij}$ 所在的第 $i$ 行和第 $j$ 列，即得该 $(n-1) \times (n-1)$ 维子方阵。这样，还可定义元素 $a_{ij}$ 对应的余子式为 $C_{ij} = (-1)^{i+j} M_{ij}$，需要注意，余子式与顺序主子式的差别在于多了一个系数 $(-1)^{i+j}$。通过余子式可以定义方阵 $\boldsymbol{A}$ 的行列式为

$$\det \boldsymbol{A} = |\boldsymbol{A}| = \sum_{j=1}^{n} (-1)^{i+j} a_{ij} M_{ij} \tag{A1.96}$$

即通过第 $i$ 行展开的余子式计算方阵 $\boldsymbol{A}$ 的行列式。实际上，不论是用行展开的余子式，还是用列展开的余子式，都可以计算出行列式。

再介绍伴随矩阵。先写出一个方阵，该方阵的每一个元素为方阵 $\boldsymbol{A}$ 中该对应位置元素的余子式，然后，将该矩阵转置，即为伴随矩阵，形如

$$\operatorname{adj}(\boldsymbol{A}) = \begin{bmatrix} C_{11} & C_{12} & C_{13} \\ C_{21} & C_{22} & C_{23} \\ C_{31} & C_{32} & C_{33} \end{bmatrix}^{\mathrm{T}} \tag{A1.97}$$

后面，将利用该伴随矩阵求解方阵 $\boldsymbol{A}$ 的逆。

在第 A1.1 节中的向量积计算中用到行列式，比如式 (A1.44)。实际上，混合积 $\boldsymbol{a} \cdot (\boldsymbol{b} \times \boldsymbol{c})$ 也可以用行列式表示，如下：

$$\boldsymbol{a} \cdot (\boldsymbol{b} \times \boldsymbol{c}) = \begin{vmatrix} a_1 & a_2 & a_3 \\ b_1 & b_2 & b_3 \\ c_1 & c_2 & c_3 \end{vmatrix} \tag{A1.98}$$

关于行列式，还有如下运算规则：

$$\begin{aligned} &\det(\boldsymbol{AB}) = \det(\boldsymbol{A}) \det(\boldsymbol{B}) \\ &\det\left(\boldsymbol{A}^{\mathrm{T}}\right) = \det(\boldsymbol{A}) \\ &\det(k\boldsymbol{A}) = k^{n} \det(\boldsymbol{A}) \end{aligned} \tag{A1.99}$$

还有其他一些行列式的运算规则和属性，例如，①若将方阵的任意两行 (或列) 交换位置，则行列式应等于原行列式乘以 $(-1)$；②若方阵中的两行 (或列) 对应成

比例，则行列式为零；③若方阵的行列式为零，则该方阵是奇异的。如②说明行列式中的这两行 (或列) 所代表的向量是线性相关的。

下面，介绍 $n \times n$ 维方阵 $\boldsymbol{A}$ 的逆，记为 $\boldsymbol{A}^{-1}$，有如下关系：

$$\boldsymbol{A}\boldsymbol{A}^{-1} = \boldsymbol{A}^{-1}\boldsymbol{A} = \boldsymbol{I} \tag{A1.100}$$

如果方阵 $\boldsymbol{A}$ 可逆，则 $\boldsymbol{A}^{-1}$ 唯一，且 $\boldsymbol{A}$ 是非奇异的。如果 $\boldsymbol{A}$ 不可逆，则说 $\boldsymbol{A}$ 是奇异的。

这样，如果能够求出线性方程系统式 (A1.82) 的系数方阵 $\boldsymbol{A}$ 的逆，那么，就能够求解该系统，即

$$\boldsymbol{A}^{-1}\boldsymbol{A}\boldsymbol{x} = \boldsymbol{x} = \boldsymbol{A}^{-1}\boldsymbol{b} \tag{A1.101}$$

逆矩阵 $\boldsymbol{A}^{-1}$ 可用下面的公式计算：

$$\boldsymbol{A}^{-1} = \frac{1}{\det \boldsymbol{A}} \mathrm{adj}\,(\boldsymbol{A}) \tag{A1.102}$$

下面，通过一个例子来介绍如何计算。仍然沿用式 (A1.86) 的线性代数方程系统，系数矩阵为

$$\boldsymbol{A} = \begin{bmatrix} 1 & 1 & -1 \\ 1 & 6 & 3 \\ 2 & 1 & 2 \end{bmatrix} \tag{A1.103}$$

沿第一行展开各个余子式，如下：

$$C_{11} = \begin{vmatrix} 6 & 3 \\ 1 & 2 \end{vmatrix} = 9,\ C_{12} = -\begin{vmatrix} 1 & 3 \\ 2 & 2 \end{vmatrix} = 4,\ C_{13} = \begin{vmatrix} 1 & 6 \\ 2 & 1 \end{vmatrix} = -11 \tag{A1.104}$$

类似，可得第二行对应的各个余子式，如下：

$$C_{21} = -\begin{vmatrix} 1 & -1 \\ 1 & 2 \end{vmatrix} = -3,\ C_{22} = \begin{vmatrix} 1 & -1 \\ 2 & 2 \end{vmatrix} = 4,\ C_{23} = -\begin{vmatrix} 1 & 1 \\ 2 & 1 \end{vmatrix} = 1 \tag{A1.105}$$

第三行对应的各个余子式，如下：

$$C_{31} = \begin{vmatrix} 1 & -1 \\ 6 & 3 \end{vmatrix} = 9, C_{32} = -\begin{vmatrix} 1 & -1 \\ 1 & 3 \end{vmatrix} = -4, C_{33} = \begin{vmatrix} 1 & 1 \\ 1 & 6 \end{vmatrix} = 5 \tag{A1.106}$$

其伴随矩阵如下：

$$\mathrm{adj}\,(\boldsymbol{A}) = \begin{bmatrix} 9 & 4 & -11 \\ -3 & 4 & 1 \\ 9 & -4 & 5 \end{bmatrix}^{\mathrm{T}} = \begin{bmatrix} 9 & -3 & 9 \\ 4 & 4 & -4 \\ -11 & 1 & 5 \end{bmatrix} \tag{A1.107}$$

其行列式为

$$\det \boldsymbol{A} = 9\begin{vmatrix} 4 & -4 \\ 1 & 5 \end{vmatrix} - (-3)\begin{vmatrix} 4 & -4 \\ -11 & 5 \end{vmatrix} + 9\begin{vmatrix} 4 & 4 \\ -11 & 1 \end{vmatrix} = 576 \tag{A1.108}$$

下面，我们按式 (A1.102) 计算逆矩阵

$$\boldsymbol{A}^{-1} = \frac{1}{\det \boldsymbol{A}}\operatorname{adj}(\boldsymbol{A}) = \frac{1}{576}\begin{bmatrix} 9 & -3 & 9 \\ 4 & 4 & -4 \\ -11 & 1 & 5 \end{bmatrix} \tag{A1.109}$$

再验算下 $\boldsymbol{A}^{-1}\boldsymbol{b}$，有

$$\boldsymbol{A}^{-1}\boldsymbol{b} = \frac{1}{576}\begin{bmatrix} 9 & -3 & 9 \\ 4 & 4 & -4 \\ -11 & 1 & 5 \end{bmatrix}\begin{bmatrix} 1 \\ 0 \\ 7 \end{bmatrix} = \begin{bmatrix} 1/8 \\ -1/24 \\ 1/24 \end{bmatrix} \tag{A1.110}$$

与式 (A1.92) 相差一个 24 倍的系数，实际上也是线性方程的解。

下面，再给出一种计算方法，也称为 Cramer 法则，如果系数矩阵非奇异，则线性代数方程系统式 (A1.82) 的解为

$$x_1 = \frac{D_1}{D}, \quad x_2 = \frac{D_2}{D}, \quad \cdots, \quad x_n = \frac{D_n}{D} \tag{A1.111}$$

式中，系数 $D = \det \boldsymbol{A}$，系数 $D_1$ 表示将 $\boldsymbol{A}$ 的第 1 列换成 $\boldsymbol{b}$ 所得方阵的行列式，其他以此类推。仍用式 (A1.86) 的线性代数方程系统为例，先计算出各项系数，如下：

$$\begin{aligned} D &= \det \boldsymbol{A} = 576 \\ D_1 &= \begin{vmatrix} 1 & 1 & -1 \\ 0 & 6 & 3 \\ 7 & 1 & 2 \end{vmatrix} = 72 \\ D_2 &= \begin{vmatrix} 1 & 1 & -1 \\ 1 & 0 & 3 \\ 2 & 7 & 2 \end{vmatrix} = -24 \\ D_3 &= \begin{vmatrix} 1 & 1 & 1 \\ 1 & 6 & 0 \\ 2 & 1 & 7 \end{vmatrix} = 24 \end{aligned} \tag{A1.112}$$

依次解出

$$x_1 = \frac{1}{8}, \quad x_2 = -\frac{1}{24}, \quad x_3 = \frac{1}{24} \tag{A1.113}$$

与式 (A1.110) 的计算结果一样。Cramer 法则虽然表面比较简洁，但实际运算量 ($O\left(n^4\right)$) 比前面介绍的高斯消元法 ($O\left(n^3\right)$) 要大，作为计算软件算法通常并不用这种方法。

下面，介绍主值和主向量。先介绍其基本概念，后面在二阶及高阶张量讨论中，我们会实际用到主值和主向量。

当线性系统 $\boldsymbol{A}\boldsymbol{x}=\lambda\boldsymbol{x}$，则称 $\lambda$ 为方阵 $\boldsymbol{A}$ 的特征值，$\boldsymbol{x}$ 称为对应于特征值 $\lambda$ 的特征向量。将其应用于理论力学分析中，此时，特征向量也被称为主向量，而特征值则为主值。由方阵 $\boldsymbol{A}$ 的主值构成的集合称为谱，其中，最大主值的绝对值称为谱半径。下面，通过一个例子来介绍主值和主向量的计算方法。先给定一个系数方阵如下：

$$\boldsymbol{A}=\begin{bmatrix}2 & 0 & 1\\0 & 1 & -1\\0 & 0 & -1\end{bmatrix}\tag{A1.114}$$

首先，计算特征值，求解如下的行列式：

$$\boldsymbol{A}-\lambda\boldsymbol{I}=\begin{bmatrix}2-\lambda & 0 & 1\\0 & 1-\lambda & -1\\0 & 0 & -1-\lambda\end{bmatrix}=(2-\lambda)(1-\lambda)(-1-\lambda)=0\tag{A1.115}$$

容易解出三次方程的 3 个根分别为：$\lambda_1=2,\lambda_2=1,\lambda_3=-1$，即为方阵 $\boldsymbol{A}$ 的特征值，容易看出谱半径为 2。

第二步，计算特征向量。当 $\lambda_1=2$ 时，写出 $(\boldsymbol{A}-\lambda\boldsymbol{I})\boldsymbol{x}=0$，如下：

$$(\boldsymbol{A}-\lambda_1\boldsymbol{I})\boldsymbol{x}=\begin{bmatrix}0 & 0 & 1\\0 & -1 & -1\\0 & 0 & -3\end{bmatrix}\begin{bmatrix}x_1\\x_2\\x_3\end{bmatrix}=0\tag{A1.116}$$

由第一、三行可见，$x_3$ 必须为零，即 $x_3=0$，由第二行，必有 $x_2=0$，再取 $x_1=1$，这样，有 $\boldsymbol{x}=\begin{bmatrix}1\\0\\0\end{bmatrix}$。

当 $\lambda_2=1$ 时，写出

$$(\boldsymbol{A}-\lambda_2\boldsymbol{I})\boldsymbol{x}=\begin{bmatrix}1 & 0 & 1\\0 & 0 & -1\\0 & 0 & -2\end{bmatrix}\begin{bmatrix}x_1\\x_2\\x_3\end{bmatrix}=0\tag{A1.117}$$

由第二、三行，$x_3$ 必须为零，即 $x_3=0$，由第一行，必有 $x_1=0$，再取 $x_2=1$，

这样，有$\boldsymbol{x}=\begin{bmatrix}0\\1\\0\end{bmatrix}$。

当 $\lambda_3=-1$ 时，写出

$$(\boldsymbol{A}-\lambda_3\boldsymbol{I})\boldsymbol{x}=\begin{bmatrix}3&0&1\\0&2&-1\\0&0&0\end{bmatrix}\begin{bmatrix}x_1\\x_2\\x_3\end{bmatrix}=0 \tag{A1.118}$$

由第一行$x_1=-\dfrac{1}{3}x_3$，由第二行 $x_2=\dfrac{1}{2}x_3$，这样，结合第三行，可取 $x_3=6$，这样，可以解出$\boldsymbol{x}=\begin{bmatrix}-2\\3\\6\end{bmatrix}$，把其单位化为 $\boldsymbol{x}=\begin{bmatrix}-2/7\\3/7\\6/7\end{bmatrix}$。

注意到，这些不同主值对应的主向量彼此线性无关，由这些向量构成一个方阵 $\boldsymbol{X}=\begin{bmatrix}1&0&-2/7\\0&1&3/7\\0&0&6/7\end{bmatrix}$，容易计算出逆矩阵$\boldsymbol{X}^{-1}=\dfrac{7}{6}\begin{bmatrix}6/7&0&2/7\\0&6/7&-3/7\\0&0&1\end{bmatrix}$。然后，作如下运算：

$$\begin{aligned}\boldsymbol{X}^{-1}\boldsymbol{A}\boldsymbol{X}&=\frac{7}{6}\begin{bmatrix}6/7&0&2/7\\0&6/7&-3/7\\0&0&1\end{bmatrix}\begin{bmatrix}2&0&1\\0&1&-1\\0&0&-1\end{bmatrix}\begin{bmatrix}1&0&-2/7\\0&1&3/7\\0&0&6/7\end{bmatrix}\\&=\frac{7}{6}\begin{bmatrix}12/7&0&4/7\\0&6/7&-3/7\\0&0&-1\end{bmatrix}\begin{bmatrix}1&0&-2/7\\0&1&3/7\\0&0&6/7\end{bmatrix}=\frac{7}{6}\begin{bmatrix}12/7&0&0\\0&6/7&0\\0&0&-6/7\end{bmatrix}\\&=\begin{bmatrix}2&0&0\\0&1&0\\0&0&-1\end{bmatrix}\end{aligned} \tag{A1.119}$$

容易看出，对角线元素刚好为方阵 $\boldsymbol{A}$ 的特征值。也就是说，通过线性无关的特征向量构成的方阵，通过上述计算，所得方阵的对角线元素恰好是特征值。这个结论比较重要，上述过程称为对角化过程。

关于线性代数部分的介绍先告一段落。下面，再次回到向量运算环节，将主要涉及微分算子及曲线坐标系。

# A1.3　向量微积分及通用坐标系

## A1.3.1　基本概念

线性代数环节的内容对线性变换以及矩阵运算提供了理论基础，这些内容在张量分析中将会被用到。

向量微积分主要帮助我们将微分和积分用于通用的张量分析中，将从最基本的概念开始介绍。

先来看一个标量的向量函数的导数，比如，向量 $\boldsymbol{a}(t)$ 是关于时间的函数，它对时间 $t$ 的导数如下：

$$\frac{\mathrm{d}\boldsymbol{a}}{\mathrm{d}t}=\lim_{\Delta t\to 0}\frac{\boldsymbol{a}(t+\Delta t)-\boldsymbol{a}(t)}{\Delta t}=\lim_{\Delta t\to 0}\frac{\Delta \boldsymbol{a}}{\Delta s}\frac{\Delta s}{\Delta t} \tag{A1.120}$$

注意，若这里的向量 $\boldsymbol{a}$ 等价于位置向量 $\boldsymbol{r}=\boldsymbol{a}(t)$，那么，在微小的时间间隔 $\mathrm{d}t$ 上，向量 $\boldsymbol{a}$ 的微小变化值 $|\Delta \boldsymbol{a}|=\Delta s$，如图 A1.15 所示。

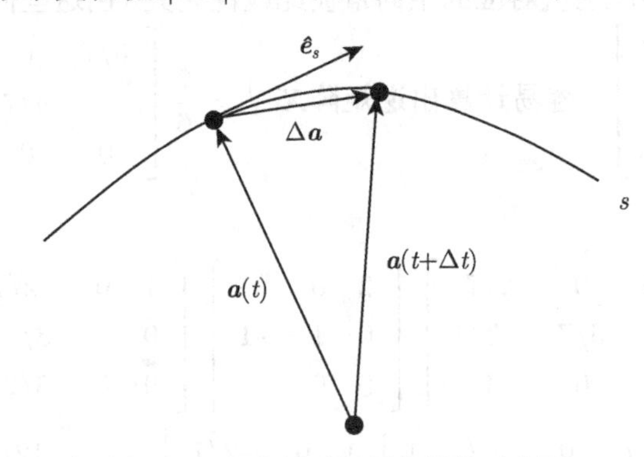


图 A1.15　向量对标量的导数示意图

这样，式 (A1.120) 变为

$$\frac{\mathrm{d}\boldsymbol{a}}{\mathrm{d}t}=\lim_{\Delta t\to 0}\frac{(\Delta s\hat{\boldsymbol{e}}_s)}{\Delta s}\frac{\Delta s}{\Delta t}=\frac{\mathrm{d}s}{\mathrm{d}t}\hat{\boldsymbol{e}}_s \tag{A1.121}$$

需要注意，这里只考虑了沿切向的时间变化率，而没有考虑基向量 $\hat{\boldsymbol{e}}_s$ 本身的变化。再给出标量积及向量积的时间导数运算规则，如下：

$$\begin{aligned}\frac{\mathrm{d}}{\mathrm{d}t}(\boldsymbol{a}\cdot\boldsymbol{b})&=\frac{\mathrm{d}\boldsymbol{a}}{\mathrm{d}t}\cdot\boldsymbol{b}+\boldsymbol{a}\cdot\frac{\mathrm{d}\boldsymbol{b}}{\mathrm{d}t}\\\frac{\mathrm{d}}{\mathrm{d}t}(\boldsymbol{a}\times\boldsymbol{b})&=\frac{\mathrm{d}\boldsymbol{a}}{\mathrm{d}t}\times\boldsymbol{b}+\boldsymbol{a}\times\frac{\mathrm{d}\boldsymbol{b}}{\mathrm{d}t}\end{aligned} \tag{A1.122}$$

注意到，两者的计算顺序是一样的。需要注意，向量既有大小又有方向，是由两部分构成的。若一个向量的导数非零，则说明：①大小在改变，方向没变；②大

小没变，方向改变；③大小方向均发生改变，如图 A1.15 所示。对第②种情况，对一个定长度向量，我们有

$$\frac{\mathrm{d}}{\mathrm{d}t}(\boldsymbol{a}\cdot\boldsymbol{a})=\frac{\mathrm{d}}{\mathrm{d}t}\left(a^2\right)=2a\frac{\mathrm{d}a}{\mathrm{d}t}=0 \tag{A1.123}$$

而根据$\dfrac{\mathrm{d}}{\mathrm{d}t}(\boldsymbol{a}\cdot\boldsymbol{a})=2\boldsymbol{a}\cdot\dfrac{\mathrm{d}\boldsymbol{a}}{\mathrm{d}t}=0$，则第一种可能是 $\dfrac{\mathrm{d}\boldsymbol{a}}{\mathrm{d}t}=0$，即该向量大小和方向均不变，即

$$|\boldsymbol{a}|=\mathrm{Const},\quad \frac{\boldsymbol{a}}{|\boldsymbol{a}|}=\mathrm{Const} \tag{A1.124}$$

第二种可能是 $\dfrac{\mathrm{d}\boldsymbol{a}}{\mathrm{d}t}\perp\boldsymbol{a}$，此时也满足 $\boldsymbol{a}\cdot\dfrac{\mathrm{d}\boldsymbol{a}}{\mathrm{d}t}=0$，有

$$|\boldsymbol{a}|=\mathrm{Const},\quad \frac{\boldsymbol{a}}{|\boldsymbol{a}|}\neq\mathrm{Const} \tag{A1.125}$$

即其大小不变，方向改变。需要注意，在通用坐标系中，基向量在大小和方向上都可能是变化的，即

$$\boldsymbol{a}=a^i\boldsymbol{e}_i\to\frac{\mathrm{d}\boldsymbol{a}}{\mathrm{d}t}=\frac{\mathrm{d}a^i}{\mathrm{d}t}\boldsymbol{e}_i+a^i\frac{\mathrm{d}\boldsymbol{e}_i}{\mathrm{d}t} \tag{A1.126}$$

根据式(A1.126)，笛卡儿正交直角坐标系统中，基向量大小方向均保持不变，故有$\dfrac{\mathrm{d}\boldsymbol{e}_i}{\mathrm{d}t}=0$。

下面，以一个刚体绕环形轨道运动的加速度为例进行分析，参考图 A1.16。

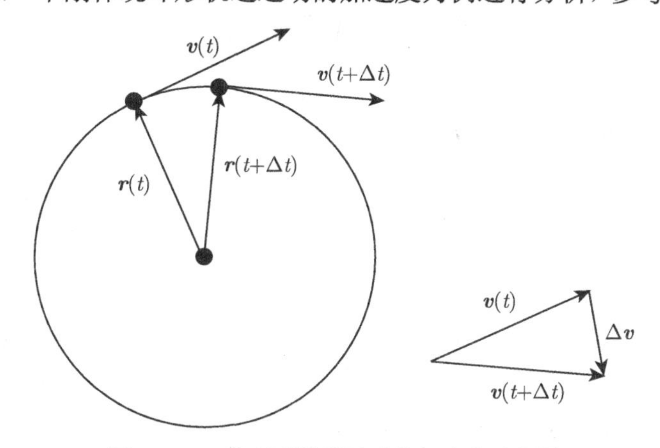


图 A1.16 绕环形轨道运动的加速度示意图

如图 A1.16 所示，刚体的加速度为绕环形线速度的时间变化率，有

$$\boldsymbol{a}=\frac{\mathrm{d}\boldsymbol{v}}{\mathrm{d}t}=\frac{\mathrm{d}(\boldsymbol{\omega}\times\boldsymbol{r})}{\mathrm{d}t} \tag{A1.127}$$

式中，$\boldsymbol{v}$ 为线速度向量，根据式 (A1.122) 运算规则，有

$$\begin{aligned}\boldsymbol{a} &= \frac{\mathrm{d}\boldsymbol{\omega}}{\mathrm{d}t}\times\boldsymbol{r}+\boldsymbol{\omega}\times\frac{\mathrm{d}\boldsymbol{r}}{\mathrm{d}t}\\ &=\frac{v}{r}\frac{\mathrm{d}\hat{\boldsymbol{e}}_z}{\mathrm{d}t}\times\boldsymbol{r}+\boldsymbol{\omega}\times\boldsymbol{v}\\ &=\frac{v}{r}\frac{\mathrm{d}\hat{\boldsymbol{e}}_z}{\mathrm{d}t}\times\boldsymbol{r}+\boldsymbol{\omega}\times(\boldsymbol{\omega}\times\boldsymbol{r})\end{aligned}\tag{A1.128}$$

注意到，在平面刚体旋转运动中，$\dfrac{\mathrm{d}\hat{\boldsymbol{e}}_z}{\mathrm{d}t}=0$，有

$$\boldsymbol{a}=\boldsymbol{\omega}\times(\boldsymbol{\omega}\times\boldsymbol{r})=\frac{v^2}{\boldsymbol{r}}\hat{\boldsymbol{e}}_z\times(\hat{\boldsymbol{e}}_z\times\hat{\boldsymbol{e}}_r)\tag{A1.129}$$

由式 (A1.23)，上式变为

$$\boldsymbol{a}=\frac{v^2}{r}\left[\hat{\boldsymbol{e}}_z\left(\hat{\boldsymbol{e}}_z\cdot\hat{\boldsymbol{e}}_r\right)-\hat{\boldsymbol{e}}_r\left(\hat{\boldsymbol{e}}_z\cdot\hat{\boldsymbol{e}}_z\right)\right]=-\frac{v^2}{r}\hat{\boldsymbol{e}}_r\tag{A1.130}$$

再证明这样一个等式 $\dfrac{\mathrm{d}}{\mathrm{d}t}\left[\boldsymbol{a}\cdot\left(\dfrac{\mathrm{d}\boldsymbol{a}}{\mathrm{d}t}\times\dfrac{\mathrm{d}^2\boldsymbol{a}}{\mathrm{d}t^2}\right)\right]=\boldsymbol{a}\cdot\left(\dfrac{\mathrm{d}\boldsymbol{a}}{\mathrm{d}t}\times\dfrac{\mathrm{d}^3\boldsymbol{a}}{\mathrm{d}t^3}\right)$，证明如下：

$$\begin{aligned}&\frac{\mathrm{d}}{\mathrm{d}t}\left[\boldsymbol{a}\cdot\left(\frac{\mathrm{d}\boldsymbol{a}}{\mathrm{d}t}\times\frac{\mathrm{d}^2\boldsymbol{a}}{\mathrm{d}t^2}\right)\right]\\ =&\frac{\mathrm{d}\boldsymbol{a}}{\mathrm{d}t}\cdot\left(\frac{\mathrm{d}\boldsymbol{a}}{\mathrm{d}t}\times\frac{\mathrm{d}^2\boldsymbol{a}}{\mathrm{d}t^2}\right)+\boldsymbol{a}\cdot\left(\frac{\mathrm{d}^2\boldsymbol{a}}{\mathrm{d}t^2}\times\frac{\mathrm{d}^2\boldsymbol{a}}{\mathrm{d}t^2}+\frac{\mathrm{d}\boldsymbol{a}}{\mathrm{d}t}\times\frac{\mathrm{d}^3\boldsymbol{a}}{\mathrm{d}t^3}\right)\end{aligned}\tag{A1.131}$$

其中，容易看出 $\dfrac{\mathrm{d}\boldsymbol{a}}{\mathrm{d}t}\cdot\left(\dfrac{\mathrm{d}\boldsymbol{a}}{\mathrm{d}t}\times\dfrac{\mathrm{d}^2\boldsymbol{a}}{\mathrm{d}t^2}\right)=0$，$\dfrac{\mathrm{d}^2\boldsymbol{a}}{\mathrm{d}t^2}\times\dfrac{\mathrm{d}^2\boldsymbol{a}}{\mathrm{d}t^2}=0$，这样上式变为

$$\frac{\mathrm{d}}{\mathrm{d}t}\left[\boldsymbol{a}\cdot\left(\frac{\mathrm{d}\boldsymbol{a}}{\mathrm{d}t}\times\frac{\mathrm{d}^2\boldsymbol{a}}{\mathrm{d}t^2}\right)\right]=\boldsymbol{a}\cdot\left(\frac{\mathrm{d}\boldsymbol{a}}{\mathrm{d}t}\times\frac{\mathrm{d}^3\boldsymbol{a}}{\mathrm{d}t^3}\right)\tag{A1.132}$$

即证。

再回到通用坐标系统，其中的坐标轴一般是斜交的，也就是说，基向量通常并不是相互正交的。而正交笛卡儿坐标系中基向量在大小和方向上都不变。通常，我们把正交笛卡儿坐标系简称为正交系，其基向量一般记为

$$\left\{\hat{\boldsymbol{i}},\hat{\boldsymbol{j}},\hat{\boldsymbol{k}}\right\},\quad\left\{\hat{\boldsymbol{e}}_x,\hat{\boldsymbol{e}}_y,\hat{\boldsymbol{e}}_z\right\},\quad\left\{\hat{\boldsymbol{i}}_i\right\}\tag{A1.133}$$

如图 A1.17 所示，为正交系中基本坐标及向量的表示惯例。

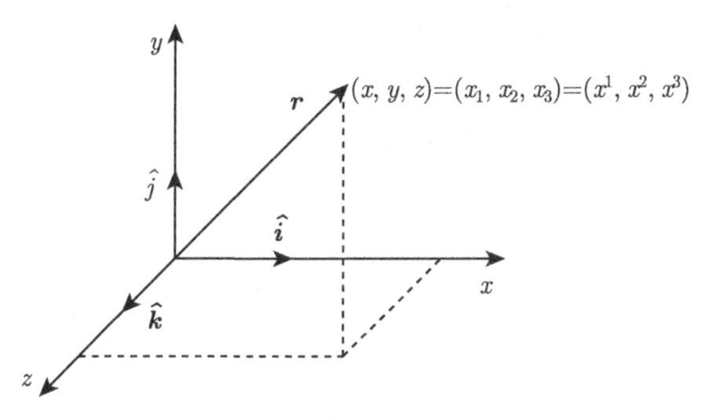


图 A1.17 正交系中点坐标及向量表征示意图

在任何坐标系中，两点间的微元距离通常用微元弧长 $\mathrm{d}\boldsymbol{r}\cdot\mathrm{d}\boldsymbol{r}$ 表示，特别地，在正交系下写出为

$$\mathrm{d}\boldsymbol{r}\cdot\mathrm{d}\boldsymbol{r}=(\mathrm{d}s)^2=\mathrm{d}x^i\mathrm{d}x^i=(\mathrm{d}x)^2+(\mathrm{d}y)^2+(\mathrm{d}z)^2 \tag{A1.134}$$

### A1.3.2 曲线坐标系

定义如下坐标系统:

$$\left(q^1,q^2,q^3\right) \tag{A1.135}$$

该坐标系由正交系通过如下变换而来:

$$\begin{aligned}q^1&=q^1\left(x^1,x^2,x^3\right)\\q^2&=q^2\left(x^1,x^2,x^3\right)\\q^3&=q^3\left(x^1,x^2,x^3\right)\end{aligned} \tag{A1.136}$$

如果该变换是线性的，则定义了一个笛卡儿系统，如果变换是非线性的，则定义的是一个曲线坐标系统。该变换的 Jacobian 行列式定义如下:

$$J=\left|\frac{\partial x^j}{\partial q^i}\right|=\begin{vmatrix}\dfrac{\partial x^1}{\partial q^1}&\dfrac{\partial x^1}{\partial q^2}&\dfrac{\partial x^1}{\partial q^3}\\\dfrac{\partial x^2}{\partial q^1}&\dfrac{\partial x^2}{\partial q^2}&\dfrac{\partial x^2}{\partial q^3}\\\dfrac{\partial x^3}{\partial q^1}&\dfrac{\partial x^3}{\partial q^2}&\dfrac{\partial x^3}{\partial q^3}\end{vmatrix}=\begin{vmatrix}\dfrac{\partial x^1}{\partial q^1}&\dfrac{\partial x^2}{\partial q^1}&\dfrac{\partial x^3}{\partial q^1}\\\dfrac{\partial x^1}{\partial q^2}&\dfrac{\partial x^2}{\partial q^2}&\dfrac{\partial x^3}{\partial q^2}\\\dfrac{\partial x^1}{\partial q^3}&\dfrac{\partial x^2}{\partial q^3}&\dfrac{\partial x^3}{\partial q^3}\end{vmatrix} \tag{A1.137}$$

如果 $J\neq0$，则 $J$ 对应的方阵可逆，同时对应着一个逆变换，即

$$\begin{aligned}x^1&=x^1\left(q^1,q^2,q^3\right)\\x^2&=x^2\left(q^1,q^2,q^3\right)\\x^3&=x^3\left(q^1,q^2,q^3\right)\end{aligned} \tag{A1.138}$$

则对应的位置向量，或矢径表示为

$$\boldsymbol{r}=\boldsymbol{r}\left(q^{i}\right),\quad (i=1,2,3) \tag{A1.139}$$

则对应的微元位移

$$\mathrm{d}\boldsymbol{r}=\frac{\partial \boldsymbol{r}}{\partial q^{1}}\mathrm{d}q^{1}+\frac{\partial \boldsymbol{r}}{\partial q^{2}}\mathrm{d}q^{2}+\frac{\partial \boldsymbol{r}}{\partial q^{3}}\mathrm{d}q^{3}=\frac{\partial \boldsymbol{r}}{\partial q^{i}}\mathrm{d}q^{i} \tag{A1.140}$$

如图 A1.18 所示，向量 $\dfrac{\partial \boldsymbol{r}}{\partial q^{i}}$ 与坐标曲线相切，坐标曲线即为坐标面的交线，坐标面即为 $q^{i}=\mathrm{Const}$ 的曲面。

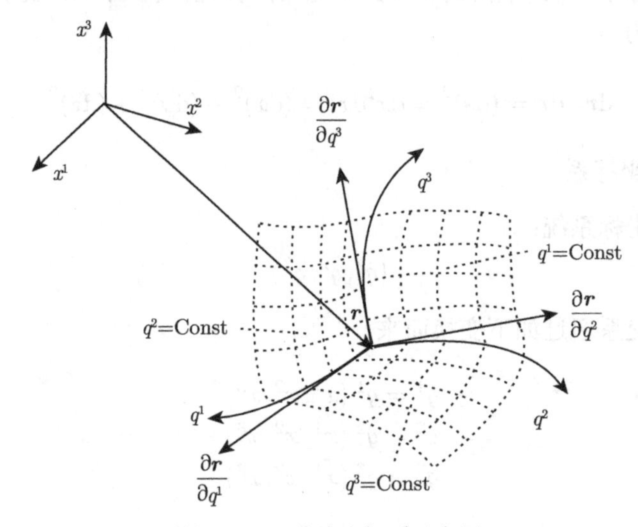


图 A1.18　曲线坐标系示意图

通过这些切向量，定义一个单位基，如下：

$$\boldsymbol{e}_{i}=\frac{\partial \boldsymbol{r}}{\partial q^{i}},\quad (i=1,2,3) \tag{A1.141}$$

需要注意，一般情况下，该基向量的大小和方向并不是总是不变的。比如，在斜交笛卡儿系中，基向量大小和方向都是不变的。而在曲线坐标系中，基向量大小和方向通常都是会变化的。

通常，取正交笛卡儿坐标系作为原始坐标系，通过坐标变换从而获得单位基，这样，以正交系为原始坐标系，将式 (A1.133) 代入式 (A1.141)，有

$$\boldsymbol{e}_{i}=\frac{\partial x^{j}}{\partial q^{i}}\hat{\boldsymbol{i}}_{j},\quad (i=1,2,3) \tag{A1.142}$$

这是一个线性系统，可以写成矩阵形式，如下：

$$\begin{bmatrix} \boldsymbol{e}_1 \\ \boldsymbol{e}_2 \\ \boldsymbol{e}_3 \end{bmatrix} = \begin{bmatrix} \dfrac{\partial x^1}{\partial q^1} & \dfrac{\partial x^2}{\partial q^1} & \dfrac{\partial x^3}{\partial q^1} \\ \dfrac{\partial x^1}{\partial q^2} & \dfrac{\partial x^2}{\partial q^2} & \dfrac{\partial x^3}{\partial q^2} \\ \dfrac{\partial x^1}{\partial q^3} & \dfrac{\partial x^2}{\partial q^3} & \dfrac{\partial x^3}{\partial q^3} \end{bmatrix} \begin{bmatrix} \hat{\boldsymbol{i}}_1 \\ \hat{\boldsymbol{i}}_2 \\ \hat{\boldsymbol{i}}_3 \end{bmatrix} \tag{A1.143}$$

其中，系数矩阵称为 Jacobian 矩阵。

下面介绍基本度规张量。在单位坐标系统中，两点间的微元距离通常用微元弧长 $\mathrm{d}\boldsymbol{r}\cdot\mathrm{d}\boldsymbol{r}$ 表示，式 (A1.134) 可写成

$$\mathrm{d}\boldsymbol{r}\cdot\mathrm{d}\boldsymbol{r} = (\mathrm{d}s)^2 = (\boldsymbol{e}_i\cdot\boldsymbol{e}_j)\,\mathrm{d}q^i\mathrm{d}q^j \tag{A1.144}$$

定义其中的 $\boldsymbol{e}_i\cdot\boldsymbol{e}_j$ 为基本度规张量

$$g_{ij} = \boldsymbol{e}_i\cdot\boldsymbol{e}_j \tag{A1.145}$$

写成矩阵的形式，记为

$$\boldsymbol{G} = \begin{bmatrix} g_{11} & g_{12} & g_{13} \\ g_{21} & g_{22} & g_{23} \\ g_{31} & g_{32} & g_{33} \end{bmatrix} \tag{A1.146}$$

这样，式 (A1.144) 变为

$$\mathrm{d}\boldsymbol{r}\cdot\mathrm{d}\boldsymbol{r} = (\mathrm{d}s)^2 = g_{ij}\mathrm{d}q^i\mathrm{d}q^j \tag{A1.147}$$

基本度规张量有如下属性：

(1) 对称性，$\boldsymbol{e}_i\cdot\boldsymbol{e}_j = \boldsymbol{e}_j\cdot\boldsymbol{e}_i \to g_{ij} = g_{ji}$。

(2) 单位基向量的模为 $|\boldsymbol{e}_i| = (\boldsymbol{e}_i\cdot\boldsymbol{e}_i)^{1/2} = (g_{ii})^{1/2}$。

(3) 描述了空间曲线，对于平面空间，不存在曲率，称为 Euclidean 空间，此时，$g_{ij}$ 所有分量都为常数；对于曲面空间，也称为 Riemannian 空间，$g_{ij}$ 的分量不为常数。

下面通过例子来熟悉度规张量。

根据下面给出的逆变换，计算椭圆柱坐标系中的单位基向量及基本度规张量的各个分量。

$$x^1 = a\cosh q^1\cos q^1,\quad x^2 = a\sinh q^1\sin q^2,\quad x^3 = q^3 \tag{A1.148}$$

在正交笛卡儿坐标系中，根据式 (A1.142) 可计算出如下单位基向量:

$$\begin{aligned}
\boldsymbol{e}_1 &= \frac{\partial x^1}{\partial q^1}\hat{\boldsymbol{i}}_1 + \frac{\partial x^2}{\partial q^1}\hat{\boldsymbol{i}}_2 + \frac{\partial x^3}{\partial q^1}\hat{\boldsymbol{i}}_3 = a\sinh q^1\cos q^2\hat{\boldsymbol{i}}_1 + a\cosh q^1\sin q^2\hat{\boldsymbol{i}}_2 \\
\boldsymbol{e}_2 &= \frac{\partial x^1}{\partial q^2}\hat{\boldsymbol{i}}_1 + \frac{\partial x^2}{\partial q^2}\hat{\boldsymbol{i}}_2 + \frac{\partial x^3}{\partial q^2}\hat{\boldsymbol{i}}_3 = -a\cosh q^1\sin q^2\hat{\boldsymbol{i}}_1 + a\sinh q^1\cos q^2\hat{\boldsymbol{i}}_2 \\
\boldsymbol{e}_3 &= \frac{\partial x^1}{\partial q^3}\hat{\boldsymbol{i}}_1 + \frac{\partial x^2}{\partial q^3}\hat{\boldsymbol{i}}_2 + \frac{\partial x^3}{\partial q^3}\hat{\boldsymbol{i}}_3 = \hat{\boldsymbol{i}}_3
\end{aligned} \tag{A1.149}$$

由式 (A1.149)，可计算基本度规张量的各个分量为

$$\begin{aligned}
&g_{11} = \boldsymbol{e}_1\cdot\boldsymbol{e}_1 = a\sinh^2\left(q^1\right)\cos^2\left(q^2\right) + a\cosh^2\left(q^1\right)\sin^2\left(q^2\right) \\
&g_{22} = g_{11} \\
&g_{33} = 1 \\
&g_{12} = g_{21} = g_{13} = g_{31} = g_{23} = g_{32} = 0
\end{aligned} \tag{A1.150}$$

下面，我们来看分量和基。取 $\boldsymbol{a}=\boldsymbol{e}_j$，代入式 (A1.32) 第二行，有

$$\boldsymbol{e}_j = \left(\boldsymbol{e}_j\cdot\boldsymbol{e}_i\right)\boldsymbol{e}^i \tag{A1.151}$$

根据基本度规张量的定义式 (A1.145)，则有基本度规张量的协分量

$$g_{ij} = \boldsymbol{e}_i\cdot\boldsymbol{e}_j \tag{A1.152}$$

类似，可写出基本度规张量的逆分量

$$g^{ij} = \boldsymbol{e}^i\cdot\boldsymbol{e}^j \tag{A1.153}$$

然后，根据协、逆变换升降指标规则，如式 (A1.151)，有基向量和分量

$$\boldsymbol{e}_j = g_{ij}\boldsymbol{e}^i, \quad a_j = g_{ij}a^i \tag{A1.154}$$

类似，有基向量和分量

$$\boldsymbol{e}^j = g^{ij}\boldsymbol{e}_i, \quad a^j = g^{ij}a_i \tag{A1.155}$$

然后，对式 (A1.154) 左边等式两边同时点乘 $\boldsymbol{e}^k$，则变为

$$\boldsymbol{e}_j\cdot\boldsymbol{e}^k = g_{ij}\boldsymbol{e}^i\cdot\boldsymbol{e}^k \to \delta_j^k = g_{ij}g^{ik} \tag{A1.156}$$

注意，式中隐含对指标 $i$ 求和，比如，可展开

$$\begin{aligned}
\delta_1^1 &= g_{11}g^{11} + g_{21}g^{21} + g_{31}g^{31} = 1 \\
\delta_1^2 &= g_{11}g^{12} + g_{21}g^{22} + g_{31}g^{32} = 0
\end{aligned} \tag{A1.157}$$

这样，只要给定一个单位基 $\boldsymbol{e}_i$，可得两组基本度规张量的分量

$$\begin{aligned} g_{ij} &= \boldsymbol{e}_i \cdot \boldsymbol{e}_j \\ \boldsymbol{e}^i &= \frac{\boldsymbol{e}_j \times \boldsymbol{e}_k}{[\boldsymbol{e}_1\boldsymbol{e}_2\boldsymbol{e}_3]} \to g^{ij} = \boldsymbol{e}^i \cdot \boldsymbol{e}^j \end{aligned} \tag{A1.158}$$

即式 (A1.152) 和式 (A1.153)。还可以把式 (A1.154) 写出矩阵形式，基向量为

$$\begin{bmatrix} \boldsymbol{e}_1 \\ \boldsymbol{e}_2 \\ \boldsymbol{e}_3 \end{bmatrix} = \begin{bmatrix} g_{11} & g_{12} & g_{13} \\ g_{21} & g_{22} & g_{23} \\ g_{31} & g_{32} & g_{33} \end{bmatrix} \begin{bmatrix} \boldsymbol{e}^1 \\ \boldsymbol{e}^2 \\ \boldsymbol{e}^3 \end{bmatrix} \tag{A1.159}$$

及分量为

$$\begin{bmatrix} a_1 \\ a_2 \\ a_3 \end{bmatrix} = \begin{bmatrix} g_{11} & g_{12} & g_{13} \\ g_{21} & g_{22} & g_{23} \\ g_{31} & g_{32} & g_{33} \end{bmatrix} \begin{bmatrix} a^1 \\ a^2 \\ a^3 \end{bmatrix} \tag{A1.160}$$

如果要用 $\boldsymbol{e}_i$ 来表示 $\boldsymbol{e}^j$，必须对式 (A1.159) 的系数矩阵求逆，先记其行列式为 $g = |g_{ij}| = \det \boldsymbol{G}$，记 $M_{ij}$ 为系数矩阵的顺序主子式，则余子式为 $C_{ij} = (-1)^{i+j} M_{ij}$，采用 Cramer 法则，计算出

$$\boldsymbol{e}^1 = \begin{vmatrix} \boldsymbol{e}_1 & g_{12} & g_{13} \\ \boldsymbol{e}_2 & g_{22} & g_{23} \\ \boldsymbol{e}_3 & g_{32} & g_{33} \end{vmatrix} = \frac{\boldsymbol{e}_1 M_{11} - \boldsymbol{e}_2 M_{21} + \boldsymbol{e}_3 M_{31}}{g} = \frac{\boldsymbol{e}_i C_{i1}}{g} \tag{A1.161}$$

类似，可以求出 $\boldsymbol{e}^2$ 和 $\boldsymbol{e}^3$，其一般计算式为

$$\boldsymbol{e}^j = \frac{C_{ij}}{g} \boldsymbol{e}_i \tag{A1.162}$$

若用矩阵形式，可以写成

$$\left[\boldsymbol{e}^j\right] = \frac{1}{g} [C_{ij}] [\boldsymbol{e}_i] \tag{A1.163}$$

考虑到基本度规张量矩阵是对称的，$g_{ij} = g_{ji}$，故其余子式也是对称的，$C_{ij} = C_{ji}$，即 $[C_{ij}] = [C_{ij}]^{\mathrm{T}}$，这样，式 (A1.163) 可写为

$$\left[\boldsymbol{e}^j\right] = \frac{1}{g} [C_{ij}]^{\mathrm{T}} [\boldsymbol{e}_i] \tag{A1.164}$$

根据式 (A1.102)，$\boldsymbol{G}^{-1} = \frac{1}{g} [C_{ij}]^{\mathrm{T}}$，式 (A1.164) 即为

$$\left[\boldsymbol{e}^j\right] = G^{-1} [\boldsymbol{e}_i] \tag{A1.165}$$

联系式 (A1.155) 第一式，采用矩阵写法，可以记 $\boldsymbol{G}^{-1}=\left[g^{ij}\right]$。

实际上，从式 (A1.159)，$[\boldsymbol{e}_i]=G\left[\boldsymbol{e}^j\right]$，可推断出 $\left[\boldsymbol{e}^j\right]=G^{-1}\left[\boldsymbol{e}_i\right]$，即式 (A1.165)。这里，也可以看出线性代数为求对偶基及协分量提供了重要的工具。另外，实际上式 (A1.156) 的结果也是预料之中的，因为，如果用矩阵来表示，Kronecker-Delta 就是一个单位矩阵，即

$$\boldsymbol{\delta}_j^k=\begin{bmatrix}1&0&0\\0&1&0\\0&0&1\end{bmatrix}\tag{A1.166}$$

而式 (A1.156) 右端展开即为

$$\boldsymbol{\delta}_j^k=g_{ij}g^{ik}\rightarrow\boldsymbol{I}=\boldsymbol{G}\boldsymbol{G}^{-1}\tag{A1.167}$$

下面介绍通用置换符号。在笛卡儿坐标系中，向量积都有明确的定义和几何意义，那么，在通用坐标系中，它又表示什么呢？

先给出如下的向量运算：

$$\boldsymbol{e}_i\times\boldsymbol{e}_j=\mathcal{E}_{ijk}\boldsymbol{e}^k\tag{A1.168}$$

式中，$\mathcal{E}_{ijk}=(\boldsymbol{e}_i\times\boldsymbol{e}_j)\cdot\boldsymbol{e}_k=[\boldsymbol{e}_1\boldsymbol{e}_2\boldsymbol{e}_3]$。由式 (A1.98)，向量的混合积可以表示为行列式，由循环对称性式 (A1.22)，有

$$[\boldsymbol{e}_1\boldsymbol{e}_2\boldsymbol{e}_3]=(\boldsymbol{e}_1\times\boldsymbol{e}_2)\cdot\boldsymbol{e}_3=\boldsymbol{e}_1\cdot(\boldsymbol{e}_2\times\boldsymbol{e}_3)\tag{A1.169}$$

用 $\boldsymbol{e}_2\times\boldsymbol{e}_3$ 代替 $\boldsymbol{a}$，代入式 (A1.32) 第一式，展开为

$$\boldsymbol{e}_2\times\boldsymbol{e}_3=\left[\boldsymbol{e}^i\cdot(\boldsymbol{e}_2\times\boldsymbol{e}_3)\right]\boldsymbol{e}_i\tag{A1.170}$$

注意到，这里需要对指标 $i$ 约定求和。由式 (A1.158) 第二行，$\boldsymbol{e}^i=\dfrac{\boldsymbol{e}_j\times\boldsymbol{e}_k}{[\boldsymbol{e}_1\boldsymbol{e}_2\boldsymbol{e}_3]}$，展开形如

$$\begin{aligned}\boldsymbol{e}^1&=\frac{\boldsymbol{e}_2\times\boldsymbol{e}_3}{[\boldsymbol{e}_1\boldsymbol{e}_2\boldsymbol{e}_3]}\\\boldsymbol{e}^2&=\frac{\boldsymbol{e}_3\times\boldsymbol{e}_1}{[\boldsymbol{e}_1\boldsymbol{e}_2\boldsymbol{e}_3]}\\\boldsymbol{e}^3&=\frac{\boldsymbol{e}_1\times\boldsymbol{e}_2}{[\boldsymbol{e}_1\boldsymbol{e}_2\boldsymbol{e}_3]}\end{aligned}\tag{A1.171}$$

这样，代入式 (A1.170) 有

$$\begin{aligned}\boldsymbol{e}_2\times\boldsymbol{e}_3=&\left[\frac{\boldsymbol{e}_2\times\boldsymbol{e}_3}{[\boldsymbol{e}_1\boldsymbol{e}_2\boldsymbol{e}_3]}\cdot(\boldsymbol{e}_2\times\boldsymbol{e}_3)\right]\boldsymbol{e}_1\\&+\left[\frac{\boldsymbol{e}_3\times\boldsymbol{e}_1}{[\boldsymbol{e}_1\boldsymbol{e}_2\boldsymbol{e}_3]}\cdot(\boldsymbol{e}_2\times\boldsymbol{e}_3)\right]\boldsymbol{e}_2+\left[\frac{\boldsymbol{e}_1\times\boldsymbol{e}_2}{[\boldsymbol{e}_1\boldsymbol{e}_2\boldsymbol{e}_3]}\cdot(\boldsymbol{e}_2\times\boldsymbol{e}_3)\right]\boldsymbol{e}_3\end{aligned}\tag{A1.172}$$

将式 (A1.172) 代入式 (A1.169)，展开为

$$\begin{aligned}\boldsymbol{e}_1 \cdot (\boldsymbol{e}_2 \times \boldsymbol{e}_3) =& \frac{\boldsymbol{e}_1}{[\boldsymbol{e}_1\boldsymbol{e}_2\boldsymbol{e}_3]} \cdot \left[(\boldsymbol{e}_2 \times \boldsymbol{e}_3) \cdot (\boldsymbol{e}_2 \times \boldsymbol{e}_3)\, \boldsymbol{e}_1 \right. \\ & \left. + (\boldsymbol{e}_3 \times \boldsymbol{e}_1) \cdot (\boldsymbol{e}_2 \times \boldsymbol{e}_3)\, \boldsymbol{e}_2 + (\boldsymbol{e}_1 \times \boldsymbol{e}_2) \cdot (\boldsymbol{e}_2 \times \boldsymbol{e}_3)\, \boldsymbol{e}_3 \right]\end{aligned} \tag{A1.173}$$

由式 (A1.49)，有

$$\begin{aligned}(\boldsymbol{e}_3 \times \boldsymbol{e}_1) \cdot (\boldsymbol{e}_2 \times \boldsymbol{e}_3) &= (\boldsymbol{e}_3 \cdot \boldsymbol{e}_2)(\boldsymbol{e}_1 \cdot \boldsymbol{e}_3) - (\boldsymbol{e}_3 \cdot \boldsymbol{e}_3)(\boldsymbol{e}_1 \cdot \boldsymbol{e}_2) \\ (\boldsymbol{e}_1 \times \boldsymbol{e}_2) \cdot (\boldsymbol{e}_2 \times \boldsymbol{e}_3) &= (\boldsymbol{e}_1 \cdot \boldsymbol{e}_2)(\boldsymbol{e}_2 \cdot \boldsymbol{e}_3) - (\boldsymbol{e}_1 \cdot \boldsymbol{e}_3)(\boldsymbol{e}_2 \cdot \boldsymbol{e}_2) \\ (\boldsymbol{e}_2 \times \boldsymbol{e}_3) \cdot (\boldsymbol{e}_2 \times \boldsymbol{e}_3) &= (\boldsymbol{e}_2 \cdot \boldsymbol{e}_2)(\boldsymbol{e}_3 \cdot \boldsymbol{e}_3) - (\boldsymbol{e}_2 \cdot \boldsymbol{e}_3)(\boldsymbol{e}_2 \cdot \boldsymbol{e}_3)\end{aligned} \tag{A1.174}$$

将式 (A1.174) 代入式 (A1.173)，有

$$\begin{aligned}\boldsymbol{e}_1 \cdot (\boldsymbol{e}_2 \times \boldsymbol{e}_3) =& \frac{\boldsymbol{e}_1}{[\boldsymbol{e}_1\boldsymbol{e}_2\boldsymbol{e}_3]} \cdot \{[(\boldsymbol{e}_2 \cdot \boldsymbol{e}_2)(\boldsymbol{e}_3 \cdot \boldsymbol{e}_3) - (\boldsymbol{e}_2 \cdot \boldsymbol{e}_3)(\boldsymbol{e}_2 \cdot \boldsymbol{e}_3)]\, \boldsymbol{e}_1 \\ & + [(\boldsymbol{e}_3 \cdot \boldsymbol{e}_2)(\boldsymbol{e}_1 \cdot \boldsymbol{e}_3) - (\boldsymbol{e}_3 \cdot \boldsymbol{e}_3)(\boldsymbol{e}_1 \cdot \boldsymbol{e}_2)]\, \boldsymbol{e}_2 \\ & + [(\boldsymbol{e}_1 \cdot \boldsymbol{e}_2)(\boldsymbol{e}_2 \cdot \boldsymbol{e}_3) - (\boldsymbol{e}_1 \cdot \boldsymbol{e}_3)(\boldsymbol{e}_2 \cdot \boldsymbol{e}_2)]\, \boldsymbol{e}_3\}\end{aligned} \tag{A1.175}$$

再由式 (A1.158) 写出基本度规张量的行列式，如下：

$$\det[g_{ij}] = \begin{vmatrix} \boldsymbol{e}_1 \cdot \boldsymbol{e}_1 & \boldsymbol{e}_1 \cdot \boldsymbol{e}_2 & \boldsymbol{e}_1 \cdot \boldsymbol{e}_3 \\ \boldsymbol{e}_2 \cdot \boldsymbol{e}_1 & \boldsymbol{e}_2 \cdot \boldsymbol{e}_2 & \boldsymbol{e}_2 \cdot \boldsymbol{e}_3 \\ \boldsymbol{e}_3 \cdot \boldsymbol{e}_1 & \boldsymbol{e}_3 \cdot \boldsymbol{e}_2 & \boldsymbol{e}_3 \cdot \boldsymbol{e}_3 \end{vmatrix} \tag{A1.176}$$

不难看出

$$\det[g_{ij}] = \boldsymbol{g} = [\boldsymbol{e}_1\boldsymbol{e}_2\boldsymbol{e}_3]^2 \tag{A1.177}$$

这样，我们可以写出

$$\mathcal{E}_{ijk} = \sqrt{g}\varepsilon_{ijk} \tag{A1.178}$$

类似地，有

$$\mathcal{E}^{ijk} = \frac{1}{\sqrt{g}}\varepsilon_{ijk} \tag{A1.179}$$

下面，我们来看向量的物理分量。根据式 (A1.32) 有

$$\hat{a}^i\hat{\boldsymbol{e}}_i = a^i\boldsymbol{e}_i \tag{A1.180}$$

将式 (A1.180) 两端同时点乘以 $\hat{\boldsymbol{e}}_i$，有

$$\hat{a}^i\hat{\boldsymbol{e}}_i \cdot \hat{\boldsymbol{e}}_i = a^i e_i \cdot \hat{\boldsymbol{e}}_i \to \hat{a}^i = a^i\boldsymbol{e}_i \cdot \hat{\boldsymbol{e}}_i = a^i\boldsymbol{e}_i \cdot \frac{\boldsymbol{e}_i}{|\boldsymbol{e}_i|} \tag{A1.181}$$

由 $|\boldsymbol{e}_i| = (\boldsymbol{e}_i \cdot \boldsymbol{e}_i)^{1/2} = (g_{ii})^{1/2}$，上式变为

$$\hat{a}^i = a^i \frac{\boldsymbol{e}_i \cdot \boldsymbol{e}_i}{\sqrt{g_{ii}}} = a^i \sqrt{g_{ii}} \tag{A1.182}$$

即为逆分量，类似有协分量

$$\hat{a}_i = a_i \sqrt{g^{ii}} \tag{A1.183}$$

注意，这里不作约定求和。

### A1.3.3　正交曲线坐标系

由于正交系统的便利性，工程分析中大多数采用的坐标系都是正交的，而其中很大一部分是采用曲线坐标系，比如，柱坐标系和球坐标系。下面分析正交曲线坐标系，侧重于分析曲线坐标系与原始的笛卡儿正交直角坐标系间的联系。

先定义如下的缩放系数：

$$h_1 = |\boldsymbol{e}_1| = \sqrt{g_{11}}, \quad h_2 = |\boldsymbol{e}_2| = \sqrt{g_{22}}, \quad h_3 = |\boldsymbol{e}_3| = \sqrt{g_{33}} \tag{A1.184}$$

由上述定义，有

$$\boldsymbol{e}_1 = h_1 \hat{\boldsymbol{e}}_1, \quad \boldsymbol{e}_2 = h_2 \hat{\boldsymbol{e}}_2, \quad \boldsymbol{e}_3 = h_3 \hat{\boldsymbol{e}}_3 \tag{A1.185}$$

对于通用曲线坐标系统，由定义式 (A1.140) 和式 (A1.141)，有

$$\mathrm{d}\boldsymbol{r} = \mathrm{d}q^1 \boldsymbol{e}_1 + \mathrm{d}q^2 \boldsymbol{e}_2 + \mathrm{d}q^3 \boldsymbol{e}_3 \tag{A1.186}$$

将式 (A1.185) 代入式 (A1.186) 有

$$\mathrm{d}\boldsymbol{r} = h_1 \mathrm{d}q^1 \hat{\boldsymbol{e}}_1 + h_2 \mathrm{d}q^2 \hat{\boldsymbol{e}}_2 + h_3 \mathrm{d}q^3 \hat{\boldsymbol{e}}_3 \tag{A1.187}$$

这样，可写出微元弧长关系式

$$\mathrm{d}\boldsymbol{r} \cdot \mathrm{d}\boldsymbol{r} = (\mathrm{d}s)^2 = \left(h_1 \mathrm{d}q^1\right)^2 + \left(h_2 \mathrm{d}q^2\right)^2 + \left(h_3 \mathrm{d}q^3\right)^2 \tag{A1.188}$$

简记 $\mathrm{d}s_1 = h_1 \mathrm{d}q^1$、$\mathrm{d}s_2 = h_2 \mathrm{d}q^2$、$\mathrm{d}s_3 = h_3 \mathrm{d}q^3$，如图 A1.19 所示。

缩放系数为正交曲线坐标系统缩放 $q^j$ 至合适的大小，用原始的笛卡儿正交直角坐标系表征，有

$$\begin{aligned}
h_1 &= \left|\frac{\partial \boldsymbol{r}}{\partial q^1}\right| = \left[\left(\frac{\partial x^1}{\partial q^1}\right)^2 + \left(\frac{\partial x^2}{\partial q^1}\right)^2 + \left(\frac{\partial x^3}{\partial q^1}\right)^2\right]^{1/2} \\
h_2 &= \left|\frac{\partial \boldsymbol{r}}{\partial q^2}\right| = \left[\left(\frac{\partial x^1}{\partial q^2}\right)^2 + \left(\frac{\partial x^2}{\partial q^2}\right)^2 + \left(\frac{\partial x^3}{\partial q^2}\right)^2\right]^{1/2} \\
h_3 &= \left|\frac{\partial \boldsymbol{r}}{\partial q^3}\right| = \left[\left(\frac{\partial x^1}{\partial q^3}\right)^2 + \left(\frac{\partial x^2}{\partial q^3}\right)^2 + \left(\frac{\partial x^3}{\partial q^3}\right)^2\right]^{1/2}
\end{aligned} \tag{A1.189}$$

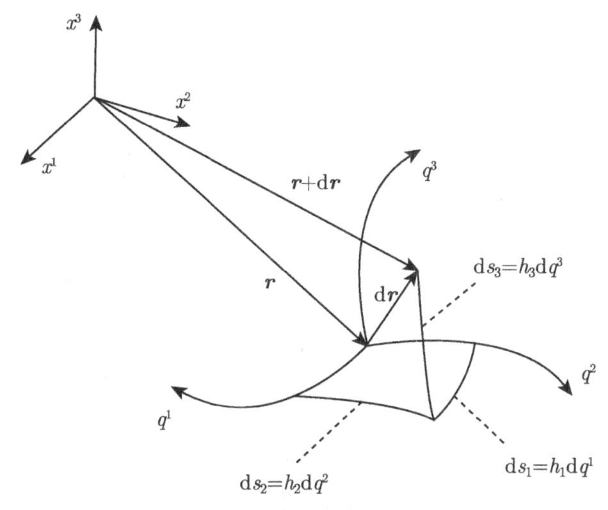


图 A1.19 曲线坐标系微元弧长示意图

在工程中，许多时候需要计算微元体积，比如，在计算流体力学中，有限体积法需要计算穿过边界的流量，该流量与该控制体积内部的质量产生或缩减相平衡。我们在大多数实际情形中碰到的体积单元都是不规则体，适于采用曲线坐标来表示。下面，将介绍一般微元体积的计算式。

我们知道，混合积与单元体积有关，比如，$[\boldsymbol{e}_1\boldsymbol{e}_2\boldsymbol{e}_3]$ 即相当于平行六面体的体积。一般的，微元体积按如下计算：

$$\begin{aligned}\mathrm{d}V &= \mathrm{d}\boldsymbol{s}_1 \cdot (\mathrm{d}\boldsymbol{s}_2 \times \mathrm{d}\boldsymbol{s}_3)\\ &= \left(\mathrm{d}q^1\boldsymbol{e}_1\right) \cdot \left[\left(\mathrm{d}q^2\boldsymbol{e}_2\right) \times \left(\mathrm{d}q^3\boldsymbol{e}_3\right)\right]\\ &= \mathrm{d}q^1\mathrm{d}q^2\mathrm{d}q^3\,[\boldsymbol{e}_1\boldsymbol{e}_2\boldsymbol{e}_3]\\ &= \mathrm{d}q^1\mathrm{d}q^2\mathrm{d}q^3\sqrt{g}\end{aligned} \tag{A1.190}$$

对正交曲线坐标系，有

$$\begin{aligned}\mathrm{d}V &= \left(\mathrm{d}q^1\boldsymbol{e}_1\right) \cdot \left[\left(\mathrm{d}q^2\boldsymbol{e}_2\right) \times \left(\mathrm{d}q^3\boldsymbol{e}_3\right)\right]\\ &= h_1h_2h_3\mathrm{d}q^1\mathrm{d}q^2\mathrm{d}q^3\,[\hat{\boldsymbol{e}}_1\hat{\boldsymbol{e}}_2\hat{\boldsymbol{e}}_3]\\ &= h_1h_2h_3\mathrm{d}q^1\mathrm{d}q^2\mathrm{d}q^3\end{aligned} \tag{A1.191}$$

对正交笛卡儿坐标系，有

$$\mathrm{d}V = \mathrm{d}x^1\mathrm{d}x^2\mathrm{d}x^3 = \mathrm{d}x\mathrm{d}y\mathrm{d}z \tag{A1.192}$$

下面，我们来看看 Jacobian 行列式的物理含义，对式 (A1.138) 求导数，有

$$
\begin{aligned}
\mathrm{d}x^1 &= \frac{\partial x^1}{\partial q^1}\mathrm{d}q^1 + \frac{\partial x^1}{\partial q^2}\mathrm{d}q^2 + \frac{\partial x^1}{\partial q^3}\mathrm{d}q^3 \\
\mathrm{d}x^2 &= \frac{\partial x^2}{\partial q^1}\mathrm{d}q^1 + \frac{\partial x^2}{\partial q^2}\mathrm{d}q^2 + \frac{\partial x^2}{\partial q^3}\mathrm{d}q^3 \\
\mathrm{d}x^3 &= \frac{\partial x^3}{\partial q^1}\mathrm{d}q^1 + \frac{\partial x^3}{\partial q^2}\mathrm{d}q^2 + \frac{\partial x^3}{\partial q^3}\mathrm{d}q^3
\end{aligned} \tag{A1.193}
$$

写成矩阵形式

$$
\begin{bmatrix} \mathrm{d}x^1 \\ \mathrm{d}x^2 \\ \mathrm{d}x^3 \end{bmatrix} = \begin{bmatrix} \dfrac{\partial x^1}{\partial q^1} & \dfrac{\partial x^1}{\partial q^2} & \dfrac{\partial x^1}{\partial q^3} \\ \dfrac{\partial x^2}{\partial q^1} & \dfrac{\partial x^2}{\partial q^2} & \dfrac{\partial x^2}{\partial q^3} \\ \dfrac{\partial x^3}{\partial q^1} & \dfrac{\partial x^3}{\partial q^2} & \dfrac{\partial x^3}{\partial q^3} \end{bmatrix} \begin{bmatrix} \mathrm{d}q^1 \\ \mathrm{d}q^2 \\ \mathrm{d}q^3 \end{bmatrix} \tag{A1.194}
$$

容易看出其系数矩阵即为 Jacobian 矩阵，也可将式 (A1.194) 简记为

$$
\mathrm{d}x^i = \frac{\partial x^i}{\partial q^j}\mathrm{d}q^j \tag{A1.195}
$$

或者，用向量形式记为

$$
\mathrm{d}\boldsymbol{x} = \boldsymbol{J} \cdot \mathrm{d}\boldsymbol{q} \tag{A1.196}
$$

下面，计算微元弧长。参考式 (A1.134)，这里有

$$
\mathrm{d}\boldsymbol{r} \cdot \mathrm{d}\boldsymbol{r} = (\mathrm{d}s)^2 = \mathrm{d}x^i \mathrm{d}x^i = \left(\frac{\partial x^i}{\partial q^k}\mathrm{d}q^k\right)\left(\frac{\partial x^i}{\partial q^l}\mathrm{d}q^l\right) = \mathrm{d}q^k \frac{\partial x^i}{\partial q^k}\frac{\partial x^i}{\partial q^l}\mathrm{d}q^l \tag{A1.197}
$$

上式用向量形式可以写为

$$
\mathrm{d}\boldsymbol{r} \cdot \mathrm{d}\boldsymbol{r} = (\mathrm{d}s)^2 = \mathrm{d}\boldsymbol{x}^{\mathrm{T}} \cdot \mathrm{d}\boldsymbol{x} = (\boldsymbol{J} \cdot \mathrm{d}\boldsymbol{q})^{\mathrm{T}} \cdot (\boldsymbol{J} \cdot \mathrm{d}\boldsymbol{q}) \tag{A1.198}
$$

注意到，$(\boldsymbol{J} \cdot \mathrm{d}\boldsymbol{q})^{\mathrm{T}} = \mathrm{d}\boldsymbol{q}^{\mathrm{T}} \cdot \boldsymbol{J}^{\mathrm{T}}$，上式变为

$$
\mathrm{d}\boldsymbol{r} \cdot \mathrm{d}\boldsymbol{r} = (\mathrm{d}s)^2 = \mathrm{d}\boldsymbol{q}^{\mathrm{T}} \cdot \boldsymbol{J}^{\mathrm{T}} \cdot \boldsymbol{J} \cdot \mathrm{d}\boldsymbol{q} \tag{A1.199}
$$

记 $\boldsymbol{G} = \boldsymbol{J}^{\mathrm{T}} \cdot \boldsymbol{J}$，称为度规张量，联系式 (A1.197) 最右端，也可用分量形式写为

$$
g_{kl} = \frac{\partial x^i}{\partial q^k}\frac{\partial x^i}{\partial q^l} \tag{A1.200}
$$

这样，微元弧长可以写为

$$
\begin{aligned}
(\mathrm{d}s)^2 &= \mathrm{d}q^k g_{kl} \mathrm{d}q^l \\
(\mathrm{d}s)^2 &= \mathrm{d}\boldsymbol{q}^{\mathrm{T}} \cdot \boldsymbol{G} \cdot \mathrm{d}\boldsymbol{q}
\end{aligned} \tag{A1.201}
$$

再看下微元体积的计算。根据式 (A1.141)，将原始坐标下的微元体积采用通用坐标系表示为

$$
\begin{aligned}
\mathrm{d}V &= \mathrm{d}\boldsymbol{s}_1 \cdot (\mathrm{d}\boldsymbol{s}_2 \times \mathrm{d}\boldsymbol{s}_3) = \frac{\partial \boldsymbol{r}}{\partial q^1} \cdot \left(\frac{\partial \boldsymbol{r}}{\partial q^2} \times \frac{\partial \boldsymbol{r}}{\partial q^3}\right) \mathrm{d}q^1 \mathrm{d}q^2 \mathrm{d}q^3 \\
&= \begin{vmatrix} \dfrac{\partial x^1}{\partial q^1} & \dfrac{\partial x^1}{\partial q^2} & \dfrac{\partial x^1}{\partial q^3} \\ \dfrac{\partial x^2}{\partial q^1} & \dfrac{\partial x^2}{\partial q^2} & \dfrac{\partial x^2}{\partial q^3} \\ \dfrac{\partial x^3}{\partial q^1} & \dfrac{\partial x^3}{\partial q^2} & \dfrac{\partial x^3}{\partial q^3} \end{vmatrix} \mathrm{d}q^1 \mathrm{d}q^2 \mathrm{d}q^3 = J \mathrm{d}q^1 \mathrm{d}q^2 \mathrm{d}q^3
\end{aligned} \tag{A1.202}
$$

式中，$J$ 为 Jacobian 行列式。原始坐标下的微元体积不因为坐标变换而改变，这样，由式 (A1.192) 和式 (A1.202)，有

$$
\mathrm{d}V = \mathrm{d}x\mathrm{d}y\mathrm{d}z = J\mathrm{d}q^1\mathrm{d}q^2\mathrm{d}q^3 \tag{A1.203}
$$

由上式求出 $J$，有如下关系式：

$$
J = \frac{\mathrm{d}V}{\mathrm{d}q^1\mathrm{d}q^2\mathrm{d}q^3} = \frac{\mathrm{d}x\mathrm{d}y\mathrm{d}z}{\mathrm{d}q^1\mathrm{d}q^2\mathrm{d}q^3} \tag{A1.204}
$$

这说明，Jacobian 行列式 $J$ 相当于笛卡儿坐标系中微元体积与通用坐标系下的微元体积的比值。

下面来看两个特殊的正交曲线坐标系的例子。首先，来看球坐标系。球坐标系通过如下变换关系式与正交笛卡儿坐标系建立联系：

$$
\begin{aligned}
q^1 &= r = \sqrt{x^2+y^2+z^2} \\
q^2 &= \theta = \arccos \frac{z}{\sqrt{x^2+y^2+z^2}} \\
q^3 &= \phi = \arctan\left(\frac{y}{x}\right)
\end{aligned} \tag{A1.205}
$$

也可以看成通过如下的逆变换关系式，建立正交笛卡儿坐标系与球坐标系的联系：

$$
\begin{aligned}
x &= r\sin\theta\cos\phi \\
y &= r\sin\theta\sin\phi \\
z &= r\cos\theta
\end{aligned} \tag{A1.206}
$$

这样，根据式 (A1.189) 求出如下缩放系数：

$$
h_1 = \left[\left(\frac{\partial x}{\partial r}\right)^2 + \left(\frac{\partial y}{\partial r}\right)^2 + \left(\frac{\partial z}{\partial r}\right)^2\right]^{1/2}
$$

$$= \left[ (\sin\theta\cos\phi)^2 + (\sin\theta\sin\phi)^2 + (\cos\theta)^2 \right]^{1/2} = 1$$

$$h_2 = \left[ \left(\frac{\partial x}{\partial \theta}\right)^2 + \left(\frac{\partial y}{\partial \theta}\right)^2 + \left(\frac{\partial z}{\partial \theta}\right)^2 \right]^{1/2}$$

$$= \left[ (r\cos\theta\cos\phi)^2 + (r\cos\theta\sin\phi)^2 + (-r\sin\theta)^2 \right]^{1/2} = r \qquad \text{(A1.207)}$$

$$h_3 = \left[ \left(\frac{\partial x}{\partial \phi}\right)^2 + \left(\frac{\partial y}{\partial \phi}\right)^2 + \left(\frac{\partial z}{\partial \phi}\right)^2 \right]^{1/2}$$

$$= \left[ (-r\sin\theta\sin\phi)^2 + (r\sin\theta\cos\phi)^2 + (0)^2 \right]^{1/2} = r\sin\theta$$

由式 (A1.184)，可计算出如下的基本度规张量分量：

$$\begin{aligned} g_{11} &= h_1^2 = 1 \\ g_{22} &= h_2^2 = r^2 \\ g_{33} &= h_3^2 = r^2\sin^2\theta \end{aligned} \qquad \text{(A1.208)}$$

这里，球坐标系为正交曲线坐标系，故基本度规张量的非主对角部分为零。

类似，可以写出逆变换的基本度规张量分量为

$$\begin{aligned} g^{11} &= \frac{1}{h_1^2} = 1 \\ g^{22} &= \frac{1}{h_2^2} = \frac{1}{r^2} \\ g^{33} &= \frac{1}{h_3^2} = \frac{1}{r^2\sin^2\theta} \end{aligned} \qquad \text{(A1.209)}$$

下面，由式 (A1.185) 给出球坐标系下的基向量，如下：

$$\boldsymbol{e}_i = h_i\hat{\boldsymbol{e}}_i \to \boldsymbol{e}_r = \hat{\boldsymbol{e}}_r, \quad \boldsymbol{e}_\theta = r\hat{\boldsymbol{e}}_\theta, \quad \boldsymbol{e}_\phi = r\sin\theta\hat{\boldsymbol{e}}_\phi \qquad \text{(A1.210)}$$

注意第一个式子不求和。根据式 (A1.155)，有如下对偶基向量：

$$\boldsymbol{e}^j = g^{ij}\boldsymbol{e}_i \to \boldsymbol{e}^r = \hat{\boldsymbol{e}}_r, \quad \boldsymbol{e}^\theta = \frac{1}{r}\hat{\boldsymbol{e}}_\theta, \quad \boldsymbol{e}^\phi = \frac{1}{r\sin\theta}\hat{\boldsymbol{e}}_\phi \qquad \text{(A1.211)}$$

由式 (A1.142) 和式 (A1.185)，我们还可以用正交笛卡儿基表示上述基向量，有

$$\begin{aligned} &\hat{\boldsymbol{e}}_i = \frac{1}{h_i}\frac{\partial x^j}{\partial q^i}\hat{\boldsymbol{i}}_j \to \\ &\hat{\boldsymbol{e}}_r = \sin\theta\cos\phi\hat{\boldsymbol{i}}_x + \sin\theta\sin\phi\hat{\boldsymbol{i}}_y + \cos\theta\hat{\boldsymbol{i}}_z \\ &\hat{\boldsymbol{e}}_\theta = \cos\theta\cos\phi\hat{\boldsymbol{i}}_x + \cos\theta\sin\phi\hat{\boldsymbol{i}}_y - \sin\theta\hat{\boldsymbol{i}}_z \\ &\hat{\boldsymbol{e}}_\phi = -\sin\phi\hat{\boldsymbol{i}}_x + \cos\phi\hat{\boldsymbol{i}}_y \end{aligned} \qquad \text{(A1.212)}$$

写成矩阵形式，如下：

$$\begin{bmatrix} \hat{\boldsymbol{e}}_r \\ \hat{\boldsymbol{e}}_\theta \\ \hat{\boldsymbol{e}}_\phi \end{bmatrix} = \begin{bmatrix} \sin\theta\cos\phi & \sin\theta\sin\phi & \cos\theta \\ \cos\theta\cos\phi & \cos\theta\sin\phi & -\sin\theta \\ -\sin\phi & \cos\phi & 0 \end{bmatrix} \begin{bmatrix} \hat{\boldsymbol{i}}_x \\ \hat{\boldsymbol{i}}_y \\ \hat{\boldsymbol{i}}_z \end{bmatrix} \tag{A1.213}$$

即为用笛卡儿基表示的球坐标基。实际上，任何正交变换都表示一种旋转变换，也可表示旋转与镜像的组合。

下面，根据式 (A1.182) 和式 (A1.183)，再计算任意向量 $\boldsymbol{a}$ 的物理分量，如下：

$$\hat{a}^i = \hat{a}_i = a_i\sqrt{g^{ii}} = a^i\sqrt{g_{ii}} \rightarrow \hat{a}^i = \hat{a}_i = \frac{a_i}{h_i} = h_i a^i \tag{A1.214}$$

将式 (A1.207) 代入式 (A1.214)，有

$$\begin{aligned} &\hat{a}^r = \hat{a}_r = a_r = a^r \\ &\hat{a}^\theta = \hat{a}_\theta = \frac{a_\theta}{r} = r a^\theta \\ &\hat{a}^\phi = \hat{a}_\phi = \frac{a_\phi}{r\sin\theta} = r\sin\theta a^\phi \end{aligned} \tag{A1.215}$$

采用球坐标系的好处就是，位置矢量直接简化为 $\boldsymbol{r} = r\hat{\boldsymbol{e}}_r$。

下面，看另一种常见的正交曲线坐标系，即圆柱坐标系。类似，可以写出圆柱坐标系与正交笛卡儿系的关联式，如下：

$$\begin{aligned} &q^1 = R = \sqrt{x^2 + y^2} \\ &q^2 = \phi = \arctan\left(\frac{y}{x}\right) \\ &q^3 = Z = z \end{aligned} \tag{A1.216}$$

以及正交笛卡儿系与圆柱坐标系的关联式：

$$\begin{aligned} &x = R\cos\phi \\ &y = R\sin\phi \\ &z = Z \end{aligned} \tag{A1.217}$$

求出如下缩放系数：

$$\begin{aligned} &h_1 = \left[\left(\frac{\partial x}{\partial R}\right)^2 + \left(\frac{\partial y}{\partial R}\right)^2 + \left(\frac{\partial z}{\partial R}\right)^2\right]^{1/2} = 1 \\ &h_2 = \left[\left(\frac{\partial x}{\partial \phi}\right)^2 + \left(\frac{\partial y}{\partial \phi}\right)^2 + \left(\frac{\partial z}{\partial \phi}\right)^2\right]^{1/2} = R \\ &h_3 = \left[\left(\frac{\partial x}{\partial Z}\right)^2 + \left(\frac{\partial y}{\partial Z}\right)^2 + \left(\frac{\partial z}{\partial Z}\right)^2\right]^{1/2} = 1 \end{aligned} \tag{A1.218}$$

求出基本度规张量分量

$$g_{11} = h_1^2 = 1, \quad g_{22} = h_2^2 = R^2, \quad g_{33} = h_3^2 = 1 \tag{A1.219}$$

求出逆变换的基本度规张量分量为

$$g^{11} = \frac{1}{h_1^2} = 1, \quad g^{22} = \frac{1}{h_2^2} = \frac{1}{R^2}, \quad g^{33} = \frac{1}{h_3^2} = 1 \tag{A1.220}$$

同样，柱坐标系为正交曲线坐标系，故基本度规张量的非主对角部分也为零。再算出柱坐标系下的基向量，如下：

$$\boldsymbol{e}_i = h_i \hat{\boldsymbol{e}}_i \to \boldsymbol{e}_R = \hat{\boldsymbol{e}}_R, \quad \boldsymbol{e}_\phi = R\hat{\boldsymbol{e}}_\phi, \quad \boldsymbol{e}_Z = \hat{\boldsymbol{e}}_Z \tag{A1.221}$$

注意第一个式子不求和。类似，有如下对偶基向量：

$$\boldsymbol{e}^j = g^{ij}\boldsymbol{e}_i \to \boldsymbol{e}^R = \hat{\boldsymbol{e}}_R, \quad \boldsymbol{e}^\phi = \frac{1}{R}\hat{\boldsymbol{e}}_\phi, \quad \boldsymbol{e}^Z = \hat{\boldsymbol{e}}_Z \tag{A1.222}$$

类似，还可以用正交笛卡儿基表示上述基向量，有

$$\begin{aligned} &\hat{\boldsymbol{e}}_i = \frac{1}{h_i}\frac{\partial x^j}{\partial q^i}\hat{\boldsymbol{i}}_j \to \\ &\hat{\boldsymbol{e}}_r = \cos\phi\hat{\boldsymbol{i}}_x + \sin\phi\hat{\boldsymbol{i}}_y \\ &\hat{\boldsymbol{e}}_\theta = -\sin\phi\hat{\boldsymbol{i}}_x + \cos\phi\hat{\boldsymbol{i}}_y \\ &\hat{\boldsymbol{e}}_\phi = \hat{\boldsymbol{i}}_z \end{aligned} \tag{A1.223}$$

写成矩阵形式，如下：

$$\begin{bmatrix} \hat{\boldsymbol{e}}_R \\ \hat{\boldsymbol{e}}_\phi \\ \hat{\boldsymbol{e}}_Z \end{bmatrix} = \begin{bmatrix} \cos\phi & \sin\phi & 0 \\ -\sin\phi & \cos\phi & 0 \\ 0 & 0 & 1 \end{bmatrix} \begin{bmatrix} \hat{\boldsymbol{i}}_x \\ \hat{\boldsymbol{i}}_y \\ \hat{\boldsymbol{i}}_z \end{bmatrix} \tag{A1.224}$$

容易写出逆变换的矩阵形式，如下：

$$\begin{bmatrix} \hat{\boldsymbol{i}}_x \\ \hat{\boldsymbol{i}}_y \\ \hat{\boldsymbol{i}}_z \end{bmatrix} = \begin{bmatrix} \cos\phi & -\sin\phi & 0 \\ \sin\phi & \cos\phi & 0 \\ 0 & 0 & 1 \end{bmatrix} \begin{bmatrix} \hat{\boldsymbol{e}}_R \\ \hat{\boldsymbol{e}}_\phi \\ \hat{\boldsymbol{e}}_Z \end{bmatrix} \tag{A1.225}$$

再算出任意向量 $\boldsymbol{a}$ 的物理分量，如下：

$$\begin{aligned} &\hat{a}^R = \hat{a}_R = a_R = a^R \\ &\hat{a}^\phi = \hat{a}_\phi = \frac{a_\phi}{R} = Ra^\phi \\ &\hat{a}^Z = \hat{a}_Z = a_Z = a^Z \end{aligned} \tag{A1.226}$$

在柱坐标系中，位置矢量为 $\boldsymbol{r} = R\hat{e}_R + Z\hat{e}_Z$。

到目前，我们已经掌握从正交笛卡儿坐标系到通用曲线坐标系的转换，比如，到球坐标、柱坐标的转换。那么，假如需要在曲线坐标之间进行转换，比如，球坐标和柱坐标之间进行转换，这怎么实现？下面给出这类转换的规则。

给出两类曲线坐标系统，分别用不带上划线和带上划线两种符号予以表示，先给出从带上划线的曲线坐标系统到不带上划线的曲线坐标系统的转换，有如下关系：

$$\begin{aligned}&q^i = q^i\left(\bar{q}^j\right)\\&\{\boldsymbol{e}_1, \boldsymbol{e}_2, \boldsymbol{e}_3\}\\&\mathrm{d}\boldsymbol{r} = \mathrm{d}q^i\boldsymbol{e}_i\end{aligned} \tag{A1.227}$$

类似，有

$$\begin{aligned}&\bar{q}^i = \bar{q}^i\left(q^j\right)\\&\{\bar{\boldsymbol{e}}_1, \bar{\boldsymbol{e}}_2, \bar{\boldsymbol{e}}_3\}\\&\mathrm{d}\boldsymbol{r} = \mathrm{d}\bar{q}^i\bar{\boldsymbol{e}}_i\end{aligned} \tag{A1.228}$$

由于不管采用哪种坐标系，$\mathrm{d}\boldsymbol{r}$ 都是一样的，有

$$\mathrm{d}\boldsymbol{r} = \mathrm{d}q^i\boldsymbol{e}_i = \mathrm{d}\bar{q}^i\bar{\boldsymbol{e}}_i \tag{A1.229}$$

将上式两端同时点乘 $\boldsymbol{e}^s$，展开如下：

$$\begin{aligned}&\left(\mathrm{d}q^i\boldsymbol{e}_i\right)\cdot\boldsymbol{e}^s = \left(\mathrm{d}\bar{q}^j\bar{\boldsymbol{e}}_j\right)\cdot\boldsymbol{e}^s \rightarrow\\&\mathrm{d}q^i\delta_i^s = \mathrm{d}\bar{q}^j\bar{\boldsymbol{e}}_j\cdot\boldsymbol{e}^s \rightarrow\\&\mathrm{d}q^s = \left(\boldsymbol{e}^s\cdot\bar{\boldsymbol{e}}_j\right)\mathrm{d}\bar{q}^j\end{aligned} \tag{A1.230}$$

类似，若将式 (A1.229) 两端同时点乘 $\bar{\boldsymbol{e}}^s$，有

$$\begin{aligned}&\left(\mathrm{d}q^i\boldsymbol{e}_i\right)\cdot\bar{\boldsymbol{e}}^s = \left(\mathrm{d}\bar{q}^j\bar{\boldsymbol{e}}_j\right)\cdot\bar{\boldsymbol{e}}^s \rightarrow\\&\boldsymbol{e}_i\cdot\bar{\boldsymbol{e}}^s\mathrm{d}q^i = \mathrm{d}\bar{q}^j\delta_j^s \rightarrow\\&\left(\bar{\boldsymbol{e}}^s\cdot\boldsymbol{e}_i\right)\mathrm{d}q^i = \mathrm{d}\bar{q}^s\end{aligned} \tag{A1.231}$$

根据多元函数微分链导法则，有

$$\mathrm{d}q^s = \frac{\partial q^s}{\partial \bar{q}^j}\mathrm{d}\bar{q}^j, \quad \mathrm{d}\bar{q}^s = \frac{\partial \bar{q}^s}{\partial q^i}\mathrm{d}q^i \tag{A1.232}$$

分别与式 (A1.230) 和式 (A1.231) 第三行对比，容易看出

$$\boldsymbol{e}^s\cdot\bar{\boldsymbol{e}}_j = \frac{\partial q^s}{\partial \bar{q}^j} = \alpha_j^s, \quad \bar{\boldsymbol{e}}^s\cdot\boldsymbol{e}_i = \frac{\partial \bar{q}^s}{\partial q^i} = \beta_i^s \tag{A1.233}$$

令 $\boldsymbol{a}=\bar{\boldsymbol{e}}^s$，代入式 (A1.58)，结合式 (A1.233) 第二式，可以写出逆转换律

$$\bar{\boldsymbol{e}}^s=(\bar{\boldsymbol{e}}^s\cdot\boldsymbol{e}_i)\,\boldsymbol{e}^i=\frac{\partial\bar{q}^s}{\partial q^i}\boldsymbol{e}^i \tag{A1.234}$$

及分量的逆转换律

$$\bar{a}^s=\frac{\partial\bar{q}^s}{\partial q^i}a^i \tag{A1.235}$$

类似，协转换律为

$$\bar{\boldsymbol{e}}_s=\frac{\partial q^j}{\partial\bar{q}^s}\boldsymbol{e}_j,\quad \bar{a}_s=\frac{\partial q^j}{\partial\bar{q}^s}a_j \tag{A1.236}$$

注意，式 (A1.234) 和式 (A1.236) 均隐含求和约定，比如，可展开

$$\begin{aligned}\bar{\boldsymbol{e}}^1&=\frac{\partial\bar{q}^1}{\partial q^1}\boldsymbol{e}^1+\frac{\partial\bar{q}^1}{\partial q^2}\boldsymbol{e}^2+\frac{\partial\bar{q}^1}{\partial q^3}\boldsymbol{e}^3\\ \bar{\boldsymbol{e}}_1&=\frac{\partial q^1}{\partial\bar{q}^1}\boldsymbol{e}_1+\frac{\partial q^2}{\partial\bar{q}^1}\boldsymbol{e}_2+\frac{\partial q^3}{\partial\bar{q}^1}\boldsymbol{e}_3\end{aligned} \tag{A1.237}$$

这样有了这些转换律，就可以用另一个坐标系统的基和对偶基来计算出所需要的坐标系统的基及对偶基。

再对式 (A1.236) 第一式两端同时点乘 $\bar{\boldsymbol{e}}^i$，有

$$\begin{aligned}\bar{\boldsymbol{e}}_s\cdot\bar{\boldsymbol{e}}^i&=\left(\frac{\partial q^j}{\partial\bar{q}^s}\boldsymbol{e}_j\right)\cdot\bar{\boldsymbol{e}}^i\rightarrow\\ \delta_s^i&=\frac{\partial q^j}{\partial\bar{q}^s}\left(\boldsymbol{e}_j\cdot\bar{\boldsymbol{e}}^i\right)\rightarrow\\ \delta_s^i&=\frac{\partial q^j}{\partial\bar{q}^s}\frac{\partial\bar{q}^i}{\partial q^j}\end{aligned} \tag{A1.238}$$

将上面的过程与式 (A1.156) 对比一下，不难发现两者尤为相似。实际上，之前是在笛卡儿系与曲线坐标系之间进行变换，而笛卡儿系可以看作是这里的一个特例。

下面，来分析向量在不同坐标系下的特性。给出两种坐标系下的标量分量及坐标分量，如下:

$$\begin{aligned}&(a_1,a_2,a_3),\quad (q^1,q^2,q^3)\\ &(\bar{a}_1,\bar{a}_2,\bar{a}_3),\quad (\bar{q}^1,\bar{q}^2,\bar{q}^3)\\ &\bar{a}_j=\frac{\partial q^i}{\partial\bar{q}^j}a_i\end{aligned} \tag{A1.239}$$

标量分量满足协转换律。由于一个向量的大小和方向对任意坐标系保持不变，因此，不论怎么变换坐标，向量还是同一个向量。如图 A1.20 所示，两个不同的正交笛卡儿系下，不同的表示形式，向量本身不会改变。因此，向量对坐标变换而言是不变量。

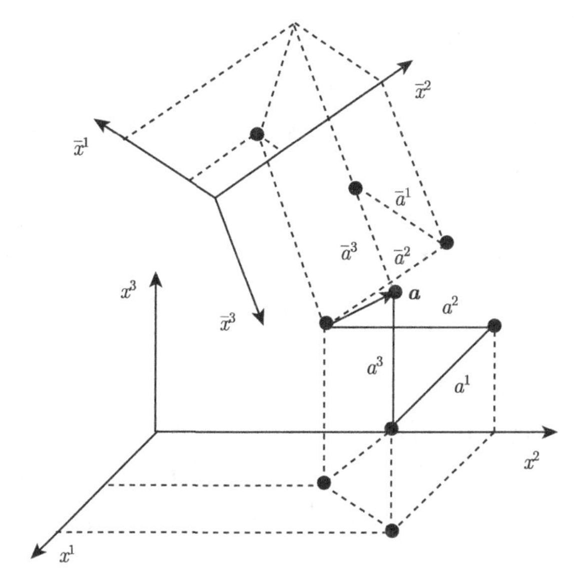


图 A1.20 两个不同的笛卡儿系下同一个向量的示意图

再看位置向量，从带上划线的坐标系统转换到不带上划线坐标系统，有如下关系：

$$\boldsymbol{r} = \boldsymbol{r}_0 + \bar{\boldsymbol{r}} \tag{A1.240}$$

转换关系如图 A1.21 所示。

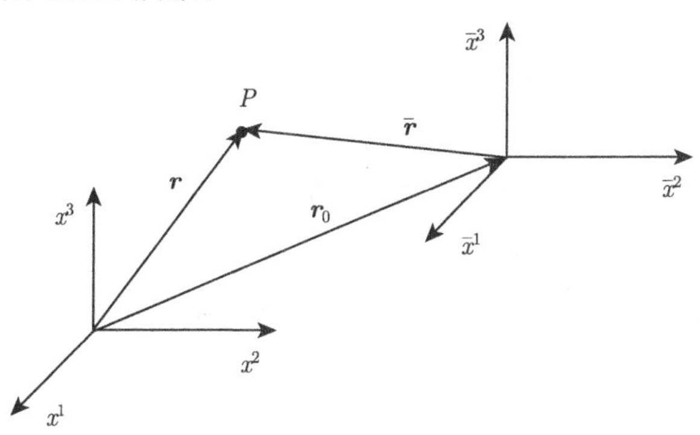


图 A1.21 位置向量转换示意图

因为两者都是正交笛卡儿系，所以，带上划线的坐标轴基向量和标量分量分别为

$$\bar{\hat{\boldsymbol{i}}}_i = \hat{\boldsymbol{i}}_i, \quad x^i = \bar{x}^i + x_0^i \tag{A1.241}$$

对任意向量 $\boldsymbol{a}$，根据逆变换律，有

$$\bar{a}^i = \frac{\partial \bar{x}^i}{\partial x^j} a^j = \frac{\partial \bar{x}^i}{\partial \bar{x}^j} a^j = \delta_j^i a^j = a^i \tag{A1.242}$$

类似，根据协变换律，有

$$\bar{a}_i = a_i \tag{A1.243}$$

可见，向量 $\boldsymbol{a}$ 的标量分量并没有因为坐标系的变换而改变。但坐标分量却变化了，即

$$\bar{x}^i \neq x^i \quad \leftarrow \quad x^i = \bar{x}^i + x_0^i \tag{A1.244}$$

如图 A1.21 所示，位置向量起于坐标原点，显然会随坐标系的平移而改变，因此，从平移变换的角度来看，位置向量就不算是不变量，这种情况下，位置向量就不能算是一个向量。

下面，来看正交基的导数。

一个正交基三维向量组，可以看作是一个旋转的刚体，即三个维度方向可以变化，但每个维度对应的向量相互之间的联系保持固定。用 $\hat{\boldsymbol{e}}_i$ 来表征三个维度的基向量，其大小保持为常数 1，而其方向是可以变化的。

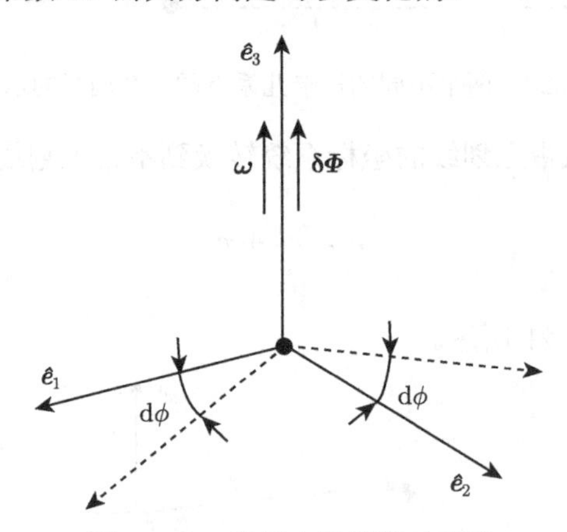


图 A1.22　位置向量转换示意图

如图 A1.22 所示，绕 $\hat{e}_3$ 轴旋转一个微小角度，用 $\boldsymbol{\delta\Phi}$ 表示，说明它是一个向量。这里不写成 $\boldsymbol{\delta\Phi}$，因为它表示 $\boldsymbol{\Phi}$ 的微小旋转量，不表示向量。回忆刚体旋转，有

$$\boldsymbol{v} = \boldsymbol{\omega} \times \boldsymbol{r} \tag{A1.245}$$

因此，取 $\boldsymbol{\omega} = \boldsymbol{\delta\Phi}$ 代入式 (A1.245)，有

$$\frac{\mathrm{d}\boldsymbol{r}}{\mathrm{d}t} = \frac{\boldsymbol{\delta\Phi}}{\mathrm{d}t} \times \boldsymbol{r} \quad \rightarrow \quad \mathrm{d}\boldsymbol{r} = \boldsymbol{\delta\Phi} \times \boldsymbol{r} \tag{A1.246}$$

注意到，在刚体旋转中 $|\boldsymbol{r}| = \mathrm{Const}$，因此，可以取 $\boldsymbol{r} = \hat{\boldsymbol{e}}_i$，即可以从绕每个坐标轴的刚性旋转来理解坐标系统的刚性旋转，有

$$\mathrm{d}\hat{\boldsymbol{e}}_i = \boldsymbol{\delta\Phi} \times \hat{\boldsymbol{e}}_i, \quad i = 1, 2, 3 \tag{A1.247}$$

以圆柱坐标系为例，考虑位置的变换由绕 $Z$ 轴的旋转角度 $\phi$ 引起，如图 A1.23 所示。可以把这个过程看作是坐标系统的刚性旋转。基于这个原理，可以来推导微元的变化。

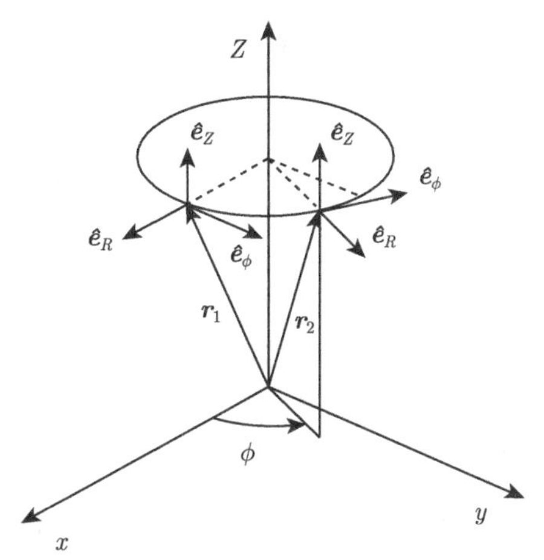


图 A1.23 圆柱坐标系的刚性旋转示意图

如图 A1.24 所示，坐标系绕 $Z$ 轴旋转了微元角度 $\boldsymbol{\delta\Phi} = \mathrm{d}\phi\hat{\boldsymbol{e}}_Z$，由式 (A1.247)，将其在每个坐标轴上展开为

$$
\begin{aligned}
&\mathrm{d}\hat{\boldsymbol{e}}_i = \boldsymbol{\delta\Phi} \times \hat{\boldsymbol{e}}_i \to \\
&\mathrm{d}\hat{\boldsymbol{e}}_R = \boldsymbol{\delta\Phi} \times \hat{\boldsymbol{e}}_R = \mathrm{d}\phi\left(\hat{\boldsymbol{e}}_Z \times \hat{\boldsymbol{e}}_R\right) = \mathrm{d}\phi\hat{\boldsymbol{e}}_\phi \\
&\mathrm{d}\hat{\boldsymbol{e}}_\phi = \boldsymbol{\delta\Phi} \times \hat{\boldsymbol{e}}_\phi = \mathrm{d}\phi\left(\hat{\boldsymbol{e}}_Z \times \hat{\boldsymbol{e}}_\phi\right) = -\mathrm{d}\phi\hat{\boldsymbol{e}}_R \\
&\mathrm{d}\hat{\boldsymbol{e}}_Z = \boldsymbol{\delta\Phi} \times \hat{\boldsymbol{e}}_Z = \mathrm{d}\phi\left(\hat{\boldsymbol{e}}_Z \times \hat{\boldsymbol{e}}_Z\right) = 0
\end{aligned}
\tag{A1.248}
$$

如图 A1.24 所示，根据向量合成原理，绕 $Z$ 轴的旋转，$Z$ 轴没有改变，故变化为零，而 $R$ 轴方向的变化，即根据向量合成三角形，增量的方向与 $\phi$ 轴方向同方向，故为正号，而 $\phi$ 轴方向的变化，根据向量三角形，增量的方向与 $R$ 轴反方向同方向，故为负号。

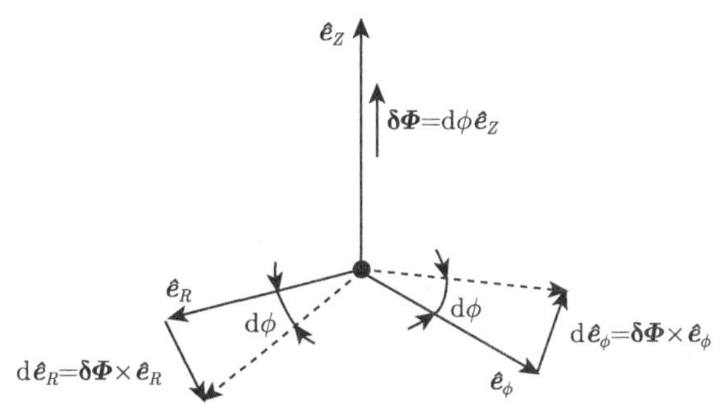


图 A1.24 圆柱坐标系的刚性旋转引起的微元变化示意图

下面，再来看球坐标系。球坐标系略为复杂，因为，这里包含了 $\theta$ 和 $\phi$ 两个角度的变化。

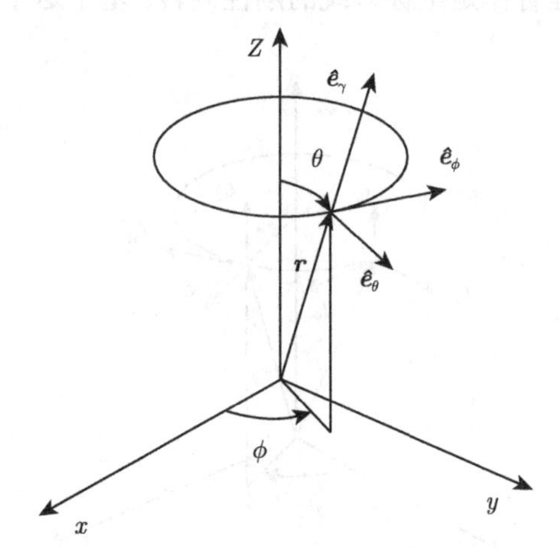


图 A1.25　球坐标系的刚性旋转引起的微元变化示意图

这里包含了两个方向的旋转，比如，首先，当绕 $\hat{\boldsymbol{e}}_\phi$ 轴旋转，由图 A1.25，即在 $\phi=\text{Const}$ 的平面内旋转，它表示的是 $\theta$ 角的变化。其次，当我们绕 $\hat{\mathbf{e}}_Z$ 轴旋转，则对应着 $\phi$ 角度的变化，因此，球坐标中沿这两个方向的旋转结果是两个方向角度变化的叠加，即

$$\boldsymbol{\delta\Phi}=\mathrm{d}\phi\hat{\mathbf{e}}_Z+\mathrm{d}\theta\hat{\boldsymbol{e}}_\phi \tag{A1.249}$$

其叠加过程可以参考图 A1.26。

注意到，$\hat{\mathbf{e}}_Z$ 不属于球坐标系基向量，所以，需要展开其在球坐标中的形式，如下：

$$\hat{\mathbf{e}}_Z=(\hat{\mathbf{e}}_Z\cdot\hat{\mathbf{e}}_r)\,\hat{\mathbf{e}}_r+(\hat{\mathbf{e}}_Z\cdot\hat{\mathbf{e}}_\theta)\,\hat{\mathbf{e}}_\theta+(\hat{\mathbf{e}}_Z\cdot\hat{\mathbf{e}}_\phi)\,\hat{\mathbf{e}}_\phi \tag{A1.250}$$

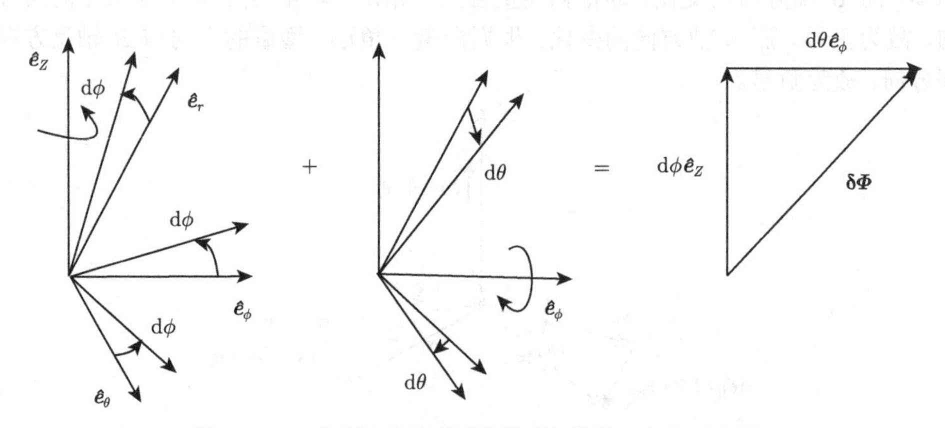


图 A1.26　球坐标系的刚性旋转引起的微元变化示意图

注意到，$\hat{\boldsymbol{e}}_Z$ 与 $\hat{\boldsymbol{e}}_\phi$ 是相互垂直的，故上式变为

$$\hat{\boldsymbol{e}}_Z = \cos\theta\hat{\boldsymbol{e}}_r - \sin\theta\hat{\boldsymbol{e}}_\theta \tag{A1.251}$$

将上式代入式 (A1.249)，有

$$\boldsymbol{\delta\varPhi} = \mathrm{d}\phi\cos\theta\hat{\boldsymbol{e}}_r - \mathrm{d}\phi\sin\theta\hat{\boldsymbol{e}}_\theta + \mathrm{d}\theta\hat{\boldsymbol{e}}_\phi \tag{A1.252}$$

根据式 (A1.247)，有

$$\begin{aligned}
&\mathrm{d}\hat{\boldsymbol{e}}_i = \boldsymbol{\delta\varPhi}\times\hat{\boldsymbol{e}}_i \rightarrow \\
&\mathrm{d}\hat{\boldsymbol{e}}_r = \boldsymbol{\delta\varPhi}\times\hat{\boldsymbol{e}}_r = \mathrm{d}\phi\sin\theta\hat{\boldsymbol{e}}_\phi + \mathrm{d}\theta\hat{\boldsymbol{e}}_\theta \\
&\mathrm{d}\hat{\boldsymbol{e}}_\theta = \boldsymbol{\delta\varPhi}\times\hat{\boldsymbol{e}}_\theta = \mathrm{d}\phi\cos\theta\hat{\boldsymbol{e}}_\phi - \mathrm{d}\theta\hat{\boldsymbol{e}}_r \\
&\mathrm{d}\hat{\boldsymbol{e}}_\phi = \boldsymbol{\delta\varPhi}\times\hat{\boldsymbol{e}}_\phi = -\mathrm{d}\phi\cos\theta\hat{\boldsymbol{e}}_\theta - \mathrm{d}\phi\sin\theta\hat{\boldsymbol{e}}_r
\end{aligned} \tag{A1.253}$$

下面就可以写出旋度微分算子，虽然，在这里介绍有一点突然，但可以作为预备概念，后面再详细讨论。定义

$$\boldsymbol{\delta\varPhi} = \frac{1}{2}\mathrm{curl}\,(\mathrm{d}\boldsymbol{r}) = \frac{1}{2}\left(\nabla\times\mathrm{d}\boldsymbol{r}\right) \tag{A1.254}$$

即角速度等于旋度的 1/2。这里，实际上还引入了 $\nabla$ 梯度算子，至于上式怎么来的，后面将继续给出。

下面定义一个任意向量 $\boldsymbol{a}$ 的旋度，如下：

$$\mathrm{curl}\,(\boldsymbol{a}) = \nabla\times\boldsymbol{a} \tag{A1.255}$$

式中，$\nabla$ 为向量微分算子，它通用的定义后面将给出。这里，先给出正交曲线坐标系下的旋度，如下：

$$\begin{aligned}
\mathrm{curl}\,(\mathrm{d}\boldsymbol{r}) &= \nabla\times\mathrm{d}\boldsymbol{r} \\
&= \frac{1}{h_1h_2h_3}\begin{vmatrix} h_1\hat{\boldsymbol{e}}_1 & h_2\hat{\boldsymbol{e}}_2 & h_3\hat{\boldsymbol{e}}_3 \\ \dfrac{\partial}{\partial q^1} & \dfrac{\partial}{\partial q^2} & \dfrac{\partial}{\partial q^3} \\ h_1\left(h_1\mathrm{d}q^1\right) & h_2\left(h_2\mathrm{d}q^2\right) & h_3\left(h_3\mathrm{d}q^3\right) \end{vmatrix}
\end{aligned} \tag{A1.256}$$

把上式展开，变为

$$\begin{aligned}
\mathrm{curl}\,(\mathrm{d}\boldsymbol{r}) =& \frac{\hat{\boldsymbol{e}}_1}{h_2h_3}\left[\mathrm{d}q^3\frac{\partial}{\partial q^2}\left(h_3^2\right) - \mathrm{d}q^2\frac{\partial}{\partial q^3}\left(h_2^2\right)\right] \\
&+ \frac{\hat{\boldsymbol{e}}_2}{h_1h_3}\left[\mathrm{d}q^1\frac{\partial}{\partial q^3}\left(h_1^2\right) - \mathrm{d}q^3\frac{\partial}{\partial q^1}\left(h_3^2\right)\right]
\end{aligned}$$

$$+\frac{\hat{\boldsymbol{e}}_3}{h_1h_2}\left[\mathrm{d}q^2\frac{\partial}{\partial q^1}\left(h_2^2\right)-\mathrm{d}q^1\frac{\partial}{\partial q^2}\left(h_1^2\right)\right] \tag{A1.257}$$

这里，将式 (A1.205) 和式 (A1.207) 代入式 (A1.257)，即为前面的等式 (A1.254)，也可以直接对 $\boldsymbol{v}=\boldsymbol{\omega}\times\boldsymbol{r}$ 求旋度，即 $\nabla\times\boldsymbol{v}=\nabla\times(\boldsymbol{\omega}\times\boldsymbol{r}_\perp)=\boldsymbol{\omega}\nabla\cdot(\boldsymbol{r}_\perp)=2\boldsymbol{\omega}$。这里，$\boldsymbol{r}_\perp$ 表示 $\boldsymbol{r}$ 在垂直于旋转轴的平面上的投影分量，由于平行于旋转轴的分量对 $\boldsymbol{\omega}\times\boldsymbol{r}$ 的贡献为零，即 $\boldsymbol{\omega}\times\boldsymbol{r}_\parallel=0$，故有 $\boldsymbol{v}=\boldsymbol{\omega}\times\boldsymbol{r}=\boldsymbol{\omega}\times\boldsymbol{r}_\perp$，这样，平面上向量 $\boldsymbol{r}_\perp$ 的散度为 $\nabla\cdot(\boldsymbol{r}_\perp)=2$，即得式 (A1.257)。以式 (A1.247) 为例，注意利用式 (A1.254) 和式 (A1.257)，计算如下：

$$\begin{aligned}\mathrm{d}\hat{\boldsymbol{e}}_1=&\boldsymbol{\delta\Phi}\times\hat{\boldsymbol{e}}_1=\frac{1}{2}(\nabla\times\mathrm{d}\boldsymbol{r})\times\hat{\boldsymbol{e}}_1\\=&-\frac{\hat{\boldsymbol{e}}_3}{2h_1h_3}\left[\mathrm{d}q^1\frac{\partial}{\partial q^3}\left(h_1^2\right)-\mathrm{d}q^3\frac{\partial}{\partial q^1}\left(h_3^2\right)\right]\\&+\frac{\hat{\boldsymbol{e}}_2}{2h_1h_2}\left[\mathrm{d}q^2\frac{\partial}{\partial q^1}\left(h_2^2\right)-\mathrm{d}q^1\frac{\partial}{\partial q^2}\left(h_1^2\right)\right]\end{aligned} \tag{A1.258}$$

类似，也可以计算出 $\mathrm{d}\hat{\boldsymbol{e}}_2$，如下：

$$\begin{aligned}\mathrm{d}\hat{\boldsymbol{e}}_2=&\boldsymbol{\delta\Phi}\times\hat{\boldsymbol{e}}_2=\frac{1}{2}(\nabla\times\mathrm{d}\boldsymbol{r})\times\hat{\boldsymbol{e}}_2\\=&\frac{\hat{\boldsymbol{e}}_3}{2h_2h_3}\left[\mathrm{d}q^3\frac{\partial}{\partial q^2}\left(h_3^2\right)-\mathrm{d}q^2\frac{\partial}{\partial q^3}\left(h_2^2\right)\right]\\&-\frac{\hat{\boldsymbol{e}}_1}{2h_1h_2}\left[\mathrm{d}q^2\frac{\partial}{\partial q^1}\left(h_2^2\right)-\mathrm{d}q^1\frac{\partial}{\partial q^2}\left(h_1^2\right)\right]\end{aligned} \tag{A1.259}$$

及 $\mathrm{d}\hat{\boldsymbol{e}}_3$

$$\begin{aligned}\mathrm{d}\hat{\boldsymbol{e}}_3=&\boldsymbol{\delta\Phi}\times\hat{\boldsymbol{e}}_3=\frac{1}{2}(\nabla\times\mathrm{d}\boldsymbol{r})\times\hat{\boldsymbol{e}}_3\\=&-\frac{\hat{\boldsymbol{e}}_2}{2h_2h_3}\left[\mathrm{d}q^3\frac{\partial}{\partial q^2}\left(h_3^2\right)-\mathrm{d}q^2\frac{\partial}{\partial q^3}\left(h_2^2\right)\right]\\&+\frac{\hat{\boldsymbol{e}}_1}{2h_1h_3}\left[\mathrm{d}q^1\frac{\partial}{\partial q^3}\left(h_1^2\right)-\mathrm{d}q^3\frac{\partial}{\partial q^1}\left(h_3^2\right)\right]\end{aligned} \tag{A1.260}$$

而 $\mathrm{d}\hat{\boldsymbol{e}}_i$ 的全导数为

$$\mathrm{d}\hat{\boldsymbol{e}}_i=\frac{\partial\hat{\boldsymbol{e}}_i}{\partial q^j}\mathrm{d}q^j \tag{A1.261}$$

对照式 (A1.258)，有如下对 $\hat{\boldsymbol{e}}_1$ 的偏导数：

$$\begin{aligned}\frac{\partial\hat{\boldsymbol{e}}_1}{\partial q^1}&=-\frac{\hat{\boldsymbol{e}}_3}{h_3}\frac{\partial h_1}{\partial q^3}-\frac{\hat{\boldsymbol{e}}_2}{h_2}\frac{\partial h_1}{\partial q^2}\\\frac{\partial\hat{\boldsymbol{e}}_1}{\partial q^2}&=\frac{\hat{\boldsymbol{e}}_2}{h_1}\frac{\partial h_2}{\partial q^1}\\\frac{\partial\hat{\boldsymbol{e}}_1}{\partial q^3}&=\frac{\hat{\boldsymbol{e}}_3}{h_1}\frac{\partial h_3}{\partial q^1}\end{aligned} \tag{A1.262}$$

有如下对 $\hat{e}_2$ 的偏导数:

$$
\begin{aligned}
\frac{\partial \hat{\boldsymbol{e}}_2}{\partial q^1} &= \frac{\hat{\boldsymbol{e}}_1}{h_2}\frac{\partial h_1}{\partial q^2} \\
\frac{\partial \hat{\boldsymbol{e}}_2}{\partial q^2} &= -\frac{\hat{\boldsymbol{e}}_3}{h_3}\frac{\partial h_2}{\partial q^3} - \frac{\hat{\boldsymbol{e}}_1}{h_1}\frac{\partial h_2}{\partial q^1} \\
\frac{\partial \hat{\boldsymbol{e}}_2}{\partial q^3} &= \frac{\hat{\boldsymbol{e}}_3}{h_2}\frac{\partial h_3}{\partial q^2}
\end{aligned} \tag{A1.263}
$$

对 $\hat{e}_3$ 的偏导数

$$
\begin{aligned}
\frac{\partial \hat{\boldsymbol{e}}_3}{\partial q^1} &= \frac{\hat{\boldsymbol{e}}_1}{h_3}\frac{\partial h_1}{\partial q^3} \\
\frac{\partial \hat{\boldsymbol{e}}_3}{\partial q^2} &= \frac{\hat{\boldsymbol{e}}_2}{h_3}\frac{\partial h_2}{\partial q^3} \\
\frac{\partial \hat{\boldsymbol{e}}_3}{\partial q^3} &= -\frac{\hat{\boldsymbol{e}}_2}{h_2}\frac{\partial h_3}{\partial q^2} - \frac{\hat{\boldsymbol{e}}_1}{h_1}\frac{\partial h_3}{\partial q^1}
\end{aligned} \tag{A1.264}
$$

下面，再看一个特殊的例子，即旋转参考系。对于存在相对运动的场合，比如，旋转机械、离心叶轮机械流体运动。用不带上划线的标记表示固定 (惯性) 坐标系，用带上划线的表示旋转坐标系，如图 A1.27 所示，它可以由惯性坐标系变换得到。

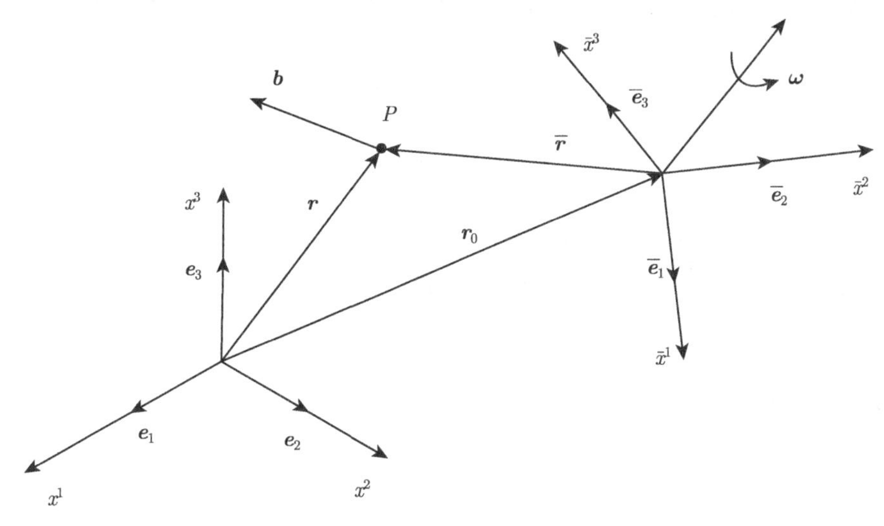


图 A1.27 惯性系与旋转系示意图

下面，分析旋转系中观察者的旋转如何影响任意向量 $\boldsymbol{b}$ 的时间变化率的，及其与惯性坐标系中观察者的关联。

为了简单起见，假设 $\{\boldsymbol{e}_1, \boldsymbol{e}_2, \boldsymbol{e}_3\}$ 是惯性系中的一组常数基 (大小和方向均不

变化)。由于其基是常数，所以向量 $\boldsymbol{b}$ 的时间导数为

$$\frac{\mathrm{d}\boldsymbol{b}}{\mathrm{d}t}=\frac{\mathrm{d}b^i}{\mathrm{d}t}\boldsymbol{e}_i \tag{A1.265}$$

在旋转系中，$\{\bar{\boldsymbol{e}}_1,\bar{\boldsymbol{e}}_2,\bar{\boldsymbol{e}}_3\}$ 是一组基向量，其大小不变，但方向会变化，这样，对于旋转坐标系中的观察者，有

$$\frac{\mathrm{d}\boldsymbol{b}}{\mathrm{d}t}=\frac{\mathrm{d}\bar{b}^i}{\mathrm{d}t}\bar{\boldsymbol{e}}_i+\bar{b}^i\frac{\mathrm{d}\bar{\boldsymbol{e}}_i}{\mathrm{d}t} \tag{A1.266}$$

考虑到，$\bar{e}_i$ 大小不变，方向会变化，其变化率只与坐标系的刚性旋转有关，关联式 (A1.247)，有

$$\frac{\mathrm{d}\bar{\boldsymbol{e}}_i}{\mathrm{d}t}=\boldsymbol{\omega}\times\bar{\boldsymbol{e}}_i \tag{A1.267}$$

这里需要注意，旋转系中的观察者与坐标系一起旋转的，所以，该观察者是感受不到方向的变化的 (对该观察者而言，惯性系是旋转着的)。于是，从旋转系中观察者的观察角度，定义向量 $\boldsymbol{b}$ 的时间变化率为

$$\frac{\mathrm{d}\bar{b}^i}{\mathrm{d}t}\bar{\boldsymbol{e}}_i=\left.\frac{\mathrm{d}\boldsymbol{b}}{\mathrm{d}t}\right|_{\mathrm{rot}} \tag{A1.268}$$

将式 (A1.267) 和式 (A1.268) 代入式 (A1.266)，有

$$\begin{aligned}\frac{\mathrm{d}\boldsymbol{b}}{\mathrm{d}t}&=\left.\frac{\mathrm{d}\boldsymbol{b}}{\mathrm{d}t}\right|_{\mathrm{rot}}+\bar{b}^i\left(\boldsymbol{\omega}\times\bar{\boldsymbol{e}}_i\right)\\&=\left.\frac{\mathrm{d}\boldsymbol{b}}{\mathrm{d}t}\right|_{\mathrm{rot}}+(\boldsymbol{\omega}\times\boldsymbol{b})\end{aligned} \tag{A1.269}$$

那么，这个式子代表什么含义呢？在惯性系中的观察者本身不旋转，所以，他看到的是绝对导数 $\frac{\mathrm{d}\boldsymbol{b}}{\mathrm{d}t}$，而旋转系中的观察者，由于他本身是旋转的，所以，他所看到的导数是 $\left.\frac{\mathrm{d}\boldsymbol{b}}{\mathrm{d}t}\right|_{\mathrm{rot}}$，而另外多出来的一项 $(\boldsymbol{\omega}\times\boldsymbol{b})$ 则是因旋转而造成的。这样，由式 (A1.269) 可定义如下向量微分算子：

$$\frac{\mathrm{d}}{\mathrm{d}t}=\left.\frac{\mathrm{d}}{\mathrm{d}t}\right|_{\mathrm{rot}}+\boldsymbol{\omega}\times \tag{A1.270}$$

下面，再来看旋转系中某点 $P$ 处的速度和加速度。首先，旋转系中的速度。将式 (A1.240) 代入式 (A1.270)，有

$$\frac{\mathrm{d}\boldsymbol{r}}{\mathrm{d}t}=\left(\left.\frac{\mathrm{d}}{\mathrm{d}t}\right|_{\mathrm{rot}}+\boldsymbol{\omega}\times\right)(\boldsymbol{r}_0+\bar{\boldsymbol{r}})=\frac{\mathrm{d}\boldsymbol{r}_0}{\mathrm{d}t}+\left.\frac{\mathrm{d}\bar{\boldsymbol{r}}}{\mathrm{d}t}\right|_{\mathrm{rot}}+\boldsymbol{\omega}\times\bar{\boldsymbol{r}} \tag{A1.271}$$

式中，$\dfrac{\mathrm{d}\boldsymbol{r}}{\mathrm{d}t}$ 是绝对速度；$\dfrac{\mathrm{d}\boldsymbol{r}_0}{\mathrm{d}t}$ 是旋转系原点的绝对速度；$\left.\dfrac{\mathrm{d}\bar{\boldsymbol{r}}}{\mathrm{d}t}\right|_{\text{rot}}$ 是 $P$ 点处某物体相对于旋转系的运动速度；$\boldsymbol{\omega}\times\bar{\boldsymbol{r}}$ 是旋转系中 $P$ 点的速度。如果 $\dfrac{\mathrm{d}\boldsymbol{r}_0}{\mathrm{d}t}=0$，且 $\left.\dfrac{\mathrm{d}\bar{\boldsymbol{r}}}{\mathrm{d}t}\right|_{\text{rot}}=0$，则说明 $P$ 点是固系于旋转系的，此时，得到的是相对于惯性系做刚体旋转运动。

下面，再来分析加速度，将式 (A1.271) 代入式 (A1.270)，有

$$
\begin{aligned}
\frac{\mathrm{d}^2\boldsymbol{r}}{\mathrm{d}t^2}&=\left(\left.\frac{\mathrm{d}}{\mathrm{d}t}\right|_{\text{rot}}+\boldsymbol{\omega}\times\right)\left(\frac{\mathrm{d}\boldsymbol{r}_0}{\mathrm{d}t}+\left.\frac{\mathrm{d}\bar{\boldsymbol{r}}}{\mathrm{d}t}\right|_{\text{rot}}+\boldsymbol{\omega}\times\bar{\boldsymbol{r}}\right)\\
&=\frac{\mathrm{d}^2\boldsymbol{r}_0}{\mathrm{d}t^2}+\left.\frac{\mathrm{d}^2\bar{\boldsymbol{r}}}{\mathrm{d}t^2}\right|_{\text{rot}}+\left.\frac{\mathrm{d}}{\mathrm{d}t}\right|_{\text{rot}}(\boldsymbol{\omega}\times\bar{\boldsymbol{r}})+\boldsymbol{\omega}\times\left.\frac{\mathrm{d}\bar{\boldsymbol{r}}}{\mathrm{d}t}\right|_{\text{rot}}+\boldsymbol{\omega}\times(\boldsymbol{\omega}\times\bar{\boldsymbol{r}})\\
&=\frac{\mathrm{d}^2\boldsymbol{r}_0}{\mathrm{d}t^2}+\left.\frac{\mathrm{d}^2\bar{\boldsymbol{r}}}{\mathrm{d}t^2}\right|_{\text{rot}}+\frac{\mathrm{d}\boldsymbol{\omega}}{\mathrm{d}t}\times\bar{\boldsymbol{r}}+2\boldsymbol{\omega}\times\left.\frac{\mathrm{d}\bar{\boldsymbol{r}}}{\mathrm{d}t}\right|_{\text{rot}}+\boldsymbol{\omega}\times(\boldsymbol{\omega}\times\bar{\boldsymbol{r}})
\end{aligned}\tag{A1.272}
$$

注意，其中$\dfrac{\mathrm{d}^2\boldsymbol{r}_0}{\mathrm{d}t^2}=\left(\left.\dfrac{\mathrm{d}}{\mathrm{d}t}\right|_{\text{rot}}+\boldsymbol{\omega}\times\right)\dfrac{\mathrm{d}\boldsymbol{r}_0}{\mathrm{d}t}$，为旋转系原点的绝对加速度；$\left.\dfrac{\mathrm{d}^2\bar{\boldsymbol{r}}}{\mathrm{d}t^2}\right|_{\text{rot}}$ 为旋转系内$P$ 点处某物体相对于旋转系的加速度；$\boldsymbol{\omega}$ 是一个向量，由向量微分算子式 (A1.270)，$\dfrac{\mathrm{d}\boldsymbol{\omega}}{\mathrm{d}t}=\left.\dfrac{\mathrm{d}\boldsymbol{\omega}}{\mathrm{d}t}\right|_{\text{rot}}$；$\dfrac{\mathrm{d}^2\boldsymbol{r}}{\mathrm{d}t^2}$ 为绝对加速度，$\dfrac{\mathrm{d}\boldsymbol{\omega}}{\mathrm{d}t}\times\bar{\boldsymbol{r}}$ 为 $\bar{\boldsymbol{r}}$ 和 $\left.\dfrac{\mathrm{d}\bar{\boldsymbol{r}}}{\mathrm{d}t}\right|_{\text{rot}}$ 平面内加速度的切向分量，垂直于 $\bar{\boldsymbol{r}}$ 方向，称为 Euler 加速度；$2\boldsymbol{\omega}\times\left.\dfrac{\mathrm{d}\bar{\boldsymbol{r}}}{\mathrm{d}t}\right|_{\text{rot}}$ 为 Coriolis 加速度；$\boldsymbol{\omega}\times(\boldsymbol{\omega}\times\bar{\boldsymbol{r}})$为向心加速度。由于牛顿第二定律只适用于惯性系，所以，设旋转系与惯性系原点重合 $\dfrac{\mathrm{d}^2\boldsymbol{r}_0}{\mathrm{d}t^2}=0$，记质点的绝对加速度为$a=\dfrac{\mathrm{d}^2\boldsymbol{r}}{\mathrm{d}t^2}=\left.\dfrac{\mathrm{d}^2\bar{\boldsymbol{r}}}{\mathrm{d}t^2}\right|_{\text{rot}}+\dfrac{\mathrm{d}\boldsymbol{\omega}}{\mathrm{d}t}\times\bar{\boldsymbol{r}}+2\boldsymbol{\omega}\times\left.\dfrac{\mathrm{d}\bar{\boldsymbol{r}}}{\mathrm{d}t}\right|_{\text{rot}}+\boldsymbol{\omega}\times(\boldsymbol{\omega}\times\bar{\boldsymbol{r}})$，那么，有 $F=m\dfrac{\mathrm{d}^2\boldsymbol{r}}{\mathrm{d}t^2}=m\left.\dfrac{\mathrm{d}^2\bar{\boldsymbol{r}}}{\mathrm{d}t^2}\right|_{\text{rot}}+m\dfrac{\mathrm{d}\boldsymbol{\omega}}{\mathrm{d}t}\times\bar{\boldsymbol{r}}+m\left(2\boldsymbol{\omega}\times\left.\dfrac{\mathrm{d}\bar{\boldsymbol{r}}}{\mathrm{d}t}\right|_{\text{rot}}\right)+m\left[\boldsymbol{\omega}\times(\boldsymbol{\omega}\times\bar{\boldsymbol{r}})\right]$，移项，得 $F-m\dfrac{\mathrm{d}\boldsymbol{\omega}}{\mathrm{d}t}\times\bar{\boldsymbol{r}}-m\left(2\boldsymbol{\omega}\times\left.\dfrac{\mathrm{d}\bar{\boldsymbol{r}}}{\mathrm{d}t}\right|_{\text{rot}}\right)-m\left[\boldsymbol{\omega}\times(\boldsymbol{\omega}\times\bar{\boldsymbol{r}})\right]=m\left.\dfrac{\mathrm{d}^2\bar{\boldsymbol{r}}}{\mathrm{d}t^2}\right|_{\text{rot}}$。类似地，根据牛顿第二定律，对于旋转系内的观察者而言，相当于经历了 Euler 力、Coriolis 力、离心力等额外的虚拟力，而这些力对旋转系内质点的加速度 $\left.\dfrac{\mathrm{d}^2\bar{\boldsymbol{r}}}{\mathrm{d}t^2}\right|_{\text{rot}}$ 都是做了贡献的。其中，离心力是沿垂直于旋转轴线方向从中心指向外的，而且，与 Coriolis 力不同，离心力与旋转系内质点的运动没有关系。若 $\boldsymbol{\omega}=0$，这几个虚拟力就都不存在，即还原为惯性系下的牛顿第二定律。简而言之，若不旋转，观察者就感受不到这些外力。

下面，通过一个具体例子的计算来加深了解，如图A1.28 所示，给定绕定轴角速度$\boldsymbol{\omega}_{OAB}=-20\,(\mathrm{rad/s})\,\hat{\boldsymbol{j}}$，加速度 $\boldsymbol{a}_{OAB}=\dfrac{\mathrm{d}\boldsymbol{\omega}_{OAB}}{\mathrm{d}t}=-200\left(\mathrm{rad/s^2}\right)\hat{\boldsymbol{j}}$，以及 $D$

点处相对于斜杆的速度为 50m/s，加速度为 600m/s²，试求出斜杆 $D$ 点处的绝对速度和加速度。

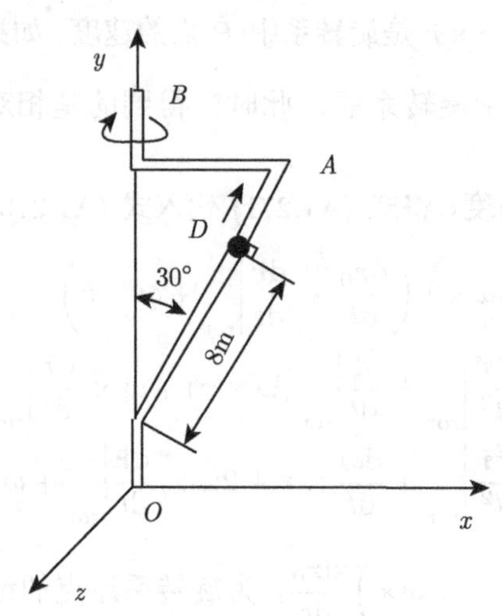


图 A1.28　惯性系与旋转系示意图

注意到，旋转系和惯性系原点重合，故这里 $\boldsymbol{r}=\bar{\boldsymbol{r}}$，先来确定 $D$ 点的位置和速度，如下：

$$\begin{aligned}
\boldsymbol{r} &= 8\left(\sin 30^\circ \hat{\boldsymbol{i}} + \cos 30^\circ \hat{\boldsymbol{j}}\right) = 4\hat{\boldsymbol{i}} + 6.93\hat{\boldsymbol{j}} \\
\boldsymbol{v}_D &= (\boldsymbol{v}_D)_{OAB} + \boldsymbol{\omega}\times\boldsymbol{r}
\end{aligned} \tag{A1.273}$$

先计算 $(\boldsymbol{v}_D)_{OAB}$，如下：

$$(\boldsymbol{v}_D)_{OAB} = 50\left(\sin 30^\circ \hat{\boldsymbol{i}} + \cos 30^\circ \hat{\boldsymbol{j}}\right) = 25\hat{\boldsymbol{i}} + 43.3\hat{\boldsymbol{j}} \tag{A1.274}$$

再计算 $\boldsymbol{\omega}\times\boldsymbol{r}$，如下：

$$\boldsymbol{\omega}\times\boldsymbol{r} = \left(-20\hat{\boldsymbol{j}}\right)\times\left(4\hat{\boldsymbol{i}} + 6.93\hat{\boldsymbol{j}}\right) = 80\hat{\boldsymbol{k}} \tag{A1.275}$$

代入式 (A1.273) 第二行，有

$$\boldsymbol{v}_D = 25\hat{\boldsymbol{i}} + 43.3\hat{\boldsymbol{j}} + 80\hat{\boldsymbol{k}} \tag{A1.276}$$

下面，计算加速度，由式 (A1.272)，有

$$\begin{aligned}
\frac{\mathrm{d}^2\boldsymbol{r}}{\mathrm{d}t^2} &= \frac{\mathrm{d}^2\boldsymbol{r}_0}{\mathrm{d}t^2} + \left.\frac{\mathrm{d}^2\bar{\boldsymbol{r}}}{\mathrm{d}t^2}\right|_{\text{rot}} + \left.\frac{\mathrm{d}\boldsymbol{\omega}}{\mathrm{d}t}\right|_{\text{rot}}\times\bar{\boldsymbol{r}} + 2\boldsymbol{\omega}\times\left.\frac{\mathrm{d}\bar{\boldsymbol{r}}}{\mathrm{d}t}\right|_{\text{rot}} + \boldsymbol{\omega}\times(\boldsymbol{\omega}\times\bar{\boldsymbol{r}}) \\
&= \left.\frac{\mathrm{d}^2\bar{\boldsymbol{r}}}{\mathrm{d}t^2}\right|_{OAB} + \left.\frac{\mathrm{d}\boldsymbol{\omega}}{\mathrm{d}t}\right|_{\text{rot}}\times\bar{\boldsymbol{r}} + 2\boldsymbol{\omega}\times[(\boldsymbol{v}_D)_{OAB}] + \boldsymbol{\omega}\times(\boldsymbol{\omega}\times\bar{\boldsymbol{r}})
\end{aligned} \tag{A1.277}$$

式中，$\dfrac{\mathrm{d}^2\boldsymbol{r}_0}{\mathrm{d}t^2}=0$，其余各项按如下公式计算：

$$\left.\frac{\mathrm{d}^2\bar{\boldsymbol{r}}}{\mathrm{d}t^2}\right|_{OAB}=600\left(\sin 30^\circ\hat{\boldsymbol{i}}+\cos 30^\circ\hat{\boldsymbol{j}}\right)=300\hat{\boldsymbol{i}}+520\hat{\boldsymbol{j}} \tag{A1.278}$$

$$\left.\frac{\mathrm{d}\boldsymbol{\omega}}{\mathrm{d}t}\right|_{\mathrm{rot}}\times\bar{\boldsymbol{r}}=-200\hat{\boldsymbol{j}}\times\left(4\hat{\boldsymbol{i}}+6.93\hat{\boldsymbol{j}}\right)=800\hat{\boldsymbol{k}} \tag{A1.279}$$

$$2\boldsymbol{\omega}\times[(\boldsymbol{v}_D)_{OAB}]=2\times\left(-20\hat{\boldsymbol{j}}\right)\times\left(25\hat{\boldsymbol{i}}+43.3\hat{\boldsymbol{j}}\right)=1000\hat{\boldsymbol{k}} \tag{A1.280}$$

$$\boldsymbol{\omega}\times(\boldsymbol{\omega}\times\bar{\boldsymbol{r}})=-20\hat{\boldsymbol{j}}\times\left(80\hat{\boldsymbol{k}}\right)=-1600\hat{\boldsymbol{i}} \tag{A1.281}$$

将式 (A1.278)~ 式 (A1.281) 代入式 (A1.277)，得加速度为

$$\frac{\mathrm{d}^2\boldsymbol{r}}{\mathrm{d}t^2}=-1300\hat{\boldsymbol{i}}+520\hat{\boldsymbol{j}}+1800\hat{\boldsymbol{k}} \tag{A1.282}$$

下面来看通用单位基的导数。

前面已经介绍正交曲线坐标系中导数的计算。现在，考虑更为一般的情况，给出具有单位基的任意曲线坐标系中导数的计算过程和规则。计算过程不太复杂，但需要采用新的符号和术语。

在计算流体、计算结构力学中，有时候会将物理域映射到曲线网格中，其中，基向量将发生变化，而必须计算相关的偏导数，如 $\dfrac{\partial\boldsymbol{e}_i}{\partial q^j}$ 等。先引入 Christoffel 符号以及逆变导数。

回忆之前介绍过任意向量 $\boldsymbol{a}$ 可以用基和对偶基表示，这里，令 $\boldsymbol{a}=\dfrac{\partial\boldsymbol{e}_i}{\partial q^j}$，代入式 (A1.58)，有

$$\frac{\partial\boldsymbol{e}_i}{\partial q^j}=\left(\frac{\partial\boldsymbol{e}_i}{\partial q^j}\cdot\boldsymbol{e}^k\right)\boldsymbol{e}_k \tag{A1.283}$$

我们还可以更简洁地表示上式，引入 Christoffel 第二类符号，有

$$\begin{Bmatrix} & k & \\ i & & j\end{Bmatrix}=\frac{\partial\boldsymbol{e}_i}{\partial q^j}\cdot\boldsymbol{e}^k \tag{A1.284}$$

这样，式 (A1.283) 变为

$$\frac{\partial\boldsymbol{e}_i}{\partial q^j}=\begin{Bmatrix} & k & \\ i & & j\end{Bmatrix}\boldsymbol{e}_k \tag{A1.285}$$

即协基的逆变导数。注意到，Christoffel 符号是 $\boldsymbol{e}_k$ 基的逆变分量。注意，式 (A1.285) 隐含对 $k$ 指标约定求和。由式 (A1.154)，通过基本度规张量，先得出对偶基

$$\boldsymbol{e}^k=g^{kr}\boldsymbol{e}_r \tag{A1.286}$$

将上式两端同时点乘 $\dfrac{\partial \boldsymbol{e}_i}{\partial q^j}$，结合式 (A1.285)，上式变为

$$\begin{gathered}\left\{\begin{matrix} & k & \\ i & & j\end{matrix}\right\}\boldsymbol{e}^k\cdot\boldsymbol{e}_k=g^{kr}\boldsymbol{e}_r\cdot\frac{\partial \boldsymbol{e}_i}{\partial q^j}\\ \rightarrow\left\{\begin{matrix} & k & \\ i & & j\end{matrix}\right\}=g^{kr}\boldsymbol{e}_r\cdot\frac{\partial \boldsymbol{e}_i}{\partial q^j}\end{gathered}\tag{A1.287}$$

将上式改写为

$$\left\{\begin{matrix} & k & \\ i & & j\end{matrix}\right\}=\frac{1}{2}g^{kr}\left(\boldsymbol{e}_r\cdot\frac{\partial \boldsymbol{e}_i}{\partial q^j}+\boldsymbol{e}_r\cdot\frac{\partial \boldsymbol{e}_i}{\partial q^j}\right)\tag{A1.288}$$

然后，由式 (A1.141)，可知 $\boldsymbol{r}\left(q^i\right)$ 为连续函数，有

$$\frac{\partial \boldsymbol{e}_i}{\partial q^j}=\frac{\partial}{\partial q^j}\left(\frac{\partial \boldsymbol{r}}{\partial q^i}\right)=\frac{\partial}{\partial q^i}\left(\frac{\partial \boldsymbol{r}}{\partial q^j}\right)=\frac{\partial \boldsymbol{e}_j}{\partial q^i}\tag{A1.289}$$

这个结果可能有些出乎意料，实际上，根据微积分基本知识，只要函数$f\left(x,y\right)$连续，就有$\dfrac{\partial f\left(x,y\right)}{\partial x\partial y}=\dfrac{\partial f\left(x,y\right)}{\partial y\partial x}$。这样，将式 (A1.289) 代入式 (A1.288)，有

$$\left\{\begin{matrix} & k & \\ i & & j\end{matrix}\right\}=\frac{1}{2}g^{kr}\left(\boldsymbol{e}_r\cdot\frac{\partial \boldsymbol{e}_i}{\partial q^j}+\boldsymbol{e}_r\cdot\frac{\partial \boldsymbol{e}_j}{\partial q^i}\right)\tag{A1.290}$$

然后，对基本度规张量的分量求导数，有

$$\frac{\partial}{\partial q^i}\left(\boldsymbol{e}_j\cdot\boldsymbol{e}_r\right)=\frac{\partial \boldsymbol{e}_j}{\partial q^i}\cdot\boldsymbol{e}_r+\frac{\partial \boldsymbol{e}_r}{\partial q^i}\cdot\boldsymbol{e}_j\tag{A1.291}$$

类似地，还可写出

$$\frac{\partial}{\partial q^r}\left(\boldsymbol{e}_j\cdot\boldsymbol{e}_i\right)=\frac{\partial \boldsymbol{e}_j}{\partial q^r}\cdot\boldsymbol{e}_i+\frac{\partial \boldsymbol{e}_i}{\partial q^r}\cdot\boldsymbol{e}_j\tag{A1.292}$$

由式 (A1.289)，可以把上式改写为

$$\frac{\partial}{\partial q^r}\left(\boldsymbol{e}_j\cdot\boldsymbol{e}_i\right)=\frac{\partial \boldsymbol{e}_r}{\partial q^j}\cdot\boldsymbol{e}_i+\frac{\partial \boldsymbol{e}_r}{\partial q^i}\cdot\boldsymbol{e}_j\tag{A1.293}$$

还可以将式 (A1.291) 变形为

$$\frac{\partial \boldsymbol{e}_j}{\partial q^i}\cdot\boldsymbol{e}_r=\frac{\partial}{\partial q^i}\left(\boldsymbol{e}_j\cdot\boldsymbol{e}_r\right)-\frac{\partial \boldsymbol{e}_r}{\partial q^i}\cdot\boldsymbol{e}_j\tag{A1.294}$$

类似，我们有

$$\frac{\partial \boldsymbol{e}_i}{\partial q^j}\cdot\boldsymbol{e}_r=\frac{\partial}{\partial q^j}\left(\boldsymbol{e}_i\cdot\boldsymbol{e}_r\right)-\frac{\partial \boldsymbol{e}_r}{\partial q^j}\cdot\boldsymbol{e}_i\tag{A1.295}$$

将式 (A1.292)、式 (A1.293) 和式 (A1.294) 代入式 (A1.290)，有

$$\begin{aligned}\left\{\begin{matrix} & k & \\ i & & j\end{matrix}\right\} &= \frac{1}{2}g^{kr}\left[\frac{\partial}{\partial q^j}(\boldsymbol{e}_i\cdot\boldsymbol{e}_r)-\frac{\partial \boldsymbol{e}_r}{\partial q^j}\cdot\boldsymbol{e}_i+\frac{\partial}{\partial q^i}(\boldsymbol{e}_j\cdot\boldsymbol{e}_r)-\frac{\partial \boldsymbol{e}_r}{\partial q^i}\cdot\boldsymbol{e}_j\right]\\ &= \frac{1}{2}g^{kr}\left[\frac{\partial}{\partial q^j}(\boldsymbol{e}_i\cdot\boldsymbol{e}_r)+\frac{\partial}{\partial q^i}(\boldsymbol{e}_j\cdot\boldsymbol{e}_r)-\frac{\partial}{\partial q^r}(\boldsymbol{e}_j\cdot\boldsymbol{e}_i)\right]\end{aligned}\tag{A1.296}$$

最后，可以写成

$$\left\{\begin{matrix} & k & \\ i & & j\end{matrix}\right\} = \frac{1}{2}g^{kr}\left(\frac{\partial g_{ir}}{\partial q^j}+\frac{\partial g_{jr}}{\partial q^i}-\frac{\partial g_{ij}}{\partial q^r}\right)\tag{A1.297}$$

下面，再用类似的方法推导出逆基的逆变导数，从下面的关系式开始

$$\frac{\partial}{\partial q^j}\left(\boldsymbol{e}_i\cdot\boldsymbol{e}^k\right)=\frac{\partial}{\partial q^j}\delta_i^k=0\tag{A1.298}$$

将上式左端展开，有

$$\frac{\partial \boldsymbol{e}_i}{\partial q^j}\cdot\boldsymbol{e}^k+\frac{\partial \boldsymbol{e}^k}{\partial q^j}\cdot\boldsymbol{e}_i=0\tag{A1.299}$$

由式 (A1.284)，我们得到

$$\frac{\partial \boldsymbol{e}^k}{\partial q^j}\cdot\boldsymbol{e}_i=-\frac{\partial \boldsymbol{e}_i}{\partial q^j}\cdot\boldsymbol{e}^k=-\left\{\begin{matrix} & k & \\ i & & j\end{matrix}\right\}\tag{A1.300}$$

然后，令 $\boldsymbol{a}=\dfrac{\partial \boldsymbol{e}^k}{\partial q^j}$，代入式 (A1.58)，有

$$\frac{\partial \boldsymbol{e}^k}{\partial q^j}=\left(\frac{\partial \boldsymbol{e}^k}{\partial q^j}\cdot\boldsymbol{e}_i\right)\boldsymbol{e}^i\tag{A1.301}$$

代入式 (A1.300)，上式变为

$$\frac{\partial \boldsymbol{e}^k}{\partial q^j}=-\left\{\begin{matrix} & k & \\ i & & j\end{matrix}\right\}\boldsymbol{e}^i\tag{A1.302}$$

上式即为逆基的逆变导数。

由式 (A1.297)，取 $k=j$ 时，根据求和约定，式中右端方括号中第一和第三项相互抵消，有

$$\left\{\begin{matrix} & k & \\ i & & k\end{matrix}\right\} = \frac{1}{2}g^{kr}\frac{\partial g_{kr}}{\partial q^i}\tag{A1.303}$$

式中，从矩阵角度看 $\boldsymbol{g}^{kr}$ 是 $\boldsymbol{g}_{kr}$ 的逆矩阵，由式 (A1.102)，其元素可以表示为

$$\boldsymbol{g}^{kr}=\frac{\mathrm{Adj}\left(\boldsymbol{g}_{kr}\right)}{g}\tag{A1.304}$$

式中，$\mathrm{Adj}\,(\boldsymbol{g}_{kr})$ 是矩阵中 $\boldsymbol{g}_{kr}$ 元素所对应的余子式，这样，将式 (A1.304) 代入式 (A1.303)，有

$$\begin{Bmatrix} & k & \\ i & & k \end{Bmatrix} = \frac{1}{2}\frac{\mathrm{Adj}\,(\boldsymbol{g}_{kr})}{g}\frac{\partial g_{kr}}{\partial q^i} \tag{A1.305}$$

将 $\boldsymbol{g}_{kr}$ 的行列式展开写出为

$$\begin{vmatrix} g_{11} & g_{12} & g_{13} \\ g_{21} & g_{22} & g_{23} \\ g_{31} & g_{32} & g_{33} \end{vmatrix} = g_{11}\,(g_{22}g_{33} - g_{23}g_{32}) - g_{12}\,(g_{21}g_{33} - g_{31}g_{23}) + g_{13}\,(g_{21}g_{32} - g_{31}g_{22}) \tag{A1.306}$$

再将行列式求导，得

$$\begin{aligned} \frac{\partial\,[g_{kr}]}{\partial q^i} = &(g_{22}g_{33} - g_{23}g_{32})\frac{\partial g_{11}}{\partial q^i} \\ &- (g_{21}g_{33} - g_{31}g_{23})\frac{\partial g_{12}}{\partial q^i} + (g_{21}g_{32} - g_{31}g_{22})\frac{\partial g_{13}}{\partial q^i} \\ &+ g_{11}\left(g_{22}\frac{\partial g_{33}}{\partial q^i} + g_{33}\frac{\partial g_{22}}{\partial q^i} - g_{23}\frac{\partial g_{32}}{\partial q^i} - g_{32}\frac{\partial g_{23}}{\partial q^i}\right) \\ &- g_{12}\left(g_{21}\frac{\partial g_{33}}{\partial q^i} + g_{33}\frac{\partial g_{21}}{\partial q^i} - g_{31}\frac{\partial g_{23}}{\partial q^i} - g_{23}\frac{\partial g_{31}}{\partial q^i}\right) \\ &+ g_{13}\left(g_{21}\frac{\partial g_{32}}{\partial q^i} + g_{32}\frac{\partial g_{21}}{\partial q^i} - g_{31}\frac{\partial g_{22}}{\partial q^i} - g_{22}\frac{\partial g_{31}}{\partial q^i}\right) \end{aligned} \tag{A1.307}$$

不难看出

$$\begin{Bmatrix} & k & \\ i & & k \end{Bmatrix} = \frac{1}{2}g^{-1}\frac{\partial g}{\partial q^i} \tag{A1.308}$$

将上式右端变形为

$$\begin{Bmatrix} & k & \\ i & & k \end{Bmatrix} = \frac{\partial \ln\sqrt{g}}{\partial q^i} \tag{A1.309}$$

上式就是 Christoffel 符号收缩的结果。

下面再来看 Christoffel 第一类符号，这是以从曲线坐标系向原始笛卡儿系转换过程中相关的导数来定义的符号，写成

$$[ij, m] = \frac{\partial \boldsymbol{r}}{\partial q^m}\cdot\frac{\partial \boldsymbol{r}}{\partial q^i\,\partial q^j} = \boldsymbol{e}_m\cdot\frac{\partial \boldsymbol{e}_i}{\partial q^j} \tag{A1.310}$$

取 $\boldsymbol{a} = \dfrac{\partial \boldsymbol{e}_i}{\partial q^j}$ 代入式 (A1.58)，有

$$\frac{\partial \boldsymbol{e}_i}{\partial q^j} = \left(\frac{\partial \boldsymbol{e}_i}{\partial q^j}\cdot\boldsymbol{e}_m\right)\boldsymbol{e}^m \tag{A1.311}$$

由式 (A1.310)，上式可写为

$$\frac{\partial \boldsymbol{e}_i}{\partial q^j} = [ij,m]\,\boldsymbol{e}^m \tag{A1.312}$$

对比式 (A1.311)、式 (A1.312) 和式 (A1.284)、式 (A1.285)，它们的区别在于: 式 (A1.284)、式 (A1.285) 用逆标量分量和协基表征协基的逆变导数；而式 (A1.311)、式 (A1.312) 则是用协标量分量和逆基 (对偶基) 表征逆变导数。总结起来，两类 Christoffel 符号有如下联系：

$$\begin{aligned} \frac{\partial \boldsymbol{e}_i}{\partial q^j} &= \left\{ \begin{matrix} & k & \\ i & & j \end{matrix} \right\} \boldsymbol{e}_k \\ \frac{\partial \boldsymbol{e}_i}{\partial q^j} &= [ij,k]\,\boldsymbol{e}^k \end{aligned} \tag{A1.313}$$

注意约定求和，式 (A1.313) 第一行用 $\boldsymbol{e}_k$ 来展开，而式 (A1.313) 第二行用 $\boldsymbol{e}^k$ 来展开。两类符号通过式 (A1.154) 建立如下关联：

$$\boldsymbol{e}_k = \boldsymbol{g}_{km}\boldsymbol{e}^m \tag{A1.314}$$

将上式代入式 (A1.313)，有

$$\frac{\partial \boldsymbol{e}_i}{\partial q^j} = [ij,m]\,\boldsymbol{e}^m = \left\{ \begin{matrix} & k & \\ i & & j \end{matrix} \right\} \boldsymbol{g}_{km}\boldsymbol{e}^m \tag{A1.315}$$

这样，可以用基本度规张量的协分量来表示 $[ij,m]$，如下：

$$[ij,m] = \left\{ \begin{matrix} & k & \\ i & & j \end{matrix} \right\} \boldsymbol{g}_{km} = \frac{1}{2}\left( \frac{\partial g_{im}}{\partial q^j} + \frac{\partial g_{jm}}{\partial q^i} - \frac{\partial g_{ij}}{\partial q^m} \right) \tag{A1.316}$$

下面来看一个正交曲线坐标系的例子。由式 (A1.184)，有如下关系：

$$g_{ij} = 0, \quad i \neq j \quad h_i = \sqrt{g_{ii}} = \frac{1}{\sqrt{g^{ii}}} \tag{A1.317}$$

注意，上式右端不求和。将上式代入式 (A1.297)，有

$$\begin{aligned} \left\{ \begin{matrix} & 1 & \\ 1 & & 1 \end{matrix} \right\} =& \frac{1}{2} g^{11} \left( \frac{\partial g_{11}}{\partial q^1} + \frac{\partial g_{11}}{\partial q^1} - \frac{\partial g_{11}}{\partial q^1} \right) \\ & + \frac{1}{2} g^{12} \left( \frac{\partial g_{12}}{\partial q^1} + \frac{\partial g_{12}}{\partial q^1} - \frac{\partial g_{11}}{\partial q^2} \right) \\ & + \frac{1}{2} g^{13} \left( \frac{\partial g_{13}}{\partial q^1} + \frac{\partial g_{13}}{\partial q^1} - \frac{\partial g_{11}}{\partial q^3} \right) \end{aligned}$$

$$=\frac{1}{2}\frac{1}{h_1^2}\left(\frac{\partial h_1^2}{\partial q^1}\right)=\frac{1}{h_1}\frac{\partial h_1}{\partial q^1} \tag{A1.318}$$

当然，如果代入式 (A1.316) 计算，结果也是一样的。实际上，在应用当中第二类 Christoffel 符号，即式 (A1.297) 用得最多，通常将其记为 $\Gamma_{ij}^k$。

下面介绍方向导数和梯度。以温度分布为例，参考图 A1.29，以城市 $A$ 为原点的二维温度分布的等值线图。实际上，温度分布就是一个最好的标量场例子。一般地，写成

$$\phi=\phi\left(q^1,q^2,q^3\right) \tag{A1.319}$$

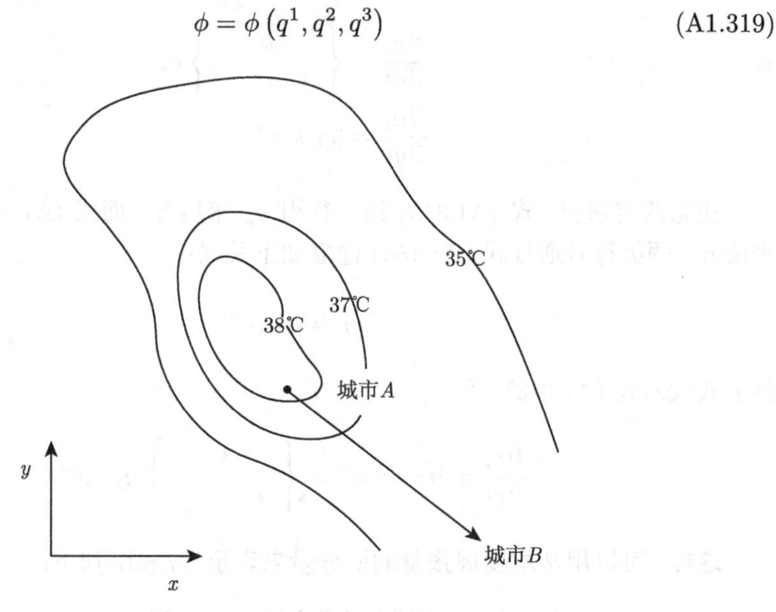


图 A1.29　温度分布示意图

用式 (A1.319) 代表温度。那么，想要确定大致沿城市 $A$ 指向城市 $B$ 方向的 $\phi$ 值变化率，设该方向为 $\hat{e}$。那么，怎么计算呢？引入方向导数，它表征了 $\phi$ 值在某一 $\boldsymbol{r}$ 位置处，沿一给定方向 $\hat{e}$ 的变化率。先写出 $\phi$ 值的微小变化，如下：

$$\mathrm{d}\phi=\frac{\partial\phi}{\partial q^1}\mathrm{d}q^1+\frac{\partial\phi}{\partial q^2}\mathrm{d}q^2+\frac{\partial\phi}{\partial q^3}\mathrm{d}q^3=\frac{\partial\phi}{\partial q^i}\mathrm{d}q^i \tag{A1.320}$$

将上式变形为

$$\mathrm{d}\phi=\left(\frac{\partial\phi}{\partial q^j}\boldsymbol{e}^j\right)\cdot\left(\mathrm{d}q^i\boldsymbol{e}_i\right) \tag{A1.321}$$

其实，就是从这里开始引入的这个 $\dfrac{\partial\phi}{\partial q^j}\boldsymbol{e}^j$，把标量乘上一个逆基向量。由式 (A1.186)，有 $\mathrm{d}\boldsymbol{r}=\mathrm{d}q^i\boldsymbol{e}_i$，代入式 (A1.321) 有

$$\mathrm{d}\phi=\left(\frac{\partial\phi}{\partial q^j}\boldsymbol{e}^j\right)\cdot\mathrm{d}\boldsymbol{r}=\left(\frac{\partial\phi}{\partial q^1}\boldsymbol{e}^1+\frac{\partial\phi}{\partial q^2}\boldsymbol{e}^2+\frac{\partial\phi}{\partial q^3}\boldsymbol{e}^3\right)\cdot\mathrm{d}\boldsymbol{r} \tag{A1.322}$$

注意到，$\mathrm{d}s = |\mathrm{d}\boldsymbol{r}|$，以单位向量来定义方向，如下：

$$\hat{\mathbf{e}} = \frac{\mathrm{d}\boldsymbol{r}}{\mathrm{d}s} \tag{A1.323}$$

将式 (A1.322) 两端同时除以 $\mathrm{d}s$，这样，可以定义如下的方向导数：

$$\left(\frac{\mathrm{d}\phi}{\mathrm{d}s}\right)_{\hat{\mathbf{e}}} = \left(\frac{\partial \phi}{\partial q^j}\boldsymbol{e}^j\right) \cdot \frac{\mathrm{d}\boldsymbol{r}}{\mathrm{d}s} = \left(\frac{\partial \phi}{\partial q^j}\boldsymbol{e}^j\right) \cdot \hat{\mathbf{e}} \tag{A1.324}$$

上式即为 $\phi$ 沿方向 $\hat{\mathbf{e}}$ 对 $s$ 的变化率。这样定义一个向量

$$\mathrm{grad}\phi = \frac{\partial \phi}{\partial q^j}\boldsymbol{e}^j \tag{A1.325}$$

这就是梯度向量，它指向 $\phi$ 变化最大的方向。可以看出，梯度向量是用协标量分量和逆基来表示的。$\phi = \mathrm{Const}$ 代表了一系列的等高面，而单位法向量即为垂直于各等高面的单位向量，如图 A1.30 所示。

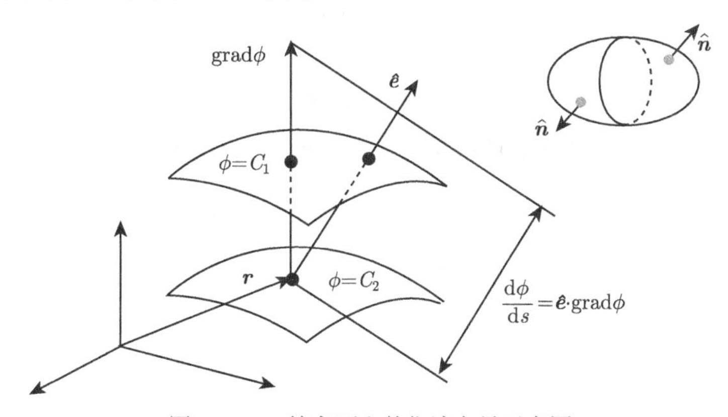


图 A1.30 等高面和单位法向量示意图

这样，按如下计算单位向量：

$$\hat{\boldsymbol{n}} = \pm \frac{\mathrm{grad}\phi}{|\mathrm{grad}\phi|} \tag{A1.326}$$

对于一个封闭曲面，按照惯例，以外法向量为正。接下来，定义算子 $\nabla$，有

$$\mathrm{grad}\phi = \nabla\phi = \left(\boldsymbol{e}^1\frac{\partial}{\partial q^1} + \boldsymbol{e}^2\frac{\partial}{\partial q^2} + \boldsymbol{e}^3\frac{\partial}{\partial q^3}\right)\phi \tag{A1.327}$$

其中

$$\nabla = \boldsymbol{e}^1\frac{\partial}{\partial q^1} + \boldsymbol{e}^2\frac{\partial}{\partial q^2} + \boldsymbol{e}^3\frac{\partial}{\partial q^3} = \boldsymbol{e}^i\frac{\partial}{\partial q^i} \tag{A1.328}$$

注意到，$\nabla$ 是一个向量微分算子，因此，它具有一个向量的某些属性。但注意，在我们的定义中，$\nabla$ 是从左往右运算的，它不能遵循互换性运算规则，比如，我们将其与任意向量 $\boldsymbol{a}$ 作标量积运算时，有

$$\boldsymbol{a}\cdot\nabla\neq\nabla\cdot\boldsymbol{a} \tag{A1.329}$$

实际上，不等式左边也是一个算子。由式 (A1.222)，对正交曲线坐标系，有

$$\boldsymbol{e}^i=\frac{\hat{\mathbf{e}}^i}{h_i} \tag{A1.330}$$

注意，这里不约定求和。代入式 (A1.328)，有梯度算子 $\nabla$ 为

$$\nabla=\frac{\hat{\mathbf{e}}^1}{h_1}\frac{\partial}{\partial q^1}+\frac{\hat{\mathbf{e}}^2}{h_2}\frac{\partial}{\partial q^2}+\frac{\hat{\mathbf{e}}^3}{h_3}\frac{\partial}{\partial q^3} \tag{A1.331}$$

对正交笛卡儿系统，有

$$\nabla=\hat{\boldsymbol{i}}_i\frac{\partial}{\partial x^i} \tag{A1.332}$$

定义散度为

$$\mathrm{div}\boldsymbol{a}=\nabla\cdot\boldsymbol{a} \tag{A1.333}$$

散度物理上表示空间某点处，单位体积内某个向量 $\boldsymbol{a}$ 的净流量。可以把散度写成

$$\mathrm{div}\boldsymbol{a}=\frac{\partial a^i}{\partial q^j}\delta_i^j+a^i\left\{\begin{matrix} & k & \\ i & & j\end{matrix}\right\}\delta_k^j=\frac{\partial a^i}{\partial q^i}+a^i\left\{\begin{matrix} & i & \\ i & & j\end{matrix}\right\} \tag{A1.334}$$

将式 (A1.309) 代入上式，得

$$\mathrm{div}\boldsymbol{a}=\frac{\partial a^i}{\partial q^i}+\frac{a^i}{\sqrt{g}}\frac{\partial\sqrt{g}}{\partial q^i} \tag{A1.335}$$

所以，常用到的有两种形式，分别为

$$\mathrm{div}\boldsymbol{a}=\frac{1}{\sqrt{g}}\frac{\partial\left(\sqrt{g}a^i\right)}{\partial q^i} \tag{A1.336}$$

和

$$\mathrm{div}\boldsymbol{a}=\frac{1}{J}\frac{\partial\left(Ja^i\right)}{\partial q^i} \tag{A1.337}$$

式中，$J$ 为 Jacobian 行列式。

对正交曲线坐标系，由式 (A1.32)、式 (A1.185) 和式 (A1.214)，任意向量 $\boldsymbol{a}$ 可写为

$$\boldsymbol{a}=a^ih_i\hat{\mathbf{e}}_i=\hat{a}_i\hat{\mathbf{e}}_i \tag{A1.338}$$

注意，这里不作约定求和。将式 (A1.338) 代入式 (A1.337)，联系式 (A1.184)，有

$$
\begin{aligned}
\operatorname{div}\boldsymbol{a} &= \frac{1}{h_1h_2h_3}\frac{\partial\left(h_1h_2h_3a^i\right)}{\partial q^i} \\
&= \frac{1}{h_1h_2h_3}\left[\frac{\partial\left(h_2h_3\hat{a}_1\right)}{\partial q^1}+\frac{\partial\left(h_1h_3\hat{a}_2\right)}{\partial q^2}+\frac{\partial\left(h_1h_2\hat{a}_3\right)}{\partial q^3}\right]
\end{aligned} \tag{A1.339}
$$

注意到，这里特意采用了物理分量来表示。对于正交笛卡儿系，有

$$
\operatorname{div}\boldsymbol{a} = \frac{\partial a_i}{\partial x_i} \tag{A1.340}
$$

下面来看高斯定理。这是关于将体积分和面积分相互关联的向量积分关系。通过这些内容的介绍，对前面介绍的向量微分算子赋予更多的物理含义。向量积分关系构成积分、微分守恒定律的基础。这里，主要涉及连续介质力学，它也可以服务于有限体积、有限元的方法基础。取任意空间区域 $R$ 及其封闭曲面 $S$。以微元体积 $\mathrm{d}\tau$、微元面积 $\mathrm{d}S$ 作为基本微元，如图 A1.31 所示。

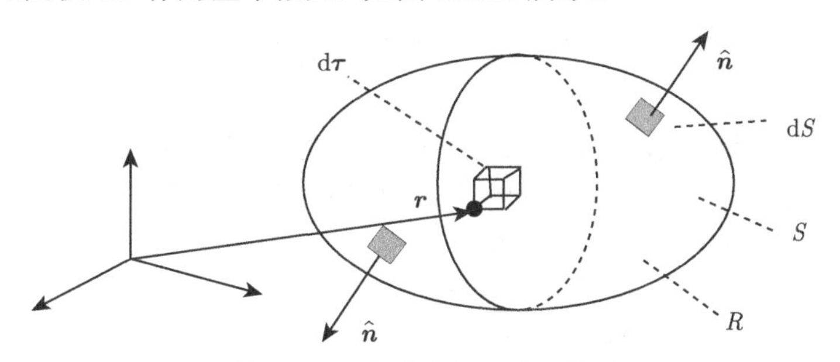


图 A1.31 任意空间区域示意图

以单位外法向 $\hat{\boldsymbol{n}}$ 作为曲面的方向向量。引入如下积分定理：

$$
\begin{aligned}
&\iiint_R \operatorname{grad}\phi\mathrm{d}\tau = \oiint_S \hat{\boldsymbol{n}}\phi\mathrm{d}S \\
&\iiint_R \operatorname{div}\boldsymbol{a}\mathrm{d}\tau = \oiint_S \hat{\boldsymbol{n}}\cdot\boldsymbol{a}\mathrm{d}S \\
&\iiint_R \operatorname{curl}\boldsymbol{a}\mathrm{d}\tau = \oiint_S \hat{\boldsymbol{n}}\times\boldsymbol{a}\mathrm{d}S
\end{aligned} \tag{A1.341}
$$

式中，第一式为梯度定理；第二式为散度定理；第三式为旋度定理。利用散度定理，可以得到一个类似于方向导数的导数关系式，令 $\boldsymbol{a}=\nabla\phi$，代入式 (A1.341) 第二行，得

$$
\iiint_R \operatorname{div}\left(\operatorname{grad}\phi\right)\mathrm{d}\tau = \iiint_R \nabla^2\phi\mathrm{d}\tau = \oiint_S \hat{\boldsymbol{n}}\cdot\operatorname{grad}\phi\mathrm{d}S \tag{A1.342}
$$

容易看出，式中

$$\hat{\boldsymbol{n}} \cdot \text{grad}\phi = \frac{\partial \phi}{\partial n} \tag{A1.343}$$

即法向导数，如图 A1.32 所示。

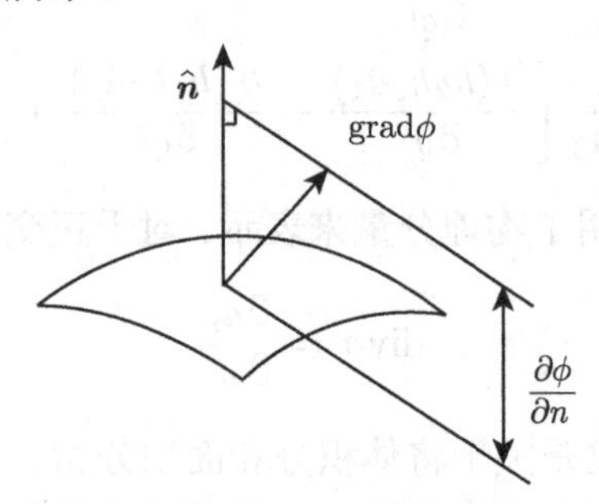


图 A1.32　法向导数示意图

它表示在包围区域 $R$ 的封闭曲面 $S$ 上，$\phi$ 沿曲面法向的变化率。在正交笛卡儿系中，法向导数写为

$$\frac{\partial \phi}{\partial n} = n_i \hat{\boldsymbol{i}}_i \cdot \frac{\partial \phi}{\partial x_j} \hat{\boldsymbol{i}}_j = n_j \frac{\partial \phi}{\partial x_j} \tag{A1.344}$$

式中，$\hat{\boldsymbol{n}}$ 为单位向量，因此，$n_i$ 表示方向余弦。通过积分关系，还可以对前面介绍的向量微分算子建立新的定义式，从而赋予更为直观的含义。注意到，这里给出积分关系式过程并没有参考任何坐标系。

令区域 $R$ 不断收缩，直至为一点，即 $R \to \Delta\tau, S \to \Delta S$，注意，这里，$\Delta\tau \to 0$ 时，$S \to \Delta S \neq 0$，现在积分关系式变为

$$\begin{gathered}
\iiint_R \text{grad}\phi \text{d}\tau = \oiint_S \hat{\boldsymbol{n}}\phi \text{d}S \to \text{grad}\phi\Delta\tau \approx \oiint_{\Delta S} \hat{\boldsymbol{n}}\phi \text{d}S \\
\iiint_R \text{div}\boldsymbol{a}\text{d}\tau = \oiint_S \hat{\boldsymbol{n}} \cdot \boldsymbol{a}\text{d}S \to \text{div}\boldsymbol{a}\Delta\tau \approx \oiint_{\Delta S} \hat{\boldsymbol{n}} \cdot \boldsymbol{a}\text{d}S \\
\iiint_R \text{curl}\boldsymbol{a}\text{d}\tau = \oiint_S \hat{\boldsymbol{n}} \times \boldsymbol{a}\text{d}S \to \text{curl}\boldsymbol{a}\Delta\tau \approx \oiint_{\Delta S} \hat{\boldsymbol{n}} \times \boldsymbol{a}\text{d}S
\end{gathered} \tag{A1.345}$$

同样，这里也没有参考任何坐标系，而且这些关系式中包含了向量。把下面这些式子称为不变式：

$$\begin{gathered}
\text{grad}\phi \approx \lim_{\Delta\tau \to 0} \frac{1}{\Delta\tau} \oiint_{\Delta S} \hat{\boldsymbol{n}}\phi \text{d}S \\
\text{div}\boldsymbol{a} \approx \lim_{\Delta\tau \to 0} \frac{1}{\Delta\tau} \oiint_{\Delta S} \hat{\boldsymbol{n}} \cdot \boldsymbol{a}\text{d}S \\
\text{curl}\boldsymbol{a} \approx \lim_{\Delta\tau \to 0} \frac{1}{\Delta\tau} \oiint_{\Delta S} \hat{\boldsymbol{n}} \times \boldsymbol{a}\text{d}S
\end{gathered} \tag{A1.346}$$

注意到，这些不变式形式上与一元函数导数的极限定义是相似的，即

$$\frac{\mathrm{d}f}{\mathrm{d}x} = \lim_{\Delta x \to 0} \frac{f(x+\Delta x) - f(x)}{\Delta x} \tag{A1.347}$$

式中，$f$ 表示某个关于 $x$ 的标量函数。

先看梯度。式 (A1.346) 第一行，$\phi$ 可以看作是对 $\hat{\boldsymbol{n}}\mathrm{d}S$ 的加权，也就是说，越是大的 $\phi\hat{\boldsymbol{n}}\mathrm{d}S$，对积分的贡献就越大。结合图 A1.33，当 $\Delta\tau \to 0$ 时，无疑在所有的方向里面，只有沿 $\phi$ 增长最快的方向，其所占的积分权重最大，也就是说，沿着 $\mathrm{grad}\phi$ 方向的这一项在积分里占主导地位，这与之前的式 (A1.325) 梯度定义是相合的。

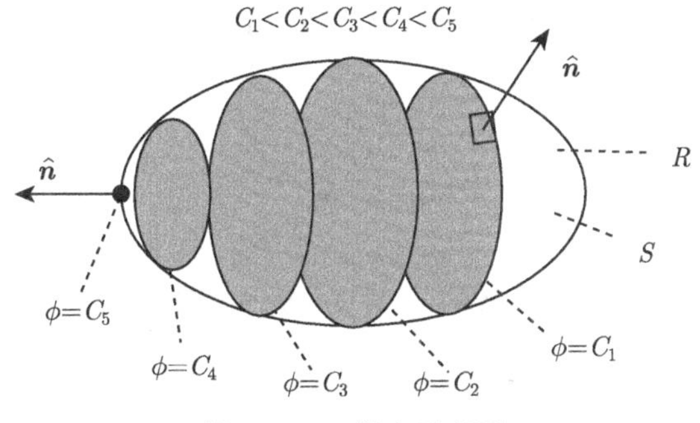


图 A1.33 梯度示意图

再看散度 (图 A1.34)。为便于分析，令 $\boldsymbol{a} = \boldsymbol{v}$，代入式 (A1.346) 第二式，有

$$\mathrm{div}\boldsymbol{v} \approx \lim_{\Delta\tau \to 0} \frac{1}{\Delta\tau} \oiint_{\Delta S} \hat{\boldsymbol{n}} \cdot \boldsymbol{v}\mathrm{d}S \tag{A1.348}$$

其中

$$\hat{\boldsymbol{n}} \cdot \boldsymbol{v}\mathrm{d}S = v_n \mathrm{d}S \tag{A1.349}$$

表示穿过 $\mathrm{d}S$ 向外流出的流量。当 $\Delta\tau \to 0$ 时，散度式 (A1.348) 相当于净流出的流量与单位体积的比值。

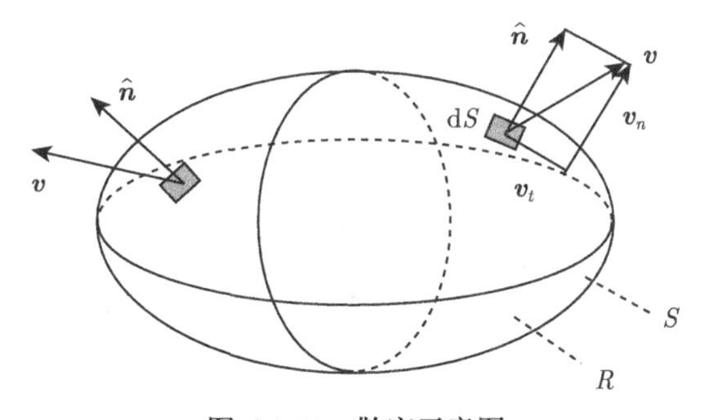


图 A1.34 散度示意图

再看旋度。通过 Stokes 定理，证明旋度是与向量场的环量有关的，如下：

$$\iint_S (\text{curl}\boldsymbol{a}) \cdot \hat{\boldsymbol{n}} \mathrm{d}S = \oint_C \boldsymbol{a} \cdot \mathrm{d}\boldsymbol{s} \tag{A1.350}$$

上式右端表示绕曲线 $C$ 的环量。

如图 A1.35 所示，该区域的侧曲面及侧曲面的边界为曲线 $C$。

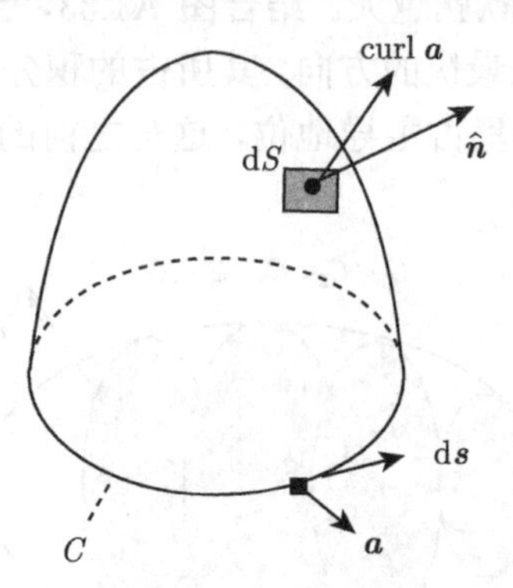


图 A1.35　旋度分析示意图

类似式 (A1.345)，可以定义：

$$(\text{curl}\boldsymbol{a}) \cdot \hat{\boldsymbol{n}} \approx \oint_C \boldsymbol{a} \cdot \mathrm{d}\boldsymbol{s} \tag{A1.351}$$

将区域收缩，直至侧曲面变成 $C$ 曲线所包围的平面区域，当该微小平面面积 $\Delta S \to 0$ 时，环绕曲线 $C \to C_n$，类似式 (A1.346)，可以定义：

$$|\text{curl}\boldsymbol{a}|_n = (\text{curl}\boldsymbol{a}) \cdot \hat{\boldsymbol{n}} \approx \lim_{\Delta S \to 0} \frac{1}{\Delta S} \oint_{C_n} \boldsymbol{a} \cdot \mathrm{d}\boldsymbol{s} \tag{A1.352}$$

上式右端为环绕曲线 $C$ 的环量与环绕曲线 $C$ 所占面积之比 (图 A1.36)。

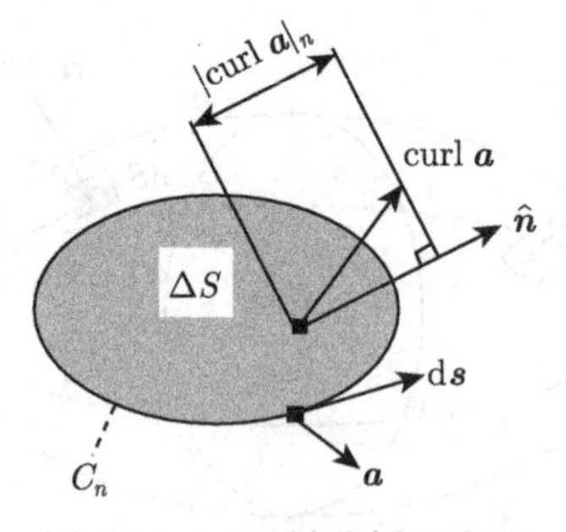


图 A1.36　环量分析示意图

下面，通过几个例子来加深对积分关系的认识。第一个例子涉及流体，试证明浮力 $\boldsymbol{f}$ 与当地的重力加速度 $\boldsymbol{g}$ 方向相反，浮力的大小等于物体排开水的重量。

从考虑压力开始，压力定义为作用在表面上的内法向应力，比如，在面 $S$ 上某点处，作用力方向与该面的单位外法向量 $\hat{\boldsymbol{n}}$ 相反，大小等于力除以单位面积。对于浸没在流体中的物体，周围的压力为 $p(\boldsymbol{r})$，则物体所受的总静压力为

$$\boldsymbol{f}=-\oiint_S p\hat{\boldsymbol{n}}\mathrm{d}S \tag{A1.353}$$

注意到，沿重力方向的压力值增加最快，即压力梯度为 $\mathrm{grad}p=\rho\boldsymbol{g}$，由梯度定理式 (A1.341) 第一式，有

$$\iiint_R \mathrm{grad}\,p\mathrm{d}\tau=\oiint_S \hat{\boldsymbol{n}}p\mathrm{d}S \tag{A1.354}$$

由式 (A1.353) 和式 (A1.354)，有

$$\begin{aligned}\boldsymbol{f}&=-\oiint_S p\hat{\boldsymbol{n}}\mathrm{d}S=-\iiint_R \mathrm{grad}\,p\mathrm{d}\tau\\&=-\iiint_R \rho\boldsymbol{g}\mathrm{d}\tau=-\boldsymbol{g}\iiint_R \rho\mathrm{d}\tau=-m\boldsymbol{g}\end{aligned} \tag{A1.355}$$

这正好是阿基米德定律。

第二个例子是关于连续性方程。给出空间中某一固定区域中，密度为 $\rho=\rho(\boldsymbol{r},t)$，速度为 $\boldsymbol{v}=\boldsymbol{v}(\boldsymbol{r},t)$。这样，$\rho\boldsymbol{v}$ 为质量流量，即单位时间内通过单位面积的流体质量。

如图 A1.37 所示。质量守恒说明，在没有质量源的条件下，区域 $R$ 内流体质量的变化率与穿过边界面 $S$ 的流体质量净流量相抵消，有

$$\frac{\mathrm{d}}{\mathrm{d}t}\iiint_R \rho\mathrm{d}\tau+\oiint_S \rho\boldsymbol{v}\cdot\hat{\boldsymbol{n}}\mathrm{d}S=0 \tag{A1.356}$$

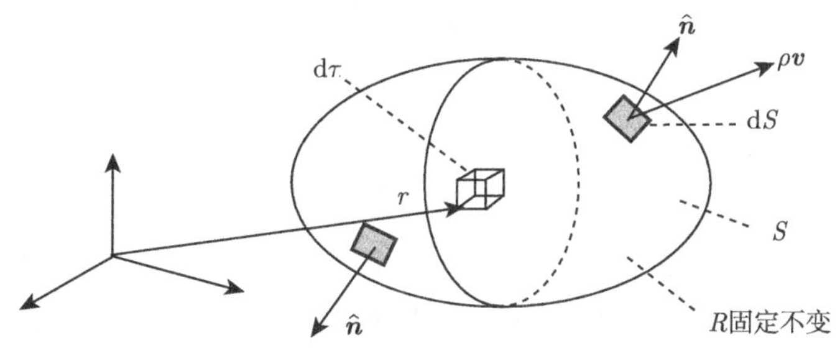


图 A1.37　质量守恒方程分析示意图

区域 $R$ 是空间某固定区域，有

$$\iiint_R \frac{\partial \rho}{\partial t} \mathrm{d}\tau + \oiint_S \rho \boldsymbol{v} \cdot \hat{\boldsymbol{n}} \mathrm{d}S = 0 \tag{A1.357}$$

运用散度定理，将上式中第二项表面积分转为体积分，有

$$\iiint_R \left[ \frac{\partial \rho}{\partial t} + \mathrm{div}\,(\rho \boldsymbol{v}) \right] \mathrm{d}\tau = 0 \tag{A1.358}$$

考虑式 (A1.358) 对任意区域 $R$ 都成立，所以，若积分为零，必有

$$\frac{\partial \rho}{\partial t} + \mathrm{div}\,(\rho \boldsymbol{v}) = 0 \tag{A1.359}$$

第三个例子是关于雷诺传输定理。雷诺传输定理为建立一般传输方程提供了基础。比如，对于某类介质，如气、液、固等，可以据此写出某些向量或标量的场分布关系式，以描述场分布的演变过程。

对于一维空间函数 $f(x)$，根据莱布尼茨定理，积分函数 $I(t)$ 的导数为

$$\begin{aligned} I(t) &= \int_{a(t)}^{b(t)} f(x)\,\mathrm{d}x \\ \frac{\mathrm{d}I}{\mathrm{d}t} &= \frac{\mathrm{d}b}{\mathrm{d}t} f(b(t)) - \frac{\mathrm{d}a}{\mathrm{d}t} f(a(t)) \end{aligned} \tag{A1.360}$$

对于一维空间、时间的函数 $f(x,t)$，积分函数 $I(t)$ 的导数为

$$\begin{aligned} I(t) &= \int_{a(t)}^{b(t)} f(x,t)\,\mathrm{d}x \\ \frac{\mathrm{d}I}{\mathrm{d}t} &= \frac{\mathrm{d}b}{\mathrm{d}t} f(b(t),t) - \frac{\mathrm{d}a}{\mathrm{d}t} f(a(t),t) + \int_{a(t)}^{b(t)} \frac{\partial f}{\partial t} \mathrm{d}x \end{aligned} \tag{A1.361}$$

下面，我们将其通用化至三维空间。令 $Q(\boldsymbol{r},t)$ 表征某种流动量，比如，密度等。在一般情况下，面 $S(t)$ 上各点处都有其速度 $\boldsymbol{v}_S$。将 $t$ 时刻，区域 $R$ 内 $Q$ 的总量表示为

$$I(t) = \iiint_{R(t)} Q(\boldsymbol{r},t)\,\mathrm{d}\tau \tag{A1.362}$$

对时间的导数为

$$\frac{\mathrm{d}I(t)}{\mathrm{d}t} = \iiint_{R(t)} \frac{\partial Q}{\partial t} \mathrm{d}\tau + \oiint_{S(t)} Q(\boldsymbol{r},t)\,\boldsymbol{v}_s \cdot \hat{\boldsymbol{n}} \mathrm{d}S \tag{A1.363}$$

对于物质区域的情形，可以取 $\boldsymbol{v}_s = \boldsymbol{v}$，即介质的速度，也就是说，面 $S(t)$ 上各点与当地介质一起以相同速度运动。对于这种情况，常见的做法是用一个特殊标记来表示时间导数，即

$$\frac{\mathrm{d}}{\mathrm{d}t} \to \frac{\mathrm{D}}{\mathrm{D}t} \tag{A1.364}$$

称之为质点导数，或物质导数。这样，式 (A1.363) 变为

$$\frac{\mathrm{D}I}{\mathrm{D}t}=\iiint_{R(t)}\frac{\partial Q}{\partial t}\mathrm{d}\tau+\oiint_{S(t)}Q(\boldsymbol{r},t)\,\boldsymbol{v}\cdot\hat{\boldsymbol{n}}\mathrm{d}S \tag{A1.365}$$

下面推导具体的守恒方程。

运用雷诺传输定理，推导基本物理守恒定律，且由此推导的形式在张量、向量、标量场分析中应用很广泛。我们先来看质量守恒。

微元体积 $\mathrm{d}\tau$ 所对应的微元质量 $\mathrm{d}m$ 可以表示为 $\rho\mathrm{d}\tau$，这样，在区域 $R(t)$ 内的总的质量为 $\iiint_{R(t)}\rho\mathrm{d}\tau$。质量守恒可以这样表述，即区域 $R(t)$ 与介质一同以速度 $\boldsymbol{v}$ 运动，而包含在区域 $R(t)$ 内的质量是保持不变的，即

$$\frac{\mathrm{D}}{\mathrm{D}t}\iiint_{R(t)}\rho(\boldsymbol{r},t)\,\mathrm{d}\tau=0 \tag{A1.366}$$

运用雷诺传输定理，有

$$\iiint_{R(t)}\frac{\partial\rho}{\partial t}\mathrm{d}\tau+\oiint_{S(t)}\rho(\boldsymbol{r},t)\,\boldsymbol{v}\cdot\hat{\boldsymbol{n}}\mathrm{d}S=0 \tag{A1.367}$$

下面，再看动量守恒定理。根据牛顿第二定律，外力之和等于动量的时间变化率，即 $\sum\boldsymbol{f}=\frac{\mathrm{d}}{\mathrm{d}t}(m\boldsymbol{v})$。接着写出物质区域上的方程式。由于微元质量 $\mathrm{d}m$ 所对应的动量可表示为 $\rho\boldsymbol{v}\mathrm{d}\tau$，这样，在区域 $R(t)$ 内的总的动量为 $\iiint_{R(t)}\rho\boldsymbol{v}\mathrm{d}\tau$，这样，动量守恒即为

$$\frac{\mathrm{D}}{\mathrm{D}t}\iiint_{R(t)}\rho\boldsymbol{v}(\boldsymbol{r},t)\,\mathrm{d}\tau=\sum\boldsymbol{f} \tag{A1.368}$$

运用雷诺传输定理，有

$$\iiint_{R(t)}\frac{\partial(\rho\boldsymbol{v})}{\partial t}\mathrm{d}\tau+\oiint_{S(t)}\rho\boldsymbol{v}\boldsymbol{v}\cdot\hat{\boldsymbol{n}}\mathrm{d}S=\sum\boldsymbol{f} \tag{A1.369}$$

再来看能量方程。根据热力学第一定律，系统总能的变化等于穿过边界进入边界的热量加上在边界上所做的功之和，即 $\Delta E=\delta Q+\delta W$。微元体积 $\mathrm{d}\tau$ 内的能量可表示为 $\left(\rho u+\rho\frac{v^2}{2}\right)\mathrm{d}\tau$，注意，这里的 $u$ 表示比内能，$v$ 表示速度。这样，可以把能量方程式写成

$$\frac{\mathrm{D}}{\mathrm{D}t}\iiint_{R(t)}\rho\left(u+\frac{\boldsymbol{v}\cdot\boldsymbol{v}}{2}\right)\mathrm{d}\tau=\frac{\delta Q}{\mathrm{d}t}+\frac{\delta W}{\mathrm{d}t} \tag{A1.370}$$

也可以根据雷诺传输定理，写成

$$\iiint_{R(t)}\frac{\partial}{\partial t}\left[\rho\left(u+\frac{\boldsymbol{v}\cdot\boldsymbol{v}}{2}\right)\right]\mathrm{d}\tau+\oiint_{S(t)}\rho\left(u+\frac{\boldsymbol{v}\cdot\boldsymbol{v}}{2}\right)\boldsymbol{v}\cdot\hat{\boldsymbol{n}}\mathrm{d}S=\frac{\delta Q}{\mathrm{d}t}+\frac{\delta W}{\mathrm{d}t} \tag{A1.371}$$

注意，这里在热和功前面用 $\delta$ 表示微元变化，这是为什么？因为这两个是外界的作用，只适合用 $\delta$ 表示在时间间隔 $\mathrm{d}t$ 上该量发生的变化。

## A1.4　张量分析

从这节开始，专门讲解张量。标量实际上是一个零阶张量，而一个向量实际上是一阶张量。下面要开始介绍二阶张量。先看一个例子，是关于角动量的。

对于微元质量 $\mathrm{d}m=\rho\mathrm{d}\tau$，绕 $O$ 点的角动量按下式计算：

$$\mathrm{d}\boldsymbol{H}_0=\boldsymbol{r}\times(\rho\mathrm{d}\tau)\,\boldsymbol{v} \tag{A1.372}$$

积分上式，得

$$\boldsymbol{H}_0=\iiint_R(\boldsymbol{r}\times\boldsymbol{v})\,\rho\mathrm{d}\tau \tag{A1.373}$$

这就是角动量向量。然后，写成角速度向量的形式，如下：

$$\boldsymbol{H}_0=\iiint_R\boldsymbol{r}\times(\boldsymbol{\omega}\times\boldsymbol{r})\,\rho\mathrm{d}\tau \tag{A1.374}$$

由式 (A1.23)，上式展开为

$$\boldsymbol{H}_0=\iiint_R\left[\boldsymbol{\omega}\boldsymbol{r}^2-(\boldsymbol{\omega}\cdot\boldsymbol{r})\,\boldsymbol{r}\right]\rho\mathrm{d}\tau \tag{A1.375}$$

对于刚体旋转，$\boldsymbol{\omega}$ 不是位置的函数，即 $\boldsymbol{\omega}\neq\boldsymbol{\omega}(\boldsymbol{r})$，没有办法获得关于它的系数。为了做到这一点，引入并矢 $\boldsymbol{rr}$，或者叫做张量积。一个并矢就是两个向量并排在一起，作为一个实体。注意求和，比如，单位并矢有

$$\overleftrightarrow{\boldsymbol{I}}=\boldsymbol{e}_1\boldsymbol{e}^1+\boldsymbol{e}_2\boldsymbol{e}^2+\boldsymbol{e}_3\boldsymbol{e}^3 \tag{A1.376}$$

与线性代数的单位矩阵类似，单位并矢能够将一个向量变回自身，比如

$$\begin{aligned}\overleftrightarrow{\boldsymbol{I}}\cdot\boldsymbol{\omega}&=\boldsymbol{e}_1\left(\boldsymbol{e}^1\cdot\boldsymbol{\omega}\right)+\boldsymbol{e}_2\left(\boldsymbol{e}^2\cdot\boldsymbol{\omega}\right)+\boldsymbol{e}_3\left(\boldsymbol{e}^3\cdot\boldsymbol{\omega}\right)\\&=\boldsymbol{e}_1\omega^1+\boldsymbol{e}_2\omega^2+\boldsymbol{e}_3\omega^3=\boldsymbol{\omega}\end{aligned} \tag{A1.377}$$

因为单位张量是对称的，故有

$$\overleftrightarrow{\boldsymbol{I}}\cdot\boldsymbol{\omega}=\boldsymbol{\omega}\cdot\overleftrightarrow{\boldsymbol{I}}=\boldsymbol{\omega} \tag{A1.378}$$

回到角动量，借助单位并矢，式 (A1.374) 变为

$$\boldsymbol{H}_0=\iiint_R\left(r^2\overleftrightarrow{\boldsymbol{I}}-\boldsymbol{rr}\right)\cdot\boldsymbol{\omega}\rho\mathrm{d}\tau \tag{A1.379}$$

由此，定义惯性张量的矩，如下：

$$\overleftrightarrow{\mathcal{J}}_0=\iiint_R\left(r^2\overleftrightarrow{\boldsymbol{I}}-\boldsymbol{r}\boldsymbol{r}\right)\rho\mathrm{d}\tau \tag{A1.380}$$

这样，式 (A1.379) 变为

$$\boldsymbol{H}_0=\overleftrightarrow{\mathcal{J}}_0\cdot\boldsymbol{\omega} \tag{A1.381}$$

注意，类似线性代数中的方阵，$\overleftrightarrow{\mathcal{J}}_0$ 是一个算子，它能将一个向量转变成另一个向量，我们再进一步写出总质量为 $m$ 的物体的旋转动能，如下：

$$\begin{aligned}E=&\frac{1}{2}mv^2=\frac{1}{2}\iiint_R\boldsymbol{v}\cdot\boldsymbol{v}\rho\mathrm{d}\tau\\=&\frac{1}{2}\iiint_R(\boldsymbol{\omega}\times\boldsymbol{r})\cdot\boldsymbol{v}\rho\mathrm{d}\tau=\frac{1}{2}\iiint_R\boldsymbol{\omega}\cdot(\boldsymbol{r}\times\boldsymbol{v})\,\rho\mathrm{d}\tau\\=&\frac{1}{2}\boldsymbol{\omega}\cdot\iiint_R(\boldsymbol{r}\times\boldsymbol{v})\,\rho\mathrm{d}\tau=\frac{1}{2}\boldsymbol{\omega}\cdot\overleftrightarrow{\mathcal{J}}_0\cdot\boldsymbol{\omega}\end{aligned} \tag{A1.382}$$

即用惯性矩张量书写的转动能。

我们提到“张量”，通常是指二阶张量。在详细介绍张量代数和微积分运算规则之前，首先通过一些例子来熟悉如何使用好张量。

第一个例子是关于连续介质力学，在某个位置处的应力取决于该位置处的作用力 $\boldsymbol{f}$，以及作用面积 $\Delta S$，注意，应力等于力除以面积。如图 A1.38 所示，在位置 $\boldsymbol{r}$ 处的应力向量是两个向量 $\boldsymbol{f}(\hat{\boldsymbol{n}})$ 和 $\hat{\boldsymbol{n}}$ 的函数。

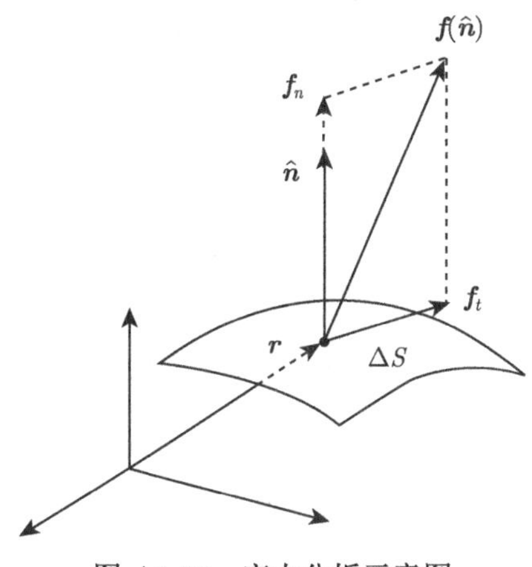


图 A1.38 应力分析示意图

应力张量包含了确定一点处应力状态的必需信息。考虑一个四面体单元，如图 A1.39 所示。

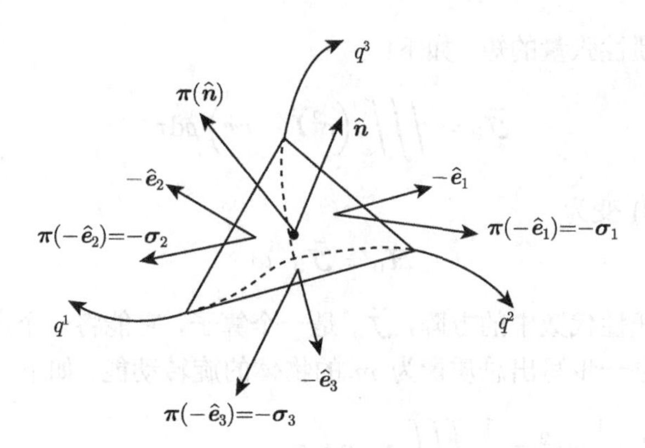


图 A1.39　一点处的应力状态示意图

根据牛顿第二定律

$$\sum \boldsymbol{f} = \boldsymbol{f}_{\text{surface}} + \boldsymbol{f}_{\text{body}} = m\boldsymbol{a} \tag{A1.383}$$

由图 A1.40 所示，面向量有如下关系式：

$$\begin{aligned} &\boldsymbol{S} = S\hat{\boldsymbol{n}} \\ &\boldsymbol{S}' = S'\hat{\boldsymbol{n}}' \\ &S' = \boldsymbol{S}\cdot\hat{\boldsymbol{n}}' = S\hat{\boldsymbol{n}}\cdot\hat{\boldsymbol{n}}' = \text{proj}_{\hat{\boldsymbol{n}}'}\boldsymbol{S} \end{aligned} \tag{A1.384}$$

这样，可得面向量的分量为

$$\begin{aligned} \Delta S_1 &= (\hat{\boldsymbol{n}}\cdot\hat{\boldsymbol{e}}_1)\,\Delta S \\ \Delta S_2 &= (\hat{\boldsymbol{n}}\cdot\hat{\boldsymbol{e}}_2)\,\Delta S \\ \Delta S_3 &= (\hat{\boldsymbol{n}}\cdot\hat{\boldsymbol{e}}_3)\,\Delta S \end{aligned} \tag{A1.385}$$

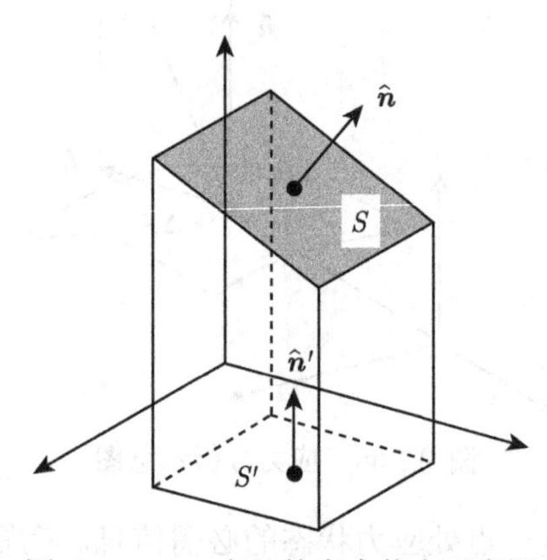


图 A1.40　一点处的应力状态示意图

然后，运用散度定理

$$\iiint_R \text{div } r\text{d}\tau = \oiint_S \boldsymbol{r}\cdot\hat{\boldsymbol{n}}\text{d}S \tag{A1.386}$$

令区域 $R$ 收缩至无限小微元，有

$$\text{d}\tau \approx \frac{\oiint_S \boldsymbol{r}\cdot\hat{\boldsymbol{n}}\text{d}S}{\text{div } \boldsymbol{r}} = \frac{\Delta h \Delta S}{3} \tag{A1.387}$$

这样，牛顿第二定律变为

$$\Delta S\left[\boldsymbol{\pi} - \boldsymbol{\sigma}_1\left(\hat{\boldsymbol{n}}\cdot\hat{e}_1\right) - \boldsymbol{\sigma}_2\left(\hat{\boldsymbol{n}}\cdot\hat{e}_2\right) - \boldsymbol{\sigma}_3\left(\hat{\boldsymbol{n}}\cdot\hat{e}_3\right)\right] + \frac{\rho\Delta h}{3}\Delta S\boldsymbol{f} = \frac{\rho\Delta h}{3}\Delta S\boldsymbol{a} \tag{A1.388}$$

解出应力向量 $\boldsymbol{\pi}$，有

$$\boldsymbol{\pi} = \boldsymbol{\sigma}_1\left(\hat{\boldsymbol{n}}\cdot\hat{e}_1\right) + \boldsymbol{\sigma}_2\left(\hat{\boldsymbol{n}}\cdot\hat{e}_2\right) + \boldsymbol{\sigma}_3\left(\hat{\boldsymbol{n}}\cdot\hat{e}_3\right) = \frac{\rho\Delta h}{3}\left(\boldsymbol{a} - \boldsymbol{f}\right) \tag{A1.389}$$

然后，令区域 $R$ 收缩至无限小微元，有

$$\Delta h \to 0 \quad \boldsymbol{\pi} = \hat{\boldsymbol{n}}\cdot\left(\hat{e}_1\boldsymbol{\sigma}_1 + \hat{e}_2\boldsymbol{\sigma}_2 + \hat{e}_3\boldsymbol{\sigma}_3\right) \tag{A1.390}$$

用张量记法，有

$$\boldsymbol{\pi}\left(\hat{\boldsymbol{n}}\right) = \hat{\boldsymbol{n}}\cdot\overleftrightarrow{\boldsymbol{\sigma}} \tag{A1.391}$$

注意，需要仔细区分

$$\begin{aligned}\boldsymbol{\sigma}_i &= \sigma_{ij}\hat{\boldsymbol{e}}_j \\ \overleftrightarrow{\boldsymbol{\sigma}} &= \sigma_{ij}\hat{\boldsymbol{e}}_i\hat{\boldsymbol{e}}_j\end{aligned} \tag{A1.392}$$

第一行表示应力向量，而第二行表示应力张量。应力向量表示作用在垂直于第 $i$ 个坐标轴的平面上的应力，沿着 $\hat{e}_j$ 方向。比如，应力向量 $\boldsymbol{\pi}$ 表示作用在垂直于任意单位法向量 $\hat{\boldsymbol{n}}$ 的平面上的应力。而应力张量的本构关系取决于材料的属性。

下面来看并矢的运算规则。

正如前面介绍过的，并矢表示的是一个张量，它用两个并排的向量表示，比如 $\boldsymbol{ab}$，而并矢张量则是由一系列的并矢的线性组合构成，比如

$$\overleftrightarrow{\boldsymbol{\Phi}} = \boldsymbol{a}_1\boldsymbol{b}_1 + \boldsymbol{a}_2\boldsymbol{b}_2 + \cdots + \boldsymbol{a}_n\boldsymbol{b}_n \tag{A1.393}$$

定义并矢张量 $\overleftrightarrow{\boldsymbol{\Phi}}$ 与一个向量 $\boldsymbol{v}$ 的标量积，如下：

$$\begin{aligned}\overleftrightarrow{\boldsymbol{\Phi}}\cdot\boldsymbol{v} &= \boldsymbol{a}_1\left(\boldsymbol{b}_1\cdot\boldsymbol{v}\right) + \boldsymbol{a}_2\left(\boldsymbol{b}_2\cdot\boldsymbol{v}\right) + \cdots + \boldsymbol{a}_n\left(\boldsymbol{b}_n\cdot\boldsymbol{v}\right) \\ \boldsymbol{v}\cdot\overleftrightarrow{\boldsymbol{\Phi}} &= \left(\boldsymbol{v}\cdot\boldsymbol{a}_1\right)\boldsymbol{b}_1 + \left(\boldsymbol{v}\cdot\boldsymbol{a}_2\right)\boldsymbol{b}_2 + \cdots + \left(\boldsymbol{v}\cdot\boldsymbol{a}_n\right)\boldsymbol{b}_n\end{aligned} \tag{A1.394}$$

注意，这里点积一般不能互换。

定义转置 (共轭) 并矢张量，如下：

$$\overleftrightarrow{\boldsymbol{\Phi}}^{\mathrm{T}} = \boldsymbol{b}_1\boldsymbol{a}_1 + \boldsymbol{b}_2\boldsymbol{a}_2 + \cdots + \boldsymbol{b}_n\boldsymbol{a}_n \tag{A1.395}$$

这样，式 (A1.394) 第二行变为

$$\begin{aligned}\boldsymbol{v}\cdot\overleftrightarrow{\boldsymbol{\Phi}} &= (\boldsymbol{v}\cdot\boldsymbol{a}_1)\,\boldsymbol{b}_1 + (\boldsymbol{v}\cdot\boldsymbol{a}_2)\,\boldsymbol{b}_2 + \cdots + (\boldsymbol{v}\cdot\boldsymbol{a}_n)\,\boldsymbol{b}_n \\ &= \boldsymbol{v}\cdot(\boldsymbol{a}_1\boldsymbol{b}_1 + \boldsymbol{a}_2\boldsymbol{b}_2 + \cdots + \boldsymbol{a}_n\boldsymbol{b}_n) \\ &= (\boldsymbol{b}_1\boldsymbol{a}_1 + \boldsymbol{b}_2\boldsymbol{a}_2 + \cdots + \boldsymbol{b}_n\boldsymbol{a}_n)\cdot\boldsymbol{v} \\ &= \overleftrightarrow{\boldsymbol{\Phi}}^{\mathrm{T}}\cdot\boldsymbol{v}\end{aligned} \tag{A1.396}$$

注意，这里的运算规则和结果与线性代数中矩阵与向量乘法运算有相似之处。我们注意到，每个并矢张量中的并矢分量都是由两个向量构成，下面，我们采用指标记法，由式 (A1.62)，展开为

$$\overleftrightarrow{\boldsymbol{\Phi}} = \boldsymbol{a}_i\boldsymbol{b}_i = a_i^j\boldsymbol{e}_j b_i^k\boldsymbol{e}_k = a_i^j b_i^k\boldsymbol{e}_j\boldsymbol{e}_k = \phi^{jk}\boldsymbol{e}_j\boldsymbol{e}_k \tag{A1.397}$$

在三维空间，将上式右端展开为

$$\begin{aligned}\overleftrightarrow{\boldsymbol{\Phi}} =& \phi^{11}\boldsymbol{e}_1\boldsymbol{e}_1 + \phi^{12}\boldsymbol{e}_1\boldsymbol{e}_2 + \phi^{13}\boldsymbol{e}_1\boldsymbol{e}_3 \\ &+ \phi^{21}\boldsymbol{e}_2\boldsymbol{e}_1 + \phi^{22}\boldsymbol{e}_2\boldsymbol{e}_2 + \phi^{23}\boldsymbol{e}_2\boldsymbol{e}_3 \\ &+ \phi^{31}\boldsymbol{e}_3\boldsymbol{e}_1 + \phi^{32}\boldsymbol{e}_3\boldsymbol{e}_2 + \phi^{33}\boldsymbol{e}_3\boldsymbol{e}_3\end{aligned} \tag{A1.398}$$

或者用矩阵形式写为

$$\overleftrightarrow{\boldsymbol{\Phi}} = \begin{bmatrix} \boldsymbol{e}_1 & \boldsymbol{e}_2 & \boldsymbol{e}_3 \end{bmatrix} \begin{bmatrix} \phi^{11} & \phi^{12} & \phi^{13} \\ \phi^{21} & \phi^{22} & \phi^{23} \\ \phi^{31} & \phi^{32} & \phi^{33} \end{bmatrix} \begin{bmatrix} \boldsymbol{e}_1 \\ \boldsymbol{e}_2 \\ \boldsymbol{e}_3 \end{bmatrix} = \boldsymbol{e}_j^{\mathrm{T}}\left[\phi^{ij}\right]\boldsymbol{e}_i \tag{A1.399}$$

从这里，可以更清楚看出并矢运算与线性代数间的相似性，但需要注意，两者并不是一回事，是有区别的，比如，当我们写出 $\boldsymbol{v}\cdot\overleftrightarrow{\boldsymbol{\Phi}} = \overleftrightarrow{\boldsymbol{\Phi}}^{\mathrm{T}}\cdot\boldsymbol{v}$ 时，并没有区别行向量与列向量，但如果用线性代数运算则应写为 $\boldsymbol{v}^{\mathrm{T}}\overleftrightarrow{\boldsymbol{\Phi}} = \overleftrightarrow{\boldsymbol{\Phi}}^{\mathrm{T}}\boldsymbol{v}$。

下面，通过一个例子的计算来熟悉并矢的应用。给定正交笛卡儿系中的应力张量如下：

$$\boldsymbol{\sigma}_{ij} = \begin{bmatrix} 200 & 400 & 300 \\ 400 & 0 & 0 \\ 300 & 0 & -100 \end{bmatrix} \tag{A1.400}$$

找到一点处的应力向量 $\boldsymbol{\pi}$，且穿过该点的平面平行于如下平面：

$$x_1 + 2x_2 + 2x_3 - 6 = 0 \tag{A1.401}$$

先计算出法向和切向分量，如下：

$$\begin{aligned}
&\hat{\boldsymbol{n}} = \frac{\nabla P}{|\nabla P|}, \quad P(x_1, x_2, x_3) = x_1 + 2x_2 + 2x_3 - 6 \\
&\nabla P = \left(\hat{\boldsymbol{i}}_1 \frac{\partial}{\partial x_1} + \hat{\boldsymbol{i}}_2 \frac{\partial}{\partial x_2} + \hat{\boldsymbol{i}}_3 \frac{\partial}{\partial x_3}\right)(x_1 + 2x_2 + 2x_3 - 6) \\
&\hat{\boldsymbol{n}} = \frac{\hat{\boldsymbol{i}}_1 + 2\hat{\boldsymbol{i}}_2 + 2\hat{\boldsymbol{i}}_3}{3}
\end{aligned} \tag{A1.402}$$

由式 (A1.391)，计算出应力如下：

$$\begin{bmatrix} \pi_1 \\ \pi_2 \\ \pi_3 \end{bmatrix} = \begin{bmatrix} 200 & 400 & 300 \\ 400 & 0 & 0 \\ 300 & 0 & -100 \end{bmatrix} \begin{bmatrix} 1/3 \\ 2/3 \\ 2/3 \end{bmatrix} = \begin{bmatrix} 1600/3 \\ 400/3 \\ 100/3 \end{bmatrix} \tag{A1.403}$$

即 $\boldsymbol{\pi}(\hat{\boldsymbol{n}}) = \dfrac{1}{3}\left(1600\hat{\boldsymbol{i}}_1 + 400\hat{\boldsymbol{i}}_2 + 100\hat{\boldsymbol{i}}_3\right)$。这样，法向分量为 $\sigma_n = \boldsymbol{\pi}(\hat{\boldsymbol{n}}) \cdot \hat{\boldsymbol{n}} = 2600/9$，切向分量为 $\sigma_t = \sqrt{|\boldsymbol{\pi}(\hat{\boldsymbol{n}})|^2 - \sigma_n^2} = \dfrac{100}{81}\sqrt{1781}$。

下面来看对称和反对称并矢。这里，将会看到，这里的对称性和反对称性 (斜对称) 与线性代数中矩阵具有相似性。

我们说一个并矢张量是对称的，它应满足下式：

$$\begin{aligned}
&\overleftrightarrow{\boldsymbol{\Phi}} = \overleftrightarrow{\boldsymbol{\Phi}}^{\mathrm{T}} \to \\
&\phi^{ij}\boldsymbol{e}_i\boldsymbol{e}_j = \phi^{ij}\boldsymbol{e}_j\boldsymbol{e}_i = \phi^{ji}\boldsymbol{e}_i\boldsymbol{e}_j \to \phi^{ij} = \phi^{ji}
\end{aligned} \tag{A1.404}$$

若一个并矢张量是反对称的，它应满足下式：

$$\begin{aligned}
&\overleftrightarrow{\boldsymbol{\Phi}} = -\overleftrightarrow{\boldsymbol{\Phi}}^{\mathrm{T}} \to \\
&\phi^{ij}\boldsymbol{e}_i\boldsymbol{e}_j = -\phi^{ij}\boldsymbol{e}_j\boldsymbol{e}_i = -\phi^{ji}\boldsymbol{e}_i\boldsymbol{e}_j \to \phi^{ij} = -\phi^{ji}
\end{aligned} \tag{A1.405}$$

注意，在对角线上，$\phi^{ii} = -\phi^{ii} \to \phi^{ii} = 0$，这里不作约定求和。这样，只剩下 $\phi^{12} = -\phi^{21}, \phi^{13} = -\phi^{31}, \phi^{23} = -\phi^{32}$，即反对称并矢张量只有三个独立变量。我们还可以将任意并矢张量分解为一个对称并矢张量与一个反对称并矢张量的和，即

$$\overleftrightarrow{\boldsymbol{\Phi}} = \frac{1}{2}\left(\overleftrightarrow{\boldsymbol{\Phi}} + \overleftrightarrow{\boldsymbol{\Phi}}^{\mathrm{T}}\right) + \frac{1}{2}\left(\overleftrightarrow{\boldsymbol{\Phi}} - \overleftrightarrow{\boldsymbol{\Phi}}^{\mathrm{T}}\right) \tag{A1.406}$$

上式右端第一项为对称并矢张量，第二项为反对称并矢张量。用分量标记形式，也可写为

$$\phi^{ij} = \frac{1}{2}\left(\phi^{ij} + \phi^{ji}\right) + \frac{1}{2}\left(\phi^{ij} - \phi^{ji}\right) \tag{A1.407}$$

举个简单例子，如下：

$$\phi^{ij}=\begin{bmatrix}1&7&5\\3&2&-2\\8&4&-6\end{bmatrix},\quad \phi^{ji}=\begin{bmatrix}1&3&8\\7&2&4\\5&-2&-6\end{bmatrix}\rightarrow$$
$$\phi^{ij}=\frac{1}{2}\begin{bmatrix}2&10&13\\10&4&2\\13&2&-12\end{bmatrix}+\frac{1}{2}\begin{bmatrix}0&4&-3\\-4&0&-6\\3&6&0\end{bmatrix} \tag{A1.408}$$

下面，介绍二阶张量的变换规则。参考式 (A1.234)、式 (A1.236)，对两组曲线坐标系下的转换规则，这里，我们仍然采用上划线作为两种系统的记号，以示区分。对于向量 (一阶张量) 变换的规则在这里对二阶张量和并矢张量也同样适用。这里用 $\overleftrightarrow{\boldsymbol{\Phi}}$ 表示两种系统中的一般张量，有如下的表示方式：

$$\begin{aligned}\overleftrightarrow{\boldsymbol{\Phi}}&=\phi^{ij}\boldsymbol{e}_i\boldsymbol{e}_j & \overleftrightarrow{\boldsymbol{\Phi}}&=\bar{\phi}^{mn}\bar{\boldsymbol{e}}_m\bar{\boldsymbol{e}}_n\\&=\phi_{ij}\boldsymbol{e}^i\boldsymbol{e}^j & &=\bar{\phi}_{mn}\bar{\boldsymbol{e}}^m\bar{\boldsymbol{e}}^n\\&=\phi^i_j\boldsymbol{e}_i\boldsymbol{e}^j & &=\bar{\phi}^i_j\bar{\boldsymbol{e}}_m\bar{\boldsymbol{e}}^n\\&=\phi^j_i\boldsymbol{e}^i\boldsymbol{e}_j & &=\bar{\phi}^n_m\bar{\boldsymbol{e}}^m\bar{\boldsymbol{e}}_n\end{aligned} \tag{A1.409}$$

当张量在两组基之间变换时，它应该满足不变性，比如，由式 (A1.234)、式 (A1.236)，有

$$\overleftrightarrow{\boldsymbol{\Phi}}=\phi^{ij}\boldsymbol{e}_i\boldsymbol{e}_j=\phi^{ij}\frac{\partial\bar{q}^m}{\partial q^i}\frac{\partial\bar{q}^n}{\partial q^j}\bar{\boldsymbol{e}}_m\bar{\boldsymbol{e}}_n \tag{A1.410}$$

由式 (A1.409) 右边，对比可见

$$\bar{\phi}^{mn}=\phi^{ij}\frac{\partial\bar{q}^m}{\partial q^i}\frac{\partial\bar{q}^n}{\partial q^j} \tag{A1.411}$$

上式即为逆变律。

类似，有协变律，如下：

$$\bar{\phi}^{mn}=\phi_{ij}\frac{\partial q^i}{\partial\bar{q}^m}\frac{\partial q^j}{\partial\bar{q}^n} \tag{A1.412}$$

以及混合律

$$\begin{aligned}\bar{\phi}^m_n&=\phi^i_j\frac{\partial\bar{q}^m}{\partial q^i}\frac{\partial q^j}{\partial\bar{q}^n}\\\bar{\phi}^n_m&=\phi^j_i\frac{\partial q^i}{\partial\bar{q}^m}\frac{\partial\bar{q}^n}{\partial q^j}\end{aligned} \tag{A1.413}$$

对于正交笛卡儿系统，所有变换都是一样的，故有

$$\hat{\boldsymbol{i}}_i=\frac{\partial\bar{x}^m_j}{\partial x_i}\bar{\hat{\boldsymbol{i}}}_j=\beta_{ij}\bar{\hat{\boldsymbol{i}}}_j \tag{A1.414}$$

式中，$\beta_{ij}$ 为方向余弦。对比式 (A1.411)，可见

$$\overleftrightarrow{\boldsymbol{\Phi}} = \bar{\phi}^{mn}\bar{\hat{\boldsymbol{i}}}_m\bar{\hat{\boldsymbol{i}}}_n = \phi^{ij}\beta_{mi}\beta_{nj}\hat{\boldsymbol{i}}_i\hat{\boldsymbol{i}}_j \tag{A1.415}$$

其中

$$\bar{\phi}^{mn} = \phi^{ij}\beta_{mi}\beta_{nj} \tag{A1.416}$$

或用矩阵形式，写成

$$[\bar{\phi}] = [\beta]\,[\phi]\,[\beta]^{\mathrm{T}} \tag{A1.417}$$

下面来看单位张量。由式 (A1.376)，有

$$\begin{aligned} &\overleftrightarrow{\boldsymbol{I}} = \boldsymbol{e}_i\boldsymbol{e}^i = \boldsymbol{e}^j\boldsymbol{e}_j \to \\ &\overleftrightarrow{\boldsymbol{I}} = \delta^i_j\boldsymbol{e}_i\boldsymbol{e}^j = \delta^j_i\boldsymbol{e}^i\boldsymbol{e}_j \end{aligned} \tag{A1.418}$$

由式 (A1.154) 和式 (A1.155)，有

$$\begin{aligned} \boldsymbol{e}_i &= (\boldsymbol{e}_i \cdot \boldsymbol{e}_m)\,\boldsymbol{e}^m = g_{im}\boldsymbol{e}^m \\ \boldsymbol{e}^i &= \left(\boldsymbol{e}^i \cdot \boldsymbol{e}^m\right)\boldsymbol{e}_m = g^{im}\boldsymbol{e}_m \end{aligned} \tag{A1.419}$$

代入式 (A1.419)，得

$$\begin{aligned} \overleftrightarrow{\boldsymbol{I}} =& g^{ij}\boldsymbol{e}_i\boldsymbol{e}_j \\ =& g_{ij}\boldsymbol{e}^i\boldsymbol{e}^j \\ =& \delta^j_i\boldsymbol{e}^i\boldsymbol{e}_j \\ =& \delta^i_j\boldsymbol{e}_i\boldsymbol{e}^j \end{aligned} \tag{A1.420}$$

上式第一行为逆变分量形式；第二行为协分量形式；第三、四行为不变 (混合) 分量形式。需要注意，张量通常都是不变量。这里所谓的不变分量，是指第三、四行的标量分量不因坐标变换而改变，因为 $\delta^j_i$ 和 $\delta^i_j$ 的分量要么等于 1(当 $i = j$ 时)，要么为零 (当 $i \neq j$ 时)，不论在哪种坐标系下都是如此。相反，式 (A1.420) 中第一、二行中的标量分量则随坐标系变换而改变的。

下面，给出二阶张量的不变量，即这些量在坐标变换过程中也不会改变，如下：

$$\begin{aligned} &I_1 = \mathrm{trace}\overleftrightarrow{\boldsymbol{\Phi}} = \phi^i_i \\ &I_2 = \frac{1}{2}\left(\phi^j_i\phi^i_j - \phi^i_i\phi^j_j\right) \\ &I_3 = \det\phi^j_i \end{aligned} \tag{A1.421}$$

下面介绍张量的双点积，有如下定义：

$$\begin{aligned}\boldsymbol{ab}:\boldsymbol{cd}&=(\boldsymbol{b}\cdot\boldsymbol{c})(\boldsymbol{a}\cdot\boldsymbol{d})\\ \boldsymbol{ab}\cdot\cdot\boldsymbol{cd}&=(\boldsymbol{b}\cdot\boldsymbol{c})(\boldsymbol{a}\cdot\boldsymbol{d})\\ \boldsymbol{ab}:\boldsymbol{cd}&=(\boldsymbol{a}\cdot\boldsymbol{c})(\boldsymbol{b}\cdot\boldsymbol{d})\end{aligned}\tag{A1.422}$$

上面三种是我们常见的，形式不同，但结果是一样的。以第一行的定义为例，通过两个张量的双点积运算，进行展开，如下：

$$\overleftrightarrow{\boldsymbol{\Phi}}:\overleftrightarrow{\boldsymbol{\Psi}}=\left(\phi^{ij}\boldsymbol{e}_i\boldsymbol{e}_j\right):\left(\psi^{mn}\boldsymbol{e}_m\boldsymbol{e}_n\right)=\phi^{ij}\psi^{mn}g_{jm}g_{in}\tag{A1.423}$$

以及

$$\overleftrightarrow{\boldsymbol{\Phi}}:\overleftrightarrow{\boldsymbol{\Psi}}=\left(\phi^{ij}\boldsymbol{e}_i\boldsymbol{e}_j\right):\left(\psi_{mn}\boldsymbol{e}^m\boldsymbol{e}^n\right)=\phi^{ij}\psi_{mn}\delta_j^m\delta_i^n=\phi^{ij}\psi_{ij}\tag{A1.424}$$

下面介绍张量的梯度。前一节已经介绍过标量梯度的一般定义，分析一个向量的梯度，如下：

$$\begin{aligned}\mathrm{grad}\boldsymbol{a}=&\nabla\boldsymbol{a}=\boldsymbol{e}^j\frac{\partial}{\partial q^j}\left(a^i\boldsymbol{e}_i\right)\\ =&\boldsymbol{e}^j\left(\frac{\partial a^i}{\partial q^j}\boldsymbol{e}_i+a^i\frac{\partial\boldsymbol{e}_i}{\partial q^j}\right)\\ =&\boldsymbol{e}^j\left(\frac{\partial a^i}{\partial q^j}\boldsymbol{e}_i+a^i\left\{\begin{matrix}&k&\\ i&&j\end{matrix}\right\}\boldsymbol{e}_k\right)\end{aligned}\tag{A1.425}$$

注意到，$i$ 和 $k$ 是哑标，故有

$$\nabla\boldsymbol{a}=\boldsymbol{e}^j\left(\frac{\partial a^k}{\partial q^j}+a^i\left\{\begin{matrix}&k&\\ i&&j\end{matrix}\right\}\right)\boldsymbol{e}_k\tag{A1.426}$$

采用偏微分的标记，用逆分量 $a^k$ 的协导数，将上式写为

$$\nabla\boldsymbol{a}=a^k_{,j}\boldsymbol{e}^j\boldsymbol{e}_k\tag{A1.427}$$

或是写成

$$\nabla\boldsymbol{a}=a_{k,j}\boldsymbol{e}^j\boldsymbol{e}^k\tag{A1.428}$$

其中，

$$a_{k,j}=\frac{\partial a^k}{\partial q^j}-a^i\left\{\begin{matrix}&i&\\ k&&j\end{matrix}\right\}\tag{A1.429}$$

为协分量 $a_k$ 的协导数。在正交笛卡儿系中，有

$$\nabla\boldsymbol{a}=\frac{\partial a_j}{\partial q^i}\hat{\boldsymbol{i}}_i\hat{\boldsymbol{i}}_j\tag{A1.430}$$

这里，还可以得出如下等式：

$$\boldsymbol{b}\cdot\left\{\frac{1}{2}\left[\nabla\boldsymbol{a}-(\nabla\boldsymbol{a})^{\mathrm{T}}\right]\right\}=\frac{1}{2}(\mathrm{curl}\boldsymbol{a})\times\boldsymbol{b} \tag{A1.431}$$

式 (A1.431) 左端大括号中部分为 $\nabla\boldsymbol{a}$ 的反对称部分。式 (A1.431) 左端表示由于 $\boldsymbol{a}$ 的旋转而造成 $\boldsymbol{a}$ 在距离 $\boldsymbol{b}$ 上变化。再联系之前已有的结果

$$\boldsymbol{v}=\frac{1}{2}(\mathrm{curl}\boldsymbol{v})\times\boldsymbol{r} \tag{A1.432}$$

从而将旋转、角速度和线速度建立联系。对于正交曲线坐标系，有

$$\mathrm{grad}\boldsymbol{a}=\frac{\hat{\boldsymbol{e}}_i}{h_i}\frac{\partial}{\partial q^i}(\hat{a}_j\hat{\boldsymbol{e}}_j) \tag{A1.433}$$

将其展开为

$$\begin{aligned}\mathrm{grad}\boldsymbol{a}=&\frac{\hat{\boldsymbol{e}}_i}{h_i}\left(\frac{\partial\hat{a}_j}{\partial q^i}\hat{\boldsymbol{e}}_j+\hat{a}_j\frac{\partial\hat{\boldsymbol{e}}_j}{\partial q^i}\right)\\=&\frac{1}{h_i}\frac{\partial\hat{a}_j}{\partial q^i}\hat{\boldsymbol{e}}_i\hat{\boldsymbol{e}}_j+\frac{\hat{a}_j}{h_i}\hat{\boldsymbol{e}}_i\frac{\partial\hat{\boldsymbol{e}}_j}{\partial q^i}\end{aligned} \tag{A1.434}$$

再将 $\dfrac{\partial\hat{\boldsymbol{e}}_j}{\partial q^i}$ 展开，有

$$\begin{aligned}\frac{\partial\hat{\boldsymbol{e}}_j}{\partial q^i}=&\frac{\partial}{\partial q^i}\left(\frac{\boldsymbol{e}_j}{h_j}\right)=\frac{1}{h_j}\frac{\partial\boldsymbol{e}_j}{\partial q^i}-\boldsymbol{e}_j\frac{1}{h_j^2}\frac{\partial h_j}{\partial q^i}\\=&\frac{1}{h_j}\left\{\begin{matrix}&k&\\j&&i\end{matrix}\right\}\boldsymbol{e}_k-\delta_{jk}\boldsymbol{e}_k\frac{1}{h_j^2}\frac{\partial h_j}{\partial q^i}\\=&\frac{1}{h_j}\left\{\begin{matrix}&k&\\j&&i\end{matrix}\right\}h_k\hat{\boldsymbol{e}}_k-\delta_{jk}h_k\hat{\boldsymbol{e}}_k\frac{1}{h_j^2}\frac{\partial h_j}{\partial q^i}\\=&\frac{1}{h_j}\left[\left\{\begin{matrix}&k&\\j&&i\end{matrix}\right\}h_k-\delta_{jk}\frac{\partial h_j}{\partial q^i}\right]\hat{\boldsymbol{e}}_k\end{aligned} \tag{A1.435}$$

再由式 (A1.184)，易得，$g_{ij}=h_i^2\delta_{ij}$，$g^{ij}=\dfrac{\delta_{ij}}{h_i^2}$。注意，这里不需约定求和。再结合式 (A1.297)，有

$$\begin{aligned}\left\{\begin{matrix}&k&\\j&&i\end{matrix}\right\}=&\frac{1}{2}g^{kr}\left(\frac{\partial g_{jr}}{\partial q^i}+\frac{\partial g_{ir}}{\partial q^j}-\frac{\partial g_{ji}}{\partial q^r}\right)\\=&\frac{1}{2}\left(\frac{\delta_{kr}}{h_k^2}\right)\left[\frac{\partial\left(h_j^2\delta_{jr}\right)}{\partial q^i}+\frac{\partial\left(h_i^2\delta_{ir}\right)}{\partial q^j}-\frac{\partial\left(h_j^2\delta_{ji}\right)}{\partial q^r}\right]\\=&\left(\frac{\delta_{kr}}{h_k^2}\right)\left(\delta_{jr}h_j\frac{\partial h_j}{\partial q^i}+\delta_{ir}h_i\frac{\partial h_i}{\partial q^j}-\delta_{ji}h_j\frac{\partial h_j}{\partial q^r}\right)\end{aligned}$$

$$=\left(\frac{1}{h_k^2}\right)\left(\delta_{jk}h_j\frac{\partial h_j}{\partial q^i}+\delta_{ik}h_i\frac{\partial h_i}{\partial q^j}-\delta_{ji}h_j\frac{\partial h_j}{\partial q^k}\right) \tag{A1.436}$$

将式 (A1.436) 代入式 (A1.435)，有

$$\begin{aligned}\frac{\partial \hat{\mathbf{e}}_j}{\partial q^i}&=\left[\left(\frac{1}{h_k^2}\right)\left(\delta_{jk}h_j\frac{\partial h_j}{\partial q^i}+\delta_{ik}h_i\frac{\partial h_i}{\partial q^j}-\delta_{ji}h_j\frac{\partial h_j}{\partial q^k}\right)\frac{h_k}{h_j}-\frac{\delta_{jk}}{h_j}\frac{\partial h_j}{\partial q^i}\right]\hat{\mathbf{e}}_k\\&=\left[\frac{1}{h_k^2}\left(\delta_{ik}h_i\frac{\partial h_i}{\partial q^j}-\delta_{ji}h_j\frac{\partial h_j}{\partial q^k}\right)\frac{h_k}{h_j}\right]\hat{\mathbf{e}}_k\\&=\left(\frac{\delta_{ik}}{h_j}\frac{\partial h_i}{\partial q^j}-\frac{\delta_{ji}}{h_k}\frac{\partial h_j}{\partial q^k}\right)\hat{\mathbf{e}}_k\end{aligned} \tag{A1.437}$$

这里对 $h_j$ 和 $h_k$ 不作约定求和。这样，有

$$\begin{aligned}\nabla\boldsymbol{a}&=\frac{1}{h_i}\frac{\partial \hat{a}_j}{\partial q^i}\hat{\mathbf{e}}_i\hat{\mathbf{e}}_j+\frac{\hat{a}_j}{h_i}\hat{\mathbf{e}}_i\frac{\partial \hat{\mathbf{e}}_j}{\partial q^i}\\&=\frac{1}{h_i}\frac{\partial \hat{a}_k}{\partial q^i}\hat{\mathbf{e}}_i\hat{\mathbf{e}}_k+\frac{\hat{a}_j}{h_i}\left(\frac{\delta_{ik}}{h_j}\frac{\partial h_i}{\partial q^j}-\frac{\delta_{ji}}{h_k}\frac{\partial h_j}{\partial q^k}\right)\hat{\mathbf{e}}_i\hat{\mathbf{e}}_k\\&=\frac{1}{h_i}\left[\frac{\partial \hat{a}_k}{\partial q^i}+\frac{\hat{a}_j}{h_j}\frac{\partial h_i}{\partial q^j}\delta_{ik}-\frac{\hat{a}_i}{h_k}\frac{\partial h_i}{\partial q^k}\right]\hat{\mathbf{e}}_i\hat{\mathbf{e}}_k\end{aligned} \tag{A1.438}$$

同样，对缩放系数不作约定求和。

下面通过两个例子来加深认识。第一个，写出柱坐标系下的张量梯度。在圆柱坐标系中，有如下基本元素：

$$\begin{aligned}&q^1=R,\quad q^2=\phi,\quad q^3=Z\\&h_1=1,\quad h_2=R,\quad h_3=1\end{aligned} \tag{A1.439}$$

将式 (A1.439) 代入式 (A1.438)，当 $i$=1，有

$$\begin{aligned}&\frac{1}{h_1}\left[\frac{\partial \hat{a}_k}{\partial q^1}+\frac{\hat{a}_j}{h_j}\frac{\partial h_1}{\partial q^j}\delta_{1k}-\frac{\hat{a}_1}{h_k}\frac{\partial h_1}{\partial q^k}\right]\hat{\mathbf{e}}_1\hat{\mathbf{e}}_k\\&=\frac{1}{h_1}\left[\frac{\partial \hat{a}_1}{\partial q^1}\hat{\mathbf{e}}_1\hat{\mathbf{e}}_1+\frac{\partial \hat{a}_2}{\partial q^1}\hat{\mathbf{e}}_1\hat{\mathbf{e}}_2+\frac{\partial \hat{a}_3}{\partial q^1}\hat{\mathbf{e}}_1\hat{\mathbf{e}}_3\right]\\&\quad+\frac{1}{h_1}\left[\frac{\hat{a}_1}{h_1}\cancel{\frac{\partial h_1}{\partial q^1}}+\frac{\hat{a}_2}{h_2}\cancel{\frac{\partial h_1}{\partial q^2}}+\frac{\hat{a}_3}{h_3}\cancel{\frac{\partial h_1}{\partial q^3}}\right]\times\left(\delta_{11}\hat{\mathbf{e}}_1\hat{\mathbf{e}}_1+\cancel{\delta_{12}\hat{\mathbf{e}}_1\hat{\mathbf{e}}_2}+\cancel{\delta_{13}\hat{\mathbf{e}}_1\hat{\mathbf{e}}_3}\right)\\&\quad-\frac{1}{h_1}\left[\frac{\hat{a}_1}{h_k}\cancel{\frac{\partial h_1}{\partial q^k}}\right]\hat{\mathbf{e}}_1\hat{\mathbf{e}}_k\\&=\frac{\partial \hat{a}_R}{\partial R}\hat{\mathbf{e}}_R\hat{\mathbf{e}}_R+\frac{\partial \hat{a}_\phi}{\partial R}\hat{\mathbf{e}}_R\hat{\mathbf{e}}_\phi+\frac{\partial \hat{a}_Z}{\partial R}\hat{\mathbf{e}}_R\hat{\mathbf{e}}_Z\end{aligned} \tag{A1.440}$$

当 $i$=2，有

$$\frac{1}{h_2}\left[\frac{\partial \hat{a}_k}{\partial q^2}+\frac{\hat{a}_j}{h_j}\frac{\partial h_2}{\partial q^j}\delta_{2k}-\frac{\hat{a}_2}{h_k}\frac{\partial h_2}{\partial q^k}\right]\hat{\mathbf{e}}_2\hat{\mathbf{e}}_k$$

$$
\begin{aligned}
&=\frac{1}{h_2}\left[\frac{\partial \hat{a}_1}{\partial q^2}\hat{\mathbf{e}}_2\hat{\mathbf{e}}_1+\frac{\partial \hat{a}_2}{\partial q^2}\hat{\mathbf{e}}_2\hat{\mathbf{e}}_2+\frac{\partial \hat{a}_3}{\partial q^2}\hat{\mathbf{e}}_2\hat{\mathbf{e}}_3\right]\\
&\quad+\frac{1}{h_2}\left[\frac{\hat{a}_1}{h_1}\frac{\partial h_2}{\partial q^1}+\frac{\hat{a}_2}{h_2}\cancel{\frac{\partial h_2}{\partial q^2}}+\frac{\hat{a}_3}{h_3}\cancel{\frac{\partial h_2}{\partial q^3}}\right]\times\left(\cancel{\delta_{21}\hat{\mathbf{e}}_2\hat{\mathbf{e}}_1}+\delta_{22}\hat{\mathbf{e}}_2\hat{\mathbf{e}}_2+\cancel{\delta_{23}\hat{\mathbf{e}}_2\hat{\mathbf{e}}_3}\right)\\
&\quad-\frac{1}{h_2}\left(\frac{\hat{a}_2}{h_1}\frac{\partial h_2}{\partial q^1}\hat{\mathbf{e}}_2\hat{\mathbf{e}}_1+\frac{\hat{a}_2}{h_2}\cancel{\frac{\partial h_2}{\partial q^2}}\hat{\mathbf{e}}_2\hat{\mathbf{e}}_2+\frac{\hat{a}_2}{h_3}\cancel{\frac{\partial h_2}{\partial q^3}}\hat{\mathbf{e}}_2\hat{\mathbf{e}}_3\right)\\
&=\frac{1}{R}\left(\frac{\partial \hat{a}_R}{\partial \phi}\hat{\mathbf{e}}_\phi\hat{\mathbf{e}}_R+\frac{\partial \hat{a}_\phi}{\partial \phi}\hat{\mathbf{e}}_\phi\hat{\mathbf{e}}_\phi+\frac{\partial \hat{a}_Z}{\partial \phi}\hat{\mathbf{e}}_\phi\hat{\mathbf{e}}_Z+\hat{a}_R\hat{\mathbf{e}}_\phi\hat{\mathbf{e}}_\phi-\hat{a}_\phi\hat{\mathbf{e}}_\phi\hat{\mathbf{e}}_R\right)\\
&=\frac{1}{R}\left(\frac{\partial \hat{a}_R}{\partial \phi}-\hat{a}_\phi\right)\hat{\mathbf{e}}_\phi\hat{\mathbf{e}}_R+\frac{1}{R}\left(\frac{\partial \hat{a}_\phi}{\partial \phi}+\hat{a}_R\right)\hat{\mathbf{e}}_\phi\hat{\mathbf{e}}_\phi+\frac{1}{R}\frac{\partial \hat{a}_Z}{\partial \phi}\hat{\mathbf{e}}_\phi\hat{\mathbf{e}}_Z
\end{aligned}\tag{A1.441}
$$

当 $i=3$，有

$$
\begin{aligned}
\nabla \boldsymbol{a}&=\frac{1}{h_3}\left[\frac{\partial \hat{a}_k}{\partial q^3}+\frac{\hat{a}_j}{h_j}\frac{\partial h_3}{\partial q^j}\delta_{3k}-\frac{\hat{a}_3}{h_k}\frac{\partial h_3}{\partial q^k}\right]\hat{\mathbf{e}}_3\hat{\mathbf{e}}_k\\
&=\frac{1}{h_3}\left[\frac{\partial \hat{a}_1}{\partial q^3}\hat{\mathbf{e}}_3\hat{\mathbf{e}}_1+\frac{\partial \hat{a}_2}{\partial q^3}\hat{\mathbf{e}}_3\hat{\mathbf{e}}_2+\frac{\partial \hat{a}_3}{\partial q^3}\hat{\mathbf{e}}_3\hat{\mathbf{e}}_3\right]\\
&\quad+\frac{1}{h_3}\left[\frac{\hat{a}_1}{h_1}\cancel{\frac{\partial h_3}{\partial q^1}}+\frac{\hat{a}_2}{h_2}\cancel{\frac{\partial h_3}{\partial q^2}}+\frac{\hat{a}_3}{h_3}\cancel{\frac{\partial h_3}{\partial q^3}}\right]\times\left(\delta_{31}\hat{\mathbf{e}}_3\hat{\mathbf{e}}_1+\delta_{32}\hat{\mathbf{e}}_3\hat{\mathbf{e}}_2+\delta_{33}\hat{\mathbf{e}}_3\hat{\mathbf{e}}_3\right)\\
&\quad-\frac{1}{h_3}\left[\frac{\hat{a}_3}{h_1}\cancel{\frac{\partial h_3}{\partial q^1}}\hat{\mathbf{e}}_3\hat{\mathbf{e}}_1+\frac{\hat{a}_3}{h_2}\cancel{\frac{\partial h_3}{\partial q^2}}\hat{\mathbf{e}}_3\hat{\mathbf{e}}_2+\frac{\hat{a}_3}{h_3}\cancel{\frac{\partial h_3}{\partial q^3}}\hat{\mathbf{e}}_3\hat{\mathbf{e}}_3\right]\\
&=\frac{\partial \hat{a}_R}{\partial Z}\hat{\mathbf{e}}_Z\hat{\mathbf{e}}_R+\frac{\partial \hat{a}_\phi}{\partial Z}\hat{\mathbf{e}}_Z\hat{\mathbf{e}}_\phi+\frac{\partial \hat{a}_Z}{\partial Z}\hat{\mathbf{e}}_Z\hat{\mathbf{e}}_Z
\end{aligned}\tag{A1.442}
$$

这样，组合起来，得到柱坐标系下的梯度为

$$
\begin{aligned}
\nabla \boldsymbol{a}=&\frac{\partial \hat{a}_R}{\partial R}\hat{\mathbf{e}}_R\hat{\mathbf{e}}_R+\frac{\partial \hat{a}_\phi}{\partial R}\hat{\mathbf{e}}_R\hat{\mathbf{e}}_\phi+\frac{\partial \hat{a}_Z}{\partial R}\hat{\mathbf{e}}_R\hat{\mathbf{e}}_Z\\
&+\frac{1}{R}\left(\frac{\partial \hat{a}_R}{\partial \phi}-\hat{a}_\phi\right)\hat{\mathbf{e}}_\phi\hat{\mathbf{e}}_R+\frac{1}{R}\left(\frac{\partial \hat{a}_\phi}{\partial \phi}+\hat{a}_R\right)\hat{\mathbf{e}}_\phi\hat{\mathbf{e}}_\phi+\frac{1}{R}\frac{\partial \hat{a}_Z}{\partial \phi}\hat{\mathbf{e}}_\phi\hat{\mathbf{e}}_Z\\
&+\frac{\partial \hat{a}_R}{\partial Z}\hat{\mathbf{e}}_Z\hat{\mathbf{e}}_R+\frac{\partial \hat{a}_\phi}{\partial Z}\hat{\mathbf{e}}_Z\hat{\mathbf{e}}_\phi+\frac{\partial \hat{a}_Z}{\partial Z}\hat{\mathbf{e}}_Z\hat{\mathbf{e}}_Z
\end{aligned}\tag{A1.443}
$$

第二个例子是球坐标系。有如下基本元素：

$$
\begin{aligned}
&q^1=r,\quad q^2=\theta,\quad q^3=\phi\\
&h_1=1,\quad h_2=r,\quad h_3=r\sin\theta
\end{aligned}\tag{A1.444}
$$

当 $i=1$，有

$$
\frac{1}{h_1}\left[\frac{\partial \hat{a}_k}{\partial q^1}+\frac{\hat{a}_j}{h_j}\frac{\partial h_1}{\partial q^j}\delta_{1k}-\frac{\hat{a}_1}{h_k}\frac{\partial h_1}{\partial q^k}\right]\hat{\mathbf{e}}_1\hat{\mathbf{e}}_k
$$

$$
\begin{aligned}
=&\frac{1}{h_1}\left[\frac{\partial \hat{a}_1}{\partial q^1}\hat{\mathbf{e}}_1\hat{\mathbf{e}}_1+\frac{\partial \hat{a}_2}{\partial q^1}\hat{\mathbf{e}}_1\hat{\mathbf{e}}_2+\frac{\partial \hat{a}_3}{\partial q^1}\hat{\mathbf{e}}_1\hat{\mathbf{e}}_3\right]\\
&+\frac{1}{h_1}\left[\frac{\hat{a}_1}{h_1}\cancel{\frac{\partial h_1}{\partial q^1}}+\frac{\hat{a}_2}{h_2}\cancel{\frac{\partial h_1}{\partial q^2}}+\frac{\hat{a}_3}{h_3}\cancel{\frac{\partial h_1}{\partial q^3}}\right]\times\left(\delta_{11}\hat{\mathbf{e}}_1\hat{\mathbf{e}}_1+\cancel{\delta_{12}\hat{\mathbf{e}}_1\hat{\mathbf{e}}_2}+\cancel{\delta_{13}\hat{\mathbf{e}}_1\hat{\mathbf{e}}_3}\right)\\
&-\frac{1}{h_1}\left[\frac{\hat{a}_1}{h_1}\cancel{\frac{\partial h_1}{\partial q^1}}\hat{\mathbf{e}}_1\hat{\mathbf{e}}_1+\frac{\hat{a}_1}{h_2}\cancel{\frac{\partial h_1}{\partial q^2}}\hat{\mathbf{e}}_1\hat{\mathbf{e}}_2+\frac{\hat{a}_1}{h_3}\cancel{\frac{\partial h_1}{\partial q^3}}\hat{\mathbf{e}}_1\hat{\mathbf{e}}_3\right]\\
=&\frac{\partial \hat{a}_r}{\partial r}\hat{\mathbf{e}}_r\hat{\mathbf{e}}_r+\frac{\partial \hat{a}_\theta}{\partial r}\hat{\mathbf{e}}_r\hat{\mathbf{e}}_\theta+\frac{\partial \hat{a}_\phi}{\partial r}\hat{\mathbf{e}}_r\hat{\mathbf{e}}_\phi
\end{aligned}
\tag{A1.445}
$$

当 $i=2$，有

$$
\begin{aligned}
&\frac{1}{h_2}\left[\frac{\partial \hat{a}_k}{\partial q^2}+\frac{\hat{a}_j}{h_j}\frac{\partial h_2}{\partial q^j}\delta_{2k}-\frac{\hat{a}_2}{h_k}\frac{\partial h_2}{\partial q^k}\right]\hat{\mathbf{e}}_2\hat{\mathbf{e}}_k\\
=&\frac{1}{h_2}\left[\frac{\partial \hat{a}_1}{\partial q^2}\hat{\mathbf{e}}_2\hat{\mathbf{e}}_1+\frac{\partial \hat{a}_2}{\partial q^2}\hat{\mathbf{e}}_2\hat{\mathbf{e}}_2+\frac{\partial \hat{a}_3}{\partial q^2}\hat{\mathbf{e}}_2\hat{\mathbf{e}}_3\right]\\
&+\frac{1}{h_2}\left[\frac{\hat{a}_1}{h_1}\frac{\partial h_2}{\partial q^1}+\frac{\hat{a}_2}{h_2}\cancel{\frac{\partial h_2}{\partial q^2}}+\frac{\hat{a}_3}{h_3}\cancel{\frac{\partial h_2}{\partial q^3}}\right]\times\left(\cancel{\delta_{21}\hat{\mathbf{e}}_2\hat{\mathbf{e}}_1}+\delta_{22}\hat{\mathbf{e}}_2\hat{\mathbf{e}}_2+\cancel{\delta_{23}\hat{\mathbf{e}}_2\hat{\mathbf{e}}_3}\right)\\
&-\frac{1}{h_2}\left[\frac{\hat{a}_2}{h_1}\cancel{\frac{\partial h_2}{\partial q^1}}\hat{\mathbf{e}}_2\hat{\mathbf{e}}_1+\frac{\hat{a}_2}{h_2}\cancel{\frac{\partial h_2}{\partial q^2}}\hat{\mathbf{e}}_2\hat{\mathbf{e}}_2+\frac{\hat{a}_2}{h_3}\cancel{\frac{\partial h_2}{\partial q^3}}\hat{\mathbf{e}}_2\hat{\mathbf{e}}_3\right]\\
=&\frac{1}{r}\left[\frac{\partial \hat{a}_r}{\partial \theta}\hat{\mathbf{e}}_\theta\hat{\mathbf{e}}_r+\frac{\partial \hat{a}_\theta}{\partial \theta}\hat{\mathbf{e}}_\theta\hat{\mathbf{e}}_\theta+\frac{\partial \hat{a}_\phi}{\partial \theta}\hat{\mathbf{e}}_\theta\hat{\mathbf{e}}_\phi\right]\\
&+\frac{1}{r}\hat{a}_1\hat{\mathbf{e}}_\theta\hat{\mathbf{e}}_\theta-\frac{1}{r}\hat{a}_\theta\hat{\mathbf{e}}_\theta\hat{\mathbf{e}}_r\\
=&\frac{1}{r}\left(\frac{\partial \hat{a}_r}{\partial \theta}-\hat{a}_\theta\right)\hat{\mathbf{e}}_\theta\hat{\mathbf{e}}_r+\frac{1}{r}\left(\frac{\partial \hat{a}_\theta}{\partial \theta}+\hat{a}_1\right)\hat{\mathbf{e}}_\theta\hat{\mathbf{e}}_\theta+\frac{1}{r}\frac{\partial \hat{a}_\phi}{\partial \theta}\hat{\mathbf{e}}_\theta\hat{\mathbf{e}}_\phi
\end{aligned}
\tag{A1.446}
$$

当 $i=3$，有

$$
\begin{aligned}
&\frac{1}{h_3}\left[\frac{\partial \hat{a}_k}{\partial q^3}+\frac{\hat{a}_j}{h_j}\frac{\partial h_3}{\partial q^j}\delta_{3k}-\frac{\hat{a}_3}{h_k}\frac{\partial h_3}{\partial q^k}\right]\hat{\mathbf{e}}_3\hat{\mathbf{e}}_k\\
=&\frac{1}{h_3}\left[\frac{\partial \hat{a}_1}{\partial q^3}\hat{\mathbf{e}}_3\hat{\mathbf{e}}_1+\frac{\partial \hat{a}_2}{\partial q^3}\hat{\mathbf{e}}_3\hat{\mathbf{e}}_2+\frac{\partial \hat{a}_3}{\partial q^3}\hat{\mathbf{e}}_3\hat{\mathbf{e}}_3\right]\\
&+\frac{1}{h_3}\left[\frac{\hat{a}_1}{h_1}\frac{\partial h_3}{\partial q^1}+\frac{\hat{a}_2}{h_2}\frac{\partial h_3}{\partial q^2}+\frac{\hat{a}_3}{h_3}\cancel{\frac{\partial h_3}{\partial q^3}}\right]\times\left(\cancel{\delta_{31}\hat{\mathbf{e}}_3\hat{\mathbf{e}}_1}+\cancel{\delta_{32}\hat{\mathbf{e}}_3\hat{\mathbf{e}}_2}+\delta_{33}\hat{\mathbf{e}}_3\hat{\mathbf{e}}_3\right)\\
&-\frac{1}{h_3}\left[\frac{\hat{a}_3}{h_1}\frac{\partial h_3}{\partial q^1}\hat{\mathbf{e}}_3\hat{\mathbf{e}}_1+\frac{\hat{a}_3}{h_2}\frac{\partial h_3}{\partial q^2}\hat{\mathbf{e}}_3\hat{\mathbf{e}}_2+\frac{\hat{a}_3}{h_3}\cancel{\frac{\partial h_3}{\partial q^3}}\hat{\mathbf{e}}_3\hat{\mathbf{e}}_3\right]\\
=&\frac{1}{r\sin\theta}\left(\frac{\partial \hat{a}_r}{\partial \phi}\hat{\mathbf{e}}_\phi\hat{\mathbf{e}}_r+\frac{\partial \hat{a}_\theta}{\partial \phi}\hat{\mathbf{e}}_\phi\hat{\mathbf{e}}_\theta+\frac{\partial \hat{a}_\phi}{\partial \phi}\hat{\mathbf{e}}_\phi\hat{\mathbf{e}}_\phi\right)\\
&+\frac{1}{r\sin\theta}\left(\hat{a}_r\sin\theta+\hat{a}_\theta\cos\theta\right)\hat{\mathbf{e}}_\phi\hat{\mathbf{e}}_\phi
\end{aligned}
$$

$$
\begin{aligned}
&-\frac{1}{r\sin\theta}\left(\hat{a}_\phi\sin\theta\hat{\boldsymbol{e}}_\phi\hat{\boldsymbol{e}}_r+\hat{a}_\phi\cos\theta\hat{\boldsymbol{e}}_\phi\hat{\boldsymbol{e}}_\theta\right)\\
=&\frac{1}{r\sin\theta}\left(\frac{\partial\hat{a}_r}{\partial\phi}-\hat{a}_\phi\sin\theta\right)\hat{\boldsymbol{e}}_\phi\hat{\boldsymbol{e}}_r\\
&+\frac{1}{r\sin\theta}\left(\frac{\partial\hat{a}_\theta}{\partial\phi}-\hat{a}_\phi\cos\theta\right)\hat{\boldsymbol{e}}_\phi\hat{\boldsymbol{e}}_\theta\\
&+\frac{1}{r\sin\theta}\left(\frac{\partial\hat{a}_\phi}{\partial\phi}+\hat{a}_r\sin\theta+\hat{a}_\theta\cos\theta\right)\hat{\boldsymbol{e}}_\phi\hat{\boldsymbol{e}}_\phi
\end{aligned}\tag{A1.447}
$$

组合起来，可以得出球坐标系下的梯度为

$$
\begin{aligned}
\nabla\boldsymbol{a}=&\frac{\partial\hat{a}_r}{\partial r}\hat{\boldsymbol{e}}_r\hat{\boldsymbol{e}}_r+\frac{\partial\hat{a}_\theta}{\partial r}\hat{\boldsymbol{e}}_r\hat{\boldsymbol{e}}_\theta+\frac{\partial\hat{a}_\phi}{\partial r}\hat{\boldsymbol{e}}_r\hat{\boldsymbol{e}}_\phi\\
&+\frac{1}{r}\left(\frac{\partial\hat{a}_r}{\partial\theta}-\hat{a}_\theta\right)\hat{\boldsymbol{e}}_\theta\hat{\boldsymbol{e}}_r+\frac{1}{r}\left(\frac{\partial\hat{a}_\theta}{\partial\theta}+\hat{a}_r\right)\hat{\boldsymbol{e}}_\theta\hat{\boldsymbol{e}}_\theta+\frac{1}{r}\frac{\partial\hat{a}_\phi}{\partial\theta}\hat{\boldsymbol{e}}_\theta\hat{\boldsymbol{e}}_\phi\\
&+\frac{1}{r\sin\theta}\left(\frac{\partial\hat{a}_r}{\partial\phi}-\hat{a}_\phi\sin\theta\right)\hat{\boldsymbol{e}}_\phi\hat{\boldsymbol{e}}_r\\
&+\frac{1}{r\sin\theta}\left(\frac{\partial\hat{a}_\theta}{\partial\phi}-\hat{a}_\phi\cos\theta\right)\hat{\boldsymbol{e}}_\phi\hat{\boldsymbol{e}}_\theta\\
&+\frac{1}{r\sin\theta}\left(\frac{\partial\hat{a}_\phi}{\partial\phi}+\hat{a}_r\sin\theta+\hat{a}_\theta\cos\theta\right)\hat{\boldsymbol{e}}_\phi\hat{\boldsymbol{e}}_\phi
\end{aligned}\tag{A1.448}
$$

下面介绍二阶张量的散度。定义如下：

$$
\begin{aligned}
\mathrm{div}\overleftrightarrow{\boldsymbol{\Phi}}=&\nabla\cdot\overleftrightarrow{\boldsymbol{\Phi}}=\boldsymbol{e}^k\frac{\partial}{\partial q^k}\cdot\left(\phi^{ij}\boldsymbol{e}_i\boldsymbol{e}_j\right)\\
=&\boldsymbol{e}^k\cdot\left(\frac{\partial\phi^{ij}}{\partial q^k}\boldsymbol{e}_i\boldsymbol{e}_j+\phi^{ij}\frac{\partial\boldsymbol{e}_i}{\partial q^k}\boldsymbol{e}_j+\phi^{ij}\boldsymbol{e}_i\frac{\partial\boldsymbol{e}_j}{\partial q^k}\right)\\
=&\boldsymbol{e}^k\cdot\left(\frac{\partial\phi^{ij}}{\partial q^k}\boldsymbol{e}_i\boldsymbol{e}_j+\phi^{ij}\begin{Bmatrix} & m & \\ i & & k\end{Bmatrix}\boldsymbol{e}_m\boldsymbol{e}_j+\phi^{ij}\begin{Bmatrix} & n & \\ j & & k\end{Bmatrix}\boldsymbol{e}_i\boldsymbol{e}_n\right)\\
=&\left(\frac{\partial\phi^{ij}}{\partial q^k}\boldsymbol{e}_i\delta_j^k+\phi^{ij}\begin{Bmatrix} & m & \\ i & & k\end{Bmatrix}\boldsymbol{e}_m\delta_j^k+\phi^{ij}\begin{Bmatrix} & n & \\ j & & k\end{Bmatrix}\boldsymbol{e}_i\delta_n^k\right)\\
=&\left(\frac{\partial\phi^{ik}}{\partial q^k}\boldsymbol{e}_i+\phi^{ik}\begin{Bmatrix} & m & \\ i & & k\end{Bmatrix}\boldsymbol{e}_m+\phi^{ij}\begin{Bmatrix} & k & \\ j & & k\end{Bmatrix}\boldsymbol{e}_i\right)
\end{aligned}\tag{A1.449}
$$

重新标记式 (A1.449) 右端第二项中的哑标记号，即将原来的 $i$ 换成 $j$，将原来的 $m$ 换成 $i$，即 $\phi^{ik}\begin{Bmatrix} & m & \\ i & & k\end{Bmatrix}\boldsymbol{e}_m\rightarrow\phi^{jk}\begin{Bmatrix} & i & \\ j & & k\end{Bmatrix}\boldsymbol{e}_i$，则上式变为

$$
\nabla\cdot\overleftrightarrow{\boldsymbol{\Phi}}=\left(\frac{\partial\phi^{ik}}{\partial q^k}\boldsymbol{e}_i+\phi^{jk}\begin{Bmatrix} & i & \\ j & & k\end{Bmatrix}\boldsymbol{e}_i+\phi^{ij}\begin{Bmatrix} & k & \\ j & & k\end{Bmatrix}\boldsymbol{e}_i\right)
$$

$$= \left( \frac{\partial \phi^{ik}}{\partial q^k} + \phi^{jk} \left\{ \begin{matrix} & i & \\ j & & k \end{matrix} \right\} + \phi^{ij} \left\{ \begin{matrix} & k & \\ j & & k \end{matrix} \right\} \right) \boldsymbol{e}_i \tag{A1.450}$$

在正交笛卡儿系中，变为

$$\nabla \cdot \overleftrightarrow{\boldsymbol{\Phi}} = \frac{\partial \phi_{ij}}{\partial x_i} \hat{\boldsymbol{i}}_j \tag{A1.451}$$

再回到张量的梯度。这里介绍两种运算：第一种是二阶张量的收缩运算，所谓二阶并矢张量的收缩，就是将并矢张量的各个并矢分量的两个向量作点积，有

$$\begin{aligned} \phi_s &= \phi^{ij} \boldsymbol{e}_i \cdot \boldsymbol{e}_j = \phi^{ij} g_{ij} \qquad & \phi_s &= \phi_i^j \boldsymbol{e}^i \cdot \boldsymbol{e}_j = \phi_i^i \\ &= \phi_{ij} \boldsymbol{e}^i \cdot \boldsymbol{e}^j = \phi_{ij} g^{ij} & &= \phi_j^i \boldsymbol{e}_i \cdot \boldsymbol{e}^j = \phi_i^i \end{aligned} \tag{A1.452}$$

上述运算把张量的阶数降低了两阶；第二种是二阶并矢张量的向量运算，所谓的并矢张量的向量，就是将并矢张量的各个并矢分量的两个向量作向量积，有

$$\begin{aligned} \boldsymbol{\Phi}_V &= \phi^{ij} \boldsymbol{e}_i \times \boldsymbol{e}_j = \sqrt{g} \phi^{ij} \varepsilon_{ijk} \boldsymbol{e}^k \\ &= \phi_{ij} \boldsymbol{e}^i \times \boldsymbol{e}^j = \sqrt{g} \phi_{ij} g^{im} g^{jn} \varepsilon_{mnk} \boldsymbol{e}^k \\ &= \phi_i^j \boldsymbol{e}^i \times \boldsymbol{e}_j = \sqrt{g} \phi_i^j g^{im} \varepsilon_{mjk} \boldsymbol{e}^k \\ &= \phi_j^i \boldsymbol{e}_i \times \boldsymbol{e}^j = \sqrt{g} \phi_j^i g^{jm} \varepsilon_{imk} \boldsymbol{e}^k \end{aligned} \tag{A1.453}$$

上述运算把张量的阶数降低了一阶。利用上面的运算规则，还可以写出

$$\begin{aligned} &\boldsymbol{a} \cdot \left( \overleftrightarrow{\boldsymbol{\Phi}} - \overleftrightarrow{\boldsymbol{\Phi}}^{\mathrm{T}} \right) = \boldsymbol{\Phi}_V \times \boldsymbol{a} \\ &\boldsymbol{a} \cdot \left[ \nabla \boldsymbol{b} - (\nabla \boldsymbol{b})^{\mathrm{T}} \right] = (\nabla \times \boldsymbol{b}) \times \boldsymbol{a} \end{aligned} \tag{A1.454}$$

注意到，在式 (A1.431) 中，曾简要给出过类似第二行的结果。式 (A1.454) 第一行说明 $\overleftrightarrow{\boldsymbol{\Phi}}$ 的反对称部分只有 3 个独立变量，它们与 $\overleftrightarrow{\boldsymbol{\Phi}}$ 的向量 $\boldsymbol{\Phi}_V$ 有关。因此，向量 $\boldsymbol{a}$ 的梯度为

$$(\nabla \boldsymbol{a})_S = a_{,j}^k \boldsymbol{e}^j \cdot \boldsymbol{e}_k = a_{,k}^k = \mathrm{div} \boldsymbol{a} \tag{A1.455}$$

注意到，$\mathrm{div}\boldsymbol{a}$ 包含了 $\nabla \boldsymbol{a}$ 的对角项，因此，与 $\nabla \boldsymbol{a}$ 的对称部分有关，而反对称部分的对角线通常都为零。这样，$\nabla \boldsymbol{a}$ 的向量为

$$(\nabla \boldsymbol{a})_V = a_{,j}^k \boldsymbol{e}^j \times \boldsymbol{e}_k = \sqrt{g} g^{ji} a_{,j}^k \varepsilon_{ikm} \boldsymbol{e}^m = \mathrm{curl} \boldsymbol{a} \tag{A1.456}$$

因此，$(\nabla \boldsymbol{a})_V$ 和 $\nabla \boldsymbol{a}$ 的反对称部分与向量场的旋转有关。因此，可以推断，张量梯度包含向量场的膨胀和旋转信息。这些信息可以从内部运算，比如，式 (A1.455)、式 (A1.456) 定义过程中，或者用 $\nabla \boldsymbol{a}$ 把一个向量转换成另一个向量，比如，式 (A1.454) 中，$\nabla \boldsymbol{b}$ 用来将向量 $\boldsymbol{a}$ 转换成另一个向量。

# 附录 A2　曲线坐标系下流体基本方程的推导

流体基本方程在曲线坐标系下不同于笛卡儿坐标系，其推导方法可以采用微元分析的方法，也可以利用坐标系统变换关系，由笛卡儿系统下的方程变换而来。这里，提供第二种方法。

先考察一个常用的正交曲线坐标系，即球坐标系，由附录 A1 中的式 (A1.205)、式 (A1.207) 和式 (A1.339)，写出球坐标系下的散度算子，如下：

$$\mathrm{div}\boldsymbol{W}=\frac{1}{r^2\sin\theta}\left[\frac{\partial\left(r^2\sin\theta W_r\right)}{\partial r}+\frac{\partial\left(r\sin\theta W_\theta\right)}{\partial\theta}+\frac{\partial\left(rW_\phi\right)}{\partial\phi}\right]\tag{A2.1}$$

式中，$\boldsymbol{W}$ 表示相对速度。注意，惯性参考系中的连续性方程与旋转参考系中的连续性方程形式类似，只是其中的速度由绝对速度更换为相对速度。这样，可以写出旋转参考系下的连续性方程的球坐标系形式

$$\frac{\partial\rho}{\partial t}+\frac{1}{r^2\sin\theta}\left[\frac{\partial\left(\rho W_r r^2\sin\theta\right)}{\partial r}+\frac{\partial\left(\rho W_\theta r\sin\theta\right)}{\partial\theta}+\frac{\partial\left(\rho W_\phi r\right)}{\partial\phi}\right]=0\tag{A2.2}$$

对于定常不可压缩流动，上式简化为

$$\frac{1}{r}\frac{\partial\left(W_r r^2\right)}{\partial r}+\frac{1}{\sin\theta}\frac{\partial\left(W_\theta\sin\theta\right)}{\partial\theta}+\frac{1}{\sin\theta}\frac{\partial W_\phi}{\partial\phi}=0\tag{A2.3}$$

再考察另一个常用的正交曲线坐标系，即圆柱坐标系。由附录 A1 中的式 (A1.216)、式 (A1.218) 及式 (A1.339)，写出圆柱坐标系下的散度算子为

$$\mathrm{div}\boldsymbol{W}=\frac{1}{R}\left[\frac{\partial\left(RW_R\right)}{\partial R}+\frac{\partial\left(W_\phi\right)}{\partial\phi}+\frac{\partial\left(RW_Z\right)}{\partial Z}\right]\tag{A2.4}$$

类似地，可以写出旋转参考系下的连续性方程的圆柱坐标系形式，如下：

$$\frac{\partial\rho}{\partial t}+\frac{1}{R}\left[\frac{\partial\left(\rho W_R R\right)}{\partial R}+\frac{\partial\left(\rho W_\phi\right)}{\partial\phi}+\frac{\partial\left(\rho W_Z R\right)}{\partial Z}\right]=0\tag{A2.5}$$

对于定常不可压缩流动，上式简化为

$$\frac{\partial W_R}{\partial R}+\frac{W_R}{R}+\frac{1}{R}\frac{\partial W_\phi}{\partial\phi}+\frac{\partial W_Z}{\partial Z}=0\tag{A2.6}$$

再考察动量方程，首先，写出质点导数项，如下：

$$\frac{\mathrm{D}\boldsymbol{W}}{\mathrm{D}t}=\frac{\partial\boldsymbol{W}}{\partial t}+\left(\boldsymbol{W}\cdot\nabla\right)\boldsymbol{W}\tag{A2.7}$$

根据附录 A1 中的式 (A1.331)，球坐标系下的梯度算子为

$$\nabla = \hat{\boldsymbol{e}}^r \frac{\partial}{\partial r} + \frac{\hat{\boldsymbol{e}}^\theta}{r} \frac{\partial}{\partial \theta} + \frac{\hat{\boldsymbol{e}}^\phi}{r \sin\theta} \frac{\partial}{\partial \phi} \tag{A2.8}$$

将式 (A2.7) 等号右端第二项展开，有

$$(\boldsymbol{W} \cdot \nabla)\boldsymbol{W} = W_r \frac{\partial \boldsymbol{W}}{\partial r} + \frac{W_\theta}{r} \frac{\partial \boldsymbol{W}}{\partial \theta} + \frac{W_\phi}{r \sin\theta} \frac{\partial \boldsymbol{W}}{\partial \phi} \tag{A2.9}$$

将上式中的偏导数项展开，注意，圆柱坐标系下 $\boldsymbol{W} = W_r \hat{\boldsymbol{e}}^r + W_\theta \hat{\boldsymbol{e}}^\theta + W_\phi \hat{\boldsymbol{e}}^\phi$，先展开 $\dfrac{\partial \boldsymbol{W}}{\partial r}$ 项，如下：

$$\begin{aligned}
\frac{\partial \boldsymbol{W}}{\partial r} =& \frac{\partial (W_r \hat{\boldsymbol{e}}^r)}{\partial r} + \frac{\partial \left(W_\theta \hat{\boldsymbol{e}}^\theta\right)}{\partial r} + \frac{\partial \left(W_\phi \hat{\boldsymbol{e}}^\phi\right)}{\partial r} \\
=& \left( \frac{\partial W_r}{\partial r} \hat{\boldsymbol{e}}^r + \underbrace{\frac{\partial \hat{\boldsymbol{e}}^r}{\partial r}}_{=0} W_r \right) + \left( \frac{\partial W_\theta}{\partial r} \hat{\boldsymbol{e}}^\theta + \underbrace{\frac{\partial \hat{\boldsymbol{e}}^\theta}{\partial r}}_{=0} W_\theta \right) + \left( \frac{\partial W_\phi}{\partial r} \hat{\boldsymbol{e}}^\phi + \underbrace{\frac{\partial \hat{\boldsymbol{e}}^\phi}{\partial r}}_{=0} W_\phi \right) \\
=& \frac{\partial W_r}{\partial r} \hat{\boldsymbol{e}}^r + \frac{\partial W_\theta}{\partial r} \hat{\boldsymbol{e}}^\theta + \frac{\partial W_\phi}{\partial r} \hat{\boldsymbol{e}}^\phi
\end{aligned} \tag{A2.10}$$

注意，这里计算坐标分量的偏导数时用到了式 (A1.437)。类似，$\dfrac{\partial \boldsymbol{W}}{\partial \theta}$ 项展开为

$$\begin{aligned}
\frac{\partial \boldsymbol{W}}{\partial \theta} =& \frac{\partial (W_r \hat{\boldsymbol{e}}^r)}{\partial \theta} + \frac{\partial \left(W_\theta \hat{\boldsymbol{e}}^\theta\right)}{\partial \theta} + \frac{\partial \left(W_\phi \hat{\boldsymbol{e}}^\phi\right)}{\partial \theta} \\
=& \left( \frac{\partial W_r}{\partial \theta} \hat{\boldsymbol{e}}^r + \underbrace{\frac{\partial \hat{\boldsymbol{e}}^r}{\partial \theta}}_{=\hat{\boldsymbol{e}}^\theta} W_r \right) + \left( \frac{\partial W_\theta}{\partial \theta} \hat{\boldsymbol{e}}^\theta + \underbrace{\frac{\partial \hat{\boldsymbol{e}}^\theta}{\partial \theta}}_{=-\hat{\boldsymbol{e}}^r} W_\theta \right) + \left( \frac{\partial W_\phi}{\partial \theta} \hat{\boldsymbol{e}}^\phi + \underbrace{\frac{\partial \hat{\boldsymbol{e}}^\phi}{\partial \theta}}_{=0} W_\phi \right) \\
=& \left( \frac{\partial W_r}{\partial \theta} - W_\theta \right) \hat{\boldsymbol{e}}^r + \left( \frac{\partial W_\theta}{\partial \theta} + W_r \right) \hat{\boldsymbol{e}}^\theta + \frac{\partial W_\phi}{\partial \theta} \hat{\boldsymbol{e}}^\phi
\end{aligned} \tag{A2.11}$$

类似，$\dfrac{\partial \boldsymbol{W}}{\partial \phi}$ 项展开为

$$\begin{aligned}
\frac{\partial \boldsymbol{W}}{\partial \phi} =& \frac{\partial (W_r \hat{\boldsymbol{e}}^r)}{\partial \phi} + \frac{\partial \left(W_\theta \hat{\boldsymbol{e}}^\theta\right)}{\partial \phi} + \frac{\partial \left(W_\phi \hat{\boldsymbol{e}}^\phi\right)}{\partial \phi} \\
=& \left( \frac{\partial W_r}{\partial \phi} \hat{\boldsymbol{e}}^r + \underbrace{\frac{\partial \hat{\boldsymbol{e}}^r}{\partial \phi}}_{=\sin\theta \hat{\boldsymbol{e}}^\phi} W_r \right) + \left( \frac{\partial W_\theta}{\partial \phi} \hat{\boldsymbol{e}}^\theta + \underbrace{\frac{\partial \hat{\boldsymbol{e}}^\theta}{\partial \phi}}_{=\cos\theta \hat{\boldsymbol{e}}^\phi} W_\theta \right)
\end{aligned}$$

$$
\begin{aligned}
&+\left(\frac{\partial W_\phi}{\partial \phi}\hat{\boldsymbol{e}}^\phi + \underbrace{\frac{\partial \hat{\boldsymbol{e}}^\phi}{\partial \phi}}_{=-\sin\theta\hat{\boldsymbol{e}}^r-\cos\theta\hat{\boldsymbol{e}}^\theta} W_\phi\right)\\
&=\left(\frac{\partial W_r}{\partial \phi}-W_\phi\sin\theta\right)\hat{\boldsymbol{e}}^r+\left(\frac{\partial W_\theta}{\partial \phi}-W_\phi\cos\theta\right)\hat{\boldsymbol{e}}^\theta\\
&+\left(\frac{\partial W_\phi}{\partial \phi}+W_r\sin\theta+W_\theta\cos\theta\right)\hat{\boldsymbol{e}}^\phi
\end{aligned}
\tag{A2.12}
$$

这样，可以写出球坐标下的物质导数项，$r$ 方向对应的分量为

$$
\begin{aligned}
[(\boldsymbol{W}\cdot\nabla)\boldsymbol{W}]_r =&\frac{\partial W_r}{\partial t}+W_r\frac{\partial W_r}{\partial r}+\frac{W_\theta}{r}\left(\frac{\partial W_r}{\partial \theta}-W_\theta\right)\\
&+\left(\frac{\partial W_r}{\partial \phi}-W_\phi\sin\theta\right)\frac{W_\phi}{r\sin\theta}\\
=&\frac{\partial W_r}{\partial t}+W_r\frac{\partial W_r}{\partial r}+\frac{W_\theta}{r}\frac{\partial W_r}{\partial \theta}+\frac{W_\phi}{r\sin\theta}\frac{\partial W_r}{\partial \phi}-\frac{W_\theta^2+W_\phi^2}{r}\\
=&\frac{\mathrm{D}W_r}{\mathrm{D}t}-\frac{W_\theta^2+W_\phi^2}{r}
\end{aligned}
\tag{A2.13}
$$

注意，这里 $\dfrac{\mathrm{D}}{\mathrm{D}t}=\dfrac{\partial}{\partial t}+W_r\dfrac{\partial}{\partial r}+\dfrac{W_\theta}{r}\dfrac{\partial}{\partial \theta}+\dfrac{W_\phi}{r\sin\theta}\dfrac{\partial}{\partial \phi}$，为球坐标下的物质导数符号形式。$\theta$ 方向对应的分量为

$$
\begin{aligned}
[(\boldsymbol{W}\cdot\nabla)\boldsymbol{W}]_\theta =&\frac{\partial W_\theta}{\partial t}+W_r\frac{\partial W_\theta}{\partial r}+\frac{W_\theta}{r}\left(\frac{\partial W_\theta}{\partial \theta}+W_r\right)\\
&+\left(\frac{\partial W_\theta}{\partial \phi}-W_\phi\cos\theta\right)\frac{W_\phi}{r\sin\theta}\\
=&\frac{\partial W_\theta}{\partial t}+W_r\frac{\partial W_\theta}{\partial r}+\frac{W_\theta}{r}\frac{\partial W_\theta}{\partial \theta}+\frac{W_\phi}{r\sin\theta}\frac{\partial W_\theta}{\partial \phi}+\frac{W_rW_\theta}{r}-\frac{W_\phi^2}{r}\cot\theta\\
=&\frac{\mathrm{D}W_\theta}{\mathrm{D}t}+\frac{W_rW_\theta}{r}-\frac{W_\phi^2}{r}\cot\theta
\end{aligned}
\tag{A2.14}
$$

$\phi$ 方向对应的分量为

$$
\begin{aligned}
[(\boldsymbol{W}\cdot\nabla)\boldsymbol{W}]_\phi =&\frac{\partial W_\phi}{\partial t}+W_r\frac{\partial W_\phi}{\partial r}+\frac{W_\theta}{r}\frac{\partial W_\phi}{\partial \theta}\\
&+\left(\frac{\partial W_\phi}{\partial \phi}+W_r\sin\theta+W_\theta\cos\theta\right)\frac{W_\phi}{r\sin\theta}\\
=&\frac{\partial W_\phi}{\partial t}+W_r\frac{\partial W_\phi}{\partial r}+\frac{W_\theta}{r}\frac{\partial W_\phi}{\partial \theta}+\frac{W_\phi}{r\sin\theta}\frac{\partial W_\phi}{\partial \phi}+\frac{W_rW_\phi}{r}+\frac{W_\theta W_\phi}{r}\cot\theta\\
=&\frac{\mathrm{D}W_\phi}{\mathrm{D}t}+\frac{W_rW_\phi}{r}+\frac{W_\theta W_\phi}{r}\cot\theta
\end{aligned}
\tag{A2.15}
$$

可见，每一项中都产生了一些附加项，这是坐标变换所带来的结果。

下面，再分析 Laplace 算子，由于 Laplace 算子表示对梯度求散度，即

$$\begin{aligned}\nabla^2 =&\mathrm{div}\,(\nabla) = \mathrm{div}\left(\hat{\mathbf{e}}^r\frac{\partial}{\partial r} + \frac{\hat{\mathbf{e}}^\theta}{r}\frac{\partial}{\partial \theta} + \frac{\hat{\mathbf{e}}^\phi}{r\sin\theta}\frac{\partial}{\partial \phi}\right)\\ =&\frac{1}{r^2\sin\theta}\left[\frac{\partial\left(r^2\sin\theta\dfrac{\partial}{\partial r}\right)}{\partial r} + \frac{\partial\left(\sin\theta\dfrac{\partial}{\partial \theta}\right)}{\partial \theta} + \frac{\partial\left(\dfrac{1}{\sin\theta}\dfrac{\partial}{\partial \phi}\right)}{\partial \phi}\right]\\ =&\frac{1}{r^2\sin\theta}\left[\sin\theta\frac{\partial}{\partial r}\left(r^2\frac{\partial}{\partial r}\right) + \frac{\partial}{\partial \theta}\left(\sin\theta\frac{\partial}{\partial \theta}\right) + \frac{1}{\sin\theta}\frac{\partial}{\partial \phi}\left(\frac{\partial}{\partial \phi}\right)\right]\\ =&\frac{1}{r^2\sin\theta}\left[r^2\sin\theta\frac{\partial^2}{\partial r^2} + 2r\sin\theta\frac{\partial}{\partial r} + \sin\theta\frac{\partial^2}{\partial \theta^2} + \cos\theta\frac{\partial}{\partial \theta} + \frac{1}{\sin\theta}\frac{\partial^2}{\partial \phi^2}\right]\\ =&\frac{\partial^2}{\partial r^2} + \frac{2}{r}\frac{\partial}{\partial r} + \frac{1}{r^2}\frac{\partial^2}{\partial \theta^2} + \frac{1}{r^2}\cot\theta\frac{\partial}{\partial \theta} + \frac{1}{r^2\sin^2\theta}\frac{\partial^2}{\partial \phi^2}\end{aligned}\tag{A2.16}$$

再考察圆柱坐标系下的物质导数项。类似地，根据附录 A1 中的式 (A1.331)，圆柱坐标系下的梯度算子为

$$\nabla = \hat{\mathbf{e}}^R\frac{\partial}{\partial R} + \frac{\hat{\mathbf{e}}^\phi}{R}\frac{\partial}{\partial \phi} + \hat{\mathbf{e}}^Z\frac{\partial}{\partial Z}\tag{A2.17}$$

将式 (A2.7) 等号右端第二项展开，有

$$(\boldsymbol{W}\cdot\nabla)\,\boldsymbol{W} = W_R\frac{\partial \boldsymbol{W}}{\partial R} + \frac{W_\phi}{R}\frac{\partial \boldsymbol{W}}{\partial \phi} + W_Z\frac{\partial \boldsymbol{W}}{\partial Z}\tag{A2.18}$$

将上式中的偏导数项展开，注意，圆柱坐标系下 $\boldsymbol{W} = W_R\hat{\mathbf{e}}^R + W_\phi\hat{\mathbf{e}}^\phi + W_Z\hat{\mathbf{e}}^Z$，先展开 $\dfrac{\partial \boldsymbol{W}}{\partial R}$ 项，如下：

$$\begin{aligned}\frac{\partial \boldsymbol{W}}{\partial R} =&\frac{\partial\left(W_R\hat{\mathbf{e}}^R\right)}{\partial R} + \frac{\partial\left(W_\phi\hat{\mathbf{e}}^\phi\right)}{\partial R} + \frac{\partial\left(W_Z\hat{\mathbf{e}}^Z\right)}{\partial R}\\ =&\left(\frac{\partial W_R}{\partial R}\hat{\mathbf{e}}^R + \underbrace{\frac{\partial \hat{\mathbf{e}}^R}{\partial R}}_{=0}W_R\right) + \left(\frac{\partial W_\phi}{\partial R}\hat{\mathbf{e}}^\phi + \underbrace{\frac{\partial \hat{\mathbf{e}}^\phi}{\partial R}}_{=0}W_\phi\right) + \left(\frac{\partial W_Z}{\partial R}\hat{\mathbf{e}}^Z + \underbrace{\frac{\partial \hat{\mathbf{e}}^Z}{\partial R}}_{=0}W_Z\right)\\ =&\frac{\partial W_R}{\partial R}\hat{\mathbf{e}}^R + \frac{\partial W_\phi}{\partial R}\hat{\mathbf{e}}^\phi + \frac{\partial W_Z}{\partial R}\hat{\mathbf{e}}^Z\end{aligned}\tag{A2.19}$$

注意，这里计算坐标分量的偏导数时用到式 (A1.437)。类似，$\dfrac{\partial \boldsymbol{W}}{\partial \phi}$ 项展开为

$$\frac{\partial \boldsymbol{W}}{\partial \phi} =\frac{\partial\left(W_R\hat{\mathbf{e}}^R\right)}{\partial \phi} + \frac{\partial\left(W_\phi\hat{\mathbf{e}}^\phi\right)}{\partial \phi} + \frac{\partial\left(W_Z\hat{\mathbf{e}}^Z\right)}{\partial \phi}$$

$$
\begin{aligned}
&=\left(\frac{\partial W_R}{\partial \phi}\hat{\boldsymbol{e}}^R+\underbrace{\frac{\partial \hat{\boldsymbol{e}}^R}{\partial \phi}}_{=\hat{\boldsymbol{e}}^\phi}W_R\right)+\left(\frac{\partial W_\phi}{\partial \phi}\hat{\boldsymbol{e}}^\phi+\underbrace{\frac{\partial \hat{\boldsymbol{e}}^\phi}{\partial \phi}}_{=-\hat{\boldsymbol{e}}^R}W_\phi\right)+\left(\frac{\partial W_Z}{\partial \phi}\hat{\boldsymbol{e}}^Z+\underbrace{\frac{\partial \hat{\boldsymbol{e}}^Z}{\partial \phi}}_{=0}W_Z\right)\\
&=\left(\frac{\partial W_R}{\partial \phi}-W_\phi\right)\hat{\boldsymbol{e}}^R+\left(W_R+\frac{\partial W_\phi}{\partial \phi}\right)\hat{\boldsymbol{e}}^\phi+\frac{\partial W_Z}{\partial \phi}\hat{\boldsymbol{e}}^Z
\end{aligned}
\tag{A2.20}
$$

类似，$\dfrac{\partial \boldsymbol{W}}{\partial Z}$ 项展开为

$$
\begin{aligned}
\frac{\partial \boldsymbol{W}}{\partial Z}&=\frac{\partial\left(W_R\hat{\boldsymbol{e}}^R\right)}{\partial Z}+\frac{\partial\left(W_\phi\hat{\boldsymbol{e}}^\phi\right)}{\partial Z}+\frac{\partial\left(W_Z\hat{\boldsymbol{e}}^Z\right)}{\partial Z}\\
&=\left(\frac{\partial W_R}{\partial Z}\hat{\boldsymbol{e}}^R+\underbrace{\frac{\partial \hat{\boldsymbol{e}}^R}{\partial Z}}_{=0}W_R\right)+\left(\frac{\partial W_\phi}{\partial Z}\hat{\boldsymbol{e}}^\phi+\underbrace{\frac{\partial \hat{\boldsymbol{e}}^\phi}{\partial Z}}_{=0}W_\phi\right)+\left(\frac{\partial W_Z}{\partial Z}\hat{\boldsymbol{e}}^Z+\underbrace{\frac{\partial \hat{\boldsymbol{e}}^Z}{\partial Z}}_{=0}W_Z\right)\\
&=\frac{\partial W_R}{\partial Z}\hat{\boldsymbol{e}}^R+\frac{\partial W_\phi}{\partial Z}\hat{\boldsymbol{e}}^\phi+\frac{\partial W_Z}{\partial Z}\hat{\boldsymbol{e}}^Z
\end{aligned}
\tag{A2.21}
$$

然后，也可写出圆柱坐标系下的物质导数项，$R$ 方向的分量为

$$
\begin{aligned}
\left[(\boldsymbol{W}\cdot\nabla)\boldsymbol{W}\right]_R&=\frac{\partial W_R}{\partial t}+W_R\frac{\partial W_R}{\partial R}+\frac{W_\phi}{R}\left(\frac{\partial W_R}{\partial \phi}-W_\phi\right)+\frac{\partial W_R}{\partial Z}W_Z\\
&=\frac{\partial W_R}{\partial t}+W_R\frac{\partial W_R}{\partial R}+\frac{W_\phi}{R}\frac{\partial W_R}{\partial \phi}+\frac{\partial W_R}{\partial Z}W_Z-\frac{W_\phi^2}{R}\\
&=\frac{\mathrm{D}W_R}{\mathrm{D}t}-\frac{W_\phi^2}{R}
\end{aligned}
\tag{A2.22}
$$

注意，这里 $\dfrac{\mathrm{D}}{\mathrm{D}t}=\dfrac{\partial}{\partial t}+W_R\dfrac{\partial}{\partial R}+\dfrac{W_\phi}{R}\dfrac{\partial}{\partial \phi}+W_Z\dfrac{\partial}{\partial Z}$，为物质导数符号在圆柱坐标系下的形式。类似，写出 $\phi$ 方向的分量为

$$
\begin{aligned}
\left[(\boldsymbol{W}\cdot\nabla)\boldsymbol{W}\right]_\phi&=\frac{\partial W_\phi}{\partial t}+W_R\frac{\partial W_\phi}{\partial R}+\frac{W_\phi}{R}\left(W_R+\frac{\partial W_\phi}{\partial \phi}\right)+\frac{\partial W_\phi}{\partial Z}W_Z\\
&=\frac{\partial W_\phi}{\partial t}+W_R\frac{\partial W_\phi}{\partial R}+\frac{W_\phi}{R}\frac{\partial W_\phi}{\partial \phi}+\frac{\partial W_\phi}{\partial Z}W_Z+\frac{W_RW_\phi}{R}\\
&=\frac{\mathrm{D}W_\phi}{\mathrm{D}t}+\frac{W_RW_\phi}{R}
\end{aligned}
\tag{A2.23}
$$

再写出 $Z$ 方向的分量为

$$
\begin{aligned}
\left[(\boldsymbol{W}\cdot\nabla)\boldsymbol{W}\right]_Z&=\frac{\partial W_Z}{\partial t}+W_R\frac{\partial W_Z}{\partial R}+\frac{W_\phi}{R}\frac{\partial W_Z}{\partial \phi}+\frac{\partial W_Z}{\partial Z}W_Z\\
&=\frac{\mathrm{D}W_Z}{\mathrm{D}t}
\end{aligned}
\tag{A2.24}
$$

下面，再分析圆柱坐标系下的 Laplace 算子，由于 Laplace 算子表示对梯度求散度，即

$$
\begin{aligned}
\nabla^2 =& \mathrm{div}\,(\nabla) = \mathrm{div}\left(\hat{\boldsymbol{e}}^R\frac{\partial}{\partial R}+\frac{\hat{\boldsymbol{e}}^\phi}{R}\frac{\partial}{\partial \phi}+\hat{\boldsymbol{e}}^Z\frac{\partial}{\partial Z}\right)\\
=&\frac{1}{R}\left[\frac{\partial\left(R\dfrac{\partial}{\partial R}\right)}{\partial R}+\frac{\partial\left(\dfrac{1}{R}\dfrac{\partial}{\partial \phi}\right)}{\partial \phi}+\frac{\partial\left(R\dfrac{\partial}{\partial Z}\right)}{\partial Z}\right]\\
=&\frac{1}{R}\left[R\frac{\partial^2}{\partial R^2}+\frac{\partial}{\partial R}+\frac{1}{R}\frac{\partial^2}{\partial \phi^2}+R\frac{\partial^2}{\partial Z^2}\right]\\
=&\frac{\partial^2}{\partial R^2}+\frac{1}{R}\frac{\partial}{\partial R}+\frac{1}{R^2}\frac{\partial^2}{\partial \phi^2}+\frac{\partial^2}{\partial Z^2}
\end{aligned}
\tag{A2.25}
$$

在附录 A1 的张量分析章节，已经得出速度的梯度式 (A1.438)，并获得球坐标系下的展开式 (A1.448) 与圆柱坐标系下的展开式 (A1.443)。由于变形率张量是速度梯度张量的对称部分，因此，由式 (A1.448)，在球坐标系下即为

$$
\begin{aligned}
&e_{rr}=\frac{\partial W_r}{\partial r},\quad e_{r\theta}=\frac{1}{2}\left[\frac{\partial W_\theta}{\partial r}+\frac{1}{r}\left(\frac{\partial W_r}{\partial \theta}-W_\theta\right)\right]\\
&e_{r\phi}=\frac{1}{2}\left[\frac{\partial W_\phi}{\partial r}+\frac{1}{r\sin\theta}\left(\frac{\partial W_r}{\partial \phi}-W_\phi\sin\theta\right)\right],\quad e_{\theta\theta}=\frac{1}{r}\left(\frac{\partial W_\theta}{\partial \theta}+W_r\right)\\
&e_{\theta\phi}=\frac{1}{2}\left[\frac{1}{r}\frac{\partial W_\phi}{\partial \theta}+\frac{1}{r\sin\theta}\left(\frac{\partial W_\theta}{\partial \phi}-W_\phi\cos\theta\right)\right]\\
&e_{\phi\phi}=\frac{1}{r\sin\theta}\left(\frac{\partial W_\phi}{\partial \phi}+W_r\sin\theta+W_\theta\cos\theta\right)
\end{aligned}
\tag{A2.26}
$$

这里，变形率张量是对称张量，只需列出 6 个独立分量。

对于牛顿流体，对不可压缩流动，应力–应变为线性关系，这样，对应的球坐标系下的应力张量写为

$$
[\boldsymbol{\sigma}]=2\mu\begin{bmatrix} e_{rr} & e_{r\theta} & e_{r\phi}\\ e_{\theta r} & e_{\theta\theta} & e_{\theta\phi}\\ e_{\phi r} & e_{\phi\theta} & e_{\phi\phi}\end{bmatrix}
\tag{A2.27}
$$

类似，由式 (A1.443)，写出圆柱坐标系下变形率张量的 6 个独立分量为

$$
\begin{aligned}
&e_{RR}=\frac{\partial W_R}{\partial R},\quad e_{R\phi}=\frac{1}{2}\left(\frac{1}{R}\frac{\partial W_R}{\partial \phi}+\frac{\partial W_\phi}{\partial R}-\frac{W_\phi}{R}\right)\\
&e_{RZ}=\frac{1}{2}\left(\frac{\partial W_R}{\partial Z}+\frac{\partial W_Z}{\partial R}\right),\quad e_{\phi\phi}=\frac{1}{R}\frac{\partial W_\phi}{\partial \phi}+\frac{W_R}{R}\\
&e_{\phi Z}=\frac{1}{2}\left(\frac{1}{R}\frac{\partial W_Z}{\partial \phi}+\frac{\partial W_\phi}{\partial Z}\right),\quad e_{ZZ}=\frac{\partial W_Z}{\partial Z}
\end{aligned}
\tag{A2.28}
$$

类似地，这样，圆柱坐标系下的应力张量写为

$$[\boldsymbol{\sigma}] = 2\mu \begin{bmatrix} e_{RR} & e_{R\phi} & e_{RZ} \\ e_{\phi R} & e_{\phi\phi} & e_{\phi Z} \\ e_{ZR} & e_{Z\phi} & e_{ZZ} \end{bmatrix} \tag{A2.29}$$

需要注意，以上所展开得到的是物理基下的变形率分量，最终要计算的应力也是物理坐标下的，因此，需要把式 (A1.450) 展开成物理基下的形式。

这里，先写出 Christoffel 符号在球坐标以及圆柱坐标系下的形式，类似的工作之前已经开展过，比如，曾经在附录 A1 中的式 (A1.318) 举例计算过圆柱坐标系下的系数 $\left\{\begin{matrix} & 1 & \\ 1 & & 1 \end{matrix}\right\}$。采用类似方式，再继续把 Christoffel 符号，即式 (A1.297) 的所有分量依次展开，如下：

$$\begin{aligned}
&\left\{\begin{matrix} & 1 & \\ 1 & & 1 \end{matrix}\right\} = \frac{1}{h_1}\frac{\partial h_1}{\partial q^1}, \quad \left\{\begin{matrix} & 2 & \\ 1 & & 1 \end{matrix}\right\} = \frac{h_1}{h_2^2}\frac{\partial h_1}{\partial q^2}, \quad \left\{\begin{matrix} & 3 & \\ 1 & & 1 \end{matrix}\right\} = \frac{h_1}{h_3^2}\frac{\partial h_1}{\partial q^3} \\
&\left\{\begin{matrix} & 1 & \\ 1 & & 2 \end{matrix}\right\} = \frac{1}{h_1}\frac{\partial h_1}{\partial q^2}, \quad \left\{\begin{matrix} & 2 & \\ 1 & & 2 \end{matrix}\right\} = \frac{1}{h_2}\frac{\partial h_2}{\partial q^1}, \quad \left\{\begin{matrix} & 3 & \\ 1 & & 2 \end{matrix}\right\} = 0 \\
&\left\{\begin{matrix} & 1 & \\ 1 & & 3 \end{matrix}\right\} = \frac{1}{h_1}\frac{\partial h_1}{\partial q^3}, \quad \left\{\begin{matrix} & 2 & \\ 1 & & 3 \end{matrix}\right\} = 0, \quad \left\{\begin{matrix} & 3 & \\ 1 & & 3 \end{matrix}\right\} = \frac{1}{h_3}\frac{\partial h_3}{\partial q^1}
\end{aligned} \tag{A2.30}$$

$$\begin{aligned}
&\left\{\begin{matrix} & 1 & \\ 2 & & 1 \end{matrix}\right\} = \frac{1}{h_1}\frac{\partial h_1}{\partial q^2}, \quad \left\{\begin{matrix} & 2 & \\ 2 & & 1 \end{matrix}\right\} = \frac{1}{h_2}\frac{\partial h_2}{\partial q^1}, \quad \left\{\begin{matrix} & 3 & \\ 2 & & 1 \end{matrix}\right\} = 0 \\
&\left\{\begin{matrix} & 1 & \\ 2 & & 2 \end{matrix}\right\} = -\frac{h_2}{h_1^2}\frac{\partial h_2}{\partial q^1}, \quad \left\{\begin{matrix} & 2 & \\ 2 & & 2 \end{matrix}\right\} = \frac{1}{h_2}\frac{\partial h_2}{\partial q^2}, \quad \left\{\begin{matrix} & 3 & \\ 2 & & 2 \end{matrix}\right\} = -\frac{h_2}{h_3^2}\frac{\partial h_2}{\partial q^3} \\
&\left\{\begin{matrix} & 1 & \\ 2 & & 3 \end{matrix}\right\} = 0, \quad \left\{\begin{matrix} & 2 & \\ 2 & & 3 \end{matrix}\right\} = \frac{1}{h_2}\frac{\partial h_2}{\partial q^3}, \quad \left\{\begin{matrix} & 3 & \\ 2 & & 3 \end{matrix}\right\} = \frac{1}{h_3}\frac{\partial h_3}{\partial q^2}
\end{aligned} \tag{A2.31}$$

$$\begin{aligned}
&\left\{\begin{matrix} & 1 & \\ 3 & & 1 \end{matrix}\right\} = \frac{1}{h_1}\frac{\partial h_1}{\partial q^3}, \quad \left\{\begin{matrix} & 2 & \\ 3 & & 1 \end{matrix}\right\} = 0, \quad \left\{\begin{matrix} & 3 & \\ 3 & & 1 \end{matrix}\right\} = \frac{1}{h_3}\frac{\partial h_3}{\partial q^1} \\
&\left\{\begin{matrix} & 1 & \\ 3 & & 2 \end{matrix}\right\} = 0, \quad \left\{\begin{matrix} & 2 & \\ 3 & & 2 \end{matrix}\right\} = \frac{1}{h_2}\frac{\partial h_2}{\partial q^3}, \quad \left\{\begin{matrix} & 3 & \\ 3 & & 2 \end{matrix}\right\} = \frac{1}{h_3}\frac{\partial h_3}{\partial q^2} \\
&\left\{\begin{matrix} & 1 & \\ 3 & & 3 \end{matrix}\right\} = -\frac{h_3}{h_1^2}\frac{\partial h_3}{\partial q^1}, \quad \left\{\begin{matrix} & 2 & \\ 3 & & 3 \end{matrix}\right\} = -\frac{h_3}{h_2^2}\frac{\partial h_3}{\partial q^2}, \quad \left\{\begin{matrix} & 3 & \\ 3 & & 3 \end{matrix}\right\} = \frac{1}{h_3}\frac{\partial h_3}{\partial q^3}
\end{aligned} \tag{A2.32}$$

这样，在球坐标系下，各项系数具体如下：

$$\begin{Bmatrix} & 1 & \\ 2 & & 2 \end{Bmatrix} = -r$$

$$\begin{Bmatrix} & 2 & \\ 1 & & 2 \end{Bmatrix} = \begin{Bmatrix} & 2 & \\ 2 & & 1 \end{Bmatrix} = \frac{1}{r}$$

$$\begin{Bmatrix} & 3 & \\ 1 & & 3 \end{Bmatrix} = \begin{Bmatrix} & 3 & \\ 3 & & 1 \end{Bmatrix} = \frac{1}{r} \tag{A2.33}$$

$$\begin{Bmatrix} & 3 & \\ 2 & & 3 \end{Bmatrix} = \begin{Bmatrix} & 3 & \\ 3 & & 2 \end{Bmatrix} = \cot\theta$$

$$\begin{Bmatrix} & 1 & \\ 3 & & 3 \end{Bmatrix} = -r\sin^2\theta, \quad \begin{Bmatrix} & 2 & \\ 3 & & 3 \end{Bmatrix} = -\sin\theta\cos\theta$$

注意，还需要转换到物理坐标下，联系式 (A1.331)，沿正交曲线坐标系三个坐标轴方向的偏微分项分别为

$$\left\{ \frac{1}{h_1}\frac{\partial}{\partial q^1}, \quad \frac{1}{h_2}\frac{\partial}{\partial q^2}, \quad \frac{1}{h_3}\frac{\partial}{\partial q^3} \right\} \tag{A2.34}$$

此时，Christoffel 符号中的基变成物理基，并注意采用上述微分算子，有

$$\hat{\Gamma}_{ij}^k = \frac{\partial \hat{\boldsymbol{e}}_i}{h_j \partial q^j} \cdot \hat{\boldsymbol{e}}^k \tag{A2.35}$$

其中，$\hat{\boldsymbol{e}}^k$ 在球坐标系下为

$$\hat{\boldsymbol{e}}^r = \mathrm{d}r, \quad \hat{\boldsymbol{e}}^\theta = r\mathrm{d}\theta, \quad \hat{\boldsymbol{e}}^\phi = r\sin\theta\mathrm{d}\phi \tag{A2.36}$$

这样，结合式 (A1.330)，把球坐标系物理基表示的 Christoffel 符号展开，有

$$\begin{aligned} \hat{\Gamma}_{\theta\theta}^r =& \frac{\partial \hat{\boldsymbol{e}}_\theta}{r\partial\theta}\mathrm{d}r = \frac{\partial\left(\dfrac{\boldsymbol{e}_\theta}{r}\right)}{r\partial\theta}\mathrm{d}r = \frac{1}{r^2}\frac{\partial \boldsymbol{e}_\theta}{\partial\theta}\mathrm{d}r \\ =& \frac{1}{r^2}\begin{Bmatrix} & 1 & \\ 2 & & 2 \end{Bmatrix} = -\frac{1}{r} \end{aligned} \tag{A2.37}$$

注意，$\boldsymbol{e}^k$ 在球坐标系下为

$$\boldsymbol{e}^r = \mathrm{d}r, \quad \boldsymbol{e}^\theta = \mathrm{d}\theta, \quad \boldsymbol{e}^\phi = \mathrm{d}\phi \tag{A2.38}$$

这样，继续写出

$$
\begin{aligned}
\hat{\Gamma}^{\theta}_{r\theta} &= \frac{\partial \hat{\boldsymbol{e}}_r}{r\partial\theta} r\mathrm{d}\theta = \frac{\partial \boldsymbol{e}_r}{\partial\theta}\mathrm{d}\theta \\
&= \left\{ \begin{matrix} & 2 & \\ 1 & & 2 \end{matrix} \right\} = \frac{1}{r}
\end{aligned} \tag{A2.39}
$$

继续写出

$$
\begin{aligned}
\hat{\Gamma}^{\theta}_{\theta r} &= \frac{\partial \hat{\boldsymbol{e}}_\theta}{\partial r} r\mathrm{d}\theta = \frac{\partial \left(\dfrac{\boldsymbol{e}_\theta}{r}\right)}{\partial r} r\mathrm{d}\theta = -\frac{\boldsymbol{e}_\theta}{r}\mathrm{d}\theta + \frac{\partial \boldsymbol{e}_\theta}{\partial r}\mathrm{d}\theta \\
&= -\frac{1}{r} + \left\{ \begin{matrix} & 2 & \\ 2 & & 1 \end{matrix} \right\} = 0
\end{aligned} \tag{A2.40}
$$

继续写出

$$
\begin{aligned}
\hat{\Gamma}^{\phi}_{r\phi} &= \frac{\partial \hat{\boldsymbol{e}}_r}{r\sin\theta\,\partial\phi} r\sin\theta\mathrm{d}\phi = \frac{\partial \hat{\boldsymbol{e}}_r}{\partial\phi}\mathrm{d}\phi \\
&= \left\{ \begin{matrix} & 3 & \\ 1 & & 3 \end{matrix} \right\} = \frac{1}{r}
\end{aligned} \tag{A2.41}
$$

继续写出

$$
\begin{aligned}
\hat{\Gamma}^{\phi}_{\phi r} &= \frac{\partial \hat{\boldsymbol{e}}_\phi}{\partial r} r\sin\theta\mathrm{d}\phi = \frac{\partial \left(\dfrac{\boldsymbol{e}_\phi}{r\sin\theta}\right)}{\partial r} r\sin\theta\mathrm{d}\phi = -\frac{\boldsymbol{e}_\phi}{r}\mathrm{d}\phi + \frac{\partial \boldsymbol{e}_\phi}{\partial r}\mathrm{d}\phi \\
&= -\frac{1}{r} + \left\{ \begin{matrix} & 3 & \\ 3 & & 1 \end{matrix} \right\} = 0
\end{aligned} \tag{A2.42}
$$

继续写出

$$
\begin{aligned}
\hat{\Gamma}^{\phi}_{\theta\phi} &= \frac{\partial \hat{\boldsymbol{e}}_\theta}{r\sin\theta\,\partial\phi} r\sin\theta\mathrm{d}\phi = \frac{\partial \left(\dfrac{\boldsymbol{e}_\theta}{r}\right)}{\partial\phi}\mathrm{d}\phi = \frac{1}{r}\frac{\partial \boldsymbol{e}_\theta}{\partial\phi}\mathrm{d}\phi \\
&= \frac{1}{r}\left\{ \begin{matrix} & 3 & \\ 2 & & 3 \end{matrix} \right\} = \frac{\cot\theta}{r}
\end{aligned} \tag{A2.43}
$$

继续写出

$$
\begin{aligned}
\hat{\Gamma}^{\phi}_{\phi\theta} &= \frac{\partial \hat{\boldsymbol{e}}_\phi}{r\partial\theta} r\sin\theta\mathrm{d}\phi = \frac{\partial \left(\dfrac{\boldsymbol{e}_\phi}{r\sin\theta}\right)}{\partial\theta}\sin\theta\mathrm{d}\phi = -\frac{\cos\theta}{r\sin\theta}\boldsymbol{e}_\phi\mathrm{d}\phi + \frac{1}{r}\frac{\partial \boldsymbol{e}_\phi}{\partial\theta}\mathrm{d}\phi \\
&= -\frac{\cot\theta}{r} + \frac{1}{r}\left\{ \begin{matrix} & 3 & \\ 3 & & 2 \end{matrix} \right\} = 0
\end{aligned} \tag{A2.44}
$$

继续写出

$$\hat{\Gamma}^{r}_{\phi\phi} = \frac{\partial \hat{\boldsymbol{e}}_{\phi}}{r\sin\theta\partial\phi}\mathrm{d}r = \frac{\partial\left(\dfrac{\boldsymbol{e}_{\phi}}{r\sin\theta}\right)}{r\sin\theta\partial\phi}\mathrm{d}r = \frac{1}{(r\sin\theta)^2}\frac{\partial \boldsymbol{e}_{\phi}}{\partial\phi}\mathrm{d}r$$
$$= \frac{1}{(r\sin\theta)^2}\left\{\begin{matrix} & 1 & \\ 3 & & 3\end{matrix}\right\} = -\frac{1}{r} \tag{A2.45}$$

以及

$$\hat{\Gamma}^{\theta}_{\phi\phi} = \frac{\partial \hat{\boldsymbol{e}}_{\phi}}{r\sin\theta\partial\phi}r\mathrm{d}\theta = \frac{\partial\left(\dfrac{\boldsymbol{e}_{\phi}}{r\sin\theta}\right)}{r\sin\theta\partial\phi}r\mathrm{d}\theta = \frac{1}{r\sin^2\theta}\frac{\partial \boldsymbol{e}_{\phi}}{\partial\phi}\mathrm{d}\theta$$
$$= \frac{1}{r\sin^2\theta}\left\{\begin{matrix} & 2 & \\ 3 & & 3\end{matrix}\right\} = -\frac{\cot\theta}{r} \tag{A2.46}$$

其余分量均为零。

在圆柱坐标系下，Christoffel 符号的系数项为

$$\left\{\begin{matrix} & 1 & \\ 2 & & 2\end{matrix}\right\} = -R,\quad \left\{\begin{matrix} & 2 & \\ 1 & & 2\end{matrix}\right\} = \left\{\begin{matrix} & 2 & \\ 2 & & 1\end{matrix}\right\} = \frac{1}{R} \tag{A2.47}$$

其余项都为零。同样，也需要将 Christoffel 符号转换为物理基下的形式，类似，有 $\hat{\boldsymbol{e}}^k$ 在圆柱坐标系下的形式为

$$\hat{\boldsymbol{e}}^R = \mathrm{d}R,\quad \hat{\boldsymbol{e}}^\phi = R\mathrm{d}\phi,\quad \hat{\boldsymbol{e}}^Z = \mathrm{d}Z \tag{A2.48}$$

这样，结合式 (A1.330)，把圆柱坐标系物理基表示的 Christoffel 符号展开，有

$$\hat{\Gamma}^{R}_{\phi\phi} = \frac{\partial \hat{\boldsymbol{e}}_{\phi}}{R\partial\phi}\mathrm{d}R = \frac{\partial\left(\dfrac{\boldsymbol{e}_{\phi}}{R}\right)}{R\partial\phi}\mathrm{d}R = \frac{1}{R^2}\frac{\partial \boldsymbol{e}_{\phi}}{R\partial\phi}\mathrm{d}R$$
$$= \frac{1}{R^2}\left\{\begin{matrix} & 1 & \\ 2 & & 2\end{matrix}\right\} = -\frac{1}{R} \tag{A2.49}$$

注意，$\boldsymbol{e}^k$ 在圆柱坐标系下为

$$\boldsymbol{e}^R = \mathrm{d}R,\quad \boldsymbol{e}^\phi = \mathrm{d}\phi,\quad \boldsymbol{e}^Z = \mathrm{d}Z \tag{A2.50}$$

这样，可继续写出

$$\hat{\Gamma}^{\phi}_{R\phi} = \frac{\partial \hat{\boldsymbol{e}}_{R}}{R\partial\phi}R\mathrm{d}\phi = \frac{\partial \boldsymbol{e}_{R}}{\partial\phi}\mathrm{d}\phi$$

$$
= \left\{ \begin{matrix} & 2 & \\ 1 & & 2 \end{matrix} \right\} = \frac{1}{R} \tag{A2.51}
$$

以及

$$
\begin{aligned}
\hat{\Gamma}^{\phi}_{\phi R} =& \frac{\partial \hat{\boldsymbol{e}}_{\phi}}{\partial R} R\mathrm{d}\phi = \frac{\partial \left(\dfrac{\boldsymbol{e}_{\phi}}{R}\right)}{\partial R} R\mathrm{d}\phi = -\frac{\boldsymbol{e}_{\phi}}{R}\mathrm{d}\phi + \frac{\partial \boldsymbol{e}_{\phi}}{\partial R}\mathrm{d}\phi \\
=& -\frac{1}{R} + \left\{ \begin{matrix} & 2 & \\ 2 & & 1 \end{matrix} \right\} = 0
\end{aligned} \tag{A2.52}
$$

注意到，这里 $\mathrm{d}\phi = \boldsymbol{e}^{\phi} \rightarrow \boldsymbol{e}_{\phi}\mathrm{d}\phi = 1$。其他分量均为零。实际上，这里是转换为原始基的方式进行计算的，也可以参考式 (A1.262)~ 式 (A1.264) 进行计算。

下面，求张量的散度，将式 (A1.450) 用物理分量形式表示为

$$
\nabla \cdot \boldsymbol{\sigma} = \left( \frac{1}{h_k} \frac{\partial \sigma^{ik}}{\partial q^k} + \sigma^{jk}\hat{\Gamma}^{i}_{jk} + \sigma^{ij}\hat{\Gamma}^{k}_{jk} \right) \hat{\boldsymbol{e}}_i \tag{A2.53}
$$

下面进行展开，写出球坐标系下的应力分量。

当 $i = r$，对应的分量为

$$
\begin{aligned}
(\nabla \cdot \boldsymbol{\sigma})_r =& \frac{\partial \sigma^{rr}}{\partial r} + \frac{1}{r}\frac{\partial \sigma^{r\theta}}{\partial \theta} + \frac{1}{r\sin\theta}\frac{\partial \sigma^{r\phi}}{\partial \phi} \\
&+ \left( \sigma^{\theta\theta}\hat{\Gamma}^{r}_{\theta\theta} + \sigma^{\phi\phi}\hat{\Gamma}^{r}_{\phi\phi} \right) + \left( \sigma^{rr}\hat{\Gamma}^{\theta}_{r\theta} + \sigma^{rr}\hat{\Gamma}^{\phi}_{r\phi} + \sigma^{r\theta}\hat{\Gamma}^{\phi}_{\theta\phi} \right) \\
=& \frac{\partial \sigma^{rr}}{\partial r} + \frac{1}{r}\frac{\partial \sigma^{r\theta}}{\partial \theta} + \frac{1}{r\sin\theta}\frac{\partial \sigma^{r\phi}}{\partial \phi} - \frac{\left(\sigma^{\theta\theta} + \sigma^{\phi\phi}\right)}{r} + \frac{2\sigma^{rr}}{r} + \frac{\cot\theta}{r}\sigma^{r\theta}
\end{aligned} \tag{A2.54}
$$

当 $i = \theta$，对应的分量为

$$
\begin{aligned}
(\nabla \cdot \boldsymbol{\sigma})_\theta =& \frac{\partial \sigma^{\theta r}}{\partial r} + \frac{1}{r}\frac{\partial \sigma^{\theta\theta}}{\partial \theta} + \frac{1}{r\sin\theta}\frac{\partial \sigma^{\theta\phi}}{\partial \phi} \\
&+ \left( \sigma^{r\theta}\hat{\Gamma}^{\theta}_{r\theta} + \sigma^{\phi\phi}\hat{\Gamma}^{\theta}_{\phi\phi} \right) + \left( \sigma^{\theta r}\hat{\Gamma}^{\theta}_{r\theta} + \sigma^{\theta r}\hat{\Gamma}^{\phi}_{r\phi} + \sigma^{\theta\theta}\hat{\Gamma}^{\phi}_{\theta\phi} \right) \\
=& \frac{\partial \sigma^{\theta r}}{\partial r} + \frac{1}{r}\frac{\partial \sigma^{\theta\theta}}{\partial \theta} + \frac{1}{r\sin\theta}\frac{\partial \sigma^{\theta\phi}}{\partial \phi} + \frac{3\sigma^{r\theta}}{r} + \frac{\left(\sigma^{\theta\theta} - \sigma^{\phi\phi}\right)\cot\theta}{r}
\end{aligned} \tag{A2.55}
$$

当 $i = \phi$，对应的分量为

$$
\begin{aligned}
(\nabla \cdot \boldsymbol{\sigma})_\phi =& \frac{\partial \sigma^{\phi r}}{\partial r} + \frac{1}{r}\frac{\partial \sigma^{\phi\theta}}{\partial \theta} + \frac{1}{r\sin\theta}\frac{\partial \sigma^{\phi\phi}}{\partial \phi} \\
&+ \left( \sigma^{r\phi}\hat{\Gamma}^{\phi}_{r\phi} + \sigma^{\theta\phi}\hat{\Gamma}^{\phi}_{\theta\phi} \right) + \left( \sigma^{\phi r}\hat{\Gamma}^{\theta}_{r\theta} + \sigma^{\phi r}\hat{\Gamma}^{\phi}_{r\phi} + \sigma^{\phi\theta}\hat{\Gamma}^{\phi}_{\theta\phi} \right) \\
=& \frac{\partial \sigma^{\phi r}}{\partial r} + \frac{1}{r}\frac{\partial \sigma^{\phi\theta}}{\partial \theta} + \frac{1}{r\sin\theta}\frac{\partial \sigma^{\phi\phi}}{\partial \phi} + \frac{3\sigma^{r\phi}}{r} + \frac{2\sigma^{\theta\phi}}{r}\cot\theta
\end{aligned} \tag{A2.56}
$$

下面，再进一步将应力分量代入上述各式，在球坐标系下展开。当 $i=r$，对应的分量为

$$\mu\left\{2\frac{\partial}{\partial r}\left(\frac{\partial W_r}{\partial r}\right)+\left[\frac{1}{r}\frac{\partial}{\partial\theta}\left(\frac{\partial W_\theta}{\partial r}\right)+\frac{1}{r^2}\frac{\partial}{\partial\theta}\left(\frac{\partial W_r}{\partial\theta}-W_\theta\right)\right]\right.$$
$$+\frac{1}{r\sin\theta}\left[\frac{\partial}{\partial\phi}\left(\frac{\partial W_\phi}{\partial r}\right)+\frac{1}{r\sin\theta}\frac{\partial}{\partial\phi}\left(\frac{\partial W_r}{\partial\phi}\right)-\frac{1}{r}\frac{\partial W_\phi}{\partial\phi}\right]$$
$$-2\left[\frac{1}{r^2}\left(\frac{\partial W_\theta}{\partial\theta}+W_r\right)+\frac{1}{r^2\sin\theta}\left(\frac{\partial W_\phi}{\partial\phi}+W_r\sin\theta+W_\theta\cos\theta\right)\right]$$
$$\left.+\frac{4}{r}\frac{\partial W_r}{\partial r}+\left[\frac{\cot\theta}{r}\frac{\partial W_\theta}{\partial r}+\frac{\cot\theta}{r^2}\left(\frac{\partial W_r}{\partial\theta}-W_\theta\right)\right]\right\}$$
$$=\mu\left(\nabla^2W_r-\frac{2}{r^2}\frac{\partial W_\theta}{\partial\theta}-\frac{2}{r^2\sin\theta}\frac{\partial W_\phi}{\partial\phi}-\frac{2}{r^2}W_r-2\frac{W_\theta}{r^2}\cot\theta\right)\tag{A2.57}$$

注意，这里的 $\nabla^2=\dfrac{\partial^2}{\partial r^2}+\dfrac{2}{r}\dfrac{\partial}{\partial r}+\dfrac{1}{r^2}\dfrac{\partial^2}{\partial\theta^2}+\dfrac{1}{r^2}\cot\theta\dfrac{\partial}{\partial\theta}+\dfrac{1}{r^2\sin^2\theta}\dfrac{\partial^2}{\partial\phi^2}$，为球坐标系下的 Laplace 算子。

当 $i=\theta$，对应的分量为

$$\mu\left\{\frac{\partial\left[\dfrac{\partial W_\theta}{\partial r}+\dfrac{1}{r}\left(\dfrac{\partial W_r}{\partial\theta}-W_\theta\right)\right]}{\partial r}+\frac{2}{r}\frac{\partial\dfrac{1}{r}\left(\dfrac{\partial W_\theta}{\partial\theta}+W_r\right)}{\partial\theta}\right.$$
$$+\frac{1}{r\sin\theta}\frac{\partial\left[\dfrac{1}{r}\dfrac{\partial W_\phi}{\partial\theta}+\dfrac{1}{r\sin\theta}\left(\dfrac{\partial W_\theta}{\partial\phi}-W_\phi\cos\theta\right)\right]}{\partial\phi}$$
$$+\frac{3\left[\dfrac{\partial W_\theta}{\partial r}+\dfrac{1}{r}\left(\dfrac{\partial W_r}{\partial\theta}-W_\theta\right)\right]}{r}$$
$$\left.+2\frac{\left[\dfrac{1}{r}\left(\dfrac{\partial W_\theta}{\partial\theta}+W_r\right)-\dfrac{1}{r\sin\theta}\left(\dfrac{\partial W_\phi}{\partial\phi}+W_r\sin\theta+W_\theta\cos\theta\right)\right]\cot\theta}{r}\right\}$$
$$=\mu\left[\nabla^2W_\theta+\frac{2}{r^2}\frac{\partial W_r}{\partial\theta}-\frac{2}{r^2\sin\theta}\frac{\partial W_\phi}{\partial\phi}\cot\theta-\frac{W_\theta}{r^2}\left(\frac{1}{\sin^2\theta}\right)\right]\tag{A2.58}$$

当 $i=\phi$，对应的分量为

$$\mu\left\{\frac{\partial\left[\dfrac{\partial W_\phi}{\partial r}+\dfrac{1}{r\sin\theta}\left(\dfrac{\partial W_r}{\partial\phi}-W_\phi\sin\theta\right)\right]}{\partial r}\right.$$

$$
\begin{aligned}
&+\frac{1}{r}\frac{\partial\left[\frac{1}{r}\frac{\partial W_\phi}{\partial\theta}+\frac{1}{r\sin\theta}\left(\frac{\partial W_\theta}{\partial\phi}-W_\phi\cos\theta\right)\right]}{\partial\theta}\\
&+\frac{2}{r\sin\theta}\frac{\partial\left[\frac{1}{r\sin\theta}\left(\frac{\partial W_\phi}{\partial\phi}+W_r\sin\theta+W_\theta\cos\theta\right)\right]}{\partial\phi}\\
&+\frac{3\left[\frac{\partial W_\phi}{\partial r}+\frac{1}{r\sin\theta}\left(\frac{\partial W_r}{\partial\phi}-W_\phi\sin\theta\right)\right]}{r}\\
&\left.+\frac{2\left[\frac{1}{r}\frac{\partial W_\phi}{\partial\theta}+\frac{1}{r\sin\theta}\left(\frac{\partial W_\theta}{\partial\phi}-W_\phi\cos\theta\right)\right]}{r}\cot\theta\right\}\\
=&\mu\left(\nabla^2W_\phi+\frac{2}{r^2\sin\theta}\frac{\partial W_r}{\partial\phi}+\frac{2\cot\theta}{r^2\sin\theta}\frac{\partial W_\theta}{\partial\phi}-\frac{W_\phi}{r^2\sin^2\theta}\right)
\end{aligned}\tag{A2.59}
$$

注意，在上述各式展开过程中需要应用不可压缩流动的连续性条件 $2W_r+r\frac{\partial W_r}{\partial r}+W_\theta\cot\theta+\frac{\partial W_\theta}{\partial\theta}+\frac{1}{\sin\theta}\frac{\partial W_\phi}{\partial\phi}=0$。

类似，可以写出圆柱坐标系下的应力散度项。

当 $i=R$，对应的分量为

$$
\begin{aligned}
(\nabla\cdot\boldsymbol{\sigma})_R=&\frac{\partial\sigma^{RR}}{\partial R}+\frac{1}{R}\frac{\partial\sigma^{R\phi}}{\partial\phi}+\frac{\partial\sigma^{RZ}}{\partial Z}+\sigma^{\phi\phi}\hat{\Gamma}^R_{\phi\phi}+\sigma^{RR}\hat{\Gamma}^\phi_{R\phi}\\
=&\frac{\partial\sigma^{RR}}{\partial R}+\frac{1}{R}\frac{\partial\sigma^{R\phi}}{\partial\phi}+\frac{\partial\sigma^{RZ}}{\partial Z}+\frac{\sigma^{RR}-\sigma^{\phi\phi}}{R}
\end{aligned}\tag{A2.60}
$$

当 $i=\phi$，对应的分量为

$$
\begin{aligned}
(\nabla\cdot\boldsymbol{\sigma})_\phi=&\frac{\partial\sigma^{\phi R}}{\partial R}+\frac{1}{R}\frac{\partial\sigma^{\phi\phi}}{\partial\phi}+\frac{\partial\sigma^{\phi Z}}{\partial Z}+\sigma^{R\phi}\hat{\Gamma}^\phi_{R\phi}+\sigma^{\phi R}\hat{\Gamma}^\phi_{R\phi}\\
=&\frac{\partial\sigma^{\phi R}}{\partial R}+\frac{1}{R}\frac{\partial\sigma^{\phi\phi}}{\partial\phi}+\frac{\partial\sigma^{\phi Z}}{\partial Z}+\frac{2\sigma^{R\phi}}{R}
\end{aligned}\tag{A2.61}
$$

当 $i=Z$，对应的分量为

$$
\begin{aligned}
(\nabla\cdot\boldsymbol{\sigma})_Z=&\frac{\partial\sigma^{ZR}}{\partial R}+\frac{1}{R}\frac{\partial\sigma^{Z\phi}}{\partial\phi}+\frac{\partial\sigma^{ZZ}}{\partial Z}+\sigma^{ZR}\hat{\Gamma}^\phi_{R\phi}\\
=&\frac{\partial\sigma^{ZR}}{\partial R}+\frac{1}{R}\frac{\partial\sigma^{Z\phi}}{\partial\phi}+\frac{\partial\sigma^{ZZ}}{\partial Z}+\frac{\sigma^{ZR}}{R}
\end{aligned}\tag{A2.62}
$$

进一步将应力分量代入上述各式，在圆柱坐标系下展开。

当 $i = R$，对应的分量为

$$
\begin{aligned}
(\nabla \cdot \boldsymbol{\sigma})_R =& \mu \left[ 2\frac{\partial \left(\dfrac{\partial W_R}{\partial R}\right)}{\partial R} + \frac{1}{R}\frac{\partial \left(\dfrac{1}{R}\dfrac{\partial W_R}{\partial \phi} + \dfrac{\partial W_\phi}{\partial R} - \dfrac{W_\phi}{R}\right)}{\partial \phi} \right. \\
& \left. + \frac{\partial \left(\dfrac{\partial W_R}{\partial Z} + \dfrac{\partial W_Z}{\partial R}\right)}{\partial Z} + 2\frac{\dfrac{\partial W_R}{\partial R} - \left(\dfrac{1}{R}\dfrac{\partial W_\phi}{\partial \phi} + \dfrac{W_R}{R}\right)}{R} \right] \\
=& \mu \left( \nabla^2 W_R - \frac{2}{R^2}\frac{\partial W_\phi}{\partial \phi} - \frac{W_R}{R^2} \right)
\end{aligned} \tag{A2.63}
$$

式中，Laplace 算子 $\nabla^2 = \dfrac{\partial^2}{\partial R^2} + \dfrac{1}{R}\dfrac{\partial}{\partial R} + \dfrac{1}{R^2}\dfrac{\partial^2}{\partial \phi^2} + \dfrac{\partial^2}{\partial Z^2}$。

当 $i = \phi$，对应的分量为

$$
\begin{aligned}
(\nabla \cdot \boldsymbol{\sigma})_\phi =& \mu \left[ \frac{\partial \left(\dfrac{1}{R}\dfrac{\partial W_R}{\partial \phi} + \dfrac{\partial W_\phi}{\partial R} - \dfrac{W_\phi}{R}\right)}{\partial R} + \frac{2}{R}\frac{\partial \left(\dfrac{1}{R}\dfrac{\partial W_\phi}{\partial \phi} + \dfrac{W_R}{R}\right)}{\partial \phi} \right. \\
& \left. + \frac{\partial \left(\dfrac{1}{R}\dfrac{\partial W_Z}{\partial \phi} + \dfrac{\partial W_\phi}{\partial Z}\right)}{\partial Z} + \frac{2\left(\dfrac{1}{R}\dfrac{\partial W_R}{\partial \phi} + \dfrac{\partial W_\phi}{\partial R} - \dfrac{W_\phi}{R}\right)}{R} \right] \\
=& \mu \left( \nabla^2 W_\phi + \frac{2}{R^2}\frac{\partial W_R}{\partial \phi} - \frac{W_\phi}{R^2} \right)
\end{aligned} \tag{A2.64}
$$

当 $i = Z$，对应的分量为

$$
\begin{aligned}
(\nabla \cdot \boldsymbol{\sigma})_Z =& \mu \left[ \frac{\partial \left(\dfrac{\partial W_R}{\partial Z} + \dfrac{\partial W_Z}{\partial R}\right)}{\partial R} + \frac{1}{R}\frac{\partial \left(\dfrac{1}{R}\dfrac{\partial W_Z}{\partial \phi} + \dfrac{\partial W_\phi}{\partial Z}\right)}{\partial \phi} \right. \\
& \left. + 2\frac{\partial \left(\dfrac{\partial W_Z}{\partial Z}\right)}{\partial Z} + \frac{\left(\dfrac{\partial W_R}{\partial Z} + \dfrac{\partial W_Z}{\partial R}\right)}{R} \right] \\
=& \mu \nabla^2 W_Z
\end{aligned} \tag{A2.65}
$$

注意，上述过程用到不可压缩流体连续性条件 $\dfrac{\partial W_R}{\partial R} + \dfrac{W_R}{R} + \dfrac{1}{R}\dfrac{\partial W_\phi}{\partial \phi} + \dfrac{\partial W_Z}{\partial Z} = 0$。

有了上述前提，可以方便地写出球坐标系下的运动方程。

当 $i=r$，对应的方程为

$$\rho\left(\frac{\mathrm{D}W_r}{\mathrm{D}t}-\frac{W_\theta^2+W_\phi^2}{r}\right)=-\frac{\partial p}{\partial r}+f_r$$
$$+\mu\left(\nabla^2W_r-\frac{2}{r^2}\frac{\partial W_\theta}{\partial\theta}-\frac{2}{r^2\sin\theta}\frac{\partial W_\phi}{\partial\phi}-\frac{2}{r^2}W_r-2\frac{W_\theta}{r^2}\cot\theta\right)\tag{A2.66}$$

当 $i=\theta$，对应的方程为

$$\rho\left(\frac{\mathrm{D}W_\theta}{\mathrm{D}t}+\frac{W_rW_\theta}{r}-\frac{W_\phi^2}{r}\cot\theta\right)=-\frac{1}{r}\frac{\partial p}{\partial\theta}+f_\theta$$
$$+\mu\left[\nabla^2W_\theta+\frac{2}{r^2}\frac{\partial W_r}{\partial\theta}-\frac{2}{r^2\sin\theta}\frac{\partial W_\phi}{\partial\phi}\cot\theta-\frac{W_\theta}{r^2}\left(\frac{1}{\sin^2\theta}\right)\right]\tag{A2.67}$$

当 $i=\phi$，对应的方程为

$$\rho\left(\frac{\mathrm{D}W_\phi}{\mathrm{D}t}+\frac{W_rW_\phi}{r}+\frac{W_\theta W_\phi}{r}\cot\theta\right)=-\frac{1}{r\sin\theta}\frac{\partial p}{\partial\phi}+f_\phi$$
$$+\mu\left(\nabla^2W_\phi+\frac{2}{r^2\sin\theta}\frac{\partial W_r}{\partial\phi}+\frac{2\cot\theta}{r^2\sin\theta}\frac{\partial W_\theta}{\partial\phi}-\frac{W_\phi}{r^2\sin^2\theta}\right)\tag{A2.68}$$

式中，$f_r$、$f_\theta$ 及 $f_\phi$ 为球坐标系下体积力的对应分量。类似，可以写出圆柱坐标系下的运动方程。

当 $i=R$，对应的方程为

$$\rho\left(\frac{\mathrm{D}W_R}{\mathrm{D}t}-\frac{W_\phi^2}{R}\right)=-\frac{\partial p}{\partial R}+f_R+\mu\left(\nabla^2W_R-\frac{2}{R^2}\frac{\partial W_\phi}{\partial\phi}-\frac{W_R}{R^2}\right)\tag{A2.69}$$

当 $i=\phi$，对应的方程为

$$\rho\left(\frac{\mathrm{D}W_\phi}{\mathrm{D}t}+\frac{W_RW_\phi}{R}\right)=-\frac{1}{R}\frac{\partial p}{\partial\phi}+f_\phi+\mu\left(\nabla^2W_\phi+\frac{2}{R^2}\frac{\partial W_R}{\partial\phi}-\frac{W_\phi}{R^2}\right)\tag{A2.70}$$

当 $i=Z$，对应的方程为

$$\rho\left(\frac{\mathrm{D}W_Z}{\mathrm{D}t}\right)=-\frac{\partial p}{\partial Z}+f_Z+\mu\nabla^2W_Z\tag{A2.71}$$

式中，$f_R$、$f_\phi$ 和 $f_Z$ 为圆柱坐标系下的体积力分量。

下面简要地以圆柱坐标系下的情形为例，写出对应的 Coriolis 力和离心力项。需要注意的是，只有在非惯性参考系下，才会因系统旋转产生 Coriolis 加速度项和离心加速度项，在惯性系下这两项都将消失，有的场合也将这两个力称为虚拟力。先看 Coriolis 力项，若叶轮以定常角速度沿 $Z$ 轴旋转，则展开为

$$-2\boldsymbol{\omega}\times\boldsymbol{W}=2\begin{vmatrix}\hat{\mathbf{e}}^R & \hat{\mathbf{e}}^\phi & \hat{\mathbf{e}}^Z\\ 0 & 0 & \omega_Z\\ W_R & W_\phi & W_Z\end{vmatrix}=\left\{\ 2\omega_Z W_\phi\hat{\mathbf{e}}^R,\quad -2\omega_Z W_R\hat{\mathbf{e}}^\phi,\quad 0\ \right\} \tag{A2.72}$$

可见，此时的 Coriolis 力作用于垂直于 $Z$ 轴的平面内，其方向为相对速度沿旋转反方向旋转 90° 方向。此时，对于离心力，旋转轴与圆柱坐标 $Z$ 轴重合，可以将任意位置点的矢径 $\boldsymbol{r}$ 分解为 $\boldsymbol{r}=\boldsymbol{r}_R+\boldsymbol{r}_Z$ 之和，即平行于旋转轴和垂直于旋转轴的两部分之和。这样，我们有

$$\begin{aligned}\boldsymbol{\omega}\times\boldsymbol{r}=\boldsymbol{\omega}\times(\boldsymbol{r}_R+\boldsymbol{r}_Z)&=\begin{vmatrix}\hat{\mathbf{e}}^R & \hat{\mathbf{e}}^\phi & \hat{\mathbf{e}}^Z\\ 0 & 0 & \omega_Z\\ r_R & 0 & 0\end{vmatrix}+\begin{vmatrix}\hat{\mathbf{e}}^R & \hat{\mathbf{e}}^\phi & \hat{\mathbf{e}}^Z\\ 0 & 0 & \omega_Z\\ 0 & 0 & r_Z\end{vmatrix}\\&=\left\{\ 0,\quad \omega_Z r_R\hat{\mathbf{e}}^\phi,\quad 0\ \right\}\end{aligned} \tag{A2.73}$$

即旋转线速度沿圆柱坐标系的 $\phi$ 方向，其中，$r_R$ 为任意位置点到旋转轴线的垂直距离。这样，离心力项变为

$$\begin{aligned}-\boldsymbol{\omega}\times(\boldsymbol{\omega}\times\boldsymbol{r})&=-\begin{vmatrix}\hat{\mathbf{e}}^R & \hat{\mathbf{e}}^\phi & \hat{\mathbf{e}}^Z\\ 0 & 0 & \omega_Z\\ 0 & \omega_Z r_R & 0\end{vmatrix}\\&=\left\{\ \omega_Z^2 r_R\hat{\mathbf{e}}^R,\quad 0,\quad 0\ \right\}\end{aligned} \tag{A2.74}$$

即离心力沿圆柱坐标系的 $R$ 方向。

需要注意，这里的式 (A2.72) 和式 (A2.74) 所得均为质量力，应该分别乘以密度 $\rho$ 才是体积力。另外，若考虑重力作用，则沿 $Z$ 方向还有一个体积力项 $\rho g=\left\{0,0,-\rho g\hat{\mathbf{e}}^Z\right\}$。

# 索　　引